高等院校"十二五"精品规划教材

网络工程组网技术实用教程

主　编　张　宜

副主编　杨挚诚　黄　河

审　校　粟思科

中国水利水电出版社
www.waterpub.com.cn

内 容 提 要

　　本书从网络工程的角度出发，以项目为驱动，以任务为目标，以案例为参考，全面介绍网络工程的方法及网络规划、需求分析、网络设计、设备选型、综合布线、网络配置、测试验收、维护管理等一系列现代通用的组网技术。并对教学过程进行了独特的设计，将现场实训与课堂教学相结合，让读者参与到每个项目中去，循序渐进地全面学习、实践、掌握网络工程组网技术。

　　本书共设 6 个项目，包括网络工程方法与管理；现代通用组网技术要领；组建小型简单网络；组建网吧网；组建中小企业网；组建大型计算机校园网。

　　本书内容丰富、层次分明、实用性强、循序渐进，按教学的组织实施方式编排内容，适合作为普通高校、成人高校、高等职业技术院校计算机类、通信和电子类专业网络工程、组网技术等课程的教材，也可供计算机 NCNE 培训和相关技术人员作为参考用书。

　　本书配有电子教案、习题集、实训指导，读者可以从中国水利水电出版社网站和万水书苑免费下载，网址为：http://www.waterpub.com.cn/softdown/和 http://www.wsbookshow.com。

图书在版编目（ＣＩＰ）数据

网络工程组网技术实用教程 / 张宜主编. -- 北京 ：
中国水利水电出版社，2013.3（2018.8 重印）
高等院校"十二五"精品规划教材
ISBN 978-7-5170-0684-8

Ⅰ．①网… Ⅱ．①张… Ⅲ．①计算机网络—高等学校
—教材 Ⅳ．①TP393

中国版本图书馆CIP数据核字(2013)第043932号

策划编辑：杨庆川　　责任编辑：宋俊娥　　加工编辑：祝智敏　　封面设计：李　佳

书　　名	高等院校"十二五"精品规划教材 **网络工程组网技术实用教程**
作　　者	主　编　张　宜 副主编　杨挚诚　黄　河 审　校　粟思科
出版发行	中国水利水电出版社 （北京市海淀区玉渊潭南路 1 号 D 座　100038） 网址：www.waterpub.com.cn E-mail：mchannel@263.net（万水） 　　　　sales@waterpub.com.cn 电话：（010）68367658（发行部）、82562819（万水）
经　　售	北京科水图书销售中心（零售） 电话：（010）88383994、63202643、68545874 全国各地新华书店和相关出版物销售网点
排　　版	北京万水电子信息有限公司
印　　刷	三河市铭浩彩色印装有限公司
规　　格	184mm×260mm　16 开本　20.75 印张　536 千字
版　　次	2013 年 3 月第 1 版　2018 年 8 月第 2 次印刷
印　　数	4001—6000 册
定　　价	38.00 元

凡购买我社图书，如有缺页、倒页、脱页的，本社发行部负责调换

版权所有 · 侵权必究

前　　言

在 IT 技术高度发达的今天，计算机网络已经成为各行各业赖以生存和发展的利器，层出不穷的组网、升级、改造等网络工程建设项目，也随着人们的需求变得越来越规范和普遍，相应的网络管理员、网络工程师等专业技术人才供不应求。组网技术作为网络工程的内核与支撑，是从事计算机网络技术工作的专业人员必备的技能。随着人们需求的不断提高，组网技术也在与时俱进，不断发展，对从业人员无疑是一种新的机遇和挑战。

本书特点

实践是学习知识和掌握技能的最好途径，本教程在内容开发和教学设计上紧扣"实践"这条主线。全书的内容从网络工程的角度出发，以若干个网络工程项目作为驱动来激发读者参与学习的兴趣；将网络工程的方法及网络规划、需求分析、网络设计、设备选型、综合布线、网络配置、测试验收、维护管理等一系列综合技术在内的现代通用的组网技术，分解为一个个具体的任务；以实际的网络工程案例作为参考和引导，对网络工程与组网技术进行了系统的论述。同时，在教学过程设计上，以项目为单位对各章的教学组织实施进行了独特的安排，即：整个教学的过程采用类似参与网络工程项目的方式，让读者参与到每个项目中去，将现场实训与课堂教学相结合，循序渐进的引导读者全面学习、实践、掌握网络工程组网技术。

概括起来，本书具有如下特点：

- 定位明确，目标清晰。本教程以国家网络技术水平考试"NCNE 二级、三级"认证所对应的主要职业技能为切入点，循序渐进地引导读者通过学习和实践，系统掌握作为一个网络管理员、网络工程师必备的相关知识和技能。

- 结构独特，层次分明。本教程以网络工程的项目为驱动，从小到大地设计了六个项目。在每个项目中，由浅入深地将常用的组网技术分解为一个个具体的任务。全书以完成各项任务为目标，对当前流行的组网技术进行系统的介绍和论述。

- 取材广泛，内容丰富。本教程的取材涵盖了从网络工程的招投标与管理，到现代通用的组网技术，以及如何组建小型办公、家庭网，组建中型网吧、企业网，组建大型校园网等一系列网络工程项目所涉及的知识、技术和方法。

- 案例详实，技术先进。本教程以当前国内流行的、先进的、实用的网络工程案例为参考，向读者推介目前活跃在我国的网络工程领域的成功案例、先进技术、主流产品以及知名品牌。

- 图文并茂，设计新颖。本教程以基础的理论作为铺垫，采用通俗易懂的文字描述、丰富多彩的实际截图、环环相扣的实践环节，为读者营造近乎实战的学习环境和实践过程，引导读者在趣味中学习网络工程知识，提升组网技术。

内容结构

本教程共设 6 个项目：

项目 1：网络工程方法与管理，内容包括网络工程的阶段划分与管理、网络工程的招标与应标、计算机网络的设计理念及方法；

项目 2：现代通用组网技术要领，内容包括网络拓扑结构的分析设计、通用局域网技术标准的选型、常用广域网接入技术的选型、IP 地址规划与子网划分、常用网络设备的选型、网络综合布线技术要领；

项目 3：组建小型简单网络，内容包括组建对等网、组建家庭无线网、组建小型办公网；

项目 4：组建网吧网，内容包括网吧网络总体方案的设计、网吧网络设备的选型与配置、网管计费系统的选型及配置、网吧网络布线系统的设计与实施；

项目 5：组建中小企业网，内容包括企业网总体方案的设计、企业网设备的选型与配置、网络系统软件的选型及配置、广域网接入技术的选型及配置、虚拟专网 VPN 的配置；

项目 6：组建大型计算机校园网，内容包括校园网总体方案的设计、校园网设备的选型与配置、校园网系统软件的选型及配置、广域网接入技术的选型及配置、远程访问站点的设计与配置。

教学方案

本教程的教学方案，在各项目开始的"项目说明"和结尾的"本章实训"中均作了详细的设计。其中，对课堂教学的设计上主张理论联系实际，结合案例进行教学，同时建议开设课程网站，以便开展互动教学和考评；在实践环节的设计上不拘一格，丰富多彩，包括现场观摩、实地考察、动手制作、模拟设计、实物配置、模拟配置等多种形式，给教学的安排赋予了很大的挑战性与灵活性。

整个教学过程建议在 72～90 学时内完成，具体视所在专业的教学计划、教学要求和学时安排，弹性使用本教材。例如，对于教学层次要求较高的本科院校，可安排充足的学时完整学习本教材的全部内容；对于教学层次要求稍低的高职、高专、成人高校，既可以完整地学习本教材，也可以适当精简，只学习前面第 1～4 章或第 1～5 章的内容即可。

读者对象

- 普通高校、成人高校计算机类、通信和电子类专业学生。
- 高等职业技术院校计算机类、通信和电子类专业学生。
- 计算机 NCNE 培训教师和学员。
- 计算机相关技术人员和爱好者。

编者与致谢

本书由张宜主编，杨挚诚、黄河副主编，粟思科审校。本教程的作者由实践经验丰富的高校教师和工程技术人员组成，是一支参与了多个网络工程项目的团队。为开发本教程，编著团队的全体人员整理了多年积累的实践经验和技术资料，用一年多的时间对教材的内容进行了严格、认真的编撰。本教材的主编、整体设计及统稿由张宜担任，第 1、2 章由张宜编写，第 3 章由黄河编写，第 4 章由李全枝编写，第 5 章由杨挚诚编写，第 6 章由覃冬华、杨挚诚编写。全书由粟思科审校。

同时参与本书编写工作的人员还有王治国、钟晓林、王娟、胡静、杨龙、张成林、方明、王波、陈小军、雷晓、李军华、陈晓云、方鹏、龙帆、刘亚航、凌云鹏、陈龙、曹淑明、徐伟、杨阳、张宇、刘挺 、单琳、吴川、李鹏、李岩、朱榕、陈思涛和孙浩，在此一并表示感谢。

值此本教程出版发行之际，作为主编，本人对所有的编写人员，和为本教材的开发和建设提供过支持和帮助的企业、单位及亲友们表示衷心感谢和崇高敬意！写作过程中，本教程参考和引用了大量的国内、外文献资料，在此一并表示诚挚的谢意。

配套服务

为方便教学，本教程配有电子教案、习题集、实训指导，可以从从中国水利水电出版社网站和万水书苑免费下载，网址为：http://www.waterpub.com.cn/softdown/和 http://www.wsbookshow.com。由于计算机网络技术发展迅速，本教程的覆盖面广，加之作者的水平有限，书中难免有错误和不妥之处，恳请广大读者批评指证。联络方式：hwhpc@163.com。

我们为读者和用户尽心服务，围绕产品、技术和服务市场，探讨应用与发展，发掘热点与重点；开展相关教学工作。网络工程组网技术俱乐部 QQ：183090495，电子邮件 hwhpc@163.com，欢迎爱好者和用户联系。

目　　录

项目 1 网络工程方法与管理

项目说明

 **项目背景**

随着 IT 技术的普及，计算机网络技术得到了迅猛的发展，网络应用遍布各行各业，网络工程也随着人们的需求变得越来越普遍、越来越规范。组网技术是网络工程的内核与支撑，学习组网技术，应该从了解网络工程的运作入手。设立本项目的目的，是为了更好地学习领会有关网络工程的基本方法和管理要领，以便为下一步学习各种组网技术培养兴趣，打下基础。为此，通过仿效网络工程项目的实际运作过程，创建相应的现场情景，让读者分工扮演一定的角色和承担相应任务，以此激发读者的参与意识和挑战心理，并借鉴每个任务所对应的背景案例中的做法，参与本项目的运作和实践，从中学习并领会承接一个实际的网络工程项目所必备的基本运作方法与管理要领。

项目目标

本项目的目标是，要求参与者完成以下 3 个任务：

任务 1：网络工程的阶段划分与管理。

任务 2：网络工程的招标与应标。

任务 3：计算机网络的设计理念及方法。

项目实施

本项目建议在两周内完成，具体的实施办法按以下 4 个步骤进行：

（1）分组，即将参与者按每 4~5 人一个小组进行分组，每小组确定一个负责人（类似项目负责人）组织安排本小组的具体活动。

（2）课堂教学，即安排 3~6 学时左右的课堂教学，围绕各任务中给出的背景案例，介绍涉及网络工程的阶段划分与管理、网络工程的招标与应标、现代网络的设计理念及方法等相关的教学内容。

（3）现场教学，即安排 3 学时左右的实训进行现场教学，组织观摩当地一个正在建设中的或已经通过验收的网络工程项目，重点考察该项目涉及网络工程的阶段划分与管理方法、网络工程的招标与应标过程、现代网络的设计理念及方法等与 3 个任务目标相关的内容。

（4）成果交流，用课余时间围绕所观摩的网络工程项目，以小组为单位，由小组负责人组织本组人员整理、编写并提交本组完成上述 3 个任务的项目总结报告。建议通过课外公示、课程网站发布、在线网上讨论等形式开展项目报告交流活动。

项目评价

任课教师通过记录参与者在整个项目过程中的表现、各小组的项目总结报告的质量，以及项目报告交流活动的效果等，对每一个参与者作出相应的成绩评价。

1.1　任务1：网络工程的阶段划分与管理

【背景案例】XXX Intranet 网络工程实施报告 [1]

第一章　工程管理

1. 工程管理的工作目标

XX 公司充分认识到一个数据、语音网络工程实施成功的标志是：按时、有序、保质地完成一个数据、语音通信系统的建设，而有效的工程督导和管理是整个工程实施取得成功的关键。

XX 公司将向用户提供有效的工程实施质量控制程序，确保 XXX Intranet 网络工程的质量和进度。该程序包括系统设计、细化认证、人力资源管理、产品和材料管理、工程和技术档案管理等。所有相关的技术资料和操作手册将及时提供给用户有关机构的管理人员，以便用户及时掌握和了解这些技术。

2. 工程管理内容

XX 公司将向用户提供一个行之有效的工程管理方案和详细的工程实施计划。在该程序之中，最重要的是项目进程的管理。

XX 公司将为数据网络工程组建一个工程实施小组，其中包括项目经理、高级工程咨询人员 CCIE 以及技术工程师。同时，为能够在工程实施过程中，各项工作得到用户方面的配合，XX 公司建议成立一个项目领导小组，领导小组成员由用户代表（至少一人）和 XX 公司负责本项目的客户经理组成，当工程实施过程中，如遇到工程实施小组项目经理不能单方面确认的问题时，则向项目领导小组反馈并得到确认。

XX 公司的技术工程师会完成所有与设备现场安装有关的技术工作，诸如：技术资料准备、网络测试、现场安装和验收测试。为了实现工程管理的目标，具有良好的技术背景和工程经验的工程专家将被任命为项目经理，项目经理将负责计划和督导整个工程的实施。项目经理将全面负责管理和协调在工程实施中各方面的工作。工程管理包括以下具体内容：

- 详细工程计划

根据实际安装条件、设备生产期限、人力资源状况、传输系统状况和其他各种现实因素，项目经理全面规划一个符合实际的整体工程进度计划，其中包括：各阶段的具体工作内容以及各阶段完成工作的定义。在得到用户有关方面的同意之后，项目经理将对整个工程进展进行协调，并在保证工期、质量和减少成本的前提下对工程各个阶段采取必要的督导和控制。

在工程开工协调会后，XX 公司项目经理将向用户方提供详细工程计划表，对工程实施的各个环节作出工程进度安排。

- 基于工程计划协调工程进展

项目经理将负责收集有关产品到货、运输、开箱、现场准备、安装进展、用户技术人员反应等工程信息。在分析所有有关信息之后，如果认为某些因素会导致工程进展中止或延迟，项目经理将负责采取必要的措施。项目经理将全权负责工程进展的督导和调整，以确保整个工程的全面完成。

- 工程管理

项目经理将召集技术工程师，以形成一个详细的工程管理计划。在得到用户有关方面的同意之后，项目经理将组织有效的人力资源完成工程实施技术资料，并对具体细节加以修正。

● 人力资源和设备资源的统一管理

经理将负责对工程实施中所有人力资源、设备资源、测试仪器资源进行统一调配。

● 统一协调

项目经理将作为 XX 公司方面负责统一协调双方的工程合作关系的代表（用户、用户下属设备安装地机构、XX 公司），在必要时，项目经理将向用户提出召集项目工程讨论会的请求。

3. 工程管理计划（PMP）

整个工程实施中，会遇到许多大范围的、有关交叉相关的工程技术问题，XX 公司将采用有效的措施以确保所有交叉相关细节在设备进行现场安装和割接以前进行预处理。这种工作程序将取决于工程管理计划文件的准确性和详细性。该计划是在项目经理和有关技术工程师对工程细节进行详细研究、对所有安装现场进行详细调查之后所产生的关键性技术文件。工程管理计划包括以下关键性技术内容：

● 网络拓扑结构。

● 网络全网 IP 规划表。

● 语音及 VPN 规划。

● 中心设备热备份规划。

● 项目实施计划表。

● 机房环境要求表。

● 节点机柜布置和布缆需求详细说明。

● 用户通信线路说明。

● 详细割接计划。

● 根据用户具体技术需求进行软件参数设定的技术说明。

该工程管理计划书将始终贯彻于整个工程实施过程之中，并且是整个工程实施的基本技术文件。按照该文件的精神和具体内容对整个工程中各个具体工程细节进行微调以确保整个工程能够顺利、按时完成。XX 公司通过在中国进行多业务网络工程实施的实践证明，该工程管理计划书对网络工程的实施具有非常重要的作用。负责各安装地设备安装、调试的 XX 公司、各地办事处的工程师，可以根据该技术文件的内容基于具体情况灵活处理各类技术问题，但又可以确保整个工程实施的整体性。

4. 工程协调会 ………（略）

5. 文档管理

整个工程的实施过程中，因数据网络的建设通常与系统集成公司、传输单位等进行多方位配合，交互期间产生的文档必须进行规范化管理。XX 公司将针对项目成立文档管理小组，由指定人员负责该项目产生的一系列文档，并建议用户方也指定人员进行文件的管理。项目实施中，将会产生以下文件：

（1）网络项目技术应答书

（2）到货设备验收单

（3）项目开工协调会会议纪要

（4）项目实施计划表

（5）机房环境要求表

（6）用户通信线路调查表

（7）项目实施日志

（8）用户需求更改记录

（9）网络方案全网 IP 规划表

（10）网络方案拓扑图

（11）项目初验报告

（12）项目终验报告

（13）设备配置资料以及其他在项目实施过程中产生的相关文件。

第二章 工程实施

整个工程将分为四个阶段：

第一阶段：工程设计准备阶段

第二阶段：硬件安装联调阶段

第三阶段：工程初验

第四阶段：试运行及终验

项目进度如表 1-1 所示。…………（略）

表 1-1 网络工程项目实施进度表

工程进度里程碑	时间表（以周为单位）											
*月*日签定合同	1	2	3	4	5	6	7	8	9	10	11	…
合同生效	●											
双方协商总体安排		●										
双方落实人员安排		●										
提交设备需求报告		●										
提交工程管理计划		●	●									
需求分析		●	●									
IP 规划、路由规划			●									
系统总体功能设计				●								
甲方技术人员培训					●							
设备到货期						●	●	●				
设备安装环境验收								●				
设备现场安装测试									●	●		
提交系统初验程序											●	
网络、主机初验											●	
系统初验												●
试 运 行												●
系统终验											●	

第三章 技术支持与服务 …………（略）

第四章 网络设备安装 …………（略）

第五章 工程实施验收 …………（略）

第六章 工程文档 …………（略）

---

1 资料来源：http://xnjp.tjuci.edu.cn/loukong/mcu-kc/download/035.doc

任务导读

　　初次接触网络工程项目，往往让人理不出头绪，无从下手。在众多的困惑中，最令人关注的问题莫过于网络工程应该如何运作、如何管理，以及整个项目如何分段实施。

　　解读本任务的背景案例，让人可以看出在实施一个网络工程项目时，为确保网络工程的质量和进度需要设立一个项目经理，由项目经理全面负责计划和督导整个工程的实施。同时，也看到了一个网络工程项目是怎样进行阶段划分，以及各个阶段的实施过程中是如何针对方案设计、细化认证、人力资源管理、产品和材料管理、工程管理和技术档案管理等多个环节进行管理。该案例虽然只是个案，但却在现代网络工程的项目中具有典型的代表性，反映了网络工程项目实施和管理的基本方法。

　　接下来将从网络工程的阶段划分入手，对网络工程各个阶段的工作内容及其管理方法等进行逐项讨论，以便弄清楚网络工程项目的阶段划分与管理的相关问题。

1.1.1　网络工程的阶段划分与管理

　　从不同的角度出发，网络工程阶段划分的方法和结果有所不同。

　　根据项目的进展来划分，网络工程项目与其他领域的工程项目一样，大体上可以分为：项目前期准备、项目中期实施、项目后期维护等三大阶段。

　　在项目前期准备阶段，主要工作是项目的立项和招标与投标。其中，项目立项由建设方完成，主要有网络建设目标的初步规划、可行性论证、项目资金立项等工作；招标与投标由建设方、招标公司、投标方、评标机构等多方人员共同完成。

　　在项目中期实施阶段，主要由中标的承建方完成整个网络工程项目的技术性工作，建设方、监理方进行监督和验收。具体内容包括网络规划、需求分析、系统设计与实施、系统测试与验收等。

　　在项目后期维护阶段，主要由承建方向建设方提供网络工程项目的"售后服务"，具体内容包括技术培训、网络运行与维护等等。

　　从技术和管理的角度来划分，一个网络工程项目通常分为五个阶段，即网络规划阶段、需求分析阶段、设计与实施阶段、测试与验收阶段、运行与维护阶段。各个阶段的工作内容及其管理方法，将在下面逐项进行讨论。

　　对于网络工程质量的监督管理，主要是依据国务院第 279 号令颁布的《建设工程质量管理条例》及工业和信息化部第 18 号令颁布的《通信工程质量监督管理规定》等法规文件。在《建设工程质量管理条例》中规定了必须实行监理建设工程，包括：国家重点建设工程；大中型公用事业工程；成片开发建设的住宅小区工程；利用外国政府或者国际组织贷款、援助资金的工程；国家规定必须实行监理的其他工程。而在《通信工程质量监督管理规定》则笼统规定："通信工程建设、勘察设计、施工、系统集成、用户管线建设、监理等单位，必须遵守通信建设市场管理有关规定，依法对通信工程质量负责，依照本规定接受质量监督"。显然，对于网络工程之类的通信工程的质量监督和管理，缺乏像建筑工程那样的强制性要求和操作规范，例如，建筑工程项目如果没有相应资质的监理机构参与，在准建、施工、验收、办证等一系列环节上将会受阻，属于违规建筑。于是，各省、自治区、直辖市纷纷就《通信工程质量监督管理规定》出台了相应的实施细则，有的还为强制性实行监理的通信工程项目设置一定规模的门槛，如 50万元以上的项目等等。

　　目前网络工程质量的监督管理有两种做法，一是由承建方管理工程，建设方监督和认可；二是由承建方管理工程，建设方聘请第三方监理机构来监督和认可。对于中小型的网络工程项目，通常采用第一种做法。第二种做法由于聘请第三方监理机构会增加项目的成本，一般在大型的网络工程项目中才会应用。

与其他工程项目相似，网络工程项目的管理方法主要体现在三个环节：项目前期的严密规划和充分论证；项目实施期间的过程跟踪和质量监控；项目后期的效果评价和质量审定。一个网络工程的质量如何，由各个阶段的质量综合决定，具体来说，网络需求分析的质量、网络设计的质量、网络配置的质量、网络布线的质量、网络测试的质量、网络维护的质量等环环相扣，共同决定了网络工程项目的质量。因此，每一个从事网络工程的工作人员，都必须牢固树立严格的质量观，把好每个阶段的质量关，是保证整个网络工程项目成败的关键。

IT 行业的快速发展加快了与国际接轨的步伐。网络工程的管理也开始借助 VisualProject、MS Project 等项目管理工具软件，对整个项目的人力组织、进度安排、过程监控、数据统计、图文归档、成本控制等环节实施高效、规范的数字化管理，其效果和效益明显优于人工管理。

1.1.2　网络规划阶段及运作

网络规划阶段的工作，主要是对网络工程建设的目标进行规划和相应可行性分析与论证。这也是项目前期准备和项目中期实施这两个阶段的开局之作，即在项目前期准备阶段由建设方提出初步的网络规划，而在项目中期实施阶段，则由承建方对网络规划进行具体的完善。网络规划工作的好坏，直接影响到整个网络工程项目的立项和项目实施的效果。

在项目前期准备阶段，为了获准项目的立项，建设方通常在立项的时候已经对网络工程项目的建设目标做了初步的规划，但此时的网络规划往往以方向性和原则性者居多，可操作性不强。因此，到了项目中期实施阶段，承建方为了网络工程项目的顺利实施，还需要在建设方所做的网络规划的基础上进行实质性的完善，具体做法是根据用户的具体应用情况，对所组建网络的近期目标（项目验收）、中期目标（3~5 年内扩容升级）、长远目标（5~10 年后的拓展）分别进行严密的网络规划和相应的可行性分析和论证。具体分析和论证通常包括下列关系到建网目标的技术可行性、经济可行性内容：

- 对组网预期达到的近期、中期、长期目标的描述。
- 评估对新技术、新设备的期望值以及超前发展的追求程度。
- 进行网络用户群分类及其总量增长趋势的预期。
- 确定数据重要性及安全的等级并预计其未来可能的提升。
- 选择网络结构及核心设备的冗余技术和扩展方式。
- 拟定关键设备及数据所采用的备份与恢复技术。
- 制定包含进度计划和管理计划在内的工程实施方案。
- 估算网络工程的造价等等。

值得注意的是，随着网络应用的普及，建设方往往已经拥有计算机网络，立项的网络工程项目中大多是属于在现有网络基础上的改建、扩建项目。为此，在做新的网络规划时，还要注意保护用户已有网络系统的软、硬件资源，能利用的应当充分利用，尽量为建设方节省开支。

网络规划阶段的工作，主要由承建方的项目负责人组织相关的网络工程师和技术人员来完成。这个阶段的成果，是形成具体的、得到建设方认可的项目可行性研究报告、项目实施与管理计划等阶段性文档，为下一步的需求分析阶段奠定基础。项目可行性研究报告、项目实施与管理计划等文档必须通过承建方专家组的评审，必要时进行修改和调整，评审通过之后，方可进入下一阶段的工作。

对于需要聘请监理机构对网络工程进行工程质量监督管理的项目，建设方必须向当地通信工程质量监督管理机构填报"通信工程质量监督申报表"，以便聘请具有相应资质的监督管理机构参与网络工程项目的监理。

1.1.3　需求分析阶段及运作

需求分析阶段在整个网络工程中起着承上启下的关键作用。所谓承上，就是为了实现网络规划阶段所提出的建网目标，向建设方寻求更为实际的、更为具体的网络应用需求意向；而启下则是将所有的需求意向进行商业、技术目标及约束的全面分析、归纳和抽象，形成需求分析报告，为下一阶段的网络设计提供技术性、可行性、经济性的设计依据，以便制定出满足客户需求、得到客户认可的网络设计方案。

可见，需求分析阶段的主要工作是确定用户的网络需求，由承建方的网络工程师和相关的技术人员组成专门小组，通过与建设方的交流和分析来完成。这个阶段具体工作的开展，通常包括以下 4 个步骤：

（1）与建设方进行多层面的交流，收集需求意向。具体做法如下：

交流的对象应包括建设方的领导和管理层、业务工作人员、原有网络的技术人员，通过和他们的详细交流，主要获取以下需求信息：

- 组网的区域范围是哪些？（包括单位总部、内部机构、异地分支机构……）
- 网络用户规模有多大？（包括本地用户数量、异地用户数量、远程访问数量……）
- 希望网络处理哪些业务？（包括办公自动化、业务管理、资源管理、视频会议……）
- 是否通过网络对外服务？（包括信息发布、业务往来、电子邮箱、客户服务……）
- 现有网络资源如何？（包括主要设备、正版软件、布线系统、业务数据……）
- 打算如何接入互联网？（包括接入技术、接入带宽、租用资费……）
- 需要怎样的安全保障？（包括防火墙、防病毒、入侵检测……）
- 在网管方面要求如何？（包括设备配带网管、专业网管系统、人工网管……）
- 对网络的发展有何预期？（包括 3~5 年内、5~10 年后用户增量、业务发展……）

（2）归纳、分析、抽象网络需求，形成初步的需求分析报告。需求分析报告通常包括下列内容：

- 组网环境需求分析，包括组网的区域范围、覆盖机构的地域分布状况等。
- 网络规模需求分析，包括网络用户的数量、用户分布情况、流量描述等。
- 网络应用需求分析，包括网络的各种对内业务处理、网络对外服务功能等。
- 网络结构需求分析，包括网络分层结构的需要、链路的结构、带宽需求等。
- 网络互联需求分析，包括内部各局域网的互联方式、公网的接入技术等。
- 网络安全需求分析，包括网络安全策略、安全措施、安全技术等。
- 网络管理需求分析，包括网管方式、网管技术、网管系统等。
- 网络拓展需求分析，包括网络扩容能力、新增系统的可能性、技术更新的方式等。
- 商业和技术约束分析，包括政策、技术、资金、时间等方面的条件限制。

这一阶段的成果是形成需求分析报告。在做需求分析报告时，既要对各种需求信息进行归纳和抽象，又要进行必要的分析表述。例如，网络应用的需求分析，不同类型的网络通常有不同的应用需求归类。

- 电子政务网：政府宣传、信息发布、网络办公、事务管理、文件检索、视频会议、应急指挥联动、决策支持、意见征询、民意调查等。
- 企业网：企业展示、产品介绍、电子商务、客户服务、电子邮件、文件传送、视频会议、数据库管理、决策支持等。
- 校园网：学校宣传、办公自动化、公共服务、信息系统管理、网络教学、科研检索、数字图书馆、电子邮箱、校园一卡通、远程教育、网络电视、远程接入等。
- 园区网：小区介绍、物业网络管理、公共事务服务、网站浏览、在线游戏、视频点播、宽带接入等。
- 网吧网：网上冲浪、网络游戏、网络音乐、网络影视、网络聊天、电子邮件、上网办公、网吧购物等。

（3）反馈初步的需求分析报告、征集用户意见。对于大型的网络工程项目，这一步非常必要，做法是将初步形成的需求分析报告分别反馈给建设方的有关人员，通过双方的交流和调整，形成较为完善的需求分析报告。

（4）评审、修改，形成正式的需求分析报告。评审工作由承建方组织专人来完成，对评审过程中提出的异议，需求分析小组必须及时修改，必要时再次征求建设方的意见，直至通过评审，最后形成规范需求分析报告文档。

1.1.4 设计与实施阶段及运作

依据需求分析报告，项目负责人即可组织专人进行系统设计与实施，若条件允许，这一阶段最好有需求分析小组的骨干人员参与。这一阶段的主要任务，是根据需求分析报告形成网络系统的设计与实施方案，并组织实施。具体的工作次序分别为逻辑网络设计、物理网络配置、系统安装与设置。

1. 逻辑网络设计

完成网络系统及其配套设施的逻辑结构设计，具体内容包括：

- 网络拓扑结构的设计，形成网络拓扑图。
- 子网的划分，形成 VLAN 划分、配置、管理的方案。
- IP 地址规划，形成 IP 地址分配表。
- 公网接入方式及路由协议选取，形成接入 Internet 技术要求和路由配置方案。
- 网络安全策略的制定及技术选型，形成网络安全制度及设备配置方案。
- 网络管理方案的设计，形成网管设备和工具软件的配置方案。
- 综合布线系统设计，形成综合布线系统结构图和施工方案。
- 供电系统的设计，形成以网络中心机房为主的网络设备供电、配套设施供电线路图。

值得注意的是，IP 地址规划应首先针对所拥有的公用 IP 地址进行分配，公有 IP 地址不足则利用私有 IP 地址进行分配。其中，公用 IP 地址的获取，通常是在网络工程项目获得立项之后，由建设方向中国互联网络信息中心 CNNIC 或互联网服务商 ISP 注册域名、申请 IP 地址，此项工作需要一定的时间。若尚未申请，承建商应在网络工程项目启动时，尽快协助建设方完成注册域名、申请 IP 地址的工作，以免影响这个项目的进度。

2. 物理网络配置

主要完成网络系统物理结构的设计及系统硬、软件其相关设备、器材的选型，具体内容包括：

- 网络环境的布局，如路由器、交换机、服务器、网管工作站、防火墙等设备的布置。
- 网络设备的选型，如各种网络设备的性能参数、技术规范、品牌、型号、价格等。
- 网络软件的选择，如网络操作系统、数据库系统、网管及各种工具软件的选择等。
- 综合布线器材的选型，如线缆、网络模块、配线架、跳线架、信息盒、连接件等。
- 网络中心机房设计，如网络机柜、控制台、电视墙、空调、UPS 电源等选型及布局。

3. 系统安装与设置

主要完成网络系统的硬件设备、软件的安装与设置，具体内容包括：

- 综合布线系统的施工。
- 网络设备的安装及设置。
- 网络操作系统及各服务器的安装及设置。
- 网络中心机房的装修。
- Web 网站的开发。
- 数据库系统的架构。
- 网管及各种工具软件的安装及设置。

1.1.5 测试与验收阶段及运作

测试与验收是网络工程项目中非常重要的环节，其过程一般分为单项测试与验收及系统测试与验收。

1. 单项测试与验收

单项测试与验收的目的，是随工检验网络设备和网络系统局部性能的好坏，以便项目的顺利推进。单项测试与验收的方案由承建方制定，其主要工作是在系统设计与实施阶段的后期，由承建方随着施工的进度逐项进行，完成后整理形成各个单项的测试数据和验收报告。单项测试与验收是一种初步的、局部的验收，其主要内容包括：

- 综合布线系统的测试，包括接线图、跳线、缆线及所有节点性能指标的测试。
- 网络设备的测试，包括各种设备及其配套设施的单机配置、性能测试。
- 网络协议的测试，包括路由协议、TCP/IP 协议、网络应用协议、协议一致性等测试。
- 供电系统的测试，包括网络中心机房配电、综合布线系统设备间和管理间供电测试。
- 网络中心机房测试，包括 UPS 系统、防静电地板、保护接地、防雷接地等测试。

2. 系统测试与验收

网络工程项目必须通过系统测试与验收，才能检验承建方所付出的努力是否达到预期的设计目标、能否交付建设方使用。因此，系统测试与验收对双方都至关重要，其过程也十分严谨和复杂。具体做法是在整个工程完工后，由建设方制定测试验收方案并组织专门的工作小组来完成，这些工作小组通常包括由专业技术人员构成的测试小组、由财务和监察人员组成的审计小组、由专家和监理人员组成的评审小组。

测试小组的工作，是在系统测试与验收开始后，用一周左右的时间，按测试验收方案对整个网络系统进行全面测试，内容包括单项指标的抽样测试、系统性能指标的综合测试，并形成相应的测试报告。其中，抽样测试是对承建方提供的各种单项测试与验收的结果进行抽样验证。例如，对于综合布线系统的抽样测试，一般应从全部节点中抽样出 20%~30%的节点来进行性能指标的测试。而综合测试则是在网络系统正常运行的状态下，进行以下多项综合性能指标的测试：

- 网络系统的连通性能测试，包括局域网节点、公网接入点、远程访问节点等各类节点的连通性能测试。
- 网络系统的传输速率测试，包括主干链路、汇聚链路、服务器链路、防火墙链路、公网接入链路、远程访问链路等各类主要链路的带宽等传输性能指标的测试。
- 网络系统的应用服务测试，包括 Web 浏览、E-mail、FTP、数据库系统、VOD 点播、视频会议系统、VPN 等各类预期的网络应用服务项目的效果测试。
- 网络系统的安全性能测试，包括访问控制、攻击防范、病毒查杀、数据备份、灾难恢复等各种预期的安全性能的测试。
- 网络运行效果的测试，包括收集试验运行期间，各类网络用户的使用效果意见。

审计小组的工作，是审计整个网络工程项目的财务开支和运作程序是否符合相关规定，是否存在违规、违纪现象等，审计通过后形成相应的项目审计报告。

评审小组的工作，是召开项目验收鉴定会，通过听取测试小组的测试报告、审计小组的审计报告、承建方的项目实施总结报告和单项测试验收报告，审阅项目相关的各种文档材料以及现场考察整个网络系统的运行状况，对整个网络工程项目的质量进行评审，最后签署项目验收报告。监理机构还要整理形成通信工程竣工验收备案表、通信工程质量监督报告。

未通过验收的项目必须按评审小组提出的意见进行整改，整改后重新进行系统测试与验收。项目验收通过后，承建方即可着手向建设方移交网络工程项目，并按合同规定的售后服务期限，协助建设方进入网络工程项目的运行与维护阶段。

1.1.6 运行与维护阶段及运作

运行与维护阶段是承建方在网络系统通过验收后，为建设方提供的售后服务，由双方共同完成。在移交网络系统给建设方时，承建方必须为用户提供必要的培训，并按项目合同的约定期限提供网络系统的运行与维护的支持服务。

承建方必须提前制定好培训计划、用户操作手册，培训对象分别为网管技术人员和一般网络用户，通过现场操作培训或集中授课培训。培训内容通常包括以下项目：

- 网络安全使用规则的培训。
- 网络应用功能的操作培训。
- 网管系统的运行维护培训。
- 网络故障排查与处理的培训。
- 系统备份与灾难恢复的培训。

通过培训后，用户在承建方的协助下，接手网络系统的运行和维护工作。对于大型的网络工程项目，承建方通常会在合同规定的售后服务期间，派专人留守网络中心机房，帮助用户及时排除网络故障。

至此，本节介绍了网络工程的阶段划分和管理方法。由于整个网络工程项目的管理成果主要体现在各个阶段的相关文档之上，为了便于理解其中的要领，现将这些文档与其对应阶段的关系进行总结和归纳，具体如表 1-2 所示。

表 1-2 网络工程管理文档

文档/阶段	网络规划阶段	需求分析阶段	设计与实施阶段	测试与验收阶段	运行与维护阶段	执笔
可行性研究报告	●					承建方
项目实施与管理计划	●					承建方
工程质量监督申报表	●					建设方
工程质量监督计划书	●					监理方
需求分析报告		●				承建方
系统设计与实施方案			●			承建方
单项测试与验收计划			●	●		承建方
单项测试与验收报告			●	●		承建方
项目实施总结报告				●		承建方
工程质量监督检查记录		●	●	●		监理方
项目审计报告				●		建设方
系统测试验收方案				●		建设方
项目验收报告				●		建设方
工程竣工验收备案表				●		监理方
工程质量监督报告					●	监理方
用户培训计划					●	承建方
用户操作手册					●	承建方

1.2 任务 2：网络工程的招标与投标

【背景案例】校园网络工程项目招标公告 [2]

中国政府采购招标网 第【1096455】号 发布时间：2011 年 8 月 11 日

项目编号：0809-1141NHG12717

所在地区：广东

所属行业：IT 网络系统

内　　容：**校园网络工程项目招标公告**

　　　　采购项目编号：0809-1141NHG12717

　　　　采购项目名称：校园网络工程

　　　　项目内容及需求：包括电脑、交换机等设备，具体详见招标文件。

　　　　采购预算：￥436,486,00 元

　　　　供应商资格：

　　　　1. 中华人民共和国境内法人；

　　　　2. 具计算机信息系统集成叁级或以上资质。

3．本项目不接受联合体投标。

法定代表人为同一个人的两个及两个以上供应商，不得在本次招标同时投标，采购人只接受先报名的供应商。

请投标人凭企业法人营业执照、税务登记证的复印件（加盖公章）到本公司购买招标文件。

符合资格的供应商应当在 2011 年 8 月 2 日起至 2011 年 8 月 8 日 期间（办公时间内，法定节假日除外）购买招标文件，招标文件每套售价 150 元（人民币），售后不退。

投标截止时间：2011 年 8 月 25 日 9 时 30 分（注：9 时开始接收投标文件）

开标评标时间：2011 年 8 月 25 日 9 时 30 分

附　　件：附件下载（略）

　　　　　标书账号（略）

备　　注：有意向的供应商可上网注册成为企业会员（会员在线浏览所有采购文件），进行预览招标文件。

详情咨询：电话：010-83684022　　83610206（中国政府采购招标网）

供应商邮箱：zfcgzb @gov-cg.org.cn

2　资料来源：http://www.chinabidding.org.cn/BidInfoDetails_bid_1096455.html

任务导读

在我国当今的市场经济环境下，类似上述背景案例中的网络工程项目招标公告可谓比比皆是，其文字不多，却蕴含着大量的招投标信息，例如：是什么项目在招标，预算的资金有多大，投标人需具备怎样的资格，怎样购买招标文件，投标截止的时间，开标评标的时间等等。其中最重要的信息就是告诉人们：谁要想成为本项目的承建商，就必须参加本次招投标活动并闯关胜出，成为唯一的中标者。

本节将从网络工程项目的招标程序、投标文件的编写格式、应标要做的具体工作等几个方面对网络工程的招投标工作进行讨论。

1.2.1　网络工程项目的招标程序

招投标是国际通用的商务交易行为，通过法制监控下的公平、公正、公开的竞争活动，让招标与投标双方获得互利共赢的交易结果。我国对招投标活动的规范管理起步较晚，进入 2000 年以来，随着《中华人民共和国招标投标法》、《中华人民共和国政府采购法》的颁布实施，各地方政府相继出台了相应的实施细则、实施办法等配套法规，有力的推动了招投标活动的健康发展。凡资金来源符合相关法规的网络工程项目，必须纳入招投标活动。

网络工程项目的招标通常分为项目整体招标、项目局部招标两种不同的形式。作为工程项目的整体招标，包括了网络系统的设计、硬件软件配置、机房装修、综合布线、安装调试等整套网络工程的一系列内容一并举行招标。作为项目的局部招标，则是将网络工程中部分内容，如网络设备采购、综合布线系统、网络机房装修等进行招标，而网络系统的设计、安装调试等项目由建设方自行完成。显然，后者一般适用于高等院校、科研院所、IT 企业等具备较强技术实力的单位，其效果不仅可以节省开资，还有利于培养自己的技术队伍，为日后的网络管理与维护奠定坚实的基础。

无论是项目整体招标还是项目局部招标，网络工程项目的招标程序与其他行业的项目招标一样，通常按下列步骤进行：立项报批→ 招标准备→ 招标公告→ 资格审查→ 投标→ 开标→ 评标

→ 定标。

（1）立项报批。由建设单位向资金来源的上级主管部门逐级申报项目立项，获准审批并确保项目资金到位。属于单位自筹资金的项目，立项审批只需在本单位内部完成。

（2）招标准备。内容包括：向当地招标监管部门申报招标项目，并获准备案；聘请招标代理机构（招标公司）；由招标代理机构编制招标文件（内容通常由六个部分构成：招标公告、招标项目及要求、投标人须知、合同条款及格式、投标文件格式、评标办法等）。

（3）招标公告。由招标代理机构按当地招标监管部门指定的报刊、媒体、网站，公开发布招标公告，发售招标文件，接收投标意向。

（4）资格审查。由招标代理机构按招标公告提出的条件，对有意向的投标人所提交的资格证明材料进行审查，将不满足条件的投标人排除在本次招标活动之外。

（5）投标。由通过资格审查的意向投标方在规定的期限内完成，具体工作包括：购买并研究招标文件，向招标代理机构进行项目咨询、对建设单位进行项目勘察、参加招标答疑活动；编制投标文件（标书）；密封并送达投标文件。

（6）开标。由招标方按招标公告指定的时间、地点公开举行开标仪式，介绍本项目招标的概况、参加投标的投标人及代表；宣布工作人员、监管方代表、公正机关、评标办法；公正机关检查评标标准的密封情况；工作人员当场开启并宣布评标标准；公正机关检查投标文件的密封情况；工作人员当场开启密封的投标文件；唱标，即工作人员按投标顺序宣读投标人的公司名称、投标报价、工期及质量承诺等等；最后，宣布评标的时间安排、询标（评委就不明确点向投标人咨询）的时间和地点。

（7）评标。开标仪式结束，由招标方移交投标文件给评标委员会（评委分别由招标监管部门按有关规定抽取的技术与经济专家、建设单位代表共五人以上单数构成，其中专家人数不少于成员总数的三分之二）。评标委员会在规定的时间、地点进行独立评标，过程包括初审、比较与评价、形成评审结果三个阶段，即首先，对投标文件进行资格性和符合性的初审检查；然后，按招标文件中规定的评标方法和标准，对资格性检查与符合性检查均合格的投标文件，进行商务和技术评估及综合比较与评价；最后，形成评标结论并按优劣顺序推荐若干个中标候选人供招标人参考。评标审查过程中，评委对投标文件中含义不明确之处向投标方进行询标澄清。

（8）定标。由招标方按招标文件规定的时间和定标原则，对评标委员会的评标结论和推荐的中标人进行综合审查，从中选定中标者；将中标结果书面通知所有投标人，同时在指定的报刊、媒体、网站上公开发布；按照中标通知书的规定事项及招标文件中的合同条款，与中标人签署项目合同。

1.2.2 网络工程项目投标文件的编写格式

投标文件也叫投标书，是整个招投标活动中唯一能够在招标人和评标委员会面前展示应标人的实力、标价、技术、质量、服务等承诺事项的文件依据，其编写的质量好坏，直接关系到应标人中标与否的命运。因此，对于各应标方来说，编写出一份好的投标文件是一项至关重要的工作。

投标文件并无统一格式，出于评标的需要，不同项目的招标文件均对投标文件的编制格式和内容构成提出不同的具体要求。投标人应按照招标文件要求的内容、顺序和格式来编制投标文件，避免产生负面影响。一般而言，网络工程项目的投标文件通常由唱标部分、商务部分、技术部分、附件部分 4 项内容构成。

1. 唱标部分

唱标部分位于投标文件的首部，主要包括开标时的唱标报告、投标报价表等内容。其中，唱标报告包含招标项目编号、投标人全称、投标项目名称、投标总报价等关键内容；投标报价表则包含硬件设备报价、软件配置报价、工程施工报价等各个分项的报价。

2. 商务部分

商务部分是投标文件的商业承诺主体，内容主要包括：投标函、投标人承诺函、投标保证金缴纳证明、投标货物与招标货物差异表、投标货物合格的证明文件、投标货物制造厂家的授权书、工程质量保证、投标人资质声明、法定代表人身份证明书、投标人法定代表人授权委托书、用户培训及售后服务条款等等。

3. 技术部分

技术部分是投标文件的技术承诺主体，内容主要包括：投标货物技术规格响应表、投标货物性能及技术参数说明、网络工程解决方案（网络结构设计方案、系统集成方案、综合布线方案、安全策略与实现方案等等）、工程施工计划、施工过程管理方案等等。

4. 附件部分

附件部分位于投标文件的尾部，集中陈列招标文件中要求投标人提供的各种资质文件（复印件），其内容通常包括：投标单位简介、法人营业执照、税务登记证、组织机构代码证、国家信息产业部系统集成资质证、建筑智能化工程设计与施工资质证、委托代理人身份证、授权书、产品生产许可证、质量保证体系证照、公司相关业绩证明等等。

由于不同的网络工程项目对投标文件的内容及格式的要求有所不同，除了上述 4 个部分外，投标文件可能还有其他的内容要求。因此，投标文件应严格按照招标文件提出的要求、格式即内容顺序来编制，切忌因为别出心裁、自成体系而成为废标。

1.2.3　网络工程项目应标要做的具体工作

作为一家应标的网络公司，总是希望能够在网络工程的招标中胜出，成为中标人。尽管每一次招标项目的中标人各有不同，但所有的中标人都有着一个相同的经历，那就是：要想成为中标人，就必须付出艰辛的努力。那么，应标需要做好哪些具体的工作呢？一般来讲，应标方要做的具体工作如下：

（1）捕捉招标信息。主动寻找网络工程商机，是网络公司必须做好的前期工作。做法通常有两个：一是通过各种可能利用的关系和渠道，收集本地区和外地的网络工程项目动态，积极与那些准备立项的单位进行接洽，了解有关网络工程项目的相关情况，例如：建设什么类型的网络，计划什么时候建，可能投资多少，等等，提早为应标做好准备；二是通过官方指定的报刊、媒体、网站，关注各种公开发布的网络工程招标公告，仔细解读公告中传达的招标信息，初步评估本公司是否符合招标条件、是否能够承接招标项目、是否决定应标。

（2）购买招标文件。一旦决定应标，要尽快购买招标方发售的招标文件，以便组织专门人员对招标文件进行全面研究。

（3）研究招标文件。组织人员认真研读招标文件的具体内容，尤其是对项目的投资规模、技术规格、质量要求、施工期限、评标办法等关键内容必须充分研究，最大限度地理解招标方的需求意图。对于招标文件中不理解的内容，必须在投标文件规定的截止日期前，以规定的方式请求招标方以书面形式予以澄清答复。

（4）现场踏勘考察。为方便应标人能够设计出切合实际的解决方案，网络工程项目的招标文件中通常会提供现场踏勘、考察的机会和时间表。应标方一定要抓住这一难得的机会到现场进行实地勘察组网的环境，并尽可能向对方了解其组网的意图与需求，做好记录，索要相应的建筑图纸、环境资料等重要的设计和施工依据，为下一步编制好投标文件奠定基础。

（5）编制投标文件。这是一切应标工作的核心，可以说，成败在此一举。编制投标文件时，除了组织高手严格按照招标文件提出的具体要求、内容顺序、格式来编写，还要注意在投标报价、解决方案、技术指标、性价比、施工管理、质量保证、售后服务等关键环节上充分展示本公司的特色及优势。同时，还应注意避免疏忽和出现一些低级的错误，如：文字打印不清、有错别字；目录的编号、页码、标题与正文不一致；报价金额大小写不一致；公司、法人代表、委托代理人不按要求签字或盖章等等。

（6）提供资质文件。应标方必须按照投标文件的要求，准备齐全的相关资质文件的原件及复印件，如：法人营业执照、税务登记证、组织机构代码证、国家信息产业部系统集成资质证、建筑智能化工程设计与施工资质证、法人及委托代理人身份证、授权书等等，以备审查和作为投标文件中的附件。

（7）递交投标文件。编制完成投标文件（包括附件）后，必须按照招标文件提出的要求（如：正本一份、副本 XX 份）将投标文件正、副本分别装订成册，并在每个正、副本封面上标明"正本"或"副本"，以及项目名称、项目编号、投标人名称等内容。然后按要求对投标文件进行装袋和密封，在规定的截止时间前按照指定地点送达招标方。

（8）应对评委询标。在评标期间，应标方组织专人按招标文件的规定和要求，及时、准确、从容应答评委提出的各种询标问题。要做到这一点，在评标前，应标方要对有可能出现询标的问题制定出相应的应答预案，充分做好询标准备。

（9）签署项目合同。应标方一旦招标，必须按照中标通知书规定的时间、地点以及招标文件中规定的合同条款，及时与招标方签订合同。注意规避各种违约现象的发生，以免造成经济效益上和社会效益上的损失。

1.3　任务 3：计算机网络的设计理念及方法

【背景案例】中兴通讯中小企业网解决方案 [3]

1. 中兴绘制网络蓝图，企业演绎精彩应用

中小企业信息化是指在企业经营管理的各个活动环节中，充分利用现代信息技术建立信息网络系统，使企业的信息流、资金流、物流、工作流集成和整合，不断提高企业管理的效率和水平，实现资源的优化配置，进而提高企业经济效益和竞争能力的过程。

中小企业信息化的内容主要有：

（1）企业网络建设（Network）。包括局域网和 Internet 接入，规模大的还有广域网建设；

（2）企业的办公自动化（OA）。主要是利用电子文档尽可能地实现无纸办公，加快企业内部的办事效率。

（3）各部门或单位的管理信息系统（MIS）。典型的有销售部门的购销存系统，人事部门的员工档案管理，财务部门的财务软件等；

（4）为加强各部门和单位协作，整合企业资源，还有企业资源计划管理（ERP），供应链管理（SCM），

客户关系管理（CRM）。

（5）企业网站建设。利用网站宣传企业及企业产品；利用网站实现企业员工的远程办公或移动办公；利用网站可以更好地和合作伙伴沟通，和客户沟通，从而通过电子商务来拓展业务。

2. 中兴通讯中型企业网络解决方案

中型企业特点是跨地域的分支机构较多，各部门业务不一，对网络功能要求也不一。综合来讲，需要满足以下信息化的要求：

- 建立自动化办公系统，实现无纸化办公。
- 建立内部邮件等系统，实现通知、文件、信函快速传递。
- 建立数据库检索系统，实现数据、资源共享。
- 能接入 Internet，获取网络资源的同时还要保证企业内部网络的安全；
- 和合作伙伴一起构建 Intranet，实现部分资源共享。

在构建中型企业网络时，一个主要的部分就是构建企业广域网完成企业总部与各分支机构间的互连互通。中兴全系列路由器产品可全面满足企业广域网的建设需求。

中兴系列路由器可根据用户组网需要选配接口模块，提供灵活的解决方案，可以满足以太网、POS、SDH、DDN、PSTN 等各种组网需求，并均可提供 VPN 功能满足企业成本构建虚拟企业专网的需求。

（1）广域网建设思路。

对于中型企业总部可采用中兴高端汇聚路由器 ZXR10 T64E/GER/G72，以充分满足企业总部的高性能、高可靠性的需求；对于企业分支机构，可采用中兴中端接入路由器 ZXR10 G72/G36/G26 实现接入企业总部的功能；对于小型企业分支机构或办事处，可采用中兴低端路由器 ZXR10 G26/G18 完成接入功能。

（2）局域网建设思路。

企业局域网核心交换机可选用中兴的大容量三层交换机 ZXR10 T64G，对于较小的局域网也可采用 ZXR10 3952/3928 三层交换机。楼层交换机可选用中兴的 ZXR10 2826S 等型号的以太网交换机。

3. 小型企业网解决方案（网络结构如图 1-1 所示）

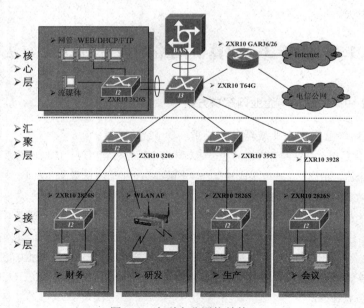

图 1-1　小型企业网络结构

（1）核心网设计思路。

核心层主要实现大容量的数据交换，保证整个网络的冗余能力、可靠性和高速传输。

推荐采用中兴的 ZXR10 T64G/3906 路由交换机。

（2）网络汇聚层建设思路。

汇聚层主要完成以下功能：连接企业各部门、远程分公司的接入、完成本区域内的数据交换和路由功能、为接入层提供高速可靠的传输链路、实现对相应用户的认证、管理和计费。

推荐采用中兴的较大容量的路由交换机 ZXR10 3952/3928 或 GAR36/26 系列路由器。

（3）网络接入层建设思路。

接入层主要完成以下功能：多模式的宽带接入（有线、无线）、可以提供本地信息点的数据交换、可以提供 VLAN 划分功能、实现对于组播功能的支持。

对于有线接入，接入层以太网交换机可以采用中兴的 24 口的二层交换机 ZXR10 2826S 或 16 口二层交换机 ZXR10 2618；无法实施线路部署的地方可采用中兴的无线局域网产品。…………（略）

---

3 资料来源：http://www.enet.com.cn/article/2006/1026/A20061026271138.shtml

任务导读

随着网络分层设计理念的普及和深入，现代网络结构的设计可以将一个错综复杂的网络系统扁平化、功能化、层次化，易于分层设计和实施。本任务的背景案例就是采用网络分层设计理念的一个典型代表。从案例中可以看到，尽管企业的规模和网络应用需求各有不同，但在解决方案的设计上可以采用网络结构分层设计的理念和方法，将一个网络分为核心层、汇聚层、接入层来分别实现。除了企业的网络，这种网络分层设计理念和方法同样可以运用于校园网、事业单位的办公网，甚至城域网、广域网等。

本节将从现代网络结构分层设计理念、网络分层设计的方法要领两个部分来讨论计算机网络的设计理念及方法。

1.3.1　现代网络结构分层设计理念

纵观各种不同的网络工程项目，表面上看其网络设计的结果似乎多有雷同，其实无论是考究其网络结构的细节，还是分析其设备配置的性能指标，各项目之间皆有着极大的差异，也正是这些差异，创造了网络工程项目的不同风格和效益。可见，承接一个网络工程项目后，其网络设计方案的质量好坏将直接决定着整个工程项目的成败。而先进的设计理念和方法，是一个网络工程师必须具备的技能要素。

现代网络结构的设计大都采用先进的网络分层设计理念。所谓网络分层设计，就是无论网络结构有多么复杂，均将其按照功能化、结构化的模块分成不同的层次进行分层设计，网络层次模块一般分为三层：核心层、汇聚层、接入层，如图 1-2 所示。

在分层设计的网络中，网络的每一层均有着其独特的功能与性能要求，在设计和配置时可根据实际的用户需求来发挥创意。

核心层是整个网络的通信枢纽，俗称"主干网"，在各种不同的网络应用中承担着 40%~80% 的网络流量，网络内部之间的互访、对服务器访问、对外网的访问等数据流都得依赖主干链路完成。因此，其功能是为网络提供高速、宽带、优化、全天候的数据传输。并要求该层的设备具有高速率、高可用、高可靠、足够冗余度等性能要求。

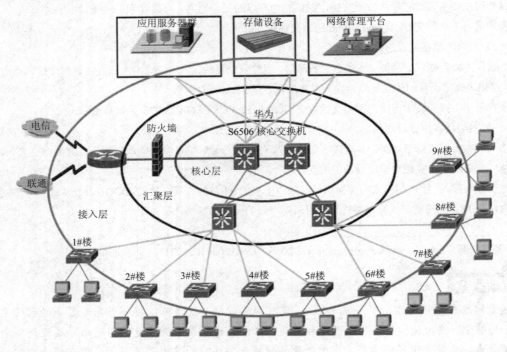

图 1-2　网络分层结构

汇聚层是承上启下的数据"分发层"。对下层，将各接入用户、网段、子网进行逻辑分割、控制和管理，例如：分隔工作组、划分 VLAN、通过策略和路由控制网络流量、实现 QoS 等；对上层，则是将核心层的主干带宽按需要，通过单一的高速链路、或多路并行的聚合链路分配给各个聚合的用户群。因此，其功能是完成网络边界的定义（网段、子网、外网）、聚合路由、收敛流量、主干网的汇接及带宽分配、提供基于统一安全策略的访问控制与互联。该层的设备应具有高上行端口速率、高下行端口密度、高性能、高可靠、高安全、可冗余、可网管、QoS、组播控制等性能要求。

接入层是各种用户接入网络的"桌面层"，为终端用户提供对网络的访问途径、带宽共享、带宽细分、建立独立的冲突域（MAC 过滤、网段微分等）、提供便利的用户或终端接入服务（如 VLAN 成员接入、组播成员接入、远程用户接入、共享终端设备接入等）、访问控制等等。并要求该层的设备具有高端口密度、高性能价格比、支持并配合汇聚层实现组播、QoS、访问控制及网管等性能要求。

采用分层设计理念打造出来的网络系统拥有下列五大优势：

1. 各层的分工合作形成网络的优越性能

基于结构化的分层网络各层的功能不同，配置的设备性能指标也不同。网络应用中随着用户的数据包流向接入层，接入层的数据流由高性能的汇聚层交换机以接近线速的传输速率进行数据转发，需要进入核心层的数据流，再由性能更高的核心层交换及路由设备将数据以线速传输到目的地。由于网络的数据流绝大部分是通过汇聚层、核心层来完成的，各层按不同的分工进行传输提速，有效降低数据传输的时延，使得整个网络的性能十分优越。

2. 分层的结构化使得网络具有良好的伸缩性

当网络的用户不断扩充时，可以方便地在接入层就近解决，如直接接入空余的端口、增加或升级接入层设备等。必要时，逐层局部增加或升级汇聚层、核心层的设备即可，不会影响网络其他部分的结构和运行。相反，当局部用户减少或网络结构需要改变时，只要从接入层开始，逐层向上悬空相应的端口或调整相应的设备即可。

3. 适度的冗余设计确保网络的高可用性和高可靠性

冗余是提高可用性和可靠性的关键，主要包括设备冗余和结构冗余。如果要求不高，可采用图1-1的简单结构，依靠设备本身的冗余配置（如交换机的冗余电源、冗余引擎、冗余端口聚合等）即可。当要求较高时，则可以采用图1-2中的结构冗余，通过在核心层、汇聚层之间适当增加冗余设备（如两台以上核心交换机）和冗余链路（如多条上、下行链路）来确保更高的可用性和可靠性。由于冗余的成本较高，冗余设计应当适度。

4. 分层结构设计有利于完善网络的安全性

在分层设计中，网络安全策略主要在汇聚层、接入层实现，核心层为降低时延不执行策略，靠高端的设备配置和冗余来保证安全性。为此，除了配置防火墙和杀毒软件，在汇聚层设计配置先进、高效的安全策略，如地址绑定、访问列表、VLAN 路由、组播控制、协议约束、攻击防范等等；接入层的设备则设计成网络安全策略的执行者，并配置必要的安全机制，如强口令、安全认证、端口禁用等，进一步强化安全性。这种分层实施的安全措施使得网络的安全性更加完善。

5. 分层的模块化增强了网络的可管理性和可维护性

在分层设计中，每一层都支持统一的网管协议，同时又分担执行本层特定的网管功能，使得从端口管理、带宽管理、设备管理，到整个网络性能的全面网管形成分工协作的工作模式，有效地将故障进行层间隔离，增强了网络的可管理性。同样，分层网络的模块化结构让网络维护十分便利，无论是处理设备故障，还是节点变动、用户扩容，大多可在本层的模块中解决，即便需要跨层处理，也只是波及相关层的局部模块，不会造成整个网络的大变动或大瘫痪。

在采用分层设计理念时，注意不要生搬硬套，特别是对于小规模的网络系统，若一概按照接入层、汇聚层、核心层的三层结构来设计，势必增加成本，造成浪费。实践中可根据实际情况进行变通，例如：对于只有十几至几十个用户的小型网络，可将三层网络结构合并为一个核心层，所有的用户直接接入核心交换机即可；而对于几十到一百来个用户的中小型网络，则可以将接入层与汇聚层合并，变成只有接入层、核心层的二层网络结构等等。可见，分层设计理念的灵活运用，才能够给网络工程带来预期的效益。

综上所述，采用分层结构，可有效地将网络设计的原则和目标分别在不同的层面上实施，使得整个网络系统拥有最优网络结构和最佳运营效益，完美体现网络设计所追求的可扩展性、可用性、安全性、可管理性等基本目标。

1.3.2　网络分层设计的方法要领

网络分层设计的方法，是以可扩展性、可用性、安全性、可管理性为基本目标，根据用户的需求，分层、逐层设计网络的拓扑和解决方案。设计次序为：接入层→汇聚层→核心层，即从底层开始，逐层针对节点归类、链路数目等拓扑结构和链路带宽、性能要求、设备配置、安全管理等解决方案进行设计，并依据本层的需求向高层进行设计的延伸。

网络分层设计的关键，是如何采用恰当的技术和方法，有效解决各层的需求问题。

1. 接入层设计需要解决的问题
- 有些什么样的接入需求，是 PC 用户、共享设备、服务器，还是 Internet 接入？
- PC 用户有哪些类型，是桌面用户，还是远程用户？
- 需要怎样的接入群分组，是按部门、用途，还是按用户的地理分布？
- 各个接入分组：PC 用户、部门服务器、共享设备、接入对带宽有多大的要求？
- 每个接入分组采用什么样的接入设备，用交换机、集线器，还是路由器？
- 各个接入分组采用什么样的上行链路，是单一链路，还是冗余链路？
- 各个接入分组支持和配置什么样的安全措施、网管机制？

2. 汇聚层设计需要解决的问题
- 对下行的接入层设备采用什么样的连接方式，是单一链路，还是多条冗余链路？
- 与下行的接入层设备连接采用多大的带宽，是单一链路带宽，还是聚合链路带宽？
- 对接入层用户进行什么样的 VLAN 划分，采用二层 VLAN 还是三层 VLAN？
- 是否汇聚服务器群、汇聚链路是否冗余、汇聚链路的带宽要多大？
- 与上行的核心层设备采用什么样的连接方式，是单一链路，还是多条冗余链路？
- 与上行的核心层设备连接采用多大的带宽，是单一链路带宽，还是聚合链路带宽？
- 上、下层之间是否形成网络环路？是二层环路还是三层环路，是采用 STP 协议还是路由收敛？
- 统一配置什么样的网络安全策略、安全措施、网管机制？

3. 核心层设计需要解决的问题
- 与下行的汇聚层设备采用什么样的连接方式，是单一链路，还是多条冗余链路？
- 与下行的汇聚层设备连接采用多大的带宽，是单一链路带宽，还是聚合链路带宽？
- 核心层设备需要多大的冗余度，是单一设备冗余配置，还是多台设备冗余？
- 核心层设备之间采用什么样的连接方式，是单一链路，还是多条冗余链路？
- 核心层设备之间连接采用多大的带宽，是单一链路带宽，还是聚合链路带宽？
- 核心层设备之间是否形成网络环路？是二层环路还是三层环路，是采用 STP 协议还是路由收敛？
- 是否直连 Internet、服务器群、网管工作站、网络存储等高速设备，连接方式是否冗余、连接带宽要多大？
- 配置什么样的网络安全措施、网管机制？

1.4　小结

　　以"网络工程方法与管理"为项目驱动，提出了学习时应完成的三个任务：网络工程的阶段划分与管理；网络工程的招标与应标；计算机网络的设计理念及方法。围绕这些任务对相关的知识、技能和方法进行系统介绍。

　　网络工程的阶段划分与管理：根据项目的进展分为项目前期准备、项目中期实施、项目后期维护等三大阶段；从技术和管理的角度则可分为网络规划、需求分析、设计与实施、测试与验收、运行与维护等五个阶段。各个阶段均需依据其工作内容实施管理，并形成相应的文档，确保网络工程项目的质量。

网络工程的招标与应标：承接网络工程需要通过招投标，网络工程的招标流程为：立项报批→招标准备→招标公告→资格审查→投标→开标→评标→定标。应标时，编制投标文件至关重要，投标文件主要包括唱标部分、商务部分、技术部分、附件部分。应标要做的具体工作有：捕捉招标信息、购买招标文件、研究招标文件、现场踏勘考察、编制投标文件、提供资质文件、递交投标文件、应对评委询标、签署项目合同。

计算机网络的设计理念及方法：网络分层设计是现代流行的先进理念，采用分层设计理念打造出来的计算机网络系统有诸多优势。分层设计的方法是依据基本目标和用户需求，按照接入层→汇聚层→核心层的次序，分层、逐层设计网络的拓扑和解决方案。

本章根据每个任务的不同，以当前网络工程中一个相关的、流行的背景案例为引导，为读者提供借鉴和参考，以便更好地理解相关的学习内容。同时，要求在教学过程中开展相应的实训活动，通过实践来强化学习效果，完成学习任务。

1.5　习题与实训

【习题】

1．本项目提出了哪三个任务？谈谈完成这些任务的意义是什么。

2．网络工程项目通常分为哪五个阶段？各阶段的主要工作是什么？

3．网络工程质量的监督管理应依照执行哪些法规性文件？

4．在需求分析阶段，开展工作通常包括哪些步骤？

5．试说明逻辑网络设计与物理网络配置有什么不同。

6．简述网络工程项目的测试与验收过程。

7．网络工程项目的招投标应依照执行哪些法规性文件？

8．简述网络工程项目的招标程序。

9．网络工程项目的投标文件通常由哪几部分构成，各部分的主要内容是什么？

10．应标需要做好哪些具体的工作？

11．现代流行的网络分层设计理念将网络分为哪几层？各层的功能有什么不同？

12．采用分层设计理念打造出来的网络系统拥有哪些优势？

13．简述网络分层设计的方法和要领。

【实训】

1．实训名称

现场观摩网络工程项目。

2．实训目的

配合课堂教学，完成以下 3 个任务：

任务 1：网络工程的阶段划分与管理。

任务 2：网络工程的招标与应标。

任务 3：计算机网络的设计理念及方法。

3．实训要求

（1）实训前，参与人员按每 4~5 人一个小组进行分组，每小组确定一个负责人（类似项目负责人）组织安排本小组的具体活动、明确本组人员的分工。

（2）实训中，安排 3 学时左右的时间，统一组织观摩当地一个正在建的或已经通过验收的网络工程项目，重点考察该项目涉及网络工程的阶段划分与管理方法、网络工程的招标与应标过程、网络的设计理念及方法等与 3 个任务相关的内容。

（3）实训后，用一周左右的课余时间以小组为单位，由小组负责人组织人员分工协作整理、编写并提交本组完成上述 3 个任务的实训报告。建议通过多种形式开展实训报告的成果交流活动，以便进行成绩评定。

4．实训报告

内容包括以下 5 个部分：

（1）实训名称。

（2）实训目的。

（3）实训过程。

（4）结合所观摩项目，分别针对招标与应标的过程、网络工程的阶段划分与管理、网络设计的理念及基本方法等进行归纳总结。

（5）实训的收获及体会。

项目 2 现代通用组网技术要领

项目说明

项目背景

现代组网技术是网络工程的核心支撑,内容包括网络拓扑结构的设计、局域网技术标准的选型、广域网接入技术的选型、IP 地址规划与子网划分、网络设备的选型、网络综合布线技术与实施等六个方面。设立本项目的目的,就是为了系统地学习领会有关网络工程所用到的现代组网技术、方法和要领,以便为下一步学习组建各种类型的网络工程项目打下基础。为此,根据现代组网技术设定相应的任务和现场情景,让读者分工扮演恰当的角色和承担相应任务,并借鉴每个任务所对应的背景案例中的做法,参与本项目的运作和实践,从中学习领会承接一个实际的网络工程项目所必备的技术要领。

项目目标

本项目的目标是,要求参与者完成以下 6 个任务:

任务 1: 网络拓扑结构的分析设计;　　　任务 2: 通用局域网技术标准的选型。

任务 3: 常用广域网接入技术的选型;　　任务 4: IP 地址规划与子网划分。

任务 5: 常用网络设备的选型;　　　　　任务 6: 网络综合布线技术要领。

项目实施

本项目的教学过程建议在 3 周内完成,具体的实施办法按以下 4 个步骤进行:

(1)分组,即将参与者按每 6 人一个小组进行分组,每小组确定一个负责人(类似项目负责人)组织本组开展活动,并给每个小组成员分配上述 6 个任务中的一个具体任务。

(2)课堂教学,即安排 12~15 学时左右的课堂教学,围绕各任务中给出的背景案例,结合任务 1~6 介绍现代组网技术涉及的理念、技术、标准及方法要领。

(3)现场教学,即安排 6~9 学时左右的现场教学,组织观摩本校正在使用中的校园网项目或者是一个企事业的网络系统,重点关注该项目涉及的与上述 6 个任务相关的内容:网络拓扑结构的分析设计、局域网技术标准的选型、广域网接入技术的选型、IP 地址规划与子网划分、网络设备的选型、网络综合布线系统的构成与实施等。

(4)成果交流,用课余时间围绕所观摩的网络项目,以小组为单位,由小组负责人组织本组人员整理、编写并提交本组完成上述 6 个任务的项目考察报告。建议通过课外公示、课程网站发布、在线网上讨论等形式开展项目报告交流活动。

 项目评价

　　任课教师通过记录参与者在整个项目观摩过程中的表现、各小组项目考察报告的质量以及项目考察报告交流活动的效果等，对每一个参与者作出相应的成绩评价。

2.1　任务1：网络拓扑结构的分析设计

【背景案例】城市高交会网络解决方案简介 [4]

　　XXX 城市高交会会展中心网络由华为 3Com 全系列高端路由器和交换机组成，通过选用高性能、高可靠的电信级网络产品和基于环型和双星型网络拓扑结构设计，整个网络具有极高的性能和可靠性，并具有良好的可扩展性，满足 XXX 会展中心未来 3～5 年以至更长时间内的网络带宽和节点扩容需求。网络拓扑结构如图 2-1 所示。

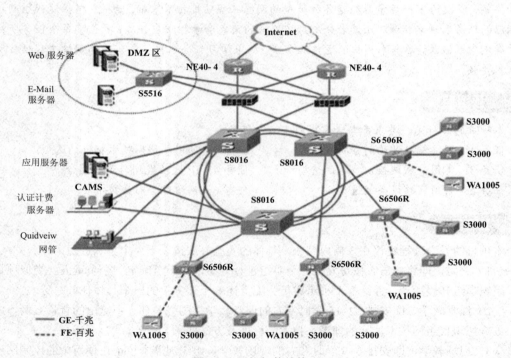

图 2-1　网络拓扑结构

　　XXX 会展中心网络分成核心层、汇聚层、接入层三层，核心层由三台华为 3Com 的核心交换机 S8016 组成环网，汇聚层交换机 S6506R 以双链路归属的方式和就近两台核心交换机 S8016 对接。任意核心设备和链路故障都不会对网络的稳定运行造成任何影响。

　　华为 3Com 网络产品还提供丰富的安全特性，全系列的 S3000/S2000 接入交换机和 WA1000 系列无线接入 AP 设备均支持 802.1X 认证功能，结合 CAMS 认证系统，可提供接入用户的 802.1X 认证、PPPoE 认证、Web 认证等多种认证功能，防止非法用户接入到网络中。而 S8000/S6000 核心交换机屏弃传统的"流－Cache"

转发模式，采用新一代逐包转发方式，对网络病毒具有天然的防疫能力，病毒泛滥对网络可靠运行不会造成任何影响。

……（略）

4　资料来源：http://gongchuang.v102.cndsys.com/showcasus.asp?id=64

 **任务导读**

网络工程项目进入逻辑设计阶段后，其工作内容就是确定网络技术标准的选型和进行网络拓扑结构的设计。本任务的背景案例就是一种以高性能、高可靠性为设计目标，采用了基于环型和双星型相融合的网络拓扑结构设计方案。其中，核心层的双链路环型结构可保证三台核心交换机 S8016 时刻畅通；位于核心层与汇聚层之间的双星型结构，则可保证汇聚层交换机 S6506R 以双链路归属的方式和就近两台 S8016 核心交换机对接。这种基于环型和双星型的拓扑结构可靠性极高，任何一台核心设备和链路发生故障都不会对网络的稳定运行造成任何影响，是大型、高可靠网络系统的典型代表。

网络拓扑结构设计与网络技术标准的选型二者关系密切，同步开展。本任务着重讨论网络拓扑结构的类型及特点，以及核心层、汇聚层、接入层的拓扑结构设计方法。网络技术标准的选型包括局域网技术标准的选型与广域网接入技术标准的选型，具体方法将在后续内容进行讨论。

2.1.1　网络拓扑结构的类型及特点

所谓网络拓扑，就是通过节点和链路来描述整个网络系统的结构和布局，其中节点可以是诸如路由器、交换机、集线器、服务器、客户机、调制解调器、终端机等之类的各种网络设备；链路是网络设备之间通信的传输介质，如光纤、同轴电缆、双绞线等。

网络拓扑的基本结构包括总线结构、星型结构、树型结构、环型结构、网状结构等多种类型，如图 2-2 所示。在现代网络工程技术中，除总线结构之外的上述几种网络拓扑结构应用广泛，上面的背景案例就是多种网络拓扑结构在一个企业网中的典型应用。

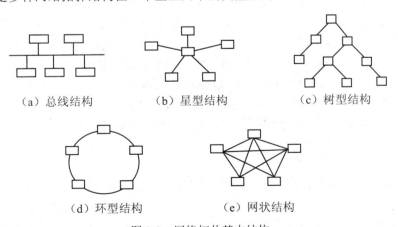

（a）总线结构　　　　（b）星型结构　　　　（c）树型结构

（d）环型结构　　　　（e）网状结构

图 2-2　网络拓扑基本结构

1. 总线结构

总线结构通过一个链路串接多个节点，形成一个相对独立的物理网段，如图 2-2（a）所示。

这种结构的优点是组网简单，节约网线，成本较低；缺点是介质共享，不但传输效率低，而且维护困难，往往由于链路的某处中断或者某个节点发生故障，将会导致整个网段瘫痪。因此，总线结构只在早期的 10Base-5、10Base-2 以太网标准中采用。

2. 星型结构

星型结构以一个节点为中心，通过彼此独立的链路连接各个周边节点，如图 2-2（b）所示，其中，中心节点通常是交换机或集线器，周边节点可以是各种网络设备。这种结构的优点是节点之间介质独占，克服了总线结构介质共享带来的弊端，传输效率高，维护方便；缺点是中心节点的故障会影响整个网络，因此，对中心节点的性能要求较高，同时还增加了周边节点接入链路的成本。星型结构广泛用于局域网的核心层、汇聚层中的 10/100/1000Base-Tx 等各种双绞线及光纤以太网，在城域网、广域网中的 ATM 网也有应用。

3. 树型结构

树型结构是一种层次型的结构，以一个节点为上层，通过彼此独立的分支链路连接下一层的节点，并根据需要逐层往下延伸，其结构如图 2-2（c）所示。这种结构的优点与星型结构相似，传输效率高，维护方便，特别适合于分层设计的现代网络结构；缺点是上层节点或链路的故障，会影响到同一分支的下层节点，降低了系统的可靠性，因此，对上层节点和链路的性能要求较高。树型结构广泛用于局域网和城域网中的 10/100/1000Base-Tx 等各种双绞线及光纤以太网、ATM 网。

4. 环型结构

环型结构是通过一条或两条链路将所有的节点串接成一个闭合的环型网络，每个节点均拥有两个或多个链路与相邻的节点连接，如图 2-2（d）所示。这种结构的优点是可靠性高，不会因为某个节点或链路的故障影响其它节点；缺点是接入成本较高，因为每个节点都要增加接入的端口，某些网络（如以太网）还要增加协议的开销来消除网络环路造成的不良影响。环型结构广泛用于广域网和城域网中的 SDH、FDDI 网，在局域网的核心层、汇聚层中的 FDDI 网、100/1000/10000Base-Tx 等各种双绞线及光纤以太网也有应用。

5. 网状结构

网状结构是所有结构中最为复杂的一种，其每个节点均通过一条链路与其它节点彼此连接，任何一个节点或链路的故障都不会影响其它节点，如图 2-2（e）所示。这种结构的优点是系统的可靠性极高；缺点是接入成本很高。网状结构广泛用于广域网中的 ATM 网，在城域网和局域网的核心层、汇聚层中的 100/1000/10000Base-Tx 等各种双绞线及光纤以太网也有应用。

上面介绍了网络拓扑的基本结构。在实际应用中为了满足用户的需求，可根据需要对上述的基本网络结构进行重组和改良，以致实际的网络系统呈现出多种复合型的网络拓扑结构。本节的背景案例就是一个由环型、星型、树型和网状等结构组合应用的典型例子。

2.1.2 核心层、汇聚层、接入层的拓扑结构设计

网络拓扑结构的设计是网络工程进入设计与实施阶段后的一个首要任务。网络拓扑结构设计的结果犹如一张建筑工程的施工蓝图，决定了整个工程项目的构架，网络工程的后续各阶段的工作都是为了将这张蓝图变成现实。因此，网络拓扑结构设计的工作应力求切合实际，做到科学、严谨、经济、实用。

网络拓扑结构与网络系统的规模关系密切，网络系统的规模越大，拓扑结构越复杂。网络规模的界定没有统一的标准，实用中通常依据用户节点的数目而定：用户节点数不足 100 的称为小型网

络；用户节点数在 100~500 之间的为中型网络；用户节点数超过 500 的视为大型网络。在此基础上还可以细分，例如：将用户节点数在 100~300 的视为中小型网络；将用户节点数在 300~500 的视为大中型网络；用户节点数在 1000 以上的视为超大型网络。

网络拓扑结构的设计方法通常是从底层开始，即接入层→汇聚层→核心层，逐层针对节点归类、链路数目、链路带宽、可靠性、安全性以及层与层之间的连接性能需求等要素为依据进行设计。

1. 接入层拓扑结构的设计

接入层拓扑结构的设计应以高可用性、高灵活性为原则，具体可按以下步骤进行：

（1）进行接入用户群的归类。归类的方式有多种，可按用户的属性，例如将同一个部门的用户归类为一个接入用户群；也可按用户的物理位置，例如将同一栋楼的用户归类到一个接入用户群；还可以按照用户的权限级别来归类，例如领导用户群、普通用户群等等。

（2）明确每个接入用户群所对应的接入层设备类型及拓扑结构。例如对于带宽要求较高接入用户群，接入层设备应采用交换机；用户对于带宽要求不高的接入用户群，接入层设备可采用集线器。接入层拓扑结构通常为星型和树型居多，如图 2-3 所示。

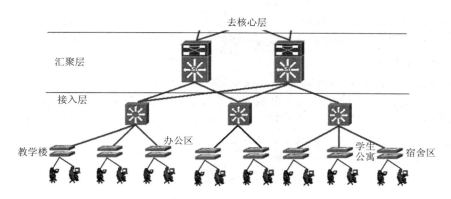

图 2-3 接入层拓扑结构

（3）明确用户的接入链路带宽。即按用户的应用需求确定其桌面带宽，例如：10Mbps 到桌面、100Mbps 到桌面、1000Mbps 到桌面等等。

（4）明确与汇聚层的连接方式。由于整个网络的用户数量较大，出于经济性的考虑，接入层交换机通常采用单一链路与汇聚层交换机连接，如图 2-3 在中的学生公寓、宿舍区部分所示。当应用需求对可靠性要求较高时，接入层交换机可采用冗余链路分别与汇聚层的两台交换机相连，如图 2-3 中的教学楼、机房、办公区部分所示。

（5）明确与汇聚层连接的上行链路带宽。通常按接入层到汇聚层的过载率为 10:1~20:1 来估算接入层的上行网络流量，因此，接入层设备的上行带宽可按以下公式进行估算：

接入用户群上行带宽 = 用户桌面带宽 × 本群用户数 ×1÷过载率（10:1~20:1）

例如，一个 60 台 PC 机的接入用户群，每个用户均为 100Mbps 到桌面，接入层到汇聚层的过载率为 10:1（相当于 10%的并发），则该接入用户群的上行带宽=100Mbps×60×1÷10=600Mbps，采用全双工传输时，上行带宽应为 1200Mbps。实际应用中可用 1~2 条 1000 Mbps 的链路来实现。

由于采用了过载率进行估算，实质上是一种考虑了网络流量并发情况的估值，所得出的带宽比较保守，适合一般网络系统的应用需求。显然，依照上例的取值，当实际的并发大于 10%时，汇聚层的上行链路会出现传输瓶颈。因此，对于高度并发的网络应用环境，如在线支付、证券交易、视频点播等等，可适当调整过载率，如按过载率为 2:1（相当于 50% 的并发），甚至可以按 1:1（相当于 100% 的并发）来计算出没有传输瓶颈的最大性能带宽。

（6）处理好特殊用户，如部门服务器、网管设备、共享终端、无线用户、远程用户等的接入。具体考虑如下：

- 位于接入层的部门服务器的数据流量比一般用户节点要大，接入链路的带宽以 100~1000Mbps 居多，需要增加带宽时还可以进行多条链路聚合。
- 网管设备的数据流量也比较大，其接入方法与应用服务器相当，应直接从核心层接入，如本节背景案例中的图 2-1 所示。
- 共享终端是网络中的某些常用设备，如网络打印机、视频会议终端等等。这些设备在接口和带宽上差异很大，因此，需要按其具体的要求来设计其接入的拓扑。
- 无线用户需要通过无线控制器、无线接入器等专门的设备接入。
- 远程用户通常包括异地的 PSTN 拨号用户、PPPoE 宽带用户、VPN 接入用户等等，需要通过专门的 Modem 从公网接入。

2．汇聚层与核心层拓扑结构的设计

汇聚层与核心层拓扑结构的设计应以高可靠性、高可用性、高效率为原则，同时兼顾用户对经济性的需求进行综合设计。

当可靠性要求不是很高，却对经济性比较敏感时，可采用如图 2-4 所示的"单核心"网络拓扑，这种结构由一台交换机、多台汇聚交换机组成星型拓扑。其优点是结构简单，成本低。缺点是一旦核心交换机或链路发生故障，将会导致大范围甚至整个网络的瘫痪。因此，为了达到一定的可靠性要求，对核心交换机和汇聚交换机本身的可靠性要求较高。

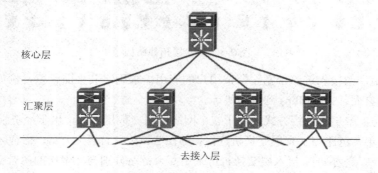

核心层

汇聚层

去接入层

图 2-4　"单核心"网络拓扑结构

当可靠性要求较高时，可采用如图 2-5 所示的"双核心"网络拓扑，这种结构由两台交换机、多台汇聚交换机组成，实际上是一种设备和链路均具有冗余的星型结构，其优点是可靠性高，当某一台核心交换机或链路发生故障时，可依靠冗余的设备和链路继续工作，不会导致网络的瘫痪。缺点是冗余带来成本的增加，而且需要克服网络环路会引发的新问题：若是二层（数据链路层）环路，则会造成以太网的瘫痪，因此，要求构成环路的所有交换机必须配置 STP 协议；若是三层（网络层）环路，则会造成路由信息混乱、网络拥堵等严重后果，因此，要求构成环路的所有交换机必须是三层交换机并配置收敛快的路由协议，如 OSPF 等。

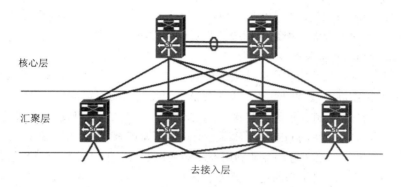

图 2-5 "双核心"网络拓扑结构

当可靠性有更高的要求时，应采用"多核心"环型拓扑结构，甚至还可以采用本节背景案例中如图 2-1 所示的"多核心"网状拓扑结构。这类结构在设备和链路上的冗余度更高，其优点是可靠性极高，缺点是成本也很高，而且同样需要克服网络环路会引发的各种问题。

在汇聚层、核心层拓扑结构的设计时，需要重点考虑各层链路的带宽问题。

（1）汇聚层链路的带宽包括：汇聚层下行链路带宽、汇聚层上行链路带宽。

汇聚层的下行链路与接入层连接，其每一条下行链路的带宽必须满足与之相连的接入用户群上行的带宽需求。

汇聚层的上行链路与核心层连接，其每一条上行链路的带宽必须满足与该汇聚节点相连的所有接入层上行带宽的需求。通常按汇聚层到核心层的过载率为 2:1~4:1 来估算汇聚层的上行网络流量，具体值可按以下公式进行估算：

汇聚层上行链路带宽=接入层上行链路带宽×接入层上行链路数×1÷过载率（2:1~4:1）

例如，一个连接了 12 条接入层上行链路的汇聚交换机，每条接入层上行链路的带宽均为 600Mbps，汇聚层到核心层的过载率为 2:1（相当于 50%的并发），则该汇聚层上行链路的带宽=600Mbps×12×1÷2 = 3600 Mbps，采用全双工传输时，上行带宽为 7200 Mbps。实际应用中，可采用 8 条 1000 Mbps 链路聚合来实现。当然，也可以用一条万兆链路来解决。

由于采用了过载率来进行估算，同样是考虑了网络流量的并发情况的保守估值。显然，当实际的并发大于 50%时，汇聚层的上行链路会出现传输瓶颈，因此，对于高度并发的网络应用环境，可按过载率为 1:1（相当于 100%的并发）来计算没有传输瓶颈的最大性能带宽。此时，上例中汇聚层全双工上行链路的最大带宽=600Mbps×12×2×1÷1 = 14000 Mbps。

（2）核心层的带宽包括：核心层下行链路带宽、核心层主干链路带宽。

核心层的下行链路与汇聚层连接，其带宽必须满足与之相连的汇聚层上行链路的带宽需求。需要注意的是：当汇聚层上行链路存在冗余链路时，由于冗余链路在正常工作中处于待命状态，为避免重复计算，冗余链路的带宽将不计入带宽的总和。如图 2-5 中的两台核心交换机每台各有 3 条汇聚层上行链路，其中有 1 条是冗余链路，因此只能按 2 条汇聚层上行链路计算。

核心层的主干链路是核心层设备之间的内部链路，将核心层的各节点连成一体，构成整个网络的"主干网"，其带宽必须满足所有汇聚层上行链路带宽的总和需求。由于核心层主干链路的带宽很大，当单个链路不能满足其带宽的要求时，可以采用多个链路的聚合来实现，如图 2-5 中两台核心交换机之间带圆圈的链路所示。

　　另一个需要注意的问题是：为了避免碰撞，提高传输效率，汇聚层和核心层的交换机通常采用全双工模式来交换数据，因此，上述各例中的带宽估值均按×2 来处理。

　　3．网络拓扑结构的智能弹性构架设计

　　上述几种网络拓扑是网络工程中较为普遍的典型结构，适用于目前流行的常规网络设备组网。这样的网络拓扑结构在高冗余度的组网结构中会带来一个共同的问题——网络环路，如核心层与汇聚层之间形成众多的三层环路，汇聚层与接入层之间形成更多的二层环路，引发广播风暴，造成网络瘫痪。虽然可以通过收敛快的 OSPF 来抑制三层路由环路问题，而二层环路则需要通过引入 STP 生成树协议来修剪，但却带来了链路性能利用不足的新问题。采用 STP 与 VLAN 结合使用的 MSTP 多生成树技术，可通过对网络结构的进一步划分来实现不同链路流量的负载分担，以提高链路可用性能，但与此同时却使得网络的结构管理、链路维护等方面的工作量陡增。管理维护量的增大往往会导致出错，一旦配置出错又会回到起初网络环路所带来的各种问题。

　　为更好地解决网络结构的复杂性与使用的简单两者之间的矛盾，思科、H3C 等公司推出了"智能弹性构架技术"，即 IRF，也称"交换机虚拟化技术"，将网络设计的理念向前推进了一大步。所谓智能弹性构架技术，实际上就是在复杂的冗余网络结构中，通过支持 IRF 技术的核心层、汇聚层、接入层交换机进行必要的配置，将物理构架上复杂的、冗余链路交错的网络拓扑结构，虚拟化为逻辑上简单的、没有环路的网络拓扑结构，从根本上解决网络环路带来的问题。智能弹性构架技术如图 2-6 所示。

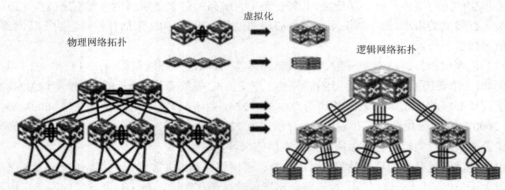

图 2-6　智能弹性构架技术

　　图 2-6 中左边是原来的物理网络拓扑，由于在核心层、汇聚层、接入层之间通过冗余链路连接，出现了大量的网络环路。通过核心层、汇聚层、接入层交换机的 IRF 配置，在横向可将两台或多台交换机虚拟化为逻辑上的单个交换机节点，同时，在纵向还可将两条或多条冗余链路虚拟化为逻辑上的单条链路。使原来复杂的网络拓扑结构，虚拟化为右边的简单的、没有环路的逻辑网络拓扑结构，彻底消除网络环路，提高网络性能和运行效率。

　　虚拟化的过程可根据需要进行配置，从而实现网络拓扑结构的智能弹性构架设计。智能弹性构架设计是现代组网技术的发展方向，其关键在于核心层、汇聚层、接入层交换机设备必须支持 IRF。目前主要用于支持 IRF 技术的交换机产品的大型、超大型网络系统，随着 IRF 技术的不断成熟和发展，网络系统的智能弹性构架设计将会越来越普及。

2.1.3　互联网安全接入的拓扑结构设计

在网络工程项目中，除了少数内部业务、内部办公网络（如电子政务网）有意与 Internet 隔离，大部分的网络都需要与 Internet 连接，因此，如何实现互联网的安全接入，也是网络拓扑结构设计中的一个重要环节。局域网接入互联网应以高可靠性、高安全性为原则，常用的接入拓扑一般为通过路由器、代理服务器、防火墙等几种网络安全设备来实现。

1．单一路由器接入

采用单一路由器接入互联网的拓扑结构如图 2-7 所示。这种方式由一台路由器负责广域网接入、路由寻址，同时兼顾数据过滤、访问控制、地址转换等防火墙的安全功能，是一种传统的接入方式，利用路由器的不同广域网接口以及高效的路由寻址性能，可实现各种类型的 Internet 连接。其优点是结构简单、适应性广、路由效率高、较为经济，缺点是路由器负担重、安全性能较为单薄，且无法实现 Web 应用代理。该方式适合小型网络系统。

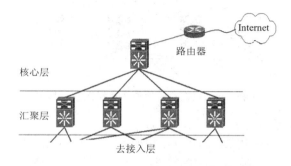

图 2-7　单一路由器接入互联网

2．单一代理服务器接入

采用单一代理服务器接入互联网的拓扑结构如图 2-8 所示。这种方式是目前由 ISP 运营商开设的一种"简易型"互联网接入方式，由一台代理服务器代替传统的路由器实现 Internet 接入。代理服务器上配有专门的 ADSL、ISDN、PSTN 等广域网接口或城域网的以太网接口，便于实现不同形式的互联网接入，并可完成 Web 应用代理、用户认证、数据过滤、访问控制、地址转换等多项安全功能。其优点是应用代理性能好、安全性较高，缺点是代理服务器基于软件运行，路由功能较弱、接入及维护的成本较高，而且不能对外发布 WWW 信息。因此，只适合以共享 Internet 信息为主，不自建 Web 网站的小型网络系统。

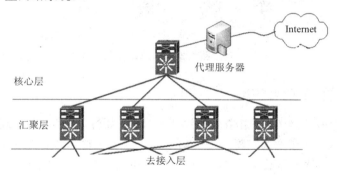

图 2-8　单一代理服务器接入互联网

3. 路由器、代理服务器接入

采用路由器、代理服务器接入互联网的拓扑结构如图 2-9 所示。这种方式由一台路由器及一台代理服务器共同构成互联网接入通道，其中路由器负责广域网接入、路由寻址，代理服务器除了起到 Web 应用代理，同时还负责用户认证、数据过滤、访问控制、地址转换等安全机制，相当于防火墙的功能。其优点是路由效率高、应用代理功能强、安全性较高，缺点是代理服务器基于软件运行、侧重代理服务，传输效率和安全机制不如专门的硬件防火墙，且接入及维护的成本也比前面两种方式要高，适合大中型网络系统。

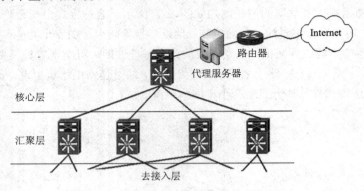

图 2-9　路由器和代理服务器接入互联网

4. 路由器、防火墙接入

采用路由器、防火墙接入互联网的拓扑结构如图 2-10 所示。这种方式由一个路由器及一个硬件防火墙共同构成互联网接入通道，其中路由器负责广域网接入、路由寻址，防火墙负责用户认证、数据过滤、访问控制、地址转换、病毒扫描、攻击防范等安全机制，同时还具备应用服务代理、VPN 等功能。由于防火墙的安全性能远比代理服务器强大，因此，这种接入方式的优点是安全性强、路由效率高，缺点是接入成本高，适合大中型网络系统。

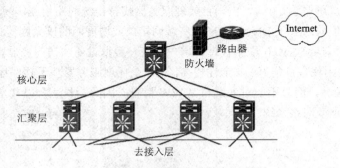

图 2-10　路由器和防火墙接入互联网

2.1.4　服务器接入的拓扑结构设计

在网络工程中，服务器接入的拓扑结构设计应以高可用性、高可靠性、高安全性为原则，着重解决接入方式和接入链路带宽的问题。在接入方式上，服务于整个网络的服务器群通常集中在网络数据中心进行部署，当服务器数量不多时可以直接从核心层接入，当服务器数量较多时，则通过专门的汇聚层交换机接入。而应用于部门的服务器，则分散在子网中部署，从所在的接入层直接接入。

在带宽方面，通常服务器群的过载率按 1:1~4:1（相当于 100%~25%的并发）进行带宽估算。以下是服务器群接入的基本拓扑结构。

1. 服务器通过单一链路从核心层接入

即每台服务器均通过独立的高速链路直接接入核心层，如图 2-11 所示。这种方式的优点是结构简单、接入成本低，缺点是没有链路的冗余、可靠性完全依赖于服务器的性能，而且随着服务器数量的增加，会过多占用核心交换机的高速端口。因此，这种接入方式适用于服务器数量少于 5台、对可靠性要求不太高的"单核心"网络拓扑结构。

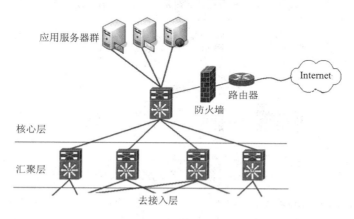

图 2-11　单一链路服务器接入互联网

2. 服务器通过冗余链路从核心层接入

即每台服务器通过两条高速链路分别与核心层的两台交换机直接连接，如图 2-12 所示。这种方式的优点是通过冗余链路提高可靠性，缺点是需要增加服务器网卡和冗余链路，成本较高，而且随着服务器数量的增加，同样会过多占用核心交换机的高速端口。因此，适用于服务器数量少于 5台，但对可靠性要求较高的"双核心"网络拓扑结构。

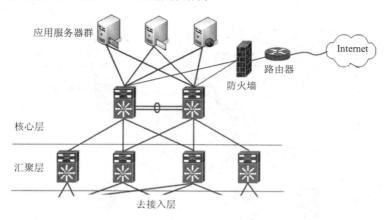

图 2-12　冗余链路服务器接入互联网

3. 服务器通过汇聚交换机均衡负载接入

即每台服务器以独立的高速链路接入一台用于均衡负载的汇聚交换机，再由汇聚交换机以多条链路聚合（增加链路带宽）的方式分别与核心层的两台交换机直接连接，如图 2-13 所示。这种方式的优点是既通过冗余链路提高可靠性，又利用汇聚交换机来负载均衡，提高链路的传输效率，而且不会因为服务器数量的增加而过多占用核心交换机的高速端口。缺点是需要增加一台汇聚交换机，成本较高。因此，适用于服务器数量多于 5 台，同时对可靠性要求较高的"双核心"网络拓扑结构。

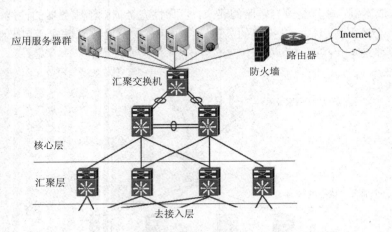

图 2-13　负载均衡服务器接入互联网

4. 服务器通过防火墙的隔离区接入

即利用三向防火墙（有多个网卡）设立一个对外开放的"非军事区"，即隔离区，将部分对外的服务器（如 Web 服务器、E-mail 服务器等）放入隔离区，其余的对内服务器则通过汇聚交换机均衡负载后接入核心层，如图 2-14 所示。这种方式的优点是将服务器群划分为内、外有别的两个区域，既保证了服务器的高效传输，又提高了系统的安全性，充分体现了服务器接入的高可用性、高可靠性、高安全性原则。缺点是需要增加防火墙的接入端口及安全策略，接入成本较高。因此，适用于服务器数量较多，同时对可靠性和安全性的要求都比较高的"双核心"网络拓扑结构。

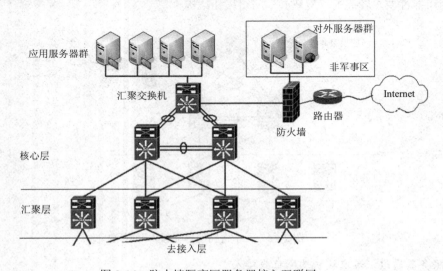

图 2-14　防火墙隔离区服务器接入互联网

2.1.5 防火墙部署的拓扑结构设计

前面的讨论中，已经涉及到防火墙部署和接入的一些方案。在实际应用中，防火墙已成为提高网络系统安全性的必备环节，其部署和接入的基本拓扑结构设计，可归纳为以下几种。

1. 边界防火墙

边界防火墙的部署和接入方式如图 2-10 至图 2-13 所示，即在网络的边界部署一个防火墙节点。防火墙有两块网卡，其中的一块网卡接入内网，另一块网卡通向外网，防火墙为整个网络系统提供统一的安全保护。边界防火墙优点是结构简单，为整个网络系统提供单点的安全保护，成本由防火墙决定，通常不高；缺点是单点保护的安全性有局限，一旦被突破，内网完全没有安全保障。这种方式适合于大多数对安全性无过高要求的网络系统。

2. 三向防火墙

三向防火墙的部署和接入方式如图 2-14 所示，即在网络的边界部署一个有三块网卡的防火墙节点，其中的一块网卡接入内网，另一块网卡通向外网，还有一块网卡接入隔离区，防火墙对内网和隔离区提供不同策略的安全保护。其优点是结构简单，为整个网络系统提供单点、分级的安全保护，成本由防火墙决定，比边界防火墙要高一些；缺点还是存在单点保护的安全性局限。这种方式适合于对安全性有分级要求的网络系统。

3. 多点防火墙

多点防火墙就是在前面所说的单点防火墙的基础上，增设内部的防火墙节点，将单点保护变为多点保护，从而进一步提高内部网络的安全性能。这种方式的优点是安全性高；缺点是结构复杂，维护量大，投入成本高。适合于对安全性要求很高的网络系统。

（1）针对内部网络整体保护的多点防火墙。

如图 2-15 所示，即在边界防火墙的基础上，增加一个背对背的内部防火墙，为整个网络系统提供多一层的安全保护。

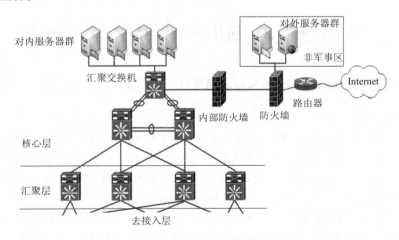

图 2-15 针对网络整体保护的多点防火墙

（2）针对内部网络局部保护的多点防火墙。

如图 2-16 所示，即在边界防火墙的基础上，增加一个保护特定部门（如图中的财务部）子网的内部防火墙，为局部网络提供多一层的安全保护。

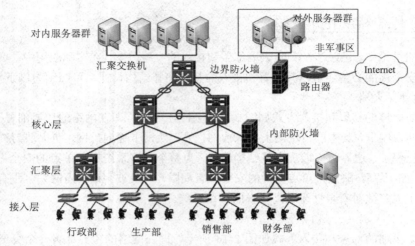

图 2-16　针对网络局部保护的多点防火墙

在上面的内容中讨论了网络拓扑的基本设计方法,这些方法适用于以局域网为主体的网络工程项目,如企业网、办公网、校园网等等。对于以城域网、广域网为主体的网络工程项目,如省市级的电子政务网、电信或银行之类行业的运营网等,其拓扑结构与上述几种结构大同小异,只不过节点和链路更多、结构更为复杂,对节点的类型和链路的带宽要求更高,例如,网络节点大多采用电信级高端路由器、交换机,网络连接大多采用带宽更大的万兆、10 万兆光纤链路等。在具体设计中,灵活运用上述基本设计方法并加以适当的引申和递推即可。

网络拓扑结构设计的成果,是一张完整的网络拓扑结构图及必要的文字说明,如本节背景案例中的图 2-1 及相关的说明。网络拓扑结构图除了要清晰地标明整个网络的结构,还应当标明各节点和链路的属性,如路由器、交换机、防火墙等主要节点的设备型号、链路的类型、带宽等。网络设备的用途、性能及选型方法等相关内容,将在后续的章节加以讨论。

2.2　任务 2:通用局域网技术标准的选型

【背景案例】万兆以太网打造大学校园网升级改造解决方案 [5]

1. XXX 大学校园网需求分析

以远程教育支持服务为核心业务、数字化校园平台为建设目标的 XXX 大学校园网,在 1999~2000 年校园网一期工程的建设中已初具规模,基本实现了教学、科研、管理和服务的信息化。但由于条件的限制,当年以百兆以太网为主干、局部采用千兆以太网技术的校园网越来越不能适应现代远程教育的需求。为此,经过一年多的精心规划和建设,现已完成了校园网的升级改造。

升级改造后的校园网拥有 3000 多个内网用户节点及数万个通过互联网实现远程教育的外网用户,除了保留原有的 Web 网站、OA 服务、教务管理 MIS 系统等传统的网络应用服务,大幅提升网上数据交换、教学支持服务、教学教务管理等方面的网络功能,更好地满足校园网目前及未来若干年对网络性能、用户管理、网络安全等方面的应用需求,具体如下:

(1)提升网络性能。

● 解决网络应用造成的传输瓶颈。主干带宽由 100M/1000Mbps 提升到 10000Mbps。

- 提高网络的可靠性。核心层与汇聚层之间增加冗余设备和冗余链路。
- 满足不同用户的接入带宽及便利性。有 10M、100M、1000M 到桌面，增加 WLAN 无线接入。

（2）完善教学支持服务。

- 非实时异步多媒体远程教学。通过教学服务网站提供全方位非实时、异步多媒体教学支持服务。
- 实时同步多媒体远程教学。通过双向视频直播系统，提供实时、同步、双向互动的多媒体教学。
- VOD 教学视频点播。通过高带宽、大容量的 VOD 视频服务器平台，提供优质的视频教学服务。

（3）加强用户管理。

- 支持 WEB 认证需求。可实现基于 Web 的身份认证、多 ISP 选择、用户费率查询、Web 限制。
- 解决账号和端口绑定问题。通过账号和端口绑定，可限制账号的使用区域、使用时段。
- 对用户占用校园网的带宽进行控制和计费，提供多种不同的用户带宽，可进行带宽动态调整。
- 实现上网行为管理、上网日志的审计。对于用户的上网行为，能够实现实时的跟踪和监控。

（4）强化网络安全。

- 增强服务器接入的安全性。服务器群按内、外应用进行不同分组，并通过高性能防火墙保护。
- 实现对所有登录教学支持服务系统各平台、服务器的用户进行身份认证、权限分配及安全管理。
- 确保无线接入的安全可靠。对无线接入的用户，采取身份认证、权限分级、数据加密等措施。
- 实现全网的安全管理。有效解决网络病毒、IP 或 MAC 盗用问题，可防止多种形式的网络攻击。

2. 网络结构的规划设计

XXX 大学校园网络升级改造解决方案的总体设计，以高性能、高可靠性、高安全性、良好的可扩展性、可管理性为原则，引入先进、成熟的网络技术标准并采用网络分层设计理念和统一网管系统的设计方法。根据网络的应用需求，校园网升级改造方案采用以万兆以太网交换机为核心的"双核心"星型架构，网络拓扑结构如图 2-17 所示。

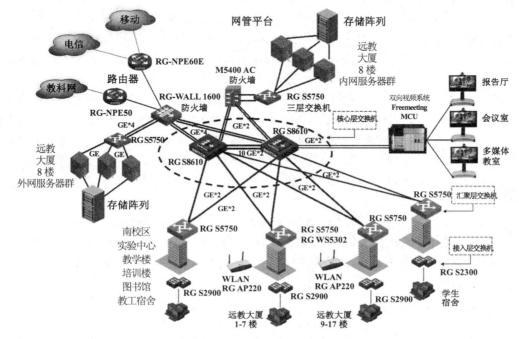

图 2-17　XXX 大学校园网拓扑结构

XXX 大学校园网整体分为核心层、汇聚层、接入层三个层次。核心层采用两台万兆路由交换机,承担校园网高速主干交换,核心层交换机之间通过双万兆连接,实现内部业务负载均衡,并通过千兆冗余链路与汇聚层连接。汇聚层采用多台全万兆级智能三层交换机,分别设置在远程教育大厦、教学楼、实验中心、教工宿舍、学生宿舍等不同的用户群汇聚点以及网络数据中心的内、外服务器群汇聚点,通过千兆、双千兆聚合、4 千兆聚合等不同带宽的冗余链路,与核心层连接。接入层采用多台千兆交换机,可满足以 100M 到桌面为主,部分 1000M 到桌面的不同用户的需求,并通过千兆上行链路与汇聚层连接。

在远程教育大厦,为了便于办公、教学和学术交流,配置了方便用户移动接入的无线局域网 WLAN,作为校园网在接入层的无线延伸,为校内用户提供 802.1X 及 WAPI 的无线接入及安全认证。

用于教学、教研、会议等应用的双向视频会议系统,通过千兆链路直接接入核心层。除了在总校内部的报告厅、会议室、多媒体教室之间实现实时双向视频交流,还可以通过校园网出口与 20 多个分校和教学点进行实时双向视频的教学及学术交流活动。

为保障网络安全,根据网络应用服务和安全等级的不同,分为内、外两个不同的服务器群,并分别配置相应的防火墙。对于来自外网的攻击,外部服务器群为单点保护,内部服务器群为双点保护。内、外两个防火墙出了拥有常规的安全功能,同时还具备身份认证、数据加密、入侵防范及网上行为管理等先进的安全性能。

通过高速宽带光纤线路分别接入电信、移动及教育科研网,实现校园网与互联网、广域网的互联。

---

[5] 资料来源:GX 广播电视大学计算机校园网升级改造项目

任务导读

网络技术标准的选型,包括局域网技术标准的选型和广域网接入技术标准的选型。其中,局域网技术标准的选型与设计,是大多数企、事业单位的网络工程项目中的重头戏。在网络工程中,采用的局域网技术主要有:以太网、FDDI、ATM 和 WLAN。

局域网技术中以太网最为普及,占有 80% 以上的市场份额,特别是中小型规模的网络工程项目,几乎全部采用以太网技术。FDDI 和 ATM 曾经作为高带宽网络技术,被普遍用作局域网的主干网以及城域网和广域网的大型网络工程项目。而 WLAN 技术则以其新颖和便利,被广泛用于局域网的无线延伸。

进入 2000 年以来,随着千兆以太网和万兆以太网的不断发展和普及,大型网络系统也越来越多地选用以太网技术,以太网几乎成了当今网络工程项目的首选。本任务的背景案例就是当前以太网和 WLAN 技术在网络工程项目中应用的一个典型例子,类似的万兆以太网技术在大中型的校园网、企业网中的应用比比皆是。由此可见,在现代的网络工程项目中,万兆核心,千兆汇聚,百兆接入到桌面的技术已不稀奇,而以 10 万兆核心,万兆汇聚,千兆接入到桌面的技术追求也逐渐成为现实。

在以太网技术的冲击之下,FDDI、ATM 技术面临巨大的挑战,市场占有份额急剧萎缩,而且以旧网扩容、升级改造的项目居多。鉴于目前在新建的网络系统中极少采用 FDDI、ATM 技术,本任务将着重讨论以太网和 WLAN 的技术的特点、标准与选型方法。对 FDDI、ATM 的技术有兴趣者可参考其它的相关资料,本节不再赘述。

2.2.1 以太网标准与选型

以太网之所以倍受青睐,主要在于其拥有结构简单、技术多样、相互兼容和价格便宜等诸多优势。例如，以太网的带宽从 10M、100M 、1000M（1G）到 10G、100G，可适应各种应用的需求，而由于各种以太网均采用了 IEEE 802.3 以太网介质访问控制协议、帧格式以及帧的最大和最小尺寸，彼此之间能够很好地兼容。随着以太网在局域网中的普及，带宽更高的城域以太网技术标准也在加紧研究开发，不久将会在城域网领域大显身手。

目前流行的以太网技术标准有以下几种，组网实践中可根据应用需求，综合考虑各种以太网的性能、用途及成本等因素进行具体选型。

1. 标准以太网

标准以太网（Ethernet）于 1980 年代开始流行，其带宽为 10Mbps，采用 IEEE 802.3 以太网标准来规范其介质访问控制协议、帧格式以及 CSMA/CD 访问控制机制。按照传输介质的不同，分为 10Base-5 粗缆以太网、10Base-2 细缆以太网、10Base-T 双绞线以太网、10Base-F 光纤等多种规范。其中，10Base-T、10Base-F 目前仍为常用，主要用于局域网的接入层和桌面应用，或者是小型办公网、家庭网。涉及的主要设备包括 10M 以太网交换机、集线器、网卡。标准以太网的常用规范如表 2-1 所示。

表 2-1   标准以太网常用规范

以太网规范	传输速率	传输介质	有效距离	应用领域
10Base-5	10Mpbs	RG-11 粗同轴电缆	500m	总线型局域网，目前少用
10Base-2	10Mpbs	RG-58 细同轴电缆	185m	总线型局域网，目前少用
10Base-T	10Mbps	3 类、5 类 UTP	100m	星型局域网接入层、桌面
10Base-F	10Mbps	单模、多模光纤	2000m	星型局域网接入层、桌面

2. 快速以太网

快速以太网（Fast Ethernet）也就是百兆以太网，流行于 1990 年代中期，采用 IEEE 802.3u 标准，在保持以太网原有的介质访问控制协议、帧格式以及 CSMA/CD 访问控制机制的前提下，速率提高了 10 倍，带宽为 100Mbps。快速以太网常用的标准有 100Base-TX、100Base-FX、100Base-T4，主要用于局域网的汇聚层、接入层，或者是小型企业网、办公网等。涉及的主要设备包括 100M 以太网交换机、集线器、网卡，快速以太网的常用规范如表 2-2 所示。

表 2-2   快速以太网常用规范

快速以太网规范	传输速率	传输介质	有效距离	应用领域
100Base-TX	100Mbps	5 类 UTP	100m	星型局域网汇聚层、接入层 小型企业网、办公网
100Base-FX	100Mbps	单模、多模光纤	多模 550m 单模 3000m	星型局域网汇聚层、接入层 小型企业网、办公网
100Base-T4	100Mbps	3、4、5 类 UTP	100m	星型局域网汇聚层、接入层 目前少用

3. 千兆以太网

千兆以太网（Gigabit Ethernet）流行于 1990 年代末期，采用 IEEE 802.3z、802.3ab 两种标准，前者为光纤和短程铜线连接方案的标准，后者是 5 类双绞线上较长距离连接方案的标准。千兆以太网在保持以太网原有的介质访问控制协议、帧格式以及 CSMA/CD 访问控制机制的前提下，速率提高了 100 倍，带宽为 1000Mbps，常用的规范有 1000Base-CX、1000Base-LX、1001Base-SX 和 1000Base-T，主要用于中、大型局域网的核心层、汇聚层等。涉及的主要设备包括 1000M 以太网交换机、网卡。千兆以太网的常用规范如表 2-3 所示。

表 2-3　千兆以太网常用规范

千兆以太网规范	传输速率	传输介质	有效距离	应用领域
1000Base-CX	1000Mbps	150ΩSTP	25m	核心层、汇聚层设备连接
1000Base-SX	1000Mbps	62.5μm、50μm 多模光纤	220～550m	星型局域网核心层、汇聚层中、大型企业网、校园网
1000Base-LX	1000Mbps	62.5μm、50μm 多模光纤 9μm、10μm 单模光纤	多模 550m 单模 5000m	星型局域网核心层、汇聚层中、大型企业网、校园网
1000Base-T	1000Mbps	5 类 UTP	100m	星型局域网核心层、汇聚层中、大型企业网、校园网

4. 万兆以太网

万兆以太网（10Gigabit Ethernet）于 2002 年开始流行，采用 IEEE 802.3ae（基于光纤）、802.3ak（同轴电缆）、802.3an（基于双绞线）标准。为了提高速率，扩展了 IEEE 802.3 协议和 MAC 规范，不再采用 CSMA/CD 协议而采用全双工的传输技术，带宽达到 10Gbps。同时，传输距离也大大增加，摆脱了传统以太网只能应用于局域网范围的限制，使以太网延伸到了城域网和广域网领域。为了适应各种网络的应用需求，万兆以太网有多种规范，主要用于大型局域网的核心层以及城域网和广域网等。涉及的主要设备包括 10G 以太网交换机、网卡。万兆以太网的常用规范如表 2-4 所示。

表 2-4　万兆以太网常用规范

万兆以太网规范	传输速率	传输介质	有效距离	应用领域
10GBase-SR	10000Mbps	850nm 多模光纤、50μm OM3 多模光纤	300m	局域网、城域网核心层
10GBase-LR	10000Mbps	1310nm 单模光纤	10km	局域网、城域网核心层
10GBase-LRM	10000Mbps	62.5μm 多模光纤、50/125μm OM3 多模光纤	260m	局域网、城域网核心层
10GBase-ER	10000Mbps	1550nm 单模光纤	40km	局域网、城域网核心层
10GBase-LX4	10000Mbps	1300nm 单模或多模光纤	多模：300m 单模：10km	局域网、城域网核心层
10GBase-CX4	10000Mbps	4 对双轴铜线	15m	局域网核心层设备连接
10GBase-T	10000Mbps	6 类、6a 类双绞线	6 类：55m 6a 类：100m	局域网核心层、汇聚层
10GBase-SW	10000Mbps	850nm 多模光纤、50μm OM3 光纤	300m	SDH/SONET、城域网、广域网
10GBase-LW	10000Mbps	1310nm 单模光纤	10km	SDH/SONET、城域网、广域网
10GBase-EW	10000Mbps	1550nm 单模光纤	40km	SDH/SONET、城域网、广域网

5. 十万兆以太网

新一代的 40G/100G 以太网标准——IEEE 802.3ba 于 2010 年 6 月 17 日由 IEEE 正式批准。这是以太网技术领域里最具里程碑的一个标志，开启了 10 万兆以太网的商用道路，为下一代网络实现三网融合、云计算、虚拟化、高清视频、电子商务、社交网络以及飞速发展高速无线网络等各种新兴业务提供前所未有的技术支撑。

IEEE 802.3ba 标准包含 40G/100Gbps 两个速度的规范，每种速度将提供一组物理接口，其中：40Gbps 包括 1m 交换机背板链路、10m 铜缆链路和 100m 多模光纤链路标准；100Gbps 包括 10m 铜缆链路、100m 多模光纤链路和 10km、40km 单模光纤链路标准。10 万兆以太网的规范如表 2-5 所示。

表 2-5 十万兆以太网规范

十万兆以太网规范	传输速率	传输介质	有效距离	应用领域
100GBase-CR10	100000Mbps	同轴铜缆	至少 10m	主干网核心层设备链路
100GBase-SR10	100000Mbps	多模光纤	至少 100m	局域网、城域网核心层
100GBase-LR4	100000Mbps	单模光纤	至少 10km	局域网、城域网核心层
100GBase-ER4	100000Mbps	单模光纤	至少 40km	局域网、城域网核心层

2.2.2 WLAN 标准与选型

WLAN（无线局域网）与其他的网络技术相比，是最为年轻的一种。以无线电波和光波为传输媒介的 WLAN 技术比传统有线局域网有着无法比拟的优势：灵活性、移动性、易用性，以及组网便捷、成本低、易于扩展等等，于新旧世纪交替之际在全球迅速流行。同时，由于 WLAN 固有的弱点，如：传输带宽较小、易受电磁干扰、安全性能较低等等，也限制了其在应用范围和组网规模上的发展，以致 WLAN 常被用作诸如家庭、办公室等小型局域网，或是作为大型局域网针对诸如会场、交易所、酒店、港口、矿区等不便有线连接的区域和组网的环境作为无线接入的延伸。

目前局域网中常用的 WLAN 标准主要有：IEEE 802.11x、HomeRF、HiperLAN、WAPI、蓝牙、IrDA 等，其中，前四种标准在网络工程项目中使用得最多。WLAN 标准的选型，应根据应用需求并综合考虑各种标准的频段、带宽、距离、安全等性能。

1. IEEE 802.11x 技术标准

由 IEEE 制定的 IEEE 802.11x 系列标准主要有：802.11、802.11a、802.11b、802.11g、802.11n，各种标准的性能比较如表 2-6 所示。组网应用中，可根据性能及需求进行选型。

表 2-6 IEEE802.11x 系列标准主要性能

标准规范	工作频段	最大传输带宽	最大传输距离	应用范围
820.11	2.4GHz	2Mbps	100m	低速、短距离室内、外组网
802.11a	5GHz	54Mbps	5~10km	高速、长距离室内、外组网
802.11b	2.4GHz	11Mbps	室内 100m、室外 300m	中速、中距离室内、外组网
802.11g	2.4GHz	22Mbps	室内 100m、室外 400m	中速、中距离室内、外组网
802.11n	2.4/5GHz	600 Mbps	300m~几平方公里	高速、大距离室内、外组网

在 IEEE 802.11x 系列的标准中，原始版本 802.11 于 1997 年最先颁布，开创了 WLAN 的新纪元。但由于带宽不能满足应用的需求，修订后的 802.11a、802.11b 标准于 1999 年相继出台。其中，802.11b 的带宽与 10M 到桌面的应用习惯相近，适应于小范围的室内、外 WLAN 组网；802.11a 则以带宽和距离上的优势，适用于大范围的室内、外 WLAN 组网。

由于 802.11a、802.11b 在工作频段、调制方式上的不同，两种标准互不兼容，加上性价比等原因，使得 802.11b 比 802.11a 的应用更为普及。为了解决 802.11a 与 802.11b 的兼容问题，2003 年 IEEE 推出了 802.11g 标准，使得 WLAN 的应用进入前所未有的黄金时期。

为了进一步解决 WLAN 对高带宽、大范围的组网需求，IEEE 于 2009 年颁布了带宽几乎可以与千兆以太网媲美的新标准 802.11n。由于 802.11n 标准的技术等级高，加上刚进入市场不久，组网成本高于前面的几种标准。然而，在带宽和组网距离上 802.11n 均具有明显的优势，并且兼容前面的几种标准，成为目前 WLAN 组网项目的热选标准。

IEEE 802.11x 标准针对性强、发展较快，以致上述的标准中均存在某些不足。为了改善这些不足，IEEE 还制定了各种相应的改进标准，典型代表有：802.11e、802.11f、802.11h、802.11i、802.11k。其中：802.11e 改善 802.11 协议的 QoS，802.11f 改善漫游接入的切换机制，802.11h 改善与欧洲标准 HiperLAN2 的兼容，802.11i 改善 WLAN 的安全机制，802.11k 改善 WLAN 的漫游服务等等。因此，在 WLAN 的组网实践中，应根据需求并综合考虑性能和价格等因素来决定选用具体的标准。

随着 IEEE 802.11x 系列标准的不断完善，现已成为 WLAN 领域中的主导，得到网络设备生产商、供应商的广泛支持。采用 IEEE 802.11x 系列标准组建 WLAN 的主要设备包括：无线接入站 AP、无线控制器 AC、无线 Hub、无线网桥、无线交换机、无线路由器、无线 Modem、无线网卡。

常用的 WLAN 组网方式可以分为两大类：一类是纯粹的无线组网方式，即全部采用无线设备、无线接入来组网，由于带宽和距离的限制，这种方式通常适用于家庭或小型办公网络；另一类是有线、无线一体化的组网方式，即主干网采用有线的以太网技术，接入层采用无线设备、无线连接来组网，因此，这种方式突破了带宽和距离的限制，在目前的网络工程项目中较为常用。具体的组网模式有两种：分布式组网、集中式组网。

（1）分布式组网。这是一种被称为"胖 AP"的传统 WLAN 组网模式，即采用有线交换机＋无线接入站 AP 的分布组网模式，如图 2-18 所示。这种模式是在有线局域网的接入层，通过多个覆盖各自区域的无线接入站 AP 来实现 WLAN 组网。因此，要求 AP 具备较强的功能，能够独立完成其覆盖范围内用户群的无线接入、权限认证、802.11 报文的处理、802.3 报文转换、MAC 寻址、漫游管理、网管代理、安全策略实施等多项功能。

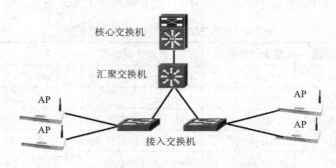

图 2-18　"胖 AP"组网模式

分布式组网的优点是产品的成熟度较高，网络的安全风险低。缺点是 AP 的功能强大、成本也较高，AP 的分散增加了网络管理的难度。因此，这种模式适合于用户数量较少的中小型 WLAN 组网。

（2）集中式组网。这种方式又称为"瘦 AP"，是一种全新 WLAN 组网模式，即采用瘦 AP＋无线控制器 AC 的集中组网模式，如图 2-19 所示。其中，无线控制器 AC 取代接入层交换机，负责 AP 的接入控制、转发和统计、漫游管理、安全控制，以及 AP 的配置监控、网管代理；而"瘦 AP"只负责用户的无线接入、802.11 报文的处理、802.3 报文转换、MAC 寻址、并接受 AC 的管理，功能大为简化。

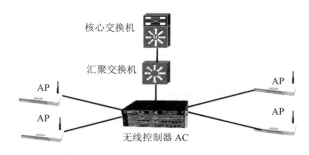

图 2-19　"瘦 AP"组网模式

集中式组网具有通过 AC 的集中网管、无缝漫游、零配置安装、自动射频管理等优点，缺点是需要增设 AC。这种方式适合于 AP 数量需求较多、有漫游需求的大型 WLAN 组网。

2．HomeRF 技术标准

HomeRF 是在美国家用射频委员会领导下，由 Intel、IBM 等多家公司于 1998 年成立"家用射频工作组"（Home RF Working Group），致力于为家庭用户组建具有互操作性的话音和数据通信的无线网络，制定出首个 HomeRF 标准，2001 年 8 月又推出了 HomeRF 2.0 版本。HomeRF 系列标准的性能见表 2-7 所示。

表 2-7　HomeRF 系列标准主要性能

标准规范	工作频段	最大传输带宽	最大传输距离	应用范围
HomeRF	2.4GHz	2Mbps	50m	低速、短距离室内组网
HomeRF V2.0	10GHz	10Mbps	100m	中速、短距离室内组网

HomeRF 的主要特点：在进行数据通信时，采用 IEEE 802.11 规范中的 TCP/IP 传输协议；而进行语音通信时，则采用数字增强型无绳通信标准。通过访问控制和加密技术来增强 WLAN 的安全性能。

HomeRF 家庭网络主要是连接多台 PC，能够共享 Internet 接入和打印机，并支持多种家庭娱乐、家庭自动化控制甚至是远程医疗服务。

HomeRF 标准具有价格低廉、使用便利、安全可靠等优点，其主要缺点是与 802.11 不兼容，且带宽有限。由于 HomeRF 标准发展缓慢，在应用中远不及 IEEE 802.11x 普及。

3．HiperLAN 技术标准

欧洲电信标准协会（ETSI）的宽带无线电接入网络小组制定的 Hiper（High Performance Radio）

系列泛欧标准，常用标准有 4 个：HiperLAN1、HiperLAN2、HiperAccess、HiperLink。HiperLAN 系列标准的性能见表 2-8 所示。

表 2-8　HiperLAN 系列标准主要性能

标准规范	工作频段	最大传输带宽	最大传输距离	应用范围
HiperLAN1	5GHz	23.5Mbps	50m	短距离室内、外 WLAN 组网
HiperLAN2	5GHz	54Mbps	50m	短距离室内、外 ATM 级无线组网
HiperAccess	5GHz	25Mbps	5000m	长距离室外 ATM 级无线联网
HiperLink	17 GHz	155 Mbps	150m	中距离室内、外宽带 ATM 级无线联网

其中：HiperLAN1 对应 802.11b；HiperLAN2 与带宽 54Mbps 的 802.11a 具有相同的性能，可以采用相同的部件，同时强调与 3G 手机的整合，是目前在欧洲地区较完善的 WLAN 标准；HiperLink 带宽达 155Mbps，通常作为 WLAN 的主干网，还可以与 ATM 实现无线联网；HiperAccess 距离达 5km，可与 ATM 实现远距离的无线联网。HiperLAN 标准在 WLAN 性能、安全性、QoS 等方面都具有较高的水准，在欧洲较为普及，相应产品主要由欧洲的 IT 厂商支持。

4．WAPI 技术标准

WAPI（Wireless Authentication Privacy Infrastructure）是我国拥有自主知识产权的 GB 15629.11 系列无线局域网安全技术国家标准。WAPI 的传输和控制技术与 IEEE 820.11x 标准相似，在安全方面则采用了基于数字证书的双向认证技术，通过鉴别服务器 AS，对用户端和无线接入站 AP 进行双向认证，有效地弥补了其他标准存在的安全漏洞，安全性能优于 IEEE 820.11x 标准。

WAPI 的首个标准于 2003 年 12 月颁布，2006 年又增加了三个相关的标准，初步形成了我国全面采用 WAPI 技术的 WLAN 国家标准体系。该标准也是我国在 WLAN 领域的强制性国家标准，要求国家指定的行业、有特殊信息安全要求的项目以及政府采购的 WLAN 产品等必须执行。WAPI 相关标准的性能见表 2-9 所示。

表 2-9　WAPI 系列标准主要性能

标准规范	工作频段	传输带宽	最大传输距离	应用范围
GB 15629.1101－2006	5.8GHz	54Mbps	≥250m，视设备而定	高速、短距离室内、外组网
GB 15629.1102－2003	2.4GHz	11Mbps	250m	中速、中距离室内、外组网
GB/T 15629.1103－2006	依国而定	依国而定	≥250m，视设备而定	不同国家之间的 WLAN 漫游
GB 15629.1104－2006	2.4GHz	54 Mbps	≥250m，视设备而定	中距离室内外宽带无线联网

WAPI 的优点在于其完善的安全机制，同时在其他的技术上与 IEEE 820.11x 标准相似，便于相互兼容，除了增加一台鉴别服务器 AS、其他设备只要支持 WAPI 标准，在组网设备和组网方式均上与 IEEE 820.11x 完全相似。WAPI 的缺点主要在于其出台较晚，市场竞争力还不够强。

目前我国的 WLAN 仍处在多家标准相互混战的局面，要打破西方技术标准"一统天下"的垄断格局还需要有个过程。可喜的是，目前国内已有中国电信、中国移动、中国联通、华为、锐捷、联想等近百家网络运营商、制造商组成了 WAPI 产业联盟，力推 WAPI 标准及相关产品。国外的芯片、手机、网络设备制造商也开始接受 WAPI 标准，逐步推出符合 WAPI 标准的无线产品。因此，无论是从信息安全还是着眼长远的发展来看，在 WLAN 的新建项目或是原有 WLAN 的升级改造项目上，均应优先考虑采用我国的 WAPI 标准。

2.3   任务 3：常用广域网接入技术的选型

【背景案例】大学校园网多出口广域网接入解决方案[6]

以远程教育支持服务为核心业务的 XXX 大学校园网的网络出口，原采用 4M 带宽的 SDH 同步数字系列光纤接入互联网。由于网络出口单一，且接入互联网的带宽也不能满足应用的需求。

校园网升级改造后（网络拓扑见上节中的图 2-17），除了满足内网用户快速接入互联网，还要满足外网用户能够快速浏览和获取校园网的各种信息及教学资源。此外，还要能够与分布在各市、县的 20 多所分校和教学点的高清视频会议系统进行有效连接。因此，对网络出口的数目和接入带宽均有较高的要求。考虑到分布在外网的用户和教学点主要是中国电信、中国移动两大 ISP 运营商的客户群，校园网的出口线路采用中国电信、中国移动为接入点。两个出口链路互为冗余，既可提高校园网接入互联网、广域网的可靠性，又可以保证与各分校、教学点视频会议系统的有效连接，确保视频通信有足够的带宽。除了上述两个出口，还通过与中国教育科研网在本地的上级节点的连接，保证了校园网与 CERNET 的互联，形成一个多出口 ISP 接入冗余的模式，以防范在应用当中某个 ISP 服务商线路终断而带来的突发掉线问题。

校园网出口如图 2-20 所示。在校园网的三个网络出口中，中国电信和中国移动的出口分别为 50M 、100M 的 EPON 单模光纤接入，教育科研网出口为 10M 单模裸光纤接入。其中，中国电信、中国移动出口的接入带宽之所以选择得比较高，主要是为了适应本校的外网用户群主要集中在中国电信、中国移动两大 ISP 运营商之下，而且中国电信、中国移动两大 ISP 运营商还为教育系统用户提供接入资费的优惠。

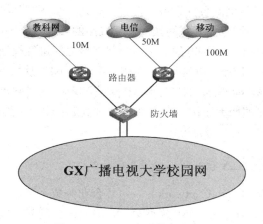

图 2-20   XXX 大学校园网出口

---

[6] 资料来源：GX 广播电视大学校园网升级改造项目

广域网技术主要用于实现局域网接入互联网，或者局域网通过广域网与异地的局域网互联。前者称为 LAN-WAN 互联，后者称为 LAN-WAN-LAN 互联。实现这两种互联的关键是广域网接入技

术的选型，也是网络逻辑设计阶段的重要工作。目前常用的广域网接入技术包括 DDN、FR、ISDN、xDSL、光纤接入等等，通常采取向 ISP 运营商租用的方式来实现。本节的背景案例就是一个拥有多个网络出口的校园网，通过几家不同的 ISP 运营商提供的光纤接入方式，将校园网接入互联网、广域网的典型应用。

本任务将围绕常用广域网接入技术的性能、特点及适用情况，讨论当前常用的广域网接入技术的选型方法。

2.3.1　DDN 专线接入技术及选型方法

DDN（Digital Data Network）——数字数据网，是利用数字信道传输数据信号的专用传输网，传输媒介有光缆、数字微波、卫星信道和用户端可用的普通电缆、双绞线等。DDN 包括四个组成部分：数字通道、DDN 节点、网管控制和用户环路，全部由像电信之类的运营商负责提供和经营管理。

DDN 主要有以下特点：

- 采用同步传输技术。DDN 是同步数据传输网，向用户提供的是半永久性的数字连接，虽然不具备交换功能，但传输数据时，沿途不进行复杂的软件处理，传输速率高，网络时延小。一般速率为 64kbps～2Mbps，最高可达 155Mbps，平均时延≤450μs。
- 支持全透明传输。DDN 为不受协议约束的全透明网，工作在 OSI 模型的第一、二层，可支持网络层以及上层的任何协议，从而可满足数据、图像、声音等多种业务的需要。
- 属于专线网络。DDN 是专线网，用户在租用期间永久性占用相应的数字电路，安全性强、可靠性高、稳定性好。
- DDN 的主要缺点是费用较高，通常每条 2M 带宽的 DDN 的月租费高达数千至上万元。这是专线技术的一个通病，因此，也让许多用户望而却步。

DDN 主要适用于对传输信道安全性、可靠性、稳定性、平均时延等指标要求较高，经济实力较强的行业网、企业网、校园网等的互联网接入、局域网的异地互联等应用。

DDN 的选型，主要是在用户对带宽的需求与租用资费之间进行权衡。其中，带宽以我国电信行业通行的低速数字基带 B（速率 64Kbps）或高速数字基群 E1（速率 2.084Mbps）为基本单位，用户可以根据需要分别按 N×64kbps、N×2.084Mbps 来选取；资费则以 64kbps、2.084Mbps 的月租费为基本计价，随倍数 N 的增大而按一定比例递增。由于 DDN 的费用随带宽增大而不断提高，对其带宽的选择应适可而止，不可盲目追求。

2.3.2　ISDN 接入技术及选型方法

ISDN（Integrated Service Digital Network）——综合业务数字网，是一种以光纤、双绞线的传输介质，采用电路交换技术，工作在 OSI 模型第一、二、三层的多功能、多用途的广域网接入技术标准。ISDN 以全数字化的数据形式提供的端到端的数字连接的综合数字传输服务，可以统一处理包括语音、数据、传真、可视图文、可视电话、视频会议、电子信箱和语音信箱等各种远程通信业务。

ISDN 由电信运营商建设和管理，为用户提供开展 ISDN 业务所需要的各类设备。ISDN 的主要设备包括 ISDN 局端交换机、ISDN 用户交换机、ISDN 网间连接器、ISDN 调制器、各类 ISDN 终端及终端适配器。ISDN 提供带宽为 144kbps 的基本速率接口 BRI、带宽为 2.048Mbps 的基群速率接口 PRI 两种基本服务。

ISDN 主要有以下特点：

- 支持并兼容多种业务。利用一对用户线和标准的基本速率接口，即可提供电话、传真、可视图文、网络数据通信等多种业务。也可以使用带宽更高的基群速率接口，连接用户局域网、可视电话、视频会议系统。
- 端到端数字化连接和传输。提供终端到终端之间的标准接口及全通道的数字化传输，可利用现有电话线，无中继传输距离达 4～7km，数据传输性能好、速度快。
- 标准化多用途接口。通过提供标准化的基本速率接口和基群速率接口实现多种业务的应用。例如一个基本速率的用户接口采用标准化的插座，可以接入 8 个不同类型的终端，例如电话机、传真机和 PC 机等等，使用起来非常方便。
- 费用实惠。由于 ISDN 是利用现有的电话网发展而成，不但提高了电话网的利用率，还节省了用户线路的投资。因此，在资费上比较实惠，例如用户使用一个基本速率接口的费用一般为普通电话资费的 1.5 倍左右。

ISDN 标准自 ITU-T 1984 年颁布以来，由于具有诸多优势，在国外于 1990 年代初期已经十分流行。而我国由于资金投入的问题，ISDN 发展缓慢，直到 1990 年代中期只在北京、上海、广州等少数几个城市开始 ISDN 试点，1990 年代末期发展到天津、重庆、广东、河北、黑龙江、江西等省市。在其他的地区，ISDN 只是小范围使用，未能形成规模。此时，帧中继、xDSL 等新的广域网接入技术开始进入中国市场，使得 ISDN 的应用受到很大冲击。

ISDN 主要适用于多种业务、多应用的中小型企业网、办公网、校园网等的互联网接入、局域网的异地互联等应用。

ISDN 的选型，主要是在用户对带宽的需求与租用资费之间进行权衡。由于资费相对较低，对带宽的选择以宽裕些为好。

2.3.3　帧中继接入技术及选型方法

帧中继——Frame Relay，简称 FR，是一种由 X.25 优化发展而来的快速分组交换网通信协议标准。X.25 工作在 OSI 模型的第一、二、三层，全部采用铜质传输介质，带宽只有 56kbps，已经淘汰。帧中继技术继承了 X.25 面向连接的虚拟电路、分组交换、经济实惠等优点，通过对 X.25 进行一系列优化和升级，如将工作层面降至在 OSI 模型的第一、二层，采用光纤为传输介质，简化差错检测和纠正技术等等，使得数据的传输效率、带宽和可靠性等大幅提高。优越的性能和实惠的价格，使得帧中继在 1990 年代中期获得迅速发展。

帧中继主要有以下特点：

- 协议标准成熟。在 ITU-T、ANSI、帧中继论坛等多家国际性标准化组织的推动下，帧中继协议不但拥有成熟、完善的标准体系，而且得到众多厂商的支持，因此，从帧中继的专用设备到通用的路由器、交换机等常用的网络设备都普遍支持帧中继协议。
- 协议简单高效。帧中继简化交换方式和传输数据单元，以帧为单位传送信息，将差错检测和纠正交给用户端或外围的交换机完成。因此，传输速率高，帧中继网内速率可达到 155Mbps，用户的接入速率在 64kbps～2Mbps，典型速率为 N×64kbps 至 2Mbps。
- 灵活的带宽管理。帧中继网络通过为用户分配带宽控制参数，对每条虚电路上传送的用户信息进行监视和控制，对网络的拥塞和带宽实施有效的管理。链路带宽还可以根据需要进行调整，传输过程中若带宽富裕，可允许用户超预订值按需占用数据带宽，数据传输速率可达到信道最高的速率。因此，支持突发传送。

- 支持多种协议。帧中继提供 PVC 永久虚电路和 SVC 交换虚电路两种方式，并兼容 ATM 技术。用户可以采用直通用户电路接入帧中继网络，也可以通过 DDN、ISDN、ATM、ADSL、光纤等多种方式接入帧中继网络。帧中继与路由器连接可支持多种网络层协议，如 IP、IPX、SAN。
- 应用广泛。帧中继网络支持一对一、一对多的远距离数据信息传输应用，可用于局域网互联、局域网连入广域网、局域网接入 Internet、建立虚拟专用网 VPN、 ATM 网络的数据业务接入等等。
- 帧中继的主要缺点是缺乏完备的 QoS。因此，对传送的用户信息实行被动的业务量控制机制，没有足够的优先等级，时延、时延波动较大，不适合实时业务。

帧中继主要适用于多业务、多应用、多接入点的中小型企业网、办公网、校园网等的互联网接入、局域网的异地互联等应用。

帧中继的选型，主要是在用户对接入方式的选择、带宽的需求与租用资费之间进行权衡。由于资费相对较低，对带宽的选择可以宽裕一些。

2.3.4 xDSL 接入技术及选型方法

xDSL（Digital Subscriber Line）——数字用户线路的统称，是一种以铜质电话线为介质的点对点传输技术，主要用于替代传统的 T1/E1 接入技术。xDSL 通过采用先进的调制技术，充分挖掘传统的电话系统中没有被利用的高频段的数据传输能力，具有对线路质量要求低、安装调试简便、价格低廉等特点，可以提供语音、视频、数据等多路传送服务。

在 xDSL 技术中，"x" 代表不同种类的 DSL 技术。按传输模式的不同，xDSL 主要分为对称和非对称两大类，其中，对称 DSL 技术主要有：HDSL（高比特率 DSL）、SDSL（单线 DSL）、MVL（多虚拟数字用户线）。非对称 DSL 技术主要有：ADSL（非对称 DSL）、RADSL（速率自适应 DSL）、VDSL（甚高速数字用户线）。xDSL 技术已经非常成熟，目前以 HDSL、ADSL、VDSL 等几种最为常用。各种常用的 xDSL 技术的性能见表 2-10 所示。

表 2-10 常用的 xDSL 技术的主要性能

标准规范	xDSL 类型	最大上/下行传输带宽	最大传输距离	应用领域
HDSL	对称 DSL	2.048Mbps/2.048Mbps	3.6km	中距离多媒体通信、网络互联
ADSL	非对称 DSL	1Mbps/8Mbps	5km	远距离互联网接入、VOD 点播
ADSL2	非对称 DSL	1.5Mbps/12Mbps	7km	远距离互联网接入、VOD 点播
ADSL2+	非对称 DSL	2.3Mbps/24Mbps	7km	远距离互联网接入、VOD 点播
VDSL	非对称 DSL	2.3Mbps/52Mbps	1.5km	中距离互联网接入、VOD 点播

xDSL 技术主要有以下特点：

- 充分利用现有程控电话的线路资源。除 HDSL 使用两对电话线，其他几种使用一对电话线即可实现高速率的信息传输。
- 接入服务品种多、应用广。xDSL 提供的接入服务有专线 xDSL 与非专线 xDSL、对称 DSL 与非对称 DSL 等不同品种，可以用于高速上网、视频点播、网络游戏、Web 网站、电子商务、IP 电话/传真、网络互联、视频会议、远程教育、远程医疗、虚拟专网 VPN。

- 开通和安装调试简便。ADSL 用户只需要接入 ADSL Modem、网卡或 USB 接口即可。而且可以自动连接，无需拨号，工作期间始终在线，不易掉线。

- 租用资费低廉。在所有的广域网接入技术中价格最低，其中，采用非专线 xDSL，价格最低。即便采用专线 xDSL，资费也比 DDN 专线要便宜许多。用户还可以根据需要，选择租用一个或多个固定 IP。

- xDSL 的主要缺点，是作为对称传输的应用时 2Mbps 的带宽难以满足许多大型互联网业务的需求。显然，无论是性能还是价格，xDSL 的主要优势在于其非对称传输的应用。

由于运营商提供的 xDSL 接入服务品种较多，在进行 xDSL 的选型时，除了考虑带宽和资费这两个关键的因素，还应注意对其具体种类的选择。例如，专线 xDSL 比非专线 xDSL 资费要高，但更加稳定、可靠、安全；对称 DSL 比非对称 DSL 资费高，但由于其主上行、下行带宽相同，常用于收发双方数据流量对等多媒体通信、网络互连等领域，因此广泛应用于企业网互联、VPN、视频会议系统；而非对称 DSL 则适用于上行带宽小，下行带宽大的应用，如 Web 浏览、多媒体娱乐、电子商务等领域，因此常用于企业网的 Internet 接入、视频点播系统、家庭上网等等。

2.3.5 光纤接入技术及选型方法

光纤接入技术是由 ISP 运营商为租赁用户提供的以光纤为传输介质，实现 LAN-WAN、LAN-WAN-LAN、WAN-WAN 互联的光纤接入网的总称。自 1990 年代推出以来，光纤接入技术以其在带宽性能、传输距离、承载业务、运营维护等方面的独特优势而倍受推崇，从一种最年轻的接入技术，逐步发展成为取代传统的铜质传输介质的主流接入技术，在发达国家已经十分普及，最终成为接入技术的主宰是一种必然的趋势。我国自 1997 年建成第一个商用光纤接入网以来，光纤接入技术在全国各地得到蓬勃发展，目前已经作为国家发展战略在全国开始普及。

根据光纤接入技术的覆盖程度，运营商有多种不同程度的光纤接入技术实施策略可供用户选择，例如：光纤到路边 FTTC、光纤到小区 FTTZ、光纤到大楼 FTTB、光纤到办公室 FTTB、光纤到户 FTTH 等等。其中，除 FTTH 面向个人用户和家庭，其余的 FTTx 均适用于企业和事业单位。

光纤接入网通常由三部分组成：连接运营商服务业务的局端设备、光纤及光分配网络、连接用户终端的光网络单元。根据光分配网络采用技术的不同，光纤接入网标准可分为有源光纤接入网 AON 和无源光纤接入网 PON 两大类。在目前常用的光纤接入技术中，有源光纤接入网有基于 SDH 的 MSTP；无源光纤接入网有基于 ATM 的 APON、基于以太网的 EPON 和千兆无源光网 GPON 等等，各种常用的光纤接入技术的性能见表 2-11 所示。

表 2-11   常用的光纤接入技术的主要性能

标准规范	AON 类型	传输带宽	无中继传输距离	应用领域
MSTP	有源	2~1000 Mbps	70km	行业、大客户远离多媒体通信、网络互联
APON	无源	155/622Mbps	20~30km	远距离 ATM 网的互联网接入、网络互联
EPON	无源	100/1000Mbps	20km	远距离以太网的互联网接入、网络互联
GPON	无源	1.25 /2.5Gbps	20~60km	行业、大客户远离多媒体通信、网络互联

1. 有源光纤网络多业务传输平台 MSTP

MSTP 是一种基于 SDH（同步数字体系）的有源光纤网络多业务传输平台，可同时实现 TDM

（以时分复用方式承载语音、电路方式数据等）、ATM、以太网等业务的接入、数据处理和传输。具有远距离的数据传送服务、端到端的带宽调度、高品质的 QoS 保障、安全稳定实时的业务支持、统一有效的运营管理等优势。适合于实力雄厚的行业、集团大客户组建跨地域专网、视频会议系统、实时图像监控系统、高速互联网专线接入等应用。

2. 基于 ATM 的无源光纤接入网 APON

APON 是一种基于 ATM 的 PON，在无源光纤网络上运用 ATM 的信元传输技术，既有 ATM 的带宽动态分配、完善 QoS 保障、实时传输性强的优点，又具备全程无源光传输带来的维护简便、组网灵活、运营成本低等优势。适合于大型企、事业单位组建专网、视频会议系统、实时图像监控系统，以及高速互联网专线接入等应用。

3. 基于以太网的无源光纤接入网 EPON

EPON 是一种基于以太网的 PON，在无源光纤网络上实现以太网的传输，融合了 PON 和以太网两者的优点，承载业务能力更强、技术更普及、成本更低廉，但由于 QoS 的局限性，在实时传输性能上不如 APON。因此，适合于以太网 IP 业务为主、带宽需求大、对业务质量和实时性要求不苛刻，却对租用成本比较敏感的中小型企事业单位的局域网互联、高速互联网专线接入等应用。

4. 千兆级宽带无源光纤接入网 GPON

GPON 是新一代千兆级宽带的 PON，以非对称的传输特性和完善的 QoS 适应宽带数据业务市场的需求，支持 ATM、TDM、IP/Ethernet、数字视频等多种业务，并将各种业务的数据映射到 ATM 和 GEM（通用封装方法）帧在无源光纤网络上进行高速传输。具有高带宽、高质量、长距离、应用广等强大优势，特别是随着带宽更高的 10G GPON 标准的出台，GPON/10G GPON 被定为"三网合一"和下一代网 NGN 的理想传输平台。

由于相对其他的 PON 出现较晚，GPON 的接入成本目前还比较高，因此，适合于对带宽及传输质量要求高、经济实力雄厚的行业、集团大客户远离多媒体通信和网络互联应用。

上述 4 种光纤接入技术各有其特色，在进行选型时应根据技术性能、适用范围、租用成本等因素进行综合考虑。

尽管光纤接入技术拥有诸多的优势，但共同存在的主要问题是成本较高，要达到像传统的铜质传输介质一样的普及程度还需要一个过程。为此，在目前广域网接入技术的应用中，出现了一些资费相对便宜的折中过渡方案，如 xPON+xDSL 接入、裸光纤租赁等等。其中，xPON+xDSL 接入通过 xPON 实现光纤到小区、大楼等，再利用现有的程控电话线通过 xDSL 技术（如 ADSL）把广域网业务接入到用户，资费比全部采用 xPON 要低；而裸光纤租赁只是由运营商提供单纯的光纤通道，不提供光纤网络设备和运营管理，费用更低，但需要用户具备光纤网络的组网连接及管理维护技术。为此，用户可以根据自己的应用需求、技术实力以及资费承受能力，选择适合的过渡接入方式。

2.4　任务 4：IP 地址规划与子网划分

【背景案例】大学校园网 IP 地址规划[7]

1. IP 地址的获取

升级改造后的 XXX 大学校园网（网络拓扑见 2.2 节中的图 2-17），网络出口除了保留原有教育科研网的接口及 IP 地址，增加了从中国电信、中国移动的两个广域网接入出口，并分别从这两家 ISP 服务商申请获得两组公用 IP 地址段，每组 32 个无类别 IP 地址。其中，中国电信 I P 地址段为 113.12.112.194 ～ 225、子网掩码 255.255.255.192，中国移动 IP 地址段为 117.141.115.159～190、子网掩码 255.255.255.192。

2．IP 地址规划的总体思路

（1）由于校园网拥有 3000 多个用户节点，获得的公用 IP 却十分有限，采取公用 IP 与私用 IP 相结合，公用 IP 用于对外服务，私用 IP 用于内部子网的办法才能满足需求。

（2）为保障内网和外网用户无论是通过中国电信、中国移动进行互访，还是位于两个网络出口的外网分校、教学点的用户群能够高效、通畅地接入内网的视频会议系统，所有的对外服务器、视频会议系统的固定 IP 地址均采取电信 IP 与移动 IP 同时绑定的办法，即一台服务器同时绑定一个电信的 IP 和一个移动的 IP。

（3）通过 VLAN 划分，确保内网的安全性和可靠性。出于管理及安全的考虑，VLAN 的划分根据用户类型进行，并作为 IP 地址的规划的重要部分。VLAN 划分采用私有 IP 地址，将 VLAN 与 IP 子网对应，在同一功能区域，IP 子网连续的地方，VLAN 的 ID 以同样规律保持连续。VLAN 之间的互访必须在 IP 层进行，通过访问控制列表 ACL 进行控制，在核心层、汇聚层的三层交换机上通过 ACL 的配置来实现。

3．IP 地址规划方案

（1）正向 NAT 地址分配。

在电信、移动的两组公用 IP 地址中的前 16 个 IP 地址：113.12.112.194～209、子网掩码 255.255.255.192；117.141.115.159～174、子网掩码 255.255.255.192，共 32 个 IP 地址作为正向 NAT 的地址池，便于采用私用 IP 地址的内网用户通过正向 NAT 地址池，获得访问外网所需的公用 IP 地址。

（2）反向 NAT 地址分配。

在电信、移动的两组公用 IP 地址中，每组的 32 个 IP 地址的后 16 个 IP 做反向 NAT，用于对外服务器、视频会议系统的固定 IP 地址，每台服务器均绑定电信、移动的两个公用 IP 地址，便于外网用户访问内网的各服务器。具体见表 2-12 所示。

表 2-12 反向 NAT 的 IP 地址绑定

公用 IP 地址	子网掩码	绑定服务器	功能用途
113.12.112.225 117.141.115.190	255.255.255.192	校园网主网站	外网用户访问内网
113.12.112.224 117.141.115.189	255.255.255.192	教学服务网站 1	外网用户访问内网
113.12.112.223 117.141.115.188	255.255.255.192	开放教育学院网站	外网用户访问内网
113.12.112.222 117.141.115.187	255.255.255.192	电子邮件服务器	外网用户访问内网
113.12.112.221 117.141.115.186	255.255.255.192	OA 服务器	外网用户访问内网
113.12.112.220 117.141.115.185	255.255.255.192	继续教育学院网站	外网用户访问内网
113.12.112.219 117.141.115.184	255.255.255.192	教务管理服务器 1	外网用户访问内网
113.12.112.218 117.141.115.183	255.255.255.192	教务管理服务器 2	外网用户访问内网
113.12.112.217 117.141.115.182	255.255.255.192	校园网二级网站	外网用户访问内网

公用 IP 地址	子网掩码	绑定服务器	功能用途
113.12.112.216 117.141.115.181	255.255.255.192	数字图书馆网站	外网用户访问内网
113.12.112.215 117.141.115.180	255.255.255.192	教学资源网站	外网用户访问内网
113.12.112.214 117.141.115.179	255.255.255.192	教学服务网站 2	外网用户访问内网
113.12.112.213 117.141.115.178	255.255.255.192	在线考试网站	外网用户访问内网
113.12.112.212 117.141.115.177	255.255.255.192	视频会议服务器	外网用户访问内网
113.12.112.211 117.141.115.176	255.255.255.192	在线 VOD 服务器	外网用户访问内网
113.12.112.210 117.141.115.175	255.255.255.192	备用服务器	机动

（3）VLAN 划分及地址分配。

采用 C 类私有 IP 地址段，对内网用户群按区域或部门进行子网划分。共划分 30 多个 VLAN，每个 VLAN 使用一个 C 类私有 IP 地址段。具体详见表 2-13 所示。

表 2-13　VLAN 划分及地址分配

地址段	子网掩码	功能	用途
192.168.1.1~255	255.255.255.0	VLAN 100	网络管理中心
192.168.2.1~255	255.255.255.0	VLAN 2	代理服务器群
192.168.3.1~255	255.255.255.0	VLAN 3	实验中心
192.168.4.1~255	255.255.255.0	VLAN 4	开放教育学院
192.168.5.1~255	255.255.255.0	VLAN 5	继续教育学院
192.168.6.1~255	255.255.255.0	VLAN 6	后勤服务中心
192.168.7.1~255	255.255.255.0	VLAN 7	理工学院
192.168.8.1~255	255.255.255.0	VLAN 8	文法学院
192.168.9.1~255	255.255.255.0	VLAN 9	经管学院
192.168.10.1~255	255.255.255.0	VLAN 10	行政管理部门
192.168.11.1~255	255.255.255.0	VLAN 11	远教大厦 1-2 层
192.168.12.1~255	255.255.255.0	VLAN 12	远教大厦 3-6 层
192.168.13.1~255	255.255.255.0	VLAN 13	远教大厦 7-9 层
192.168.14.1~255	255.255.255.0	VLAN 14	远教大厦 10-12 层
192.168.15.1~255	255.255.255.0	VLAN 15	远教大厦 13-14 层
192.168.16.1~255	255.255.255.0	VLAN 16	远教大厦 15-17 层
192.168.17.1~255	255.255.255.0	VLAN 17	图书馆

续表

地址段	子网掩码	功能	用途
192.168.18.1~255	255.255.255.0	VLAN 18	教工活动中心
192.168.19.1~255	255.255.255.0	VLAN 19	老干活动中心
192.168.20.1~255	255.255.255.0	VLAN 20	视频会议系统
10.0.0.1~255	255.255.255.0	VLAN 21	教工宿舍 1
10.0.0.2~255	255.255.255.0	VLAN 22	教工宿舍 2
10.0.0.3~255	255.255.255.0	VLAN 23	教工宿舍 3
10.0.0.4~255	255.255.255.0	VLAN 24	教工宿舍 4
10.0.0.5~255	255.255.255.0	VLAN 25	学生宿舍 1
10.0.0.6~255	255.255.255.0	VLAN 26	学生宿舍 1
10.0.0.7~255	255.255.255.0	VLAN 27	学生宿舍 2
10.0.0.8~255	255.255.255.0	VLAN 28	学生宿舍 2
10.0.0.9~255	255.255.255.0	VLAN 29	学生宿舍 3
10.0.0.10~255	255.255.255.0	VLAN30	学生宿舍 3
10.0.0.11~255	255.255.255.0	VLAN 31	学生宿舍 4
10.0.0.12~255	255.255.255.0	VLAN 32	学生宿舍 4
10.0.0.12~255	255.255.255.0	VLAN 33	学生宿舍 5
10.0.0.14~255	255.255.255.0	VLAN 34	学生宿舍 5

7　资料来源：GX 广播电视大学校园网升级改造项目

IP 地址是 TCP/IP 协议进行网络节点寻址的唯一标识，工作在 TCP/IP 协议下的网络设备，如服务器、路由器、三层交换机、用户机及共享设备等等，必须拥有各自的 IP 地址，否则无法正常工作。

在网络工程中，IP 地址规划就是根据所获得的 IP 地址范围制定出具体的、合理的地址分配及子网划分方案，这也是网络逻辑设计阶段的一项重要工作。IP 地址规划的好坏，会直接影响到路由效率、网络性能、网络扩展、网络应用、网络管理以及整个网络工程的质量。因此，制定一套好的 IP 地址规划方案，对保证整个网络的安全、稳定及有效运行至关重要。

本任务的背景案例就是 IP 地址规划及应用的一个典型例子。案例中由于获得的 IP 地址非常有限，代表了目前 IP 地址紧缺的普遍状况，在这种"捉襟见肘"的条件下如何做好 IP 地址的规划，通过公用 IP 地址与私用 IP 地址相结合以及进行 VLAN 划分等有效方法，让一个企、事业单位的网络系统高效运转起来，考验着网络工程技术人员的技术水平和 IP 地址规划的质量。

本任务将着重讨论 IP 地址及其分类、子网掩码、子网划分、IP 地址规划的方法和要领。

2.4.1　IP 地址及其分类

IP 地址由 IANA（Internet 地址分配中心）负责分配和管理，目前正在使用的 IP 协议版本是 1981 年 9 月制定的 IPv4。IPv4 规定 IP 地址用 32 位二进制数表示，拥有 2^{32}，即 43 亿个独立的 IP 地址。IPv4 的地址数目看似很庞大，但并不富裕，由于原有的分类设计方案的缺陷以及早期分配上的不合理，随着互联网的应用普及，目前 IP 地址已经所剩不多。在不久的将来，由地址空间更大的新版 IPv6 协议所代。IPv6 规定的 IP 地址采用 128 位二进制数表示，IP 地址的多达 2^{128} 个（即 3.4×10^{38}），数目之大可谓"取之不尽，用之不竭"，但 IPv6 尚未普及，网络工程中的 IP 地址规划工作仍然是围绕 IPv4 进行。

在 IPv4 协议中，为便于使用和管理，IPv4 对应的 IP 地址有公用 IP、私用 IP 之分，有类 IP、无类 IP 之分。每个 IP 地址对应 4 个字节，处在高位的若干字节用于标识网络编号（即网络号），其余的若干字节则用于标识该网络上的主机编号（即主机号）。由于网络号、主机号的长度在不同类型的 IP 地址中不尽相同，要从 IP 地址中区分出网络号，就必须将 IP 地址中的主机号掩盖掉，这项工作需要一个子网掩码和 IP 地址进行逻辑"与"运算来完成。因此，子网掩码是一个伴随 IP 地址的重要参数，长度也是 32 位的二进制数，其为全 1 的高位数与网络号的位数等长，而为全 0 的低位数则与主机号的位数等长。子网掩码在和 IP 地址进行逻辑"与"运算时，就会将 IP 地址中的主机号变为全 0，相当于被掩抹掉。

为了便于识读，在 IPv4 中 IP 地址及子网掩码通常用带点的十进制数按格式 a.b.c.d/x 来表示，其中：a.b.c.d 为 4 个字节的 IP 地址，/x 表示子网掩码的为全 1 的高位数有 x 位、为全 0 的低位数有 32-x 位。例如：202.10.1.5/24，表示 202.10.1.5 的 IP 地址，其子网掩码由 24 个全 1 的高位及 8 个全 0 的低位组成。

1. 有类 IP 地址

IPv4 将 IP 地址分为 A、B、C、D、E 五类，其中 A、B、C 三类地址为网络工程中常用，D 类为组播专用地址，E 类为研究用的保留地址。

有类 IP 地址的划分遵循这样的规则：A 类地址的网络号占 1 个高位字节，主机号占 3 个低位字节；B 类地址的网络号占 2 个高位字节，主机号占 2 个低位字节；C 类地址的网络号占 3 个高位字节，主机号占 1 个低位字节。各类地址的子网掩码与其网络号所对应的字节为二进制全 1、主机号所对应的字节为二进制全 0 即可，A 类子网掩码为一个高位字节的全 1，3 个低位字节的全 0，即 255.0.0.0，也可表示为/8；同理，B 类子网掩码为 2 个高位字节的全 1，2 个低位字节的全 0，即 255.255.0.0，也可表示为/16；C 类子网掩码为 3 个高位字节的全 1，1 个低位字节的全 0，即 255.255.255.0，也可表示为/24。例如：202.100.12.5/24 为一个 C 类地址。各类地址对应范围及子网掩码如表 2-14 所示。

表 2-14　各类 IP 地址对应的范围及子网掩码:

类别	地址范围	子网掩码	应用领域
A 类	1.0.0.0~ 126.255.255.255	255.0.0.0	国家、地区级特大型网络
B 类	128.0.0.0 ~ 191.255.255.255	255.255.0.0	行业、企业级大型网络
C 类	192.0.0.0 ~ 223.255.255.255	255.255.255.0	企业、单位级中小型网络
D 类	224.0.0.0 ~ 239.255.255.255	无需子网掩码	组播专用
E 类	240.0.0.0 ~ 255.255.255.255	无需子网掩码	研究保留

2. 无类 IP 地址

有类 IP 地址按字节划分网络号及主机号的方法很有规律，简单明了、使用方便，却造成有类 IP 地址使用效率低下的问题。例如：一个 C 类地址的网络号可最多拥有 254 台主机，当获得该 C 类地址段的网络主机少于 254 台主机时，也同样占有这个 C 类网络号，多余的 IP 地址不能再分配给他人使用，因此造成 IP 地址的浪费。类似的情形在 A 类和 B 类 IP 地址中同样存在，但造成的地址浪费更大。为了解决这个问题，1993 年推出的无类域间路由技术 CIRD，打破了按字节划分 A、B、C 有类 IP 地址的常规，对现有的 IP 地址进行重新构建和分配，不但提高了 IP 地址的利用率，还可以利用相应的路由汇聚技术缩小路由表的尺寸、减少路由信息广播、提高路由效率。

无类 IP 地址的划分遵循这样的规则：在 32 位的地址中，表示网络号的位数可以从高位开始的 13~27 位任取，其余的低位便用来表示主机号。网络号不再受 A、B、C 类字节长度固定为 8 位、16 位、24 位的限制，对应的子网掩码同样不受/8、/16、/24 的限制。无论是 ISP 运营商还是用户，在对所获得的无类 IP 地址进行子网划分时，可以根据需要采用等长度的子网掩码，也可采用可变长度的子网掩码 VLSM，只要与网络号对应的高位为全 1，其余低位为全 0 即可。例如 202.100.12.5/27，表示在 32 位的 IP 地址中，其网络号为 27 位、主机号为 5 位，相应的子网掩码的高 27 位为全 1、低 5 位为全 0，即 255.255.224。

无类 IP 地址和 VLSM 技术在进行子网划分时特别有用，具体在后续内容中讨论。但要注意：并非所有的路由协议都支持无类 IP 地址和 VLSM 技术，如 RIP、IGRP 等协议就不支持，但 RIP-2、EIGRP、OSPF、BGP 等协议却支持。因此，使用了无类 IP 地址后，所配置的路由器、交换机等设备必须支持 CIRD 和 VLSM。

3. 公用 IP 地址

公用 IP 地址是可以在 Internet 使用的 IPv4 地址，当一个网络直接与 Internet 互联或是用户要访问 Internet 时，必须拥有合法的公用 IP 地址。这些公用 IP 地址通常由 ISP 运营商向 IANA 申请注册，经批准获得一定的 IP 地址范围后，再由 ISP 运营商向接入用户以租用的方式进行二次分配。用户得到合法的公用 IP 地址便可以在 Internet 上使用。

在网络工程项目中，用户通常获得的公用 IP 地址以 C 类地址居多，而且数量十分有限，无法满足用户主机与公用 IP 地址一对一的应用需求。为了解决这一问题，可利用私有 IP 地和无类 IP 地址子网划分技术进行 IP 地址规划。

4. 私用 IP 地址

私用 IP 地址是一种非注册的 IPv4 地址，由 IANA 根据 RFC 198 协议以保留的方式从各类 IP 地址中专门划分出来，供用户按有类或无类 IP 地址在内部网络中自由使用，但这些地址在 Internet 上则为无效地址。私用 IP 地址的具体范围如表 2-15 所示。

表 2-15 私用 IP 地址的具体范围

对应类别	地址范围	IP 地址数目	有类 IP 数目	最大无类 IP 地址块
A 类	10.0.0.0~ 10.255.255.255	16,777,216	1 个 A 类	10.0.0.0/8
B 类	172.16.0.0 ~ 172.31.255.255	1,048,576	16 个 B 类	172.16.0.0/12
C 类	192.168.0.0 ~192.168.255.255	65,536	256 个 C 类	192.168.0.0/24

私用 IP 地址在网络工程中的使用非常普遍。但在使用中应注意：以私用 IP 地址标识的用户是不能直接访问 Internet 的，若要访问，必须通过 NAT、DHCP 等技术转换成合法的公用 IP 地址。

2.4.2 IP 地址规划的方法和要领

IP 地址规划的方法和步骤如下：

第 1 步：根据网络拓扑及应用需求，统计分析 IP 地址的数量。具体包括：

- 用户主机数量及需要的 IP 地址数。
- 服务器数量及需要的 IP 地址数。
- 交换机数量及需要的 IP 地址数。
- 路由器数量及需要的 IP 地址数。
- 其它网络设备（网管工作站、图形工作站、视频终端等）数量及 IP 地址数。
- 未来 3~5 年内需要扩充的网络节点、设备的数量及所需的 IP 地址数。

第 2 步：确定所需 IP 地址的总和，通过接入的 ISP 运营商申请注册本网站的域名及整个网络系统所需的 IP 地址。已经拥有 IP 地址的网络改造项目，此步可省。

第 3 步：根据获得的 IP 地址，对不作子网划分的网络节点，如服务器、路由器、三层交换机、网管工作站、特殊用户机等进行初步的 IP 地址分配，同时选择正确的掩码。

第 4 步：对需要作子网划分的节点进行子网划分，并计算出子网掩码，确定各子网的地址分配方案。

第 5 步：对第 3、4 步得出的地址分配方案进行评估和调整，避免出现地址折叠和浪费的现象，最终形成 IP 地址的规划方案并形成相应的技术文档。

在 IP 地址规划应注意以下事项：

（1）充分利用拥有的公用 IP 地址，这些地址主要用于：与外网互联的路由器、对外服务器、工作速率高的网络节点（如网管工作站、图形工作站等），以及对外访问 Internet 的 IP 地址池。

（2）内部网络节点尽量使用私用 IP 地址，通过地址转换设备（如 NAT、DHCP 服务器）配置相应的公用 IP 地址，即可实现对外访问，又可隐匿内部节点，增加安全性。

（3）避免将下列特殊的 IP 地址分配给具体的网络节点。

- 32 位为全 0 的地址 0.0.0.0。该地址只能用于配置默认路由。
- 主机号为全 0 的地址。该地址仅用于表示整个子网网段，如 C 类地址 202.100.12.0 在路由时，代表网络号为 202.100.12 的整个网段。
- 主机号为全 1 的地址。该地址仅能用于整个子网网段的路由信息广播，如 202.100.12.255 用于本段的路由信息广播至地址为 202.100.12.1~202.100.12.254 的所有主机。

（4）尽量保持地址块的连续性，并采用 CIRD 和 VLSM 技术进行 IP 的规划和配置，以缩小路由表大小，提高路由汇聚的效率，改善网络性能。

（5）尽可能采用三层 VLAN 技术来划分和管理子网，将各种用户及服务器节点按业务职能和安全级别的不同，进行相应的 VLAN 划分和管理，进一步增强网络系统的安全性。

（6）采用静态、动态地址配置相结合的办法来分配和管理 IP 地址。重要的、关键的节点（如路由器、交换机、服务器、要害部门的主机等）、重要的子网均采用静态 IP 地址，使每个节点拥有固定的 IP 地址。一般用户、非重要部门、公共用户等子网可采用 DHCP 服务器动态分配 IP 地址。

（7）在进行 IP 地址的分配特别是划分子网时，要留出足够的地址余量，以适应未来网络系统升级和扩容的需要。

2.4.3 子网划分方法

对于一个拥有数百、上千个用户节点的网络系统，如果不是通过划分子网来进行分块的、层次分明的组织和管理，必然导致网络管理与维护的杂乱无章和事倍功半，因此，子网划分是提高 IP

地址规划质量的一项重要工作。子网划分具有以下优点：

- 改善网络的可管性。通过有效的子网划分，将各种用户及服务器节点按业务职能和安全级别的不同划分为不同的子网，便可以子网为单位进行相应的应用服务配置、访问权限设置、软件升级发布、病毒扫描防治、用户变更扩容、节点故障处置等一系列高效的、层次分明的网络管理与维护，使整个网络的可管性大为改观。

- 增强网络的安全性。由于子网内部资源是共享的，本子网的用户互访十分频繁且不受限制，而子网与其它子网之间的访问则必须通过路由配置的许可，否则不能跨子网互访。因此，整个网络系统的安全性大为增强。

- 提高网络的传输效率。子网的设置，使得路由信息的广播被限制在子网范围之内，从而极大地减少路由信息的广播在网络主干链路上的带宽开销，使得整个网络的传输效率大为提高。

下面通过几个例子，介绍 IP 地址规划中子网划分的基本方法。

1. 公用 IP 地址子网划分

由于公用 IP 地址十分珍贵，在对拥有的公用 IP 地址段进行子网划分时，需要精确计算，连块分配，避免浪费。具体方法是从主机号的高位借用 n 位来标识 2^n 个子网，剩余的主机号表示子网内的主机。这样一来，原有的网络号加上子网号会增加 n 位，子网掩码在全 1 的高位也相应增加 n 位；而原有的主机号缩短 n 位，子网掩码在全 0 的低位也相应缩短 n 位。

例 1： 某企业拥有一个 C 类网段 202.10.1.0/24，地址范围为 202.10.1.0~202.10.1.255，去除主机号为全 0、全 1 的 2 个地址，有效主机地址为 202.10.1.1~202.10.1.254，共 254 个。现需要划分 4 个子网，每个子网至少可容纳 60 台主机。计算方法如下：

因为 $2^2 = 4$，即取 $n = 2$，子网掩码从 24 位变为 24+2=26 位，由 255.255.255.0 变为 255.255.255.192；主机号由原来的 8 位变为 8 − 2 = 6 位，各子网可拥有 $2^6 = 64$ 个主机地址，去掉全 0、全 1 的 2 个地址还拥有 62 个有效 IP 地址。具体的子网划分如表 2-16 所示。

表 2-16　公用 IP 地址子网划分

子网	IP 地址范围	子网掩码	有效 IP 数目
1	202.10.1.0 ~ 202.10.1.63 /26	255.255.255.192	62
2	202.10.1.64 ~ 202.10.1.127 /26	255.255.255.192	62
3	202.10.1.128 ~ 202.10.1.191 /26	255.255.255.192	62
4	202.10.1.192 ~ 202.10.1.255 /26	255.255.255.192	62

值得注意的是，虽然上面的子网是从 C 类地址段划分出来的，但各子网的掩码已经由原来的/24 变成了/26，不再属于有类 IP 地址，因此，在进行这些子网的寻址时，需要用到 CIRD 技术。另一方面，划分后的 4 个子网总共拥有 62×4 = 248 个有效 IP 地址，比原来的 254 个减少了 6 个，造成新的浪费。可见，子网划分的数目越多，IP 地址的浪费越大。

2. 私用 IP 地址子网划分

私用 IP 地址数量充裕，任意使用，为任何一个公用 IP 地址不足的网络系统提供了内部分配 IP 地址的巨大空间。因此，划分子网时对私用 IP 地址的分配相对宽松。

例 2： 某企业拥有多个部门，现需要用私用 IP 地址划分 10 个子网，每个子网可容纳的主机数在 50~200 台不等。为此，可为每个子网分配一个相对于 C 类的私用 IP 地址段，每个子网最多可容纳 $2^8 - 2 = 254$ 台主机，多出的地址留作备用。子网划分如表 2-17 所示。

表 2-17　私用 IP 地址子网划分

子网	IP 地址范围	子网掩码	有效 IP 数目
1	192.168.1.0 ~ 192.168.1.255 /24	255.255.255.0	254
2	192.168.2.0 ~ 192.168.2.255 /24	255.255.255.0	254
3	192.168.3.0 ~ 192.168.3.255 /24	255.255.255.0	254
……	……	255.255.255.0	254
10	192.168.10.0 ~ 192.168.10.255 /24	255.255.255.0	254

　　注意：由于各子网的掩码均为 /24，因此，可按有类 IP 地址进行寻址。类似的子网划分方法在中小型企业网、校园网中应用非常普遍。对于大型的网络系统，当子网的主机数超过 254 台时，可将上述的主机位适当增加，网络号及子网掩码位适当缩短即可。

　　例 3：某企业网需要用私用 IP 地址划分 10 个子网，每个子网可容纳的主机数为 500 台。为此，可参照上面的例子采用 C 类的私用 IP 地址段来划分，但需要将主机位从原来的 8 位增加到 9 位，这样每个子网最多可容纳 $2^9 - 2 = 510$ 台主机，满足要求。相应的网络号缩短 1 位，子网掩码则变为 /23。具体分配如表 2-18 所示。

表 2-18　私用 IP 地址子网划分

子网	IP 地址范围	子网掩码	有效 IP 数目
1	192.168.2.0 ~ 192.168.3.255 /23	255.255.254.0	510
2	192.168.4.0 ~ 192.168.5.255 /23	255.255.254.0	510
3	192.168.6.0 ~ 192.168.7.255 /23	255.255.254.0	510
……	……	255.255.254.0	510
10	192.168.20.0 ~ 192.168.21.255 /23	255.255.254.0	510

　　注意：由于各子网的掩码均为 /23，不再属于有类 IP 地址，因此，寻址时需采用 CIRD 技术。当然，还可以采用 A 类、B 类的私用 IP 地址进行子网划分，但此时对应的每个子网会空余大量的 IP 地址，地址的连续性不好，对路由汇聚不利。

　　3. 变长子网掩码子网划分

　　在上面的 3 个例子中，每个企业所划分出来的子网均采用相同长度的子网掩码，属于定长子网掩码，适用于各子网容纳主机数相同的场合。当各子网容纳的主机数不相同时，就要采用不同长度的子网掩码，这就是所谓的变长子网掩码技术 VLSM。

　　例 4：某企业拥有一个 C 类网段 202.10.1.0/24，现需要划分 5 个子网，其中 3 个子网为 60 台主机，2 个子网为 30 台主机。子网划分方法需分两步进行。

　　第一步，先取 n = 2，划分成 4 个子网，每个子网可容纳 62 台主机，子网掩码从 /24 变为 /26，即 255.255.225.192。计算过程与例 1 相似。

　　第二步，再将其中的一个子网进一步划分为 2 个可容纳 30 台主机的子网。在这 2 个子网中，相当于取 n = 3，子网掩码从 /24 变为 /27，即 255.255.224.0；主机号由原来的 8 位变 5 位，各子网

可拥有 $2^5 - 2 = 30$ 个有效主机地址。

划分完毕后，各子网的 IP 地址分配及子网掩码如表 2-19 所示。

表 2-19 公用 IP 地址子网划分

子网	IP 地址范围	子网掩码	有效 IP 数目
1	202.10.1.0 ~ 202.10.1.63 /26	255.255.255.192	62
2	202.10.1.64 ~ 202.10.1.127 /26	255.255.255.192	62
3	202.10.1.128 ~ 202.10.1.191 /26	255.255.255.192	62
4	202.10.1.192 ~ 202.10.1.223 /27	255.255.255. 224	30
5	202.10.1.224 ~ 202.10.1.255 /27	255.255.255. 224	30

需要注意的是，在这个例子中各子网的掩码已经由原来的/24 变成了/26、/27，不再属于有类 IP 地址，而且子网的掩码的长度也不同。因此，在进行这些子网的寻址时，需要同时用到 CIRD 和 VLSM 技术。在这种情况下，可利用路由汇聚技术来缩小路由表的尺寸，提高路由效率。

所谓路由汇聚，就是将一组路由汇聚成一个单一的路由广播，这样不仅缩小了路由表的尺寸，减少每一跳路由的延时及查询路由表的平均时间，加快路由收敛。同时，还可以只向下一个下游的路由器发送汇聚的路由信息，而不会广播与其汇聚范围内所包含的具体子网有关的变化情况，使得路由表的维护和管理工作大为简化，减少路由协议的运行开销，提高路由器的工作效率。路由汇聚技术对于大型的、子网众多的网络系统特别有用。

路由汇聚的方法，是将各子网的网络号中数值相同的部分作为一个路由汇聚，上游的路由器只要找到这个路由汇聚，即可找到各个子网。实现路由汇聚，需要在区域边界路由器 ABR 上进行 OSPF 路由协议的相关配置即可。

显然，上面这个例子中各子网的网络号中数值相同的部分为 202.10.1.0/24，这就是 5 个子网的路由汇聚。上游的路由器只要找到 202.10.1.0/24，便可找到该企业网中的 5 个子网。VLSM 及路由汇聚技术在本例中的应用如图 2-21 所示。

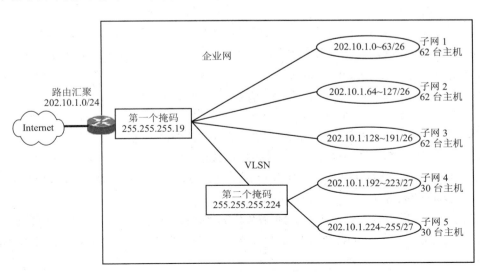

图 2-21 VLSM 及路由汇聚技术应用

2.5 任务 5：常用网络设备的选型

【背景案例】XXX 大学校园网主要设备的选型与配置 [8]

升级改造后的 XXX 大学校园网（网络拓扑见 2.2 节中的图 2-17）的主要设备配置如下。

1. 核心层设备配置

核心层属互为冗余的"双核心"结构，两台核心交换机选用锐捷 RG-S8610 万兆路由交换机：支持高密度多业务 IPV6；提供 3.2T 背板带宽，高达 1190Mpps/595Mpps 的二/三层包转发速率，每线卡交换能力高达 200G，满足高密度的千兆/万兆端口线速转发，并且支持未来 100G 接口的扩展；支持多种路由协议、多种生成树协议、VRRP 虚拟路由器冗余协议，有效保障链路快速收敛和网络稳定；提供各种完善的网管功能、QOS 技术、多种组播支持技术；支持管理模块、电源模块的冗余、多种模块热拔插等安全稳定保障技术；采用硬件方式提供数据加密、防 DDOS 攻击、防非法数据包检测、防 IP 地址欺骗等多种安全防护。

2. 汇聚层设备配置

汇聚层采用多台锐捷 RG-S5750-48GT/4SFP 万兆级全千兆端口多层交换机：支持 IPV6；具有 240Gbps 背板带宽，66Mpps 的包转发速率，102Mpps/102Mpps 二/三层包转发速率；提供了灵活复用的铜缆、光纤等多种千兆接口形式，通过选配多种类型的万兆模块，即升级到万兆带宽；支持多种路由协议、多种生成树协议、VRRP 虚拟路由器冗余协议有效保障链路快速收敛和网络稳定；提供二到七层的智能的业务流分类、完善的 QOS 技术和多种组播支持技术；具有多种基于硬件的可以有效防范和控制病毒传播和 Dos 攻击、IP 扫描、基于源 IP 地址的访问控制等黑客攻击，增强设备网管的安全性；采用端口安全、端口隔离、专家级 ACL、时间 ACL、基于数据流的带宽限速、多元素绑定等技术，加强对访问者进行控制、用户需身份验证、限定端口接入、限制非授权用户通信等安全防护；提供完善的网管功能。

3. 接入层设备配置

考虑到接入层交换机的对于终端用户接入的控制起着非常重要的作用，采用安全性、控制性较高的锐捷 RG-S2924G、RG-S2927XG 全千兆安全智能二层交换机：支持 IPV6；具有 48Gbps/108Gbps 的交换容量，36Mpps/81Mpps 的包转发速率；16K MAC、4K 802.1q VLAN；提供智能的流分类、完善的 QoS 和组播应用管理技术；可以根据网络的实际使用环境，实施灵活多样的安全控制策略，同时支持基于 VLAN 号、以太网类型、MAC 地址、IP 地址、TCP/UDP 端口号、协议类型、时间灵活组合的硬件 ACL，有效防止和控制病毒传播和网络攻击，控制非法用户接入和使用网络；提供完善的网管技术支持。

分布在远教大厦的 WLAN，配置了一台锐捷 RG-WS5302 千兆无线控制器和多个 RG-AP220-E 增强型无线接入站，为内网用户提供 3x3MIMO、胖/瘦模式切换、802.11x、WAPI 等安全便捷的无线网络连接。

4. 服务器群设备配置

校园网的服务器分为内部、外部两个部分的服务器群，服务器的配置选型见表 2-20。内部及外部服务器群分别采用锐捷 RG-S5750-48GT/4SFP 交换机进行汇聚和负载均衡。为了保护服务器免受黑客攻击及病毒侵害，在外部服务器群的前端部署了锐捷 RG-WALL 1600 防火墙，内部服务器群的前端则部署了深信服 M5400AC 防火墙，实现内、外服务器群的安全防护。

表 2-20　校园网服务器群的配置选型

序号	功能	型号	部署
1	校园网主网站服务器	Dell PowerEdge R710 机架式服务器	外部服务器群
2	教学服务网站 1 服务器	华为 Tecal T8223 刀片式服务器	外部服务器群
3	教学服务网站 2 服务器	华为 Tecal T8223 刀片式服务器	外部服务器群
4	电子邮件服务器	HP ProLiant DL388 G7 机架式服务器	外部服务器群
5	数字图书馆网站服务器	联想 万全 R525 G3 机架式服务器	外部服务器群
6	OA 服务器	联想 万全 R525 G3 机架式服务器	外部服务器群
7	开放教育学院网站服务器	Dell PowerEdge 2950 机架式服务器	外部服务器群
8	继续教育学院网站服务器	Dell PowerEdge 2950 机架式服务器	外部服务器群
9	校园网二级网站服务器	Dell PowerEdge R710 机架式服务器	内部服务器群
10	教学资源网站服务器	华为 Tecal T8223 刀片式服务器	内部服务器群
11	在线考试网站服务器	HP ProLiant DL388 G7 机架式服务器	内部服务器群
12	教务管理服务器 1	联想 万全 R525 G3 机架式服务器	内部服务器群
13	教务管理服务器 2	联想 万全 R525 G3 机架式服务器	内部服务器群
14	视频会议服务器	联想 万全 R525 G3 机架式服务器	内部服务器群
15	在线 VOD 服务器	HP ProLiant DL388 G7 机架式服务器	内部服务器群
16	网管、杀毒软件服务器	HP ProLiant DL388 G7 机架式服务器	内部服务器群

5. 网络出口设备配置

校园网连接中国电信、中国移动的两个主要出口的路由器，采用了锐捷网络针对国内网络出口状况研发的专用设备——RG-NPE60E：基于 MIPS 多核处理器架构；包转发率高于 12Mpps、并发用户数 1 万~5 万；支持 IPv4/IPv6，具有多种 ACL 访问控制，多种路由协议及 VPN；内嵌状态防火墙、符合公安部 82 号令的日志审计、抗内外网攻击、流量限制；支持关键部件热插拔、关键部件冗余；融入多链路负载均衡技术，对多个 ISP 链路的可用性和性能进行监督，保证用户拥有最佳的互联网接入带宽。

校园网连接中国教育科研网的出口，采用了性能与 RG-NPE60E 相当，配置稍低的 RG-NPE50 路由器。上述路由器通过锐捷 RG-WALL 1600 防火墙经双链路接入内网，利用 OSPF 路由协议实现负载匀衡。

6. 视频会议系统设备配置

采用深圳捷视飞通的 Freemeeting 高清视频会议系统的 MCU、软件终端、硬件终端；支持双线路 GE 网络接入；支持 256 个标清视频终端或 128 个高清视频终端接入，可同时召开多达 128 个会议。

---

8 资料来源：GX 广播电视大学校园网升级改造项目

 任务导读

网络设备的选型，是网络工程的设计与实施阶段中从逻辑网络设计过渡到物理网络配置的重要环节，内容包括选择与配置整个网络系统所需要的软、硬件设备。其中，网络软件部分通常有：网络操作系统、数据库管理系统、网络应用服务系统（如 Web、FTP、E-mail、流媒体、代理服务器等等）；网络硬件部分通常有：服务器、路由器、交换机、集线器、网卡、客户机、防火墙、调制解调器，以及各种网络共享设备、视频会议系统设备等。

本任务的背景案例，就是一个大型网络系统的主要设备选型与配置的典型例子。在这个案例中，涉及到核心层、汇聚层、接入层交换机的选型，还有网络出口的路由器、防火墙的选型以及服务器群、视频会议系统的设备选型。

由于网络系统所涉及的软、硬件设备种类繁多，不同的网络应用需求就会有不同的网络软、硬件设备配置。限于篇幅，本任务将从最基本、最常用的角度，着重讨论网络操作系统、服务器、路由器、交换机、集线器、网卡、防火墙等常用网络设备的用途及选型要领。

2.5.1 网络操作系统的用途及选型要领

1. 网络操作系统的用途

网络操作系统是支撑和管理整个网络的软件平台，通常包括运行在服务器上的系统平台软件和安装在用户机上的客户端软件两个部分构成。通过这两种软件彼此间的联动、互动、共享和执行网络协议来实现网络的应用与管理。没有网络操作系统，网络就无法工作。选择什么样的网络操作系统，决定了可以实现什么样的网络应用与管理效果，因此，对一个网络工程项目的成败来说至关重要，往往起到"画龙点睛"的作用。

网络操作系统在网络系统的主要用途如下：

- 资源管理。对网络中包括服务器、客户机在内的共享资源，如硬盘、光驱、文件、数据以及打印机等进行管理和协调使用。
- 网络管理。对所有的用户账号、密码、访问权限进行安全管理，对各种网络行为进行必要的认证、审计，对网络的性能进行检测、统计，对网络的容错技术、灾难恢复、UPS监控等进行管理。
- 网络通信。通过运行网络协议，如 TCP/IP 等，实现网络各节点对 Intranet、Internet 的应用访问、路由选择、通信连接、数据流量控制、数据校验纠错、网络故障诊断等。
- 网络服务。提供或支持多种网络应用服务，如 Web 服务、FTP 服务、E-mail 服务、数据库服务、应用代理服务、多媒体服务、VPN、DNS、DHCP 以及数据存储、共享打印、文件共享等等。

2. 常用的网络操作系统产品

目前常用的网络操作系统主要有 Windows、UNIX、Linux，这三种网络操作系统各有所长，产品定位有所不同，市场占有率不相上下，几乎呈现"三足鼎立"的态势。三种网络操作系统的概况如下：

（1）Windows Server 系列网络操作系统是微软公司开发的产品，也是一种以图形界面和操作简便著称的网络操作系统，使用起来就像通常的 PC 机一样方便。Windows Server 支持多任务、多处理、群集服务、虚拟机技术和即插即用等一系列功能，提供的网络应用服务引导了当前的潮流。

Windows Server 系列操作系统分为服务器端、客户端两类不同的版本，通常以纯软件的形式分开发行，目前流行的服务器端产品，主要有 Windows Server 2003 和 Windows Server 2008，相应的客户端操作系统有 Windows XP 和 Windows 7 等。Windows Server 系列网络操作系统产品的市场定位范围很宽，从中小型网络系统到大型网络系统的产品一应俱全。以 Windows Server 2003/2008 为例，有专门针对中小型网络系统的"标准版"；有适用于大中型网络系统的"企业版"；有针对大型企、事业单位或国家机构的高端网络系统的"数据中心版"；此外，有专门用于架设各类 Web 网站的"Web 服务器版"，还有专门为各种行业自订应用程序、大型数据库、高端计算平台等应用系统量身定做的多种版本。Windows Server 2008 的"标准版"、"企业版"、"数据中心版"分别如图 2-22（a）、（b）、（c）所示。

（a）标准版　　　　　（b）企业版　　　　　（c）数据中心版

图 2-22

Windows Server 系列操作系统的共同特点是功能齐全，操作简便，易用性强，安全性、稳定性较高，拥有微软公司强大的后盾，系统支持及维护管理成本较低，但对服务器和客户端的硬件配置要求较高，而且有用户并发数的限制，相应产品的价格及许可证费用也比较高。

（2）UNIX 是一种强大的集中式多用户、多任务、分时操作系统，支持多种处理器架构及虚拟服务器、集群管理等技术，是目前网络功能、安全性、稳定性等方面最强的网络操作系统。由于 UNIX 操作系统最初是基于小型机与终端主机构架的网络系统来开发的专用网络操作系统，因此，与面向 PC 机开发的那种 Windows Server 操作系统相比，在图形界面和易用性方面稍显不足。

UNIX 操作系统产品，一套包括 UNIX 内核、服务模块、应用外壳、X-Window 图形界面等部分集成在一起的软件包，市场定位主要是针对大、中型网络系统，销售方式有两种：单纯软件包销售、与服务器硬件产品捆绑销售。目前常用的 UNIX 系统产品主要有：适用于 IBM 小型机的 IBM AIX 系列，适用于 HP 服务器的 HP-UX 系列，以及适用于各种类型服务器的 SUN Solaris 系列等等。IBM AIX、HP-UX、SUN Solaris 三个系列的产品分别如图 2-23（a）、（b）、（c）所示。

（a）IBM AIX　　　　　（b）HP-UX　　　　　（c）SUN Solaris

图 2-23

UNIX 操作系统的主要特点是网络应用服务及数据库应用功能强，网络管理功能完善，高稳定性，高安全性，灵活性、可扩展性、可用性都比较好，相应产品的价格适中，但易用性较差，而且有用户并发数的限制，对服务器端的硬件配置要求较高，系统支持及维护管理的技术要求和成本也比较高。

（3）Linux 是一种在 UNIX 标准的基础上，由个人、团体组织、商业机构等自由开发出来的、开放源代码的网络操作系统。Linux 具有与 UNIX 相似的多种优点，如多用户、多任务、高灵活性、高稳定性、高安全性、丰富的服务功能、支持多种软硬件平台等等。此外，还具有高性价比、良好操作界面、不限制用户数、与 UNIX、Windows 兼容等作为开源软件独具的优势。正是这些优势，使得年轻的 Linux 在操作系统市场的竞争中迎头赶上。

Linux 操作系统产品有完全免费的自由版本、商业化的发行版本之分。其中的发行版本通常包括 Linux 内核、服务程序库、应用外壳、X-Window 图形界面、桌面环境，以及多种编译器、编辑器、办公套件等丰富的软件，费用却远低于其他的网络操作系统。目前，在我国流行的 Linux 操作系统产品很多，较具代表性的典型产品有 Red Hat（红帽）系列、Red Flag（红旗）系列、NeoKylin（中标麒麟）等。其中，Red Flag 系列、NeoKylin 为我国自主开发的 Linux 操作系统产品。Red Hat 系列、Red Flag 系列、NeoKylin 产品分别如图 2-24（a）、（b）、（c）所示。

（a）Red Hat 系列　　　　（b）Red Flag 系列　　　　　（c）NeoKylin

图 2-24

虽然 Linux 具有许多优势，但在易用性方面却不及 Windows Server，同时，系统支持的费用会因厂商而异，系统维护管理的技术要求也比较高。因此，制约了 Linux 的普及。

3. 网络操作系统的选型要领

网络操作系统的选型，要以应用需求为前提，综合考虑网络操作系统的稳定性、安全性、适用性、兼容性、易用性、系统支持与维护管理成本等因素。

（1）稳定性与安全性方面，UNIX、Linux 优于 Windows Server 网络操作系统。因此，对于稳定性、安全性要求较高，同时，经济实力和技术力量都比较雄厚的行业，如金融、电信、政府机构、大型企业集团等的重要业务服务器，应选择 UNIX 网络操作系统；若对成本较敏感的，可选择 Linux 网络操作系统；若希望降低系统支持及维护管理成本的，可选择 Windows Server 网络操作系统的"数据中心版"、"大型数据库版"。

（2）适用性与兼容性方面，UNIX、Windows Server 网络操作系统适用于大、中型网络系统，Linux 适用于中、小型网络系统。另外，由于 Windows Server 系列的网络操作系统推出了适用于不同需求的多种版本，适应性和实用性最好；而在对各种软、硬件平台的兼容性方面，Linux 最好。因此，对于大型企、事业单位的网络应用，应选择 UNIX 或 Windows Server 网络操作系统的"高端计算平台版"、"大型数据库版"、"数据中心版"；对于中型企、事业单位的网络应用，应选择 UNIX 或 Windows Server 网络操作系统的"企业版"、"数据中心版"；对于小型企、事业单位的网络应用，选择 Linux 或 Windows Server 网络操作系统的"标准版"、"Web 服务器版"即可；对于用户的并发数较高的网络应用，可选择没有用户数限制的 Linux；若选择 UNIX 或 Windows Server 网络操作系统，则应注意其所支持用户并发数的参数，该参数越大，价格相应地也越高。

（3）易用性、系统支持与维护管理成本方面，Windows Server 系列的网络操作系统优于 UNIX 和 Linux。所谓的易用性，是指对网络操作系统的操作、应用、管理所需技术的难易程度；系统支持成本是指除了购买网络操作系统版本及许可证的费用之外，在使用中所有涉及到的配套技术、第三方的配套软件、硬件驱动、人员培训等需要额外开支的费用；维护管理成本包括网络操作系统补丁、升级、售后服务、技术人员工资等项目的开支。因此，尽管 Windows Server 网络操作系统版本及许可证的费用较高，UNIX 次之，Linux 最低，但对于易用性、系统支持与维护管理成本比较敏感的企事业单位，以选择 Windows Server 系列的网络操作系统为宜，Linux 次之。

根据上述方法在网络工程项目中进行网络操作系统的选型，通常会随着网络规模的差异而出现不同的结果。

在一个小型的网络系统中，往往只选用单一的 Linux 或者 Windows Server 网络操作系统，在一种网络操作系统上架设 Web、FTP、文件及打印等常用的服务器，便可满足对网络应用服务的需求。

对于一个中型的网络系统，可能是既有 Linux，又有 Windows Server 等两种不同的网络操作系统并存才能满足网络应用服务的需求。其中，Linux 用于架设位于防火墙之外的 Web 服务器、E-mail 服务器；Windows Server 网络操作系统则用于架设位于防火墙之内的代理服务器、FTP 服务器、文件及打印服务器、办公业务服务器、数据库服务器等等。

如果是大型的网络系统，则会出现 UNIX、Linux、Windows Server 等多种网络操作系统混合使用的局面。其中，UNIX 或 Windows Server 网络操作系统的"高端计算平台版"、"大型数据库版"用于架设办公业务服务器、数据库服务器；Windows Server 网络操作系统的"企业版"或"数据中心版"用于架设代理服务器、FTP 服务器、文件及打印服务器；Linux 用于架设处于防火墙之外的 Web 服务器、E-mail 服务器等等。

2.5.2 服务器的用途及选型要领

服务器是提供网络应用服务的关键设备，工作在 OSI 模型的应用层，也是网络系统中最贵重的设备，加上配置的操作系统和应用软件，总费用通常要占到整个网络工程项目投资的三分之一以上，其重要性不言而喻。因此，服务器的选型往往是网络设备选型与配置阶段首先需要解决的问题。

1. 服务器的用途

服务器在网络系统中有三大用途，具体归纳如下：

● 承载并运行 UNIX、Linux、Windows Server 等网络操作系统，形成相应的网络环境平台、网络数据处理和信息管理中心。

● 运行各种网络应用服务软件，构成相应的网络应用服务器，提供各种网络应用服务，如通用的 Web 服务、应用代理服务、FTP 服务、E-mail 服务、办公服务，以及专用的业务管理、数据库管理、多媒体通信，如企、事业单位所用的财务系统、人事管理系统、计算机辅助设计 CAD、计算机辅助制造 CAM、企业资源管理 ERP 等等。

● 对各种网络资源、网络客户、网络通信、网络操作等进行有效的管理。

2. 服务器的类型及品牌

（1）服务器的类型。

➢ 按照构架、外形、性能和价格的不同，服务器的分类的方法有多种。

根据服务器 CUP 架构的不同，通常分为复杂指令集 CISC 架构服务器、精简指令集 RISC 架构服务器、精确并行指令集 EPIC 架构服务器。其中，CISC 架构服务器主要是采用了 32 位或 64 位 Intel 及其兼容的 CPU，如 Intel 的 Pentium（奔腾）和 XEON（至强）系列、AMD 的 Opteron（皓龙）系列 CPU；RISC 构架服务器主要是采用了非 Intel 构架的 64 位 CPU，如 IBM 的 Power 系列、

HP 的 PA-RISC 系列、Sun 的 UltraSPARC 系列 CPU；EPIC 构架服务器主要是采用了 64 位 Intel 的 Itanium（安腾）系列 CPU。

按性能和价格的档次不同，通常可分为低端服务器、中端服务器、高端服务器。其中，低端服务器采用 CISC 构架，拥有一个单核或多核的奔腾、至强、皓龙等系列的 CPU，适合运行 Windows Server、Linux 操作系统，价格一般为几千元至一万多元；中端服务器主要采用 CISC 构架，拥有 1~2 个多核的至强、皓龙等系列的 CPU，适合运行 Windows Server、Linux、Unix 操作系统，价格为两万元至五万元；高端服务器采用 RISC 或 EPIC 构架，拥有多个多核的 Power、SPARC、PA-RISC、安腾等系列的 CPU，适合运行 Windows Server、Linux、UNIX 操作系统，价格为五万元至几十万元，至上百万元。

此外，还可将服务器分为入门级、工作组级、部门级、企业级等四个等级。其中，入门级服务器为一万元以下的低端服务器；工作组级服务器为一至两万元的中低端服务器；部门级服务器为两至五万元的中高端服务器；企业级服务器为五万元以上的高端服务器。

➢ 根据服务器外形结构的不同，通常分为台式服务器、机架式服务器、刀片式服务器、机柜式服务器，如图 2-25（a）、（b）、（c）、（d）所示。

（a）曙光台式服务器　　　　　　　　　（b）联想 1U 机架式服务器

（c）曙光刀片式服务器　　　　　　　　（d）宝德机柜式服务器

图 2-25　服务器

不同形态的服务器，其性能和应用场合也有所不同。

- 台式服务器又称塔式服务器,外形结构与普通的台式 PC 机相似。台式服务器产品有低端、中端、高端不同的档次,不过以中、低端的服务器居多。台式服务器的优点是机箱内部空间较大,可根据应用需求对服务器的配置进行扩充或更换,灵活性、扩展性很强,维护方便,在同一档次的产品中,除机架式服务器之外,台式服务器的价格比其他型态服务器要低;缺点是不利于服务器的集中管理和集群应用。台式服务器适合机房空间宽松的网络环境应用。

- 机架式服务器是一种镶嵌在标准机架内的服务器,产品的标准宽度均为 19 英寸,高度以 U 为单位(1U=1.75 英寸)随档次的不同有 1U、2U、3U、4U、5U、7U 等几种。通常 1U、2U 以低端服务器为主,3U、4U 以中端服务器居多,5U、7U 大多为中、高端服务器。机架式服务器的优点是节省空间,便于密集部署、集群应用和统一管理;缺点是机箱内部的空间较小,对散热不利,扩展性、灵活性以及维护的便利性十分有限。除台式服务器之外,机架式服务器的价格比的其他服务器要低。机架式服务器适用于机房空间紧凑、服务业务相对固定的网络环境应用。

- 刀片式服务器是一种新型的、专门为高密度计算和集群服务应用而设计的紧凑型服务器。一台刀片式服务器由若干块竖立插入的“刀片状”系统母板构成,每一块刀片既是一个可独立应用的服务器,又可以根据需要在系统软件的支配下集合成一个高密度、高可用、低成本的服务器集群,用于高密度计算和数据处理。刀片式服务器的优点是运算速度快,性能价格比高,节省空间,极利于密集部署、集群应用和统一管理,由于每块刀片都可以热插拔,有利于提供不间断服务和灵活便利的护维;缺点是机箱内部的空间狭小,需要专门的磁盘存储阵列和散热技术,单块刀片形成的独立服务器的成本比较高。刀片式服务器一般为中、高端服务器,适用于业务数据处理量较大的网站、网络数据中心等网络环境应用。

- 机柜式服务器是一种结构复杂、部件配置多、性能高、功能强大、外形按标准机柜设计的高端服务器。通常所说的小型机就是一种机柜式服务器,此外,大型、巨型计算机大多也是属于机柜式服务器。机柜式服务器可以是配置了多个并行运算的 CPU、多个磁盘整列的高性能单体服务器,也可以是多个单体服务器的集群配置,甚至还可以将路由器、交换机、PUS 等网络设备集成在一个空间里,构成功能超强的超级服务器。机柜式服务器的优点是机柜空间充裕,利于散热,便于密集部署、集群应用和统一管理;缺点主要是价格较高,不易为一般的用户接受。机柜式服务器适用于数据处理量庞大的关键业务、需要大规模计算的大型网络数据中心、网络运营商之类的网络环境应用。

(2)服务器品牌。

品牌不仅反映了服务器的品质和企业形象,同时代表了服务器厂商从设计研发、部件选型、整机生产、测试检验、产品质量,到产品销量、售后服务、用户认可等一系列综合实力的状况。因此,在进行服务器选型时,服务器品牌是必须关注的一个重要因素。从目前我国服务器市场的情况看,国外服务器品牌主要有 IBM、惠普、戴尔、SUN,国内服务器品牌主要有联想、华为、曙光、浪潮、宝德、华硕、强氧、长城、同方等。

从总体情况看,国外服务器品牌在高新技术、创新能力、可靠性和稳定性等方面具有较大优势,产品主要集中在中、高端服务器。国内服务器品牌则在技术性能、产品配置、实用性、性价比和售后服务等方面具有明显优势,产品主要集中在中、低端服务器。

从销售情况看，高端服务器市场主要被 IBM、惠普、SUN 等国外品牌所垄断，国内的曙光、浪潮、宝德、联想等几个大品牌虽然也打进了高端服务器市场，但所占份额较少，打破国外品牌的垄断尚需若干年的努力。在中端服务器市场，国内品牌与国外的品牌的竞争十分激烈，所占市场的份额不相上下，但国内品牌的优势逐渐显现。低端服务器市场一直是国内品牌的天下，多年来市场的份额都明显超过国外品牌，但近年来随着 IBM、戴尔、惠普的服务器产品向低端市场的拓展，低端服务器市场的竞争在不断加剧。

3. 服务器的选型要领

说到服务器的选型，一般人往往有这样的疑惑：一台配置极为普通的服务器，其价格要远高于一台配置很高的家用 PC 机，于是就会想到"为什么不用高配置的 PC 机来担当服务器"。问题关键在于服务器的综合性能，特别是稳定性和可靠性远高于家用 PC 机。

服务器的选型通常应遵循"稳定性与可靠性优先、先进性与成熟性并重、标准性与扩充性共存、技术性与经济性兼顾"的原则。具体的选型需要根据网络规模和应用需求的不同，以及自身的经济实力和技术力量而有所侧重。

- 对于大型网络系统或者是大中型企业的关键业务，如金融、证券、电信等行业的核心业务系统，大型企业的数据库、ERP 系统等服务器的选型，必须以稳定性与可靠性优先，宜选择高端的机柜式高性能服务器；而常规业务，如 Web、E-mail、OA 等服务器的选型，则注重标准性与扩充性共存，可选择高端、中端的刀片式服务器。
- 对于大中型网络系统或者是中型企业的关键业务，如校园网、企业网的数据库系统服务器的选型，应以先进性与成熟性并重，选择高端的刀片式、机架式服务器；而常规业务，如 Web、E-mail、OA 等服务器的选型，应注重技术性与经济性兼顾，选择中端、低端的刀片式、机架式服务器。
- 对于中小型网络系统或者是中小企业的关键业务，如校园网、企业网的数据库系统服务器的选型，应注重标准性与扩充性共存，选择高端、中端的台式、机架式、刀片式服务器；而常规业务，如 Web、E-mail、OA 等服务器的选型，应注重技术性与经济性兼顾，选择中端、低端的台式、机架式服务器。

4. 服务器的性能与关键部件参数

服务器的性能除了取决于其本身的硬件构造，还与其运行的软件环境密切相关。因此，服务器性能的优劣很难像其他的网络设备那样，用一些简明、直观、让选购者一目了然的量化指标来描述，例如路由器的整机吞吐量、端口吞吐量；交换机的端口速率、背板带宽等等。服务器性能指标种类繁多，相当复杂，归纳起来主要包括处理器运算能力、CPU/内存/硬盘/网络接口的整体性能、单机和集群的数据处理能力、在线数据处理能力、数据库查询能力、应用程序运行能力等方面的指标。

为了建立和规范服务器的量化评价指标，国际上出现了不少专门的服务器性能测评组织及相应的评价指标体系。这些组织定义的测试方法各有侧重，所得出的量化评价指标也各有不同。例如：标准性能评估协会从设备的角度测试，形成反映服务器主要部件性能和整机系统性能的 SPEC 指标；业界高性能计算机系统测试机构从执行程序和计算的角度测试，形成反映服务器单机和集群系统浮点运算性能的 LINPACK 指标；基准测试组织从企业 ERP 和数据库运行的角度测试，形成反映服务器运行程序和数据库性能的 SAP 指标；联机交易处理性能协会从在线应用的角度测试，形成反映服务器的商业应用性能的 TPC 指标。

在同一品牌的服务器中，关键部件的具体配置决定了服务器的性能和档次。因此，要选到一台好的服务器，除了关注服务器的品牌，还应当关注最能直观反映服务器性能的关键部件配置。此外，还要关注各大权威机构对该服务器产品的性能指标测评。

最能够直观反映服务器性能的具体配置，有以下几个要素：关键部件 CPU、内存、硬盘的参数和冗余技术。

（1）CPU。

采用什么样的 CPU，决定了服务器运算和处理数据的能力、性能和档次。在应用中，运行数据库、ERP 的服务器，以及运行 CAD、CAM 的服务器对 CPU 的选型和配置有较高的要求。CPU的性能参数主要包括：构架、位数、主频、缓存、前端总线、内核数目。

- 构架是指 CPU 所采用的指令集，决定了 CPU 的运算能力和档次，分为 CISC 架构的 CPU，如奔腾、至强、皓龙；RISC 构架的 CPU，如 Power、PA-RISC、UltraSPARC；EPIC 构架的 CPU，如安腾等等。其中 RISC 构架要明显优于 CISC 架构，EPIC 构架又略优于 RISC 构架。
- 位数即 CPU 处理数据的单位字长，也是决定 CPU 运算能力和档次的重要参数，位数越长，CPU 运算能力和档次就越高。早期服务器的 CPU 为 32 位字长，目前大多采用 64 位。
- 主频反映了 CPU 的工作节奏，单位为 Hz，决定了 CPU 的运算速度。在同一系列的 CPU 中，主频越高，CPU 的运算速度就越快。例如，在 Intel 至强 E7 系列的 CPU 中，2.4GHz 主频的 E7-8870 要优于 2.0GHz 主频的 E7-8850。
- 缓存是 CPU 计算和处理数据的内部高速缓冲存储器，容量以字节 B 为单位，容量的大小会影响 CPU 计算和处理数据的速度。因此，在同一系列的 CPU 中，缓存越大，CPU 计算和处理数据的速度就越快。按其所处的位置不同，分为一级缓存 L1 Cach、二级缓存 L2 Cache、三级缓存 L3 Cache。其中，L1 Cach 较小，只有几十 KB；L2 Cache 次之，有数 MB；L3 Cache 最大，可达数十 MB。通常采用容量最大的那一级 Cache 来表示 CPU 的缓存，例如 Intel 至强 E5 系列的 L3 Cache 最高达 20MB，E7 系列的 L3 Cache 最高达 30MB。
- 前端总线是 CPU 与服务器内存交换数据的通道，决定其数据传输带宽的参数是前端总线工作频率，以 Hz 为单位。前端总线的频率越高，CPU 计算和处理数据时传输数据的速度也就越快。例如，前端总线为 1000MHz 的 64 位 CPU，其数据传输量为：1000MHz × 64bit ÷ 8Byte / bit =8000MB/s =8GB/s。
- 内核数目是多核 CPU 的一个重要参数，一个同样系列的 CPU，每增加一个内核就会使得 CPU 的计算能力提高 20%~30%。可见，同一系列的 CPU，内核数目越多性能越优。因此，同一系列的 CPU 通常会有 2 核、4 核、6 核、8 核，甚至更多核数的不同型号产品可供用户选择。例如，Intel 至强 E5 系列有 2~8 核的 CPU，E7 系列则有 6~10 核的 CPU。目前，低端的廉价服务器通常采用 32 位的 Intel 奔腾、至强系列的多核 CPU；一些高配置的低端服务器通常采用 64 位的 Intel 至强、AMD 皓龙系列的单核 CPU；中端服务器通常采用 64 位的 Intel 至强、AMD 皓龙系列的多核 CPU；高端服务器通常采用 64 位、支持多 CPU 并行的 Intel 至强 MP、安腾等系列的多核 CPU，以及 IBM Power、HP PA-RISC、Sun UltraSPARC 等非 Intel 系列的多核 CPU。

（2）内存。

俗话说"好马配好鞍"，只有配上好的内存，CPU 才能够充分发挥其优越的性能。因此，内存直接影响服务器运算和处理数据的速度。在应用中，Web、数据库、E-mail、文件打印等服务器对内存的选型和配置有较高的要求。与普通 PC 机内存相比，服务器的内存虽然在类形结构（如 SDRAM、DDR2、DDR3）和参数指标（如容量 512MB、1GB、2GB）上没有本质的区别，但对稳定性和可靠性要求却非常高，不仅元器件选材讲究、产品测试苛刻，还在内存中采用了更为严格的纠错、提速、保护等多种技术，如 ECC、ChipKill、Register、FB-DIMM、Memory ProteXion、Memory Mirrorin 等等，因此，在价格上也比普通 PC 机的内存高出许多。

- ECC（Error Checking and Correcting）是一种"检查并纠正错误"的内存纠错技术，其优点是可以发现和纠正 1 比特的错误，并能检测出任意 2 个随机错误，最多时可以检查到 4 比特的错误；缺点是超出 1 比特的错误只能发现不能纠正。由于出现 1 比特错误的概率是最大的，因此，ECC 内存纠错技术最为成熟，得到服务器厂商的普遍支持。

- ChipKill 是 IBM 为克服 ECC 的不足而开发出来的内存纠错技术，其优点是可以发现和纠正 4 个错误的比特位，纠错能力是 ECC 的 4 倍，并且具备类似磁盘阵列的数据保护模式，将数据同时写入多个内存芯片，出现错误时可以通过阵列中的其它芯片找回并重构数据，使可靠性大为提高；缺点是技术复杂，成本较高，并且需要 IBM 的授权才能让其他厂商采用。

- Memory ProteXion 即存储保护技术，也是 IBM 为克服 ECC 的不足而开发出来的内存纠错技术，其优点是采用类似硬盘的热备份功能，能够自动利用备用的比特位自动找回数据，可以发现和纠正 4 个连续出错的比特位，纠错能力比 ChipKill 更加有效，并且还可以隔离那些因永久性的硬件错误而失效的比特位，使得内存芯片继续工作，直到器件被更换为止；缺点也是技术复杂，成本较高，并需要 IBM 的授权才能让其他厂商采用。

- Memory Mirrorin 即镜像存储技术，是 IBM 开发的一种更高级的内存保护技术，其优点是采用类似磁盘镜像的技术，将数据同时写入两个独立的内存条中，读取时一主一备，只有当主内存条出错时才从备用内存条中恢复数据，并报警告知系统，以便更换。因此，发现和纠正错误的能力不受比特数的限制；缺点显然是技术更为复杂，成本更高，并且同样需要 IBM 的授权才能让其他厂商采用。

- Register 是一种目录寄存器，即在内存中增加一个类似书本中的目录一样的缓冲区，存储器的读写操作都要通过该目录缓冲区进行检索，从而使得内存数据的读写效率大为提高。RDIMM（带寄存器的双线内存模块）属于此类内存，其优点是可以使内存提速；缺点是需要和其它的纠错技术配合使用才能发现和纠正内存的错误，例如 Register+ECC 等。

- FB-DIMM 即全缓冲内存模组，是 Intel 公司为了解决内存性能对整机系统性能的影响，尤其是对采用多核 CPU 或多个 CPU 的整机系统性能的制约，在 DDR2、DDR3 基础发展起来的新型内存模组与互联构架。FB-DIMM 引入了多项先进技术，如增加高速内存缓冲及控制芯片、采用串行接口与多路内存芯片并联的结构、以串行的方式进行数据传输等等。其优点是大幅提升系统与内存的接口带宽和最大内存容量，例如：在相同的工作频率下，FB-DIMM 内存接口的带宽比普通内存提高 4 倍，所支持的内存最大容量是普通内存的 24 倍；FB-DIMM 的缺点是需要和其它的纠错技术配合使用才能实现内存的纠错，例如 ECC+FB-DIMM 等。

除了关注服务器内存的技术性能，在选择服务器内存时，还应当注意：服务器产品所标称的内存参数往往有"标配内存"和"最大内存"之分。当标配内存不能满足应用的需求时，需要增加内存条。此时，所选配内存条除了容量要足够，还要在技术性能上与标配内存尽量保持一致，这样才能够保证系统的可靠和稳定。

（3）硬盘。

硬盘决定服务器存储数据的能力以及与网络交换数据的吞吐能力，在应用中，数据存储量及吞吐量较大的服务器，如数据库、ERP、E-mail、网络存储、多媒体等服务器，对硬盘的选型和配置有较高的要求。与普通 PC 机相比，服务器的数据存储量大、吞吐量大、超长时间工作，因此，对硬盘的速度、容量、稳定性和可靠性的要求很高。目前服务器采用的硬盘主要有 SCSI、STAT、SAS、FC 等几种硬盘。

- SCSI（Small Computer System Interface）硬盘原是 1980 年代专门为小型计算机系统设计的硬盘标准，一直以来，在服务器的硬盘市场中处于垄断地位。目前常用的是 Ultra 320 SCSI 标准，转速高达 15000rpm，数据传输率为 320MB/s。SCSI 硬盘的优点是转速高、缓存容量大、CPU 占用率低、对磁盘冗余阵列 RAID 和热插拔具有良好的支持；缺点主要是价格较高，运转噪声较大。因此，适用于对数据处理性能要求较高、数据存储的容量大，同时对安全性和可靠性的要求也较高的中、高端服务器。

- STAT（Serial ATA）硬盘是 2002 年出现的用于取代并行 ATA 硬盘（如 IDE 硬盘）的技术标准，目前在服务器中常用到的有 SATA 2.0 和 SATA 3.0 两种，转速可达 10000rpm，数据传输率分别是 375MB/s 和 750MB/s。SATA 硬盘的优点主要是数据传输速度快，运行效率高、对系统的适应性强，支持热插拔，价格较低，属于经济型的硬盘产品；缺点主要是整体性能上与 SCSI 硬盘相比还有差距。因此，适用于对数据处理性能及存储容量要求较高，同时对性价比较为敏感的中、低端服务器。

- SAS（Serial Attached SCSI）硬盘，是 2003 年以后推出的新一代 SCSI 技术标准，采用串行技术来提高数据传输速率，改善存储系统的效能、可用性和扩充性强，并提供与 SATA 硬盘的兼容。目前在服务器中常用到的有 SAS 1.0 和 SAS 2.0 两种，转速可达 15000rpm，数据传输率分别是 375MB/s 和 750MB/s，在性能上已经超越 SCSI 硬盘，下一代 SAS 硬盘的数据传输率更高，性能更优越。SAS 将逐步取代 SCSI 成为服务器硬盘的主流产品是一种必然的趋势。SAS 硬盘的优点主要是数据传输速度快，设备连接能力强、对系统的适应性和兼容性强，支持热插拔和多种 RAID 技术；缺点主要价格高。因此，适用于对数据处理性能、存储容量需求较高，安全性和可靠性要求较高的中、高端服务器。

- FC（Fibre Channel）硬盘是 2002 年为提高多硬盘存储系统的速度和灵活性而开发的一种以光纤为传输通道的硬盘标准，其转速可达 15000rpm，数据传输率可以达到 4Gbps（即 500MB/s），通过单模光纤连接设备最大传输距离可以达到 10km，可以连接 127 个硬盘设备。FC 硬盘实质上与 SCSI 硬盘同属一类，其性能不仅像 SCSI 一样优越，而且还具有传输稳定、吞吐量大、系统连接性能超强等优点；缺点主要是价格昂贵。因此，适用于对数据处理性能、存储容量、传输速度要求较高，同时对安全性和可靠性的要求也较高的高端服务器。

除了硬盘接口类型，在选择服务器的硬盘时应当注意：服务器的产品中往往还有"标配硬盘"、"最大硬盘"和"硬盘阵列"等多项参数，有些服务器的"标配硬盘"容量甚至为 0GB。因此，需要用户根据应用需求，选配类型、容量、接口、性能等参数合适的硬盘。

（4）冗余技术。

服务器冗余技术，指针对服务器中容易发生故障的部件所采取重复配置、热备份、热插拔等技术手段，是提高系统稳定性和可靠性的重要保障。通常服务器采用的冗余技术有磁盘冗余阵列、热插拔硬盘、CPU 冗余、冗余电源、冗余风扇、冗余网卡等等。

- 磁盘冗余阵列 RAID 能够提供硬盘故障自动检测、容错数据恢复、数据冗余热备份、硬盘热插拔、容量热扩充等多种保护功能。根据能够的不同，RAID 的种类很多，常用的模式有 RAID 0、RAID 1、RAID 5，其中：RAID 0 是一种没有数据冗余的高效存储模式，RAID 1 是需要两块镜像硬盘构成的数据冗余模式；RAID 5 是以分散保存校验位来保证数据安全的存储模式。为了同时提高磁盘阵列的存储效率及安全性，可以采用组合模式，如 RAID 1+0、RAID 5+0。
- 热插拔硬盘也可以用于没有磁盘冗余阵列的服务器中，主要功能是提高服务器的硬盘数据热备份、容量热扩充、可靠性能。热插拔硬盘如图 2-26（a）、（b）所示。
- CPU 冗余既可以提高服务器的计算速度、数据处理能力，还可以改善 CPU 的容错、负载均衡等性能。目前服务器采用的 CPU 冗余技术主要有：对称多处理器结构 SMP（Symmetric Multi-Processor），非一致存储访问结构 NUMA（Non-Uniform Memory Access），以及海量并行处理结构 MPP（Massive Parallel Processing）。其中，SMP（2～4 路 CPU）的性价比较高，在中、高端服务器中的应用较为普遍，如图 2-27（a）、（b）所示。

（a）联想 R525 服务器热插拔硬盘　　　　（b）曙光 I620r-F 服务器热插拔硬盘

图 2-26　硬盘

（a）浪潮 NF290D 服务器 双路 CPU　　　　（b）宝德 PR1310D 服务器 双路 CPU

图 2-27　双路 CPU

- 冗余电源就是在一台服务器中配置两套以上独立的、功率相同的、可以同时为系统供电的热插拔电源。一旦其中的一个电源发生故障，改为冗余电源供电并向系统报警，提示更换。冗余电源在中、高端服务器中应用普遍，如图 2-28（a）所示。
- 冗余风扇与冗余电源相似，即在服务器中配置多组独立的、功率相同的、可以同时为系统散热的热插拔风扇，一旦有风扇发生故障，改用冗余风扇并向系统报警，提示更换。冗余电源在低、中、高端服务器中都有应用，如图 2-28（b）所示。

（a）联想 R525 服务器热插拔电源　　　　　（b）曙光天阔 620R 服务器热插拔风扇

图 2-28　电源与风扇

- 冗余网卡就是在一台服务器中集成或配置了两个以上的网卡，其中一个为冗余网卡。冗余网卡在低、中、高端服务器中都有应用。

2.5.3　路由器的用途及选型要领

1. 路由器的用途

路由器是多个网络之间的连接设备，工作在 OSI 模型的网络层，在网络系统中把持着网络之间相互沟通的要道，其重要性非同一般。在网络工程中，除了广域网类的大型项目需要用到多个路由器，大多数的企、事业单位的网络系统均以组建局域网为主，路由器主要部署在网络的边界，用于与外网的互联、Internet 接入等等。因此，设置一到两个路由器即可满足项目需求。

路由器主要有以下几个方面的用途：

- 实现网络之间的互接。如局域网接入互联网或广域网（LAN-WAN）、广域网与广域网互联（WAN-WAN）、局域网之间通过广域网互联（LAN-WAN-LAN）。因此，路由器必须具有相应的 LAN 接口和 WAN 接口。
- 完成网络之间数据包的路由寻址、选择与转发。路由器工作在网络层，不仅按照所支持的网络协议（如 TCP/IP、IPX、AppleTalk、PPPoE）完成数据包的封装，还要通过所配置的路由协议（如 RIP、IGRP、OSPF、BGP 等），根据数据包的目标地址进行寻址、最佳路径的选择和数据包转发。
- 监控和管理网络通信。路由器通常提供 IP 地址过滤、NAT 转换、流量控制、容错管理等功能，有的甚至提供加密、压缩、组播、VPN、QoS、MPSL、防火墙的功能，对过往的通信进行有效的监控和管理。

2. 路由器的性能及参数

路由器实质上是一台高度集成化、模块化的计算机，由 CPU、主板、BIOS、内存 DRAN、闪存 Flash 和各种接口组成。与 PC 不同的是，为了提高数据处理的效率，大量的工作由 ASIC 专用集成电路技术构成的硬件来完成，同时，简化系统的结构，用 Flash 代替传统的硬盘并省去了键盘和显示器，配置时通过专门的 Console 接口外接 PC 机作为操作终端来完成。

反映路由器性能的参数指标主要有以下几项：

- 背板交换容量，指路由器内部的高速交换链路（背板）与各接口板卡之间实现数据交换的能力，以每秒交换数据的位数 bps 为单位。该指标越大，路由器的性能越强。背板交换能力具体体现在路由器的整机吞吐量上，通常大于依据吞吐量和测试包场所计算的值。
- 整机吞吐量，指路由器设备的整机数据包转发率，是路由器整体性能的重要指标。由于路由器以网络层数据包（如 IP 包）为单位进行路由选择和转发，所以该指标是每秒转发数据包的数量 pps 为单位。该指标越大，说明路由器的整体性能越好，但在通常情况下，整机吞吐量小于路由器所有端口吞吐量之和，这与背板的交换能力密切相关，只有足够大的背板交换容量才能够使整机吞吐等于所有端口吞吐量之和。
- 端口吞吐量，指具体端口的数据包转发率，同样使用 pps 为单位来衡量，反映路由器在某端口上的包转发能力。该指标越大，说明相应端口的性能越好，当包转发速率达到传输线的速率实现无瓶颈的最大值时，称为线速转发，性能最佳。
- 线速转发能力，指以最小包长（如以太网 64B）和最小包间隔（符合协议规定，如以太网 8B 帧头、12B 帧间隙），在路由器端口上以传输线的速率进行无瓶颈传输同时不丢包的速率。该指标以每秒转发数据包的数量 pps 为单位，是反映路由器高性能端口的重要参数。计算方法如下：

端口线速转发速率（pps） = 端口带宽÷(最小包长+最小包间隔)

例如：1000Mbps 以太网端口的线速转发速率为：

$$1000Mbps \div ((64+8+12) \times 8bit) = 1.488Mpps$$

当路由器的标称值达到或超出此值时，说明该端口具备线速转发能力。全双工线速转发时，则要求端口的标称值达到或超过 1.488Mpps×2。

- 路由表能力，指路由器所能建立和维护的路由表的容量极限，以路由表中的项目数量为单位。由于路由器是依靠路由表来决定如何转发数据包的，该参数反映路由器的路由寻址能力，对于高端路由器尤其重要。路由表项数量越大，能力越强。
- 路由协议/网络协议，指路由器所支持的路由协议（如 RIP、OSPF、BGP 等）/网络协议（如 TCP/IP、IPX、AppleTalk 等）的能力。除 RIP、TCP/IP，其他的协议并非所有的路由器都予支持。因此，支持的协议越多，路由器的性能越强。
- 增强和提升路由器性能的其他指标，如 QoS、MPLS、VPN、IPSec、IPv4/IPv6 组播、防火墙、网管功能等等。

3. 路由器的分类及选型要领

（1）路由器的分类。

路由器常用的分类方法有以下几种：

- 按性能和价格档次的不同，分为高端路由器、中端路由器、低端路由器。其中，高端路由器的背板交换能力大于 40Gbps，具有全双工线速交换能力，包转发率超过 1M~10Mpps，价格通常在数万元以上；中端路由器的背板交换能力在 25Gbps~40Gbps，主要端口具有单工线速交换能力，包转发率一般在 100kpps~1Mpps，价格通常在几千元至数万元之间；低端路由器的背板交换能力小于 25Gbps，包转发率一般不超过 100kpps，价格通常在几千元以内。

● 按应用环境的规模和等级的不同，分为接入级路由器、企业级路由器、骨干级路由器。其中，接入级路由器大多为低端路由器，如华为 AR 1200/2200/3200、思科 1800/2800/3800 路由器等，适用于中、小型的网络系统；企业级路由器大多为中端路由器，如华为 NE20E/20、思科 7200/7600 路由器等，适用于大、中型的网络系统；骨干级路由器为高端路由器，如华为 NE 5000E/80E/40E、思科 1000/1200 路由器等，适用于大型网络系统，尤其是运营级的超大型网络系统。不同等级路由器的典型产品如图 2-29（a）~（e）所示。

（a）思科 1800/2800/3800 路由器　　　　　　　（b）华为 NE20E/20 系列路由器

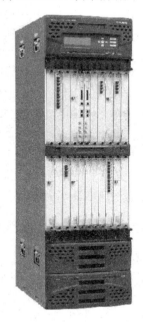

（c）华为 NE40E 路由器　　　（d）华为 NE80E 路由器　　　（e）华为 NE5000E 路由器

图 2-29　路由器

● 按使用场合特殊性的不同，还可以分为多业务路由器、网吧专用路由器、家用宽带路由器、SOHO 路由器、VPN 路由器、无线路由器等等。

（2）路由器选型要领。

路由器的选型应遵循"性能优越、安全稳定、功能适当、易于扩展"的原则。先定位路由器的类型和档次，再选择关键的性能指标，最后确定具体的机型。具体要领如下：

- 按网络规模和发展，定位路由器类型和档次。即先定位路由器的等级。网络规模代表了网络用户的数目和数据流量，对于大型、超大型网络系统，特别是大型企业、行业、ISP运营商的网络系统，通过核心路由器的网络流量非常之大，应选择高端的骨干级路由器；对于大中型的网络系统，如大中型企业网、大专院校的校园网，网络流量也比较大，应选择中端的企业级路由器；而对于中、小型网络，选择低端的接入级的路由器即可满足要求。此外，对于多分支机构的企业网和校园网，总部的选型与分支机构的选型不同：如总部的网络选型中端的企业级路由器，而分支机构的网络选择低端的接入级的路由器即可。

- 按网络的应用需求，选择路由器系列和指标。即定位路由器的等级后，再进行性能参数上的具体选择。例如：大型网络系统的核心路由器，对整机吞吐量、端口吞吐量、线速交换能力、多种路由协议、多种网络协议、端口的类型及数量等指标均有很高的要求；拥有多个分支机构的大型网络系统需要异地接入、视频会议等应用服务，因此，无论的总部网络还是分支机构网络的路由器，除了端口的吞吐量，对 VPN、QoS、组播协议等指标也有较高的要求；开设电子商务的企业网络系统，对端口的吞吐量、线速交换能力、IPsec 加密、防火墙等指标有较高的要求；一般的中小型网络系统的接入路由器则只对主要端口的吞吐量、线速交换能力等指标有相应的要求即可。因此，根据网络的应用需求，就可以在同一等级路由器中进行性能指标的详细选择，从中选出适用的系列产品；

- 按自身的经济实力，确定路由器品牌和机型。即在同一系列路由器中，最后进行品牌、价位、型号上的敲定。路由器的品牌，不仅是产品性能和质量的保证，同时还是技术支持和售后服务的保障。目前路由器产品的国外品牌主要有 Cisco、Juniper；国内品牌主要有华为、中兴、H3C、锐捷、迈普、博达、斐讯等等。从整体上看，中、低端路由器市场主要由国内品牌主导，随着华为、中兴、H3C 等国内品牌向高端路由器市场的拓展，高端路由器市场一直由外国品牌主导的局面已经明显转变，尤其是在价格、售后服务、技术支持等方面的本土优势，让国内品牌倍受用户的青睐。因此，在相同的类型等级、性能指标下，无论是从经济实惠的角度，还是从信息安全的战略高度出发，选择国内品牌的路由器不失为聪明之举，切忌盲目追求外国的品牌。

2.5.4 交换机的用途及选型要领

1. 交换机的用途

交换机是网络系统中实现高密度节点连接和高速率数据传输的集结设备，一般的二层交换机主要工作在 OSI 模型的数据链路层，高性能的三层、四层交换机还可工作在网络层、传输层甚至更高的网络层次。在网络工程中，交换机选型的好坏直接决定了整个网络的构架形式和传输性能。

交换机主要有以下几个方面的用途：

- 架构网络的拓扑结构。根据网络应用的需求，以交换机作为主要节点，交换机之间的连接为主要链路，便可以搭建出各种类型的网络拓扑结构。其中，由核心层、汇聚层、接入层构成的分层拓扑结构在现代网络工程中最为常用。

- 连接和识别网络节点。二层交换机按连接的节点自动生成和维护 MAC 地址表,依据 MAC 地址识别各种网络节点,实现各节点之间数据包的封装、校验和传输。三层交换机除了具有二层交换机的功能,还可以依据 IP 地址进行 VLAN 之间的连接、识别和路由交换;四层交换机除了具有二、三层交换机的功能,还可以依据 TCP/UTP 所用端口号进行更高层面的数据包连接和交换。
- 高效传输网络数据。交换机各端口具有独立的带宽,可以在各节点之间实现高速数据传输,必要时可以通过多个端口聚合来获得更大的带宽。交换机还可以通过减小冲突域、隔离广播域等措施,进一步提高网络数据的传输效率。当网络拓扑存在环路时,通过配置相应协议(如 STP、RSTP、OSPF 等),避免二层、三层网络环路带来的影响和灾难。
- 控制管理网络运行。通过 VLAN 划分、VLAN 通信,以及流量控制、端口隔离、QoS、组播、认证、防火墙、网络管理等功能,实现网络数据流的有效管理,提高网络的安全性。

2. 交换机的分类及性能参数

（1）交换机的分类。

交换机功能多、用途广,分类方法也很多,以下是交换机的几种不同分类:

- 按适用网络标准的不同,可分为:以太网交换机、令牌环网交换机、FDDI 交换机、ATM 交换机。其中,以太网交换机的应用最为普遍,通常所说的交换机就是指以太网交换机。
- 按传输速率的不同,可分为:10Mbps 速率的标准以太网交换机、100Mbps 速率的快速以太网交换机、1000Mbps 速率的千兆以太网(GE)交换机、10000Mbps 速率的万兆以太网(10GE)交换机。通常工作在核心层的交换机为千兆交换机、万兆交换机;汇聚层交换机多为百兆交换机、千兆交换机;接入层交换机多为十兆交换机、百兆交换机。
- 按工作协议层次的不同,可分为:二层交换机、三层交换机、四层交换机、多层交换机。高端交换机均为三层甚至四层交换机,中端交换机多为三层交换机,低端交换机均为二层交换机;
- 按配置性能的不同,可分为:骨干级交换机、企业级交换机、园区级交换机、部门级交换机、工作组级交换机、桌面级交换机。其中:

  骨干级交换机配置极高、功能强大,适用于用户节点在 1000 个以上的超大型网络,如华为 S9300 系列、思科 N5000/7000 系列等交换机。

  企业级交换机配置高、功能强,适用于用户节点为 500~1000 个的大型网络,如 H3C S7500 系列、思科 C4500/6500 系列等交换机。

  园区级交换机配置较高、功能也较强,适用于用户节点在 300~500 个的大中型网络,如华为 S5300/5700 系列、思科 C3500 系列等交换机。

  部门级交换机讲究实用性,配置和功能适中,适用于用户节点在 100~300 个的中小型网络,如华为 S2700/3300 系列、思科 C2900 系列等交换机。

  工作组级交换机侧重经济性,配置低,功能简单,适用于用户节点在 100 个以下的小型网络,如华为 S1700 系列、思科 C1900 系列等交换机。

  图 2-30（a）、（b）分别是骨干级、部门级交换机的典型产品。

- 按部署位置的不同,可分为:数据中心交换机、核心交换机、汇聚交换机、接入交换机。以锐捷的交换机产品为例:RG-S12000 系列为数据中心交换机;RG-S7600/8600/9600 系列为核心交换机;RG-S3760/5750/5760 系列为汇聚交换机;RG-S2300/2600/2900 系列为接入交换机。锐捷 RG-S7600/8600/9600 系列核心交换机如图 2-31（a）~（c）所示。

根据网络规模的不同，选用的核心交换机、汇聚交换机、接入交换机在档次和配置也有所不同。通常情况下，网络规模越大，交换机的档次和配置越高。但同一种交换机，在不同规模的网络中其部署的位置及用途也有所不同，例如：锐捷 RG-S5750-24GT/ 12SFP 交换机，可用作中小企业网的核心交换机、大型企业网和园区网的汇聚交换机、大型及超大型网络的数据中心服务器接入交换机等等。

（a）华为 S9300 系列交换机

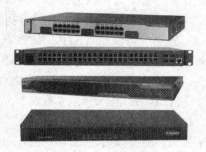
（b）华为 S3300 系列交换机

图 2-30　华为系列交换机

（a）RG-S7600 交换机

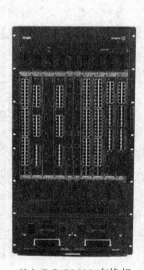
（b）RG-S8600 交换机

（c）RG-S9600 交换机

图 2-31　锐捷系列交换机

- 按特殊性还可以划分为：光交换机、固定端口交换机、模块化交换机、网管型交换机、非网管型交换机等等。

（2）交换机主要性能参数。

交换机的主要性能参数包括：包转发率、背板带宽、交换容量、端口类型及扩展槽、MAC 地址表容量、VALN 类型、STP 协议类型、QoS、组播、网管等等。

- 包转发率是反映交换机数据吞吐量的关键指标，也称为"满配置吞吐量"，以每秒转发包的数量 pps 为单位。通过该指标即可计算出交换机的所有端口是否都具备线速交换能力的"满配置线速交换"。满配置线速交换的具体条件是：

$$满配置吞吐量 \geqslant 14.88Mpps×万兆端口数+1.488Mpps×千兆端口数+$$
$$0.1488Mpps×百兆端口数+0.01488Mpps×十兆端口数$$

　　值得注意的是，当给出一台交换机的包转发率时，即可反过来计算出可实现线速交换的端口数量。通常情况下，高端交换机应具备满配置线速转发能力，中、低端交换机则只有部分端口具备线速交换。

　　以锐捷 RG-S5750S-48GT/4SFP 交换机为例，该机的包转发率为 102Mpps、具有 48+4 个千兆端口，由于：102 Mpps÷(48+4)=1.96Mpps，大于每个千兆端口实现线速交换所需的 1.488Mpps。因此，该交换机具备满配置线速交换能力。

- 背板带宽是决定交换机数据交换速率的重要指标，反映了各板卡模块与交换引擎之间连接带宽的最高上限，通常以每秒交换的千比特位 Gbps 为单位。背板带宽越大，交换机的交换速率越高、性能越强。高性能的交换机各端口之间实现全双工线速交换时，背板带宽必须满足以下条件：

$$背板带宽（Gbps） \geqslant 端口速率×端口数量×2$$

　　同样以锐捷 RG-S5750S-48GT/4SFP 交换机为例，该机具有 48+4 个千兆端口，背板带宽为 240Gbps。显然：背板带宽 240Gbps ＞1Gbps×(48+4)×2 所对应的 102Gbps。因此，该交换机的所有端口均具备全双工线速交换能力。

- 交换容量是另一种反映交换机数据交换能力的综合指标，以 Gbps 为单位表示。高端交换机的交换容量很大，通常达几十至数百 Gbps；中、低端交换机的交换容量一般在几十 Gbps 以下。由于交换容量与背板带宽的用途相当，因此，通常只标出其中的一种指标即可。

- 端口类型及扩展槽反映交换机的连接能力，如万兆、千兆、百兆、十兆的 RJ45 或光纤端口数量，以及万兆、千兆的扩展插槽等等。高速端口及扩展槽越多，交换机的连接性能越强。

- MAC 地址表容量表示交换机能够学习、识别和管理网络节点的物理地址的能力，通常在几 K 至数百 K。MAC 地址表容量越大，交换机性能越强。

- VLAN 类型表示交换机支持 VLAN 的层次。三层 VLAN 基于 IP 地址，二层 VLAN 则基于 MAC 地址，两者的区别主要是是否需要路由功能才能实现 VLAN 的划分和管理。因此，只有具备路由功能的高、中端交换机支持三层 VLAN，没有路由功能的中、低端交换机只支持二层 VLAN。

- STP 协议类型表示交换机拥有迅速消除网络冗余环路问题的算法和能力，例如 802.1D 生成树协议 STP、每树生成树协议 PVSTP、快速生成树协议 RSTP 等等。中、高端交换机通常支持多种 STP 协议算法。

- 支持 QoS、组播、网管等，都是反映交换机是否具备高性能的重要指标。

3. 交换机的选型要领

　　在网络工程中，交换机数量多、彼此之间的关联性很大。因此，在选型时应遵循"功能齐全、性能优越、安全稳定、便于扩展"的原则，根据网络的规模、应用和发展，从整体上去综合考虑。按照核心层、汇聚层、接入层的性能需求，同时兼顾品牌和价格等因素，逐层确定具体的机型，其中，在背板带宽、交换容量、包交换速率等关键指标的选型配置上，核心层交换机要求最高，汇聚层交换机次之，接入层交换机最低。

（1）核心层交换机的选型。

核心交换机是网络信息传递的枢纽，无阻塞的全线速交换是最基本的要求。因此，对背板带宽、包交换速率等指标均有很高的要求，同时，还应具备对三层 VLAN、QoS、硬件冗余、可扩展、可网管，甚至组播控制、防火墙等技术的支持。

对于大型及超大型网络系统的核心层交换机，应选用具有 500Gbps~1Tbps 以上超大背板带宽或交换容量、500Mpps~1000Mpps 的超高包交换速率、多层交换的骨干级 T 比特交换机（1T=1000G）或企业级万兆交换机。根据核心层的具体带宽需求，可计算出背板带宽、交换容量、包交换速率等项指标的大小，然后，再从相应的交换机系列产品中选型。

对于大、中型网络系统的核心层交换机，可选用具有 100~500Gbps 高背板带宽或交换容量、100~500Mpps 包交换速率的企业级或园区级千兆/万兆三层交换机。对背板带宽、交换容量、包交换速率等项指标，同样需要计算后再进行具体选型。

对于中、小型网络系统的核心层交换机，可选用具有 30~100Gbps 背板带宽或交换容量、数10Mpps 包交换速率的企业级或园区级千兆三层交换机。

（2）汇聚层交换机的选型。

汇聚交换机担当着承上启下的重要角色，除了完成接入层的汇聚、带宽分配以及与核心层的汇接，还要提供基于统一策略的 VLAN 划分、路由聚合、流量收敛、访问控制与安全互联。因此，除了对背板带宽、包交换速率等指标有较高的要求，以保障无阻塞的全线速交换的实现，还应具备实施三层 VLAN、硬件冗余、QoS、组播控制、防火墙及可扩展、网管等功能。

对于大型及超大型网络系统的汇聚层交换机，应选用具有 100~500Gbps 背板带宽或交换容量、100~500Mpps 包交换速率的骨干级或企业级万兆多层交换。

对于大、中型网络系统的汇聚层交换机，可选用具有 30~100Gbps 背板带宽或交换容量、30~100Mpps 包交换速率的企业级或园区级千兆/万兆三层交换机。

对于中、小型网络系统的汇聚层交换机，可选用具有几至几十 Gbps 背板带宽或交换容量、几至几十 Mpps 包交换速率的园区级或部门级百兆/千兆三层交换机。

（3）接入层交换机的选型。

接入交换机为用户节点提供便利的接入服务，实现汇聚带宽分享、划分冲突域以及访问控制等等。因此，对端口的类型、带宽及数量等指标有较高的要求，并要求能够配合汇聚层实现 VLAN 的划分、QoS、访问控制及网管等功能。对于线速交换、硬件冗余、组播控制等方面的要求，应视具体需要而定。对背板带宽和包交换速率等指标的要求不高。因此，在大多数的网络工程项目中，接入交换机一般选用背板带宽或交换容量在数 10Gbps 以内、包交换速率在数 10Mpps 以下的接入级百兆/千兆交换机即可。

除了上述几种针对参数指标的选型方法，在交换机的选型时，还需要关注交换机的品牌和价格。目前活跃在高、中端交换机市场的外国品牌主要有：思科、Juniper、3Com、惠普等，而国内的华为、H3C、中兴、锐捷、神州数码、D-Link 等众多品牌已相当成熟，逐渐成为从高端到低端交换机市场的主角。在价格方面，国内品牌的交换机比国外品牌有明显的优势。而在同样价位的产品中，国内品牌交换机的配置要比国外品牌高出一个档次。因此，选择国内的品牌不仅能够减少开支，还可以得到较高的性价比和最便捷的服务。

在交换机的选型时，另一个值得关注的问题就是交换机品牌的系列性和兼容性。显然，同一品牌、同一系列或相近系列的交换机产品，在设计上有着专门的考究，彼此之间的兼容最好。因此，在进行核心层、汇聚层、接入层交换机选型时，应尽可能选择相同品牌及相同系列或相近系列的交换机产品。

2.5.5　集线器的用途及选型要领

1. 集线器的用途

集线器是局域网用户的接入设备，工作在 OSI 模型的物理层，提供用户节点的共享式接入和数据传输。集线器的外观与交换机非常相似，性能却与交换机有着本质上的区别：没有寻址功能，不能隔离冲突域。也就是说，一台集线器无论有多少接入端口，只要其中有一个节点传输数据包，便会以广播的方式将数据包分发到所有的端口，形成一个冲突域。因此，整个集线器就是一个冲突域，端口越多，形成的冲突域就越大，而每个端口获得的平均带宽就越小，传输效率也越低。例如，一台 12 个端口的 10Mbps 以太网集线器，工作时会形成一个 12 节点的冲突域，并共享 10Mbps 带宽，每个端口拥有的平均带宽为 10Mbps÷12=0.833Mbps。若是 24 个端口的集线器，则每个端口的平均带宽只有 0.417 Mbps。

集线器的优点是价廉、接入便利，缺点是带宽小、效率低。主要适用于节约接入成本、对接入带宽要求不高的场合。在现代的网络工程中，用户对带宽及传输效率的要求越来越高，因此，集线器的使用越来越少，最终将被交换机所取代。集线器外形如图 2-32（a）、（b）所示。

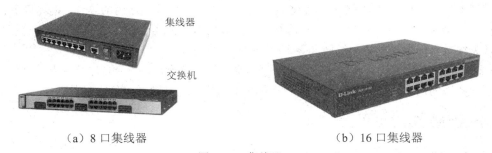

（a）8 口集线器　　　　　　　　　　　　　　　　（b）16 口集线器

图 2-32　集线器

2. 集线器的分类及性能参数

集线器通常分为：十兆集线器、百兆集线器、可堆叠集线器、带网管集线器等等。主要的性能参数有：端口带宽、端口数量、网管类型等等。

3. 集线器的选型要领

集线器的选型应以特定的用户群为准，选择适当的端口带宽和端口数量。一台集线器的端口数不宜过多，以免降低传输效率。尽量避免集线器的堆叠使用，这样效率更低。

2.5.6　网卡的用途及选型要领

1. 网卡的用途

网卡是服务器和用户 PC 接入网络系统的接口适配器，工作在 OSI 模型的物理层和数据链路层，其中，物理层用于实现信号的连接；数据链路层则完成数据帧的编码、封装，以及 MAC 地址的识别。因此，每个网卡除了有 RJ-45、光纤等接口，还拥有全球唯一的 MAC 地址。在发送数据包时，网卡会将自己的 MAC 作为源发地址与接收方的 MAC 作为目标地址分装到数据包中，以便对方识别；相反，在接收数据时，只接受目标地址与自己的 MAC 相匹配的数据包，否则数据包将被丢弃。

　　2. 网卡的分类及性能参数

　　通常情况下，PC 机和服务器都在主板上集成有网卡。作为独立的网卡，一般分为有线网卡和无线网卡两大类，各类网卡又按带宽分为十兆网卡、百兆网卡、千兆网卡等等。有线网卡还分为服务器网卡、PC 机网卡，其中，服务器网卡在性能和价格上要明显高于 PC 机网卡。网卡的性能指标主要是带宽、接口类型。各种网卡如图 2-33（a）、（b）、（c）所示。

（a）服务器网卡　　　　　　　（b）光纤网卡　　　　　　　（c）无线网卡

图 2-33　网卡

　　3. 网卡的选型要领

　　网卡的选型主要是针对 PC 机、服务器原有的网卡不够用或不适用的场合。例如服务器原配置有一块千兆网卡，为了提高可靠性需要增加一块千兆网卡作为冗余；PC 机只集成有一块有线网卡，为实现无线接入另增加一块无线网卡等等。

　　在进行网卡的选型时，除了关注带宽、接口类型等性能指标，还应当注意网卡的品牌，尤其是作为服务器用的网卡对可靠性要求很高，应尽可能选用相同品牌的服务器网卡。

2.5.7　防火墙的用途及选型要领

　　1. 防火墙的用途

　　防火墙是网络的安全屏障，工作在 OSI 模型的所有层面。其中，除物理层用于信道的连接，其余各层均执行安全策略：在数据链路层及网络层进行 MAC 地址与 IP 地址之间的绑定、转换、策略路由、URL 限制、及数据包过滤；在传输层至应用层，对 TCP/UTP 端口过往的请求及服务、各种数据流等进行多种协议下的监控、审计、认证、阻塞及攻击防范。因此，利用防火墙可对内部网络进行有效的监控，实现内部网重点网段的安全隔离，防止敏感的网络安全漏洞对整个网络造成不良影响。由此可见，防火墙实质上是一台执行安全策略的"网关服务器"，其功能独特、性能卓越、价格昂贵。

　　鉴于防火墙的特殊性和重要性，从 2009 年 5 月 1 日起，我国开始对包括防火墙、安全路由器、入侵检测系统等在内的 13 种涉及信息安全的产品实行强制性检测认证，凡是未获得"中国信息安全认证"证书的产品，不得出厂、销售、进口或在其他经营活动中使用，不得进入政府采购。

　　防火墙类产品包括以防火墙功能为主体的软件或软硬件组合体、其它网络产品中的防火墙模块等，相应的强制性检测认证标准采用"GB/T20281《信息安全技术　防火墙技术要求和测试评价方法》"。依照该标准，防火墙产品分为三个安全等级，各等级的主要功能及用途如下：

第一级防火墙：包过滤、应用代理、NAT、流量统计、安全审计、管理。这是防火墙最基本的安全等级。

第二级防火墙：除包含第一级所有功能分类外，增加了状态检测、深度包检测、IP/MAC 地址绑定、动态开放端口、策略路由、带宽管理、双机热备、负载均衡等实用的网络安全管理功能。

第三级防火墙：除包含第一、二级所有功能分类外，增加了 VPN 认证、加密、协同联动功能。

可见，安全等级越高，防火墙的安全功能及用途越强。但值得注意的是，防火墙并非"铜墙铁壁"，其本身也有局限性。防火墙的局限性主要表现如下：

- 无法阻止绕过防火墙的攻击。
- 无法阻止来自网络内部的攻击。
- 不能防止因为配置不当而带来的安全威胁。
- 无法阻止利用当前网络协议标准中的缺陷进行的攻击。
- 在防止病毒攻击方面的能力不如专门的防杀毒软件。
- 配置和管理的技术难度及成本明显高于其他的网络设备。

2. 防火墙的分类及性能参数

在网络工程中使用的防火墙主要分为软件防火墙和硬件防火墙两大类。其中，软件防火墙是一种以 PC 服务器及通用的操作系统为硬、软件平台的防火墙系统软件，如微软的 ISA Server 2006；硬件防火墙是一种将专用的操作系统和防火墙功能，集成到通用的 CPU 芯片平台或专用的 ASIC 芯片上的"软硬件一体化防火墙"，如华为、启明星辰、联想网御、天融信等品牌的硬件防火墙。软、硬件防火墙分别如图 2-34（a）、（b）所示。

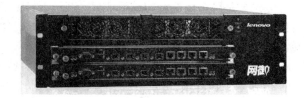

（a）ISA Server 2006 软件防火墙　　　　　（b）联想网御 Power V 硬件防火墙

图 2-34　防火墙

软件防火墙和硬件防火墙在可靠性、灵活性、扩展性、安装使用、管理与维护等方面性能有较大的差异，两种防火墙的性能概括比较如表 2-21 所示。

从表 2-21 可以看出，软件防火墙的性能、效率和可靠性依赖于承载防火墙的 PC 机的软、硬件环境配置。以微软的 ISA Server 2006 标准版防火墙为例，该防火墙对安装条件有如下规定。

软件要求：

- 需安装打上 SP1 补丁的 Windows Server 2003 操作系统。
- 或者安装 Windows Server 2003 R2 操作系统。

表 2-21 软、硬件防火墙性能比较

性能/类型	软件防火墙	硬件防火墙
安全性	高	高
性能指标	依赖于硬件平台	高
运行效率	依赖于硬件平台	高
配置灵活性	高	低
可靠性	依赖操作系统、硬件平台	高
可扩展性	高	低
安装使用	较复杂	简单
管理与维护	较复杂	简单
适用范围	中、小型网络	中、大型网络
价格	低	高

硬件要求：

- 处理器为 733MHz Pentium III或更高处理器的 PC 机。
- 内存最小 256MB，建议使用更大容量。
- 具有 150MB 可用硬盘空间及一个 NTFS 格式的本地分区。
- Web 高速缓存内容需要额外的空间。
- 至少两块网卡，一块连接内网、另一块与 Internet 连接；
- 不能有进程占用 80 和 8080 端口。

上述条件虽然不算苛刻，却说明软件防火墙性能的好坏与承载防火墙的 PC 机关系密切。因此，软件防火墙的性能不能自己主宰，也无法标称自身的性能指标。这正是软件防火墙的特点和薄弱环节，同时也是制约软件防火墙普及应用的重要原因。

性能参数是防火墙选型的重要依据。鉴于软件防火墙的性能不能自己主宰，无法标称性能参数，本节讨论的防火墙性能参数主要是针对硬件防火墙，这些参数主要包括吞吐量、延迟、最大并发连接数、最大连接速率。

- 吞吐量是指在不丢包的情况下每秒钟通过防火墙的数据量，反映防火墙线速传输数据的速率，以 bps 为单位。吞吐量越大，防火墙的性能越强。高端防火墙的吞吐量通常在 1000Mbps 以上，中端防火墙的吞吐量通常为 500~1000Mbps，低端防火墙的吞吐量通常在 500Mbps 以下。国产的深信服 SANGFOR M5400 AC 防火墙的吞吐量为 700Mbps，属于中端防火墙。

- 延迟是指发出的数据包进入防火墙后，防火墙对其进行检测、转换、审计等一系列处理，再转发出去时所造成的时间延迟量，以 μs 为单位。延迟量越小，防火墙的性能越强。该指标对于多媒体数据的实时传输，如网络电话、视频会议、视频点播等应用尤为重要，延迟过大会造成音频的颤抖和视频的不畅，甚至中断。例如，锐捷 RG-WALL 1600 系列防火墙的包延迟量为 40μs，完全可以保障实时音频、视频数据流畅通过。

- 最大并发连接数是指防火墙能够同时建立和保持点对点 TCP 连接的最大数目，反映防火墙对用户端的访问控制能力和连接状态跟踪能力，直接影响到防火墙所能支持的最大信息点数。显然，该指标越大，防火墙的性能越强。高端防火墙的最大并发连接数通常在100,000 以上，中端防火墙的最大并发连接数通常为 10,000~100,000，低端防火墙最大并发连接数通常在 10,000 以下。例如，锐捷 RG-WALL 1600 系列防火墙的最大并发连接数0.5 亿个，属于高端防火墙。

在实际应用中，由于每个用户可能同时打开多个网络应用，产生多个并发连接，因此，通常按用户节点数×10~20 倍来计算整个网络可能产生的最大并发连接数，以此作为防火墙选型的一项指标。

● 最大连接速率主要体现了防火墙对于用户端连接请求的实时反应能力，通常以每秒新建连接数的指标来表示。该指标越高，防火墙的性能越强。例如：华为的 Eudemon 200 中端防火墙的最大连接速率为 10,000 连接数/秒；高端防火墙 Eudemon 1000 的最大连接速率为 100,000 连接数/秒，比 Eudemon 200 高 10 倍。

除了上述几项指标，为适应不同的应用需求，防火墙还应具备某些特定的性能指标，如丢包率、QoS、组播、VPN 类型及连接数目、PKI 认证、数据加密算法及安全过滤带宽、P2P/流媒体控制、内容过滤、过滤病毒种类及吞吐量、入侵检测的类型、双机热备、安全管理等等。

3. 防火墙的选型要领

防火墙的价格十分悬殊，低端产品通常为几千元至一万元左右，高端产品从十几万元到几十万元不等。鉴于防火墙的重要性和特殊性，在进行防火墙的选型时一定要周密考虑、精心挑选，避免由于选择不当造成的损失。例如两种较为典型现象：一是盲目追求高性能、高指标的高端防火墙产品，结果投入了大量的资金却有许多的功能、指标没用上，以致防火墙功能的大量闲置，巨额投资白白浪费；二是选择性能、配置低下的防火墙产品，导致网络出口出现瓶颈，网速变慢，影响网络系统的正常运行，既花了钱又没把事情办好。

因此，防火墙的选型是一项非常严谨的工作，应注意按照以下三个步骤进行：做好安全需求规划、精心挑选性能指标、确定具体品牌机型。

（1）做好安全需求规划。

在进行防火墙的选型前，必须事先做好网络安全方面的需求分析和规划，以便形成可供防火墙产品选型的参数依据。安全需求规划应着重关注和解决下列问题：

● 防火墙的部署在什么位置、接入的端口有多少、出口带宽有多大？

● 通过防火墙的用户节点数是多少、可能产生的最大并发连接数有多大，未来 3~5 年内是否还有扩展？

● 是否需要支持实时多媒体数据的传输，对延迟的需求有什么限制？

● 是否需要支持 VPN 应用，对 VPN 的类型及连接数目有多大的需求？

● 是否需要支持 PKI 认证、数据加密等高安全等级的服务，认证及加密的算法以及安全过滤带宽的需求有多大？

● 是否需要支持对内容过滤、过滤病毒、垃圾邮件、广告等不良信息，以及入侵检测等方面的需求？

● 是否对防火墙的双机热备、负载均衡、多机集群等方面的冗余性能有具体的需求？

● 对防火墙自身可靠性、易用性、管理的便利性等方面有什么具体的需求？

（2）精心挑选性能指标。

在安全需求规划的基础上，有针对性地在众多的防火墙产品中依照各向安全需求指标进行具体选择，从中筛选出符合需求的若干种产品。

不同规模、不同位置、不同用途的防火墙，对安全需求指标的侧重点也有所不同。例如：大型网络系统的用户节点数众多，对防火墙的吞吐量、最大连接数、最大连接速率等指标的要求，要明显高于中、小型网络系统的防火墙；而对于部署在网络边界上的防火墙，对吞吐量、最大连接数、最大连接速率等指标的要求，比部署在网络内部的部门防火墙要高出许多；对支持实时音频、视频应用的防火墙，对延迟指标的要求较高；对于支持 VPN 连接应用的防火墙，在 VPN 的类型、连接数、数据加密算法、安全过滤带宽等指标有较高要求等等。

在挑选防火墙的性能指标前，应先从众多的防火墙产品中初步选出功能适用的产品。然后，再通过各产品标称的参数指标进行详细对比，同时还要注意查阅权威机构针对相关产品的测评报告，在参数指标满足安全需求的产品中挑选出几种同类但不同品牌的防火墙。若对某些关键指标不能确认时，可向厂商提出针对防火墙样机的检测请求，这一点对选购价格昂贵的高端防火墙产品尤为重要。

（3）确定具体品牌机型。

在上一步挑选出的若干种不同品牌的防火墙中，进一步进行产品价格、品牌成熟度、售后服务、用户评价等方面的比较，最终选定防火墙的具体品牌及机型。

目前防火墙的市场中，国外品牌主要有思科、微软、Juniper、SonicWALL、Checkpoint 等；而国内品牌众多，典型代表主要有天融信、启明星辰、联想网御、曙光、华为、锐捷、方正等等。由于国内防火墙品牌的蓬勃发展和日益成熟，与外国品牌相比有许多的优势，例如功能全面、性价比高、管理和使用便利、售后服务本地化等，具有明显的竞争优势。因此，在进行防火墙的选型时，无论是出于对投资回报的预期还是对信息安全方面的周全考虑，优先选择国内品牌防火墙产品均不失为上策，不必迷信外国品牌。

2.6　任务 6：网络综合布线技术要领

【背景案例】XXX 大学校园网网络综合布线系统[9]

1. 校园网综合布线系统结构

升级改造后的 XXX 大学校园网（网络拓扑见 2.2 节中的图 2-17）的网络综合布线系统由南、北两个校区的布线系统相连组成，布线跨径不超过 2km，共 3000 多个信息节点，采用了最新的技术和标准。

南校区的网络综合布线系统在 2000 年的校园网一期工程中已经完成，采用建筑群间用多模光纤、建筑物内用超 5 类 UTP 的布线标准，共有 1100 个信息点。其中：实验中心 120 个信息、教学楼 100 个信息点、培训楼 160 个信息点、图书馆 120 个信息点、教工宿舍 600 个信息点。

北校区的网络综合布线系统是校园网升级改造项目的重点工程，以新建的远程教育大厦为主体，布线系统覆盖远程教育大厦及学生宿舍。整个网络综合布线系统的建筑群之间及楼内干线采用多模光纤、建筑物内采用超 5 类 UTP、网络中心机房采用 6 类 UTP 的布线标准，共有 2300 个信息点，其中：远程教育大厦 800 个信息点、学生宿舍 1500 个信息点。

南、北两个校区被一条市政道路分隔，两个校区的布线间距约 500m，采用多模光纤穿越租用的市政管道将两个校区的网络综合布线系统相连接。整个校园网的综合布线系统拓扑结构如图 2-35 所示。

2. 远程教育大厦综合布线系统

远程教育大厦的综合布线系统由网络综合布线、语音及视频布线、安防布线等三大部分组成。其中，网络综合布线系统拥有约 800 个网络数据信息点，具体结构如图 2-36 所示。

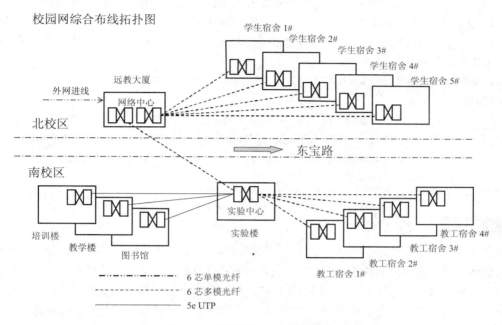

图 2-35 校园网综合布线拓扑图

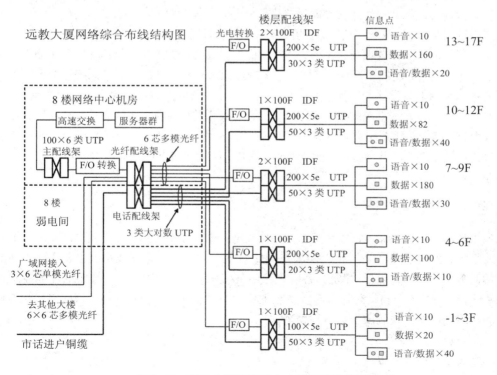

图 2-36 远教大厦网络综合布线系统结构图

（1）进线间子系统由自来电信、移动、教科网的 3 条 6 芯的单模光纤、市话电缆及配线架构成，线缆从大厦 1 层穿入，经过竖井走线至位于 8 楼的网络中心机房的光纤配线架及弱电间的电话配线架。

（2）设备间子系统设在 8 层的网络中心机房，包括光纤配线架、主配线架、光电转换及网络设备。

（3）干线子系统的网线采用室内 6 芯多模光纤、电话线采用 3 类大对数 UTP，实现从 8 层的设备间到各楼层 100F 配线架的垂直走线布线。

（4）配线子系统的采用网线采用超 5 类 UTP、电话线采用 3 类 UTP，实现从各楼层 100F 配线架到工作区的水平走线布线。

（5）工作区子系统采用标准的数据、语音、语音/数据两用等多种信息模块及超 5 类 UTP 跳线。

（6）管理子系统由进线间、设备间及各楼层的配线架中的配线模块、配线缆线和各种标签组成。

（7）建筑群子系统由 6 条 6 芯多模光纤组成，分别连接学生宿舍楼及南校区的实验中心大楼。

9　资料来源：GX 广播电视大学校园网升级改造项目

本任务讨论的网络综合布线技术，是采用结构化的综合布线技术实现网络布线的一种习惯称谓，主要涉及网络通信方面的布线，属于狭义的综合布线系统，不包含电话语音、电视视频、安防监控等方面的布线。在网络工程中，网络综合布线系统是一个相对独立的重要环节。按照国家的规定，对于新建的大楼在进行建筑工程施工时，综合布线项目一并展开，其布线的拓扑结构、走线路由、管线铺设、线缆铺放、配线架及信息盒的安装调试等一系列施工内容，往往会先于网络工程项目的其他环节完成。只有一些没有综合布线系统的旧式建筑物，或是进行网络升级改造需要重新布线的网络工程项目，综合布线才会和网络建设的其他环节同步进行。

本任务的背景案例就是一个以原有的网络综合布线系统为基础，结合新建大厦实施网络综合布线的一个典型的网络升级改造项目案例。该案例的网络综合布线方案，包括进线间子系统、设备间子系统、干线子系统、配线子系统、工作区子系统、管理子系统及建筑群子系统等七个子系统，采用最新的技术和标准来设计和实施，在当今的企、事业单位的网络工程建设项目中极具代表性。

本任务将从综合布线系统的功能及结构、综合布线系统的标准、布线介质与选型、综合布线系统的设计要领、综合布线系统实施及验收流程等五个方面，对网络综合布线系统涉及的主要技术进行初步讨论。限于篇幅，相关技术的细节未能深入展开，读者可参阅网络综合布线方面的专门书籍和资料。

2.6.1　综合布线系统的功能及构成

按应用环境的不同，综合布线系统分为三种类型：建筑与建筑群综合布线系统、建筑物自动化综合布线系统、工业自动化综合布线系统。其中：建筑与建筑群综合布线系统主要适用于办公自动化环境和商务环境的各种通信；建筑物智能化综合布线系统主要适用于智能楼宇的环境控制、保安、消防、通信和管理；工业自动化综合布线系统主要适用于工业生产、经营和管理的自动化通信。这里讨论的网络综合布线系统属于第一种类型。

1. 综合布线系统的功能

综合布线系统主要有以下功能：

● 实现内部网络数据传输。

- 实现外部网的互联和 Internet 接入。
- 实现电话、音频、视频等多种媒体通信。
- 易于系统维护、管理和扩展。

2. 综合布线系统的构成

根据最新的国家标准 GB 50311－2007《综合布线系统工程设计规范》，综合布线系统由工作区子系统、配线子系统、干线子系统、建筑群子系统、设备间子系统、进线间子系统和管理子系统等 7 个部分组成，如图 2-37 所示。

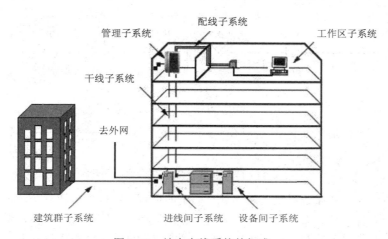

图 2-37　综合布线系统的组成

（1）工作区子系统，是指从配线子系统末端的信息插座模块（TO）到 PC 机、打印机、电话机等终端设备（TE）所在区域的布线设施，由信息插座模块延伸到终端设备处的连接缆线及适配器组成。一个独立的需要设置终端的区域，如办公室、业务作业间、机房等宜划分为一个工作区。

（2）配线子系统，相当于旧标准中的"水平子系统"，在每个楼层提供从干线子系统到工作区子系统之间的水平布线设施，由干线子系统与配线子系统交接的电信间、配线间的配线柜或配线架等楼层配线设备（FD）、配线（跳线）电缆和光缆、交换机或集线器等集结点设备（CP）、水平线缆、工作区的信息插座模块（TO）等组成。

（3）干线子系统，是从设备间子系统至各楼层配线子系统的配线间、电信间之间的垂直布线设施，由安装在设备间的主配线柜等建筑物配线设备（BD）、设备配线缆线、干线电缆和光缆组成。

（4）建筑群子系统，是各建筑物之间相互连接的布线设施，由多个建筑物之间连接的主干电缆和光缆、建筑群配线柜或配线架等楼群配线设备（CD）、配线缆线等组成。

（5）设备间子系统，是设在建筑物中集中安装网络设备、实现信息交换和网络管理的场所涉及的布线设施，由设备间与建筑群、建筑物交接的配线设备、设备配线缆线等组成。

（6）进线间子系统，是建筑物与外部通信系统连接的布线设施，既可作为外网入口设施的安装场地，又可以是建筑群配线设备的交接点，主要由进入建筑物的电缆和光缆、与进线线缆交接的配线设备、配线缆线、及相应的输入/输出设备等组成。

（7）管理子系统，主要用于对各个子系统之间的布线进行交接、路由变更，以及配线设备、缆线、信息插座模块等布线设施按一定的模式进行标识和记录。管理子系统通常由配线设备、配线缆线和各种标签组成，管理间可分别设置在设备间、每幢建筑物或每层楼的配线间、电信间，除了配线设备，还可根据需要增添交换机、集线器等集结点设备。

一个复杂的综合布线系统包含上述 7 个子系统，简单的综合布线系统可能只有其中的几个子系统。为便于理解整个综合布线系统的构成，现将一个包含 7 个子系统的综合布线系统的基本拓扑结构归纳为如图 2-38 所示。图中：CD 为楼群配线架、BD 为楼宇配线架、FD 为楼层配线架、CP 为集结点、TO 为信息插座、TE 为信息终端。

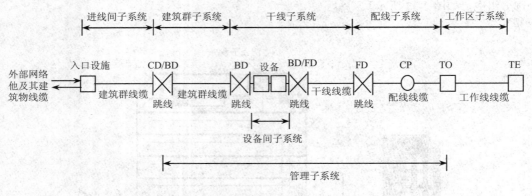

图 2-38　综合布线系统基本组成的拓扑

在网络工程中，综合布线系统一般都具有一定的规模、结构也比较复杂，布线拓扑结构图与布线的实际环境、建筑群分布、建筑物结构及具体走线路由等因素密切相关，需要设计的布线拓扑结构图很多，通常包含整个布线系统的总拓扑图、建筑群的走线路由拓扑图、每一幢建筑物的布线系统拓扑结构图、每一层楼的信息点分布拓扑图等等，因此，形成的图纸数量很大。在本任务背景案例中，图 2-35 就是一个综合布线系统的总拓扑图，图 2-36 是一幢大楼的布线系统拓扑结构图。

2.6.2　综合布线系统的标准

为统一综合布线系统的规范，各国及国际的标准化组织制定了相关的标准。其中，我国常用的综合布线标准主要有：GB 国家标准、CECS 建筑协会标准、YD/T 电信及邮电行业标准，具体如表 2-22 所示。

表 2-22　国内常用的综合布线标准

标准名称	标准内容	颁布时间（年）	制定部门
GB 50311	综合布线系统工程设计规范	2007	国家质量技术监督局与建设部
GB 50312	综合布线系统工程验收规范		
GB/T 50314	智能建筑设计标准	2006	
GB 50339	智能建筑工程质量验收规范	2003	
GB 50374	通信管道工程施工及验收规范	2006	
CECS 119	城市住宅建筑综合布线系统工程设计规范	2000	中国工程建设标准化协会
CECS 89	建筑与建筑群综合布线系统工程施工及验收规范	1997	

续表

标准名称	标准内容	颁布时间（年）	制定部门
YD 5082	建筑与建筑群综合布线系统工程设计施工图集	1999	信息产业部
YD 5006	本地电话网用户线路工程设计规范	2003	
YD 5103	通信管道工程施工及验收技术规范	2006	
YD/T 926.1~3	大楼通信综合布线系统第 1~3 部分	2009	
YD/T 1013	综合布线系统电气特性通用测试方法	1999	
YD/T 1460	通信用气吹微型光缆及光纤单元	2006	

　　长期以来，由于我国 GB 国家标准的建设工作相对滞后，各种协会、行业的标准纷纷出台，以至于在综合布线标准的选择及应用中出现了复杂、混乱的局面。近年来，随着 GB 国家标准建设步伐的加快和标准体系的不断完善，现行的综合布线标准逐步统一到国家标准上来，协会、行业的相关标准相继废止并不再出台新的标准。

　　综合布线系统常用的国际、国外标准主要有：ISO 国际标准、TIA/EIA 美国标准、EN 欧盟标准，具体如表 2-23 所示。

表 2-23　常用的国际、国外综合布线标准

制定国家	标准名称	标准内容	公布时间（年）
ISO	ISO/IEC 11801	信息技术——用户建筑群通用布线国际标准第二版	2002
	ISO/IEC 11801	信息技术——用户建筑群通用布线国际标准修订版	2008
美国	TIA/EIA 568B	商业建筑通信布线系统标准（B1～B3）	2002
	TIA/EIA 568 B1	综合布线系统总体要求	
	TIA/EIA 568 B2	平衡双绞线布线组件	
	TIA/EIA 568 B3	光纤布线组件	
	TIA/EIA 568 C	用户建筑物通用布线标准	2009
	TIA/EIA 568 C1	商业楼宇电信布线标准	
	TIA/EIA 568 C2	平衡双绞线电信布线和连接硬件标准	
	TIA/EIA 568 C3	光纤布线和连接硬件标准	
	TIA/EIA 569	商业建筑通信通道和空间标准	1990
	TIA/EIA 606	商业建筑物电信基础结构管理标准	1993
	TIA/EIA 607	商业建筑物电信布线接地和保护连接要求	2002
	TIA/EIA 570A	住宅及小型商业区综合布线标准	1998
	TIA/EIA 942	数据中心标准	2005
欧盟	EN 50173	信息系统通用布线标准	2007~2009
	EN 50174	信息系统布线安装标准	
	EN 50289	通信电缆试验方法规范	2007~2010

　　在网络工程中，综合布线系统的设计、施工与验收必须首先服从国家标准，特别是标准中强制

执行的部分，必须严格执行。对于国家标准中没有具体规定的，则应当按照国内的行业标准执行，必要时，可以依照国际、国外的标准。

2.6.3 布线介质与选型

在网络综合布线系统中，最常用的布线介质主要有：双绞线、光纤两大类。其中，双绞线由4对各自绞缠在一起的铜质导线组成，采用 RJ45 水晶头连接器，主要应用于布线长度不超过100m、电磁干扰不强的场合，如短距离的干线子系统、配线子系统及建筑群子系统等部分的布线及跳线；光纤则是由单芯或多芯光导玻璃纤维组成，采用 SC、ST、LC、FC、MU、MT-RJ、VF-45 等多种不同类型的连接器，适用于长距离或强电磁干扰的场合布线，如进线间子系统、干线子系统、建筑群子系统及长距离的配线子系统等部分的布线。

1. 双绞线的选型

双绞线按屏蔽方式的不同，分为非屏蔽双绞线 UTP、铝箔屏蔽双绞线 FTP、丝网屏蔽双绞线 STP 等几种类型。其中：UTP 不加任何屏蔽措施，适用于大多数的布线环境，价格最低，使用最普遍；FTP 是用铝箔做了一层总屏蔽层，将双绞线与外部电磁场隔离，增加一定的抗干扰能力，但在内部的 4 对线之间的电磁干扰（即串扰）不起作用，价格比 UTP 稍高，适用于有一定程度的外界电磁干扰的布线环境；STP 是用一层金属丝网代替 FTP 的铝箔，在此基础上，还在内部的 4 对线中给每对线增加一层铝箔屏蔽层，因此，可有效隔离外界的电磁干扰和内部的串扰，价格较高，适用于电磁干扰较强的布线环境。

UTP、FTP、STP 和 RJ45 模块、水晶头及跳线分别如图 2-39（a）~（c）及图 2-40 所示。

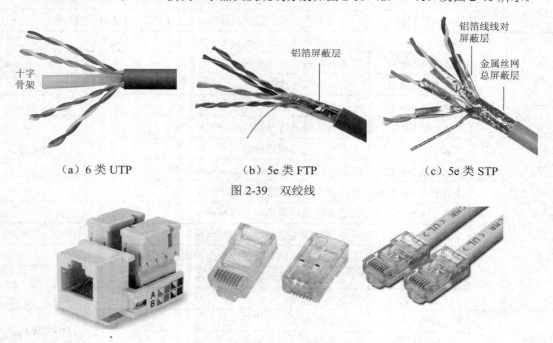

（a）6 类 UTP   （b）5e 类 FTP   （c）5e 类 STP

图 2-39 双绞线

图 2-40 RJ45 模块、水晶头、跳线

按传输性能的不同，双绞线还分为 1~5 类、超 5 类（5e 类）、6 类、7 类共八个等级，等级越高，所支持的带宽越大。目前网络工程中常用的主要是 5e 类、6 类、7 类三种。其中：5e 类线适

用于百兆、千兆以太网，价格较低；6 类线适用于千兆以太网，价格较高；7 类线适用于万兆以太网，价格最高。

在国家标准 GB 50311－2007 中，综合布线系统按其支持带宽和选用的双绞线类别的不同，划分为 A~F 共六个等级。其中，A 级最低，F 级最高。综合布线系统等级越高，支持的带宽越大，选用的双绞线等级也越高，具体如表 2-24 所示。

表 2-24 综合布线系统的分级与双绞线选型

布线系统分级	支持带宽（Hz）	双绞线选型	应用网络
A	100K	1 类	电话、语音
B	1M	2 类	令牌环网
C	16M	3 类	10Baes-T 以太网
D	100M	5 / 5e 类	100Baes-Tx/1000Baes-T 以太网
E	250M	6 类	1000 Baes-T/10G Baes-T 以太网
F	600M	7 类	10G Baes-T 以太网

除类别的不同，为了适应干线子系统高密度布线的需要，除了常规的 4 对线双绞线，还可分为 25 对、50 对、100 对等大对数双绞线。大对数双绞线产品目前主要集中在 3 类、5 类和 5e 类 UTP，而 6 类和 7 类的大对数双绞线还很少见。

在网络综合布线中，应以表 2-24 为依据进行双绞线的选型。

2. 光纤的选型

光纤是一种利用激光来传送信号和数据的信道介质。与双绞线相比，光纤通信拥有工作频率高、传输带宽大、通信距离长、抗电磁干扰、无串扰、稳定性好、保密性强等诸多优点，主要缺点是成本较高，原因在于除了光纤本身较高的价格，还包括光纤收发器、各种类型的连接器、熔接设备等方面的费用。

网络综合布线系统常用的光纤主要分为单模光纤和多模光纤。其中单模光纤的纤芯直径为 8.3μm，包层外直径 125μm，采用激光二极管光源，只传送一种模式的光波，耗散小、效率高、成本也高，适用于高速、长距离（数公里至数十公里）的网络通信；多模光纤的纤芯直径为 50~62.5μm，包层外直径 125μm，采用发光二极管光源，可传送多种模式的光波，耗散大、效率较低、成本也低，适用于低速、短距离（几百米至数公里）的网络通信。

在国家标准 GB 50311－2007 中，将光纤信道划分为 OF-300、OF-500 和 OF-2000 三个等级，各等级光纤信道支持的应用长度不应小于 300m、500m 及 2000m。光纤在 100M、1G、10G 以太网中的应用及传输距离如表 2-25 所示。

表 2-25 光纤在 100M、1G、10G 以太网中的应用传输距离

光纤类型	应用网络	光纤直径（μm）	波长（nm）	带宽（MHz·km）	应用距离（m）
多模	100BASE-FX				2000
	1000BASB-SX			160	220
	1000BASE-LX	62.5	850	200	275
				500	550
	1000BASE-SX	50	850	400	500
				500	550

续表

光纤类型	应用网络	光纤直径（μm）	波长（nm）	带宽（MHz·km）	应用距离（m）
多模	1000BASE-LX		1300	400	550
				500	550
	10GBASE-S	62.5	850	160/150	26
				200/500	33
				400/400	66
		50		500/500	82
				2000	300
	10GBASB-LX4	62.5	1300	500/500	300
		50		400/400	240
				2000	300
单模	1000BASE-LX	<10	1310		5000
	10GBASE-L		1310		1000
	10GBASE-E	<10	1550		30000～40000
	10GBASE-LX4		1300		1000

在网络综合布线中，应以表 2-25 作为光纤的选型依据。选型时还应该注意：为了适应不同的环境，光纤除了有单模、多模之分，还可分为室外光纤、室内光纤、光纤跳线等不同的类型。其中，室外光纤的机械强度大，专门用于建筑群子系统或露天布线；室内光纤的机械强度小，专门用于建筑物内部的干线子系统和配线子系统布线；光纤跳线的质地柔软、外保护层单薄，专门用于配线柜和设备连接的跳线。各种光纤及连接器如图 2-41（a）～（c）所示。

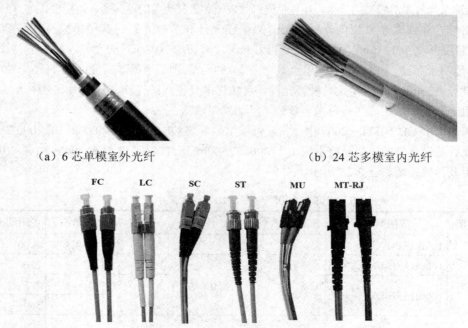

（a）6 芯单模室外光纤　　　　　　　　　　　（b）24 芯多模室内光纤

FC　LC　SC　ST　MU　MT-RJ

（c）光纤跳数及各种连接器

图 2-41　光纤及连接器

在国家标准 GB 50311－2007《综合布线系统工程设计规范》中，针对综合布线的各子系统与业务应用种类、布线等级之间的关系，规定了各种光纤及双绞线的使用类型。具体如表 2-26 所示。该规定是布线介质选型的规范及依据。

表 2-26　光纤及双绞线的选型与布线等级的关系

业务种类	配线子系统		干线子系统		建筑群子系统	
	布线等级	介质类别	布线等级	介质类别	布线等级	介质类别
语音	D/ E	5e/ 6 类双绞线	C	3 类（大对数）双绞线	C	3 类（室外大对数）双绞线
数据	D/ E/ F	5e/ 6/ 7 类	D/ E/ F	5e/ 6/ 7（4 对）类		
	光纤（多模或单模）	62.5μm 多模 /50μm 多模 / <10μm 单模	光纤	62.5μm 多模 / 50μm 多模 / <10μrn 单模	光纤	62.5μm 多模 / 50μm 多模 / <1μm 单模
其他应用	可采用 5e/ 6 类双绞线 4 对对绞电缆和 62.5μm 多模/ 50μm 多模/ <10μm 多模、单模光缆					

2.6.4　综合布线系统的设计要领

综合布线系统的设计通常按以下六个步骤进行：

（1）获取建筑物平面图。

（2）分析用户需求。

（3）系统结构设计；

（4）布线路由设计。

（5）绘制布线施工图；

（6）编制布线用料清单。

进入设计阶段后，应针对各个子系统分别展开设计。

1．工作区子系统设计要点

（1）应按不同的应用功能确定每个工作区的服务面积，通常以 6m²~10m² 为一个工作区。

（2）每一个工作区的信息插座模块数量不宜少于 2 个（一个数据，一个语音），并满足各种业务的需求。

（3）工作区连接件必须符合规范，适配器的选用应符合下列规定：

● 设备的连接插座应与连接电缆的插头匹配，不同的插座与插头之间应加装适配器。

● 在连接信号的数/模转换、光/电转换、数据传输速率转换等装置时，采用相应的适配器。

● 对于网络规程的兼容，采用协议转换适配器。

● 各种不同的终端设备或适配器均安装在工作区的适当位置，并应考虑现场的电源与接地。

（4）根据需要制作或订购适当数量的终端设备连接缆线（桌面跳线）。

2．配线子系统设计要点

（1）根据工程提出的近期和远期终端设备的设置要求，用户性质、网络构成及实际需要确定建筑物各层需要安装信息插座模块的数量及其位置，配线应留有扩展余地。计算公式：

信息插座模块订货总数=信息插座模块总数+信息插座模块总数×3%

（2）确定线路走向和线槽、桥架等布线方式。

（3）确定线缆的类型和长度。配线子系统缆线应采用非屏蔽或屏蔽双绞线电缆，在需要时也可采用室内多模或单模光缆。线缆长度的计算公式：

线缆订货总量总长度 M=所需总长度+所需总长度×10%+N×6 （单位：m）

其中：所需总长度指 N 条布线线缆所需的理论长度；所需总长×10%为备用部分；N 为信息点总数；N×6 为端接容差，即线缆弯曲产生的额外长度。

（4）确定配线子系统所需的配线模块。配线模块应根据电话交换机、计算机网络的构成、主干电缆／光缆的所需容量要求及模块类型和规格的选用等情况进行配置。

（5）确定配线子系统所需的设备缆线和各类跳线。设备线缆和跳线的带宽宜按计算机网络设备的使用端口容量和电话交换机的实装容量、业务的实际需求来选型，跳线的数量则按信息点总数的比例进行配置，比例范围为 25%～50%，即按信息点总数的 1/4～1/2 来配备配线子系统的跳线。

（6）确定走线槽、吊杆或托架的数量。

3．干线子系统设计要点

（1）确定每层楼的垂直干线的类型，汇总整幢楼的垂直干线需求。干线子系统所需要的电缆总对数和光纤总芯数，应满足工程的实际需求，并留有适当的备份容量。主干缆线宜设置电缆与光缆，并互相作为备份路由。

（2）确定从楼层到设备间的垂直干线线缆路由。干线子系统主干缆线应选择较短的安全的路由。如果电话交换机和计算机主机设置在建筑物内不同的设备间，宜采用不同的主干缆线来分别满足语音和数据的需要。

（3）确定垂直干线配线间的接合方法。

（4）确定垂直干线的线缆长度及容量配置。主干电缆和光缆所需的容量要求及配置应符合以下规定：

● 对语音业务，大对数主干电缆的对数应按每一个电话 8 位模块通用插座配置 1 对线，并在总需求线对的基础上至少预留约 10%的备用线对。

● 对于数据业务应以集线器（HUB）或交换机（SW）群（按 4 个 HUB 或 SW 组成 1 群），或以每个 HUB 或 SW 设备设置 1 个主干端口配置。每 1 群网络设备或每 4 个网络设备宜考虑 1 个备份端口。主干端口为电端口时应按 4 对线容量，主干端口为光端口时则按 2 芯光纤容量配置。

● 当工作区至电信间的水平光缆延伸至设备间的光配线设备（BD／CD）时，主干光缆的容量应包括所延伸的水平光缆光纤的容量在内。

● 建筑物与建筑群配线设备处各类设备缆线和跳线的配备，设备缆线和跳线的带宽宜按计算机网络设备的使用端口容量和电话交换机的实装容量、业务的实际需求进行配置，跳线数量则按信息点总数的比例进行配置，比例范围为 25%～50%，即按信息点总数的 1/4～1/2 来配备干线子系统的跳线。

4．建筑群子系统设计要点

（1）确定建筑群之间线缆敷设现场的特点，包括建筑物的数量、建筑物之间的地质条件、整个工地的大小、工地的地界。

（2）确定线缆系统的一般参数，包括起点位置、端接点位置、涉及的建筑物的层数、每个端接点所需线缆的线对数、芯数。

（3）确定建筑物的线缆入口的数量、位置、管道。

（4）确定明显障碍物的位置及克服办法，包括拟定的线缆路由沿线的各种障碍物位置或地理条件、土壤类型、地下公用设施的位置，确定对穿越障碍物的管道要求。

（5）确定主线缆路由和备用电缆路由方案。

（6）选择所需线缆类型、规格、用量。

5. 设备间子系统设计要点

（1）设备间的位置选择应符合以下规范：

● 应尽量设在建筑物及其干线路由的中间位置，使得各子系统之间的布线距离最短。

● 避免设在建筑物的顶层、地下室以及供水设备的下层，避免炎热或漏水的困扰。

● 尽可能靠近服务电梯，以便装运笨重设备。

● 远离强振动源、强噪声源、发射机、电动机、变配电室等电磁干扰源；

● 远离危险物、化学污染品，以及腐蚀、易燃、易爆炸物。

（2）设备间的环境条件符合以下要求：

● 机房净高应根据机柜高度及通风要求确定，且有效利用的空间高度不低于 2.6m。

● 机房面积应满足长远的需求，楼板应能足够承重，荷重应大于 5000N/m²。

● 室温 18℃～28℃，相对湿度 30%～75%，室内无尘、通风，照明良好。

● 防火符合机房的消防规范，除了设置专门的消防设施和消防用具，配线柜等线路交接、连接设备所需安装的墙面还应作耐火阻燃处理。

● 供电负荷保障并留有一定余量，设置专门的不间断电源和备用电源。

● 防雷应符合相关规范，设有专门的接地系统且接地电阻不大于 10Ω。

● 机房的地板或地面应有静电泄放措施和接地构造，防静电地板、地面的表面电阻或体积电阻应为 $2.5 \times 10^4 \sim 1.0 \times 10^9 \Omega$。

● 防盗、防鼠、防虫，设有专门的保安设施。

（3）设备间布线应符合下列要求：

● 作为网络数据中心的设备间，宜按主机房、辅助区、支持区和行政管理区等功能要求划分成若干工作区，工作区内信息点的数量应根据实际需求进行配置。

● 除了配置供机房网络设备布线交接所用的主配线柜，还应根据综合布线系统的实际情况，配置设备间与各子系统布线交接的其他配线柜等配线设备。

● 在设备间内安装的配线设备，其干线侧容量等级应与主干缆线的容量等级相一致、设备侧的容量等级应与设备端口容量等级相一致。若条件允许，宜采用光缆或 6 类及以上等级的双绞线，并在带宽、数量上留有适当的冗余配置。

（4）确定设备间的线缆类型、走线路由、布线方式、线缆长度、配线设备数量、信息插座模块数量等等。

6. 进线间子系统设计要点

（1）确定并设置进线间的管道入口的位置和数量，以满足建筑群主干电缆和光缆及多家运营商的公用网和专用网电缆、光缆及天线馈线等室外缆线进入建筑物。

（2）确定进线间的面积。进线间的大小应按运营商的进线管道的最终容量及入口设施的最终容量设计，同时应考虑满足多家运营商安装入口设施等设备的面积，以及缆线的敷设路由、成端位置及数量、光缆的盘长空间和缆线的弯曲半径、充气维护设备、配线设备安装所需要的场地空间和面积。

（3）进线间宜靠近外墙和在地下设置，以便于缆线引入。进线间设计应符合下列规定：

- 进线间应防止渗水，宜设有抽排水装置。
- 进线间应与布线系统垂直竖井沟通。
- 进线间应采用相应防火级别的防火门，门向外开，宽度不小于 1000mm。
- 进线间应设置防有害气体措施和通风装置，排风量按每小时不小于 5 次容积计算。

（4）凡接入进线间的各种电缆，如公用网和专用网电缆、光缆及天线馈线、室外缆线以及建筑群的主干电缆和光缆等等，进入进线间的建筑物时，应在进线间成端转换为室内电缆、光缆，并由各接入运营商经在缆线的终端处设置其入口设施，相应的配线设备应按引入的电缆、光缆的容量进行配置。

（5）凡在进线间安装的配线设备和信息通信设施，必须符合设备安装设计的要求。

7. 管理子系统设计要点

（1）确定用于干线子系统与配线子系统交接的管理间的数目及位置。对于信息点数量较大的系统，可在每层楼设立一个管理间；信息点不多时，可多层设立一个管理间。

（2）确定管理间的设备及交接硬件（配线架）规模。常用的配线架为 110 型配线架，有 25 对、50 对、100 对、300 对、450 对、900 对等多种规格，设计中应根据交接线对的数目选择适合的规格，注意预留一定的规模余量。

（3）确定配线架的连接方式。常用的连接方式有以下几种：

- 直接连接方式，即网络设备通过接插软线接入配线架，配线架通过水平布线连接信息插座，依靠变更网络设备的接插软线插入配线架的位置，来实现信息插座的接入管理。该方式方法简单，节省成本，但只能适用于楼层不高，信息点不多的网络综合布线系统。直接连接方式如图 2-42 所示。

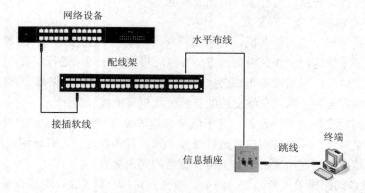

图 2-42　直接连接方式

- 单点管理交叉连接方式，即在设备间设置由两个配线架及其跳线组成一个管理区，其中一个配线架与网络设备连接，另一个配线架与配线子系统的水平布线及信息插座连接，通过两个配线架之间的多条接插跳线来提高对信息插座的接入管理的灵活性。该方式插接方便，成本稍高，适用于楼层高，信息点较多的网络综合布线系统。单点管理交叉连接方式如图 2-43 所示。

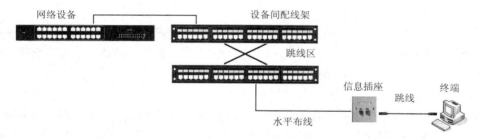

图 2-43　单点管理交叉连接方式

● 双点管理交叉连接方式，即在单点交叉连接方式的基础上，将设在设备间的管理区用于干线子系统接入的管理，然后，在干线子系统的配线间增设由两个配线架组成第二个管理区，该管理区的配线间与配线子系统的水平布线相连。两个管理区中，设备间的管理区可以改变干线的接入位置，配线间的管理区则可以改变水平布线的接入位置，二者组合极大地提高了干线子系统、配线子系统和信息点接入管理的可靠性和灵活性。该方式较复杂，成本较高，适用于楼层更高，信息点更多的网络综合布线系统。双点管理交叉连接方式如图 2-44 所示。

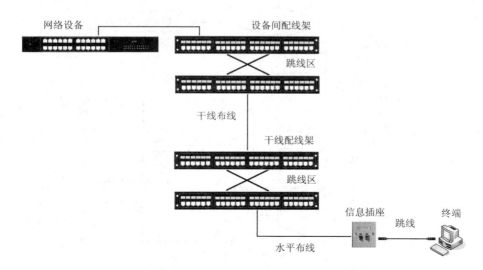

图 2-44　双点管理交叉连接方式

（4）确定管理间的管理方式和标识模式。注意做到：

● 规模较小的综合布线系统，可采用人工跳线操作的方式来管理；规模较大的综合布线系统，宜采用计算机进行智能管理。

● 统一各管理区的标识模式，使用的标记应包括名称、颜色、编号、字符串或其他组合。综合布线系统的每条电缆、光缆、配线设备、端接点、信息插座等，均应给定唯一标记，每条电缆、光缆的两端标记的编号必须相同。

● 所有标识必需牢固、防潮、不易磨损，并建立详细的书面记录和图纸资料。

● 设备间、配线间的配线设备应采用统一的色标区别各类配线区的归属及用途。

2.6.5 综合布线系统的实施及验收流程

综合布线系统的实施流程可分为设计、施工和验收三个阶段,每个阶段都有若干个环节和步骤,具体共用 10 个步骤,如图 2-45 所示。

1. 需求分析

充分做好用户方综合布线系统的需求分析,是负责实施综合布线工程的承建方的第一项工作,内容主要是与客户协商综合布线系统的应用需求和具体要求,通常包括网络系统的解决方案、用户提出的信息点数量、位置和主机房布局的要求,以及网络系统未来升级和扩展的规划、综合布线工程的时限及投资预期等等。

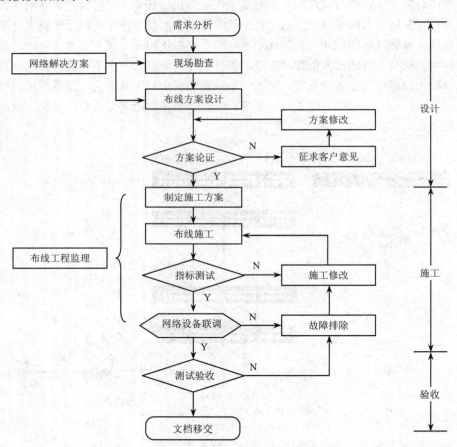

图 2-45 综合布线系统实施流程

2. 勘察现场

现场勘察的主要任务,是依照网络解决方案与客户对综合布线系统的需求,参考建筑结构图、平面图、装修图等资料,结合布线施工可能涉及的问题到现场进行实地勘察,以便初步确定建筑群布线及主干布线的路由、信息点数目与位置,以及管理间、设备间、进线间的空间及机柜、配线柜布局的初步定位。尽可能避开建筑物内部或周边难以克服的障碍,降低施工难度,为用户节省工程开支。

3. 布线方案设计

以综合布线系统的相关法规、国家标准和行业标准为依据，充分考虑网络解决方案对布线系统的要求，对综合布线系统进行总体可行性分析，具体应包括带宽、空间距离、布线材料、布线路由、走线方式、信息点密度等指标，以及管理间、设备间、进线间布线设备、电源、安全保护配置等等。结合用户的投资预算、应用需求、对施工进度的要求等多方面进行综合考虑，对各个子系统进行详细设计，形成初步的布线工程设计方案。

布线设计方案应包括设计说明书、布线系统结构图、干线路由图、信息点分布图、连接图、配线间配线图表、布线土建施工图、工程概算等。

4. 布线方案论证

由于工程设计方案对布线的施工效果产生决定性的影响，如果设计方案存在重大缺陷，一旦施工完成，将造成无法挽回的损失。因此，布线工程设计方案必须经过设计方的充分论证。然后，还应当由用户方、网络解决方案设计人员、布线工程人员等三方共同参与方案的评审。如果发现方案存在问题，必须进行方案修改和再评审，直到最终方案的形成。

5. 制定施工方案

根据布线工程设计方案制定详细的施工方案，内容包括施工操作细节、施工进度、施工安全、施工管理、施工监理等等。施工方案必须征得用户方的同意，涉及市政公共设施的施工项目，还必须经过市政管理部门批准。施工方案需要通过用户方、施工监理单位的认可签字，并指定协调负责人予以配合，避免和解决施工纠纷。

6. 布线施工

布线施工分两步完成，即先进行土建施工，再进行技术安装。

（1）土建施工，主要是钻孔、搭架、放线、信息插座定位、机房装修、机柜定位、制作布线标记系统等内容。

（2）技术安装，主要是机柜内部设备安装、配线架打线、信息模块打线、光纤熔接、跳线制作、各种配线架的跳线连接等等。

施工过程中，必须严格按照设计方案和施工方案进行，不得自行变更布线设计方案。一旦发现问题需要对布线方案进行修改的，必须通过设计、用户、监理等三方面进行协商、论证和认可。

7. 指标测试

指标测试属于随工质量自检的必要环节，由承建方的施工单位完成。在各子系统布线施工的单项基本完成后，施工单位应根据相关的技术规范进行各项性能指标的测试，并做好测试记录。凡是指标测试未合格的，必须进行施工修改，直至该项指标测试合格。

8. 网络设备联调

各子系统布线指标测试合格后，预示整个布线工程的施工基本完成，施工单位即可向用户方提出请求，在用户方的配合下进行网络设备与综合布线系统的联调。联调的目的是为了实际测试在网络正常运行的状态下，综合布线系统的整体性能是否符合设计的要求，以便为项目的竣工验收做好准备。联调过程中若发现问题，必须进行施工修改和指标测试，直至联调顺利通过。

9. 测试验收

测试验收属于竣工验收，其验收结论具有合法性。因此，验收工作必须以国家相关的验收规范为标准，凡国家规范未涉及的验收内容，则以相应的行业或国际验收规范为标准。

竣工验收通常采用三级验收的方式：

- 自检验收。由施工单位在竣工验收前自行完成。
- 现场验收。由施工单位和用户方联合完成，以便作为工程结算的依据。因此也称为非正式验收。
- 鉴定验收。也称为正式验收，由施工单位申请，用户方组织专门的验收机构进行。验收机构由施工单位、监理方、用户方和其他外聘单位专业技术人员联合组成。

正式验收之前，施工单位应向用户方提交一套一式三份的完整竣工报告和竣工技术资料。竣工技术资料应包括设计方案、工程说明、安装工程量、设备器材明细表、竣工图纸、工程变更记录、测试记录、随工验收记录、隐蔽工程记录、工程决算等。监理单位也应向用户方提供一式三份的施工质量监理报告及相应的监理资料。

正式验收过程由验收机构全面负责，验收的内容包括专项检验、总体检验、质量评定、经费开支审计、竣工技术资料和施工质量监理资料的验证等等。凡是验收不合格的部分，由验收机构查明原因，分清责任，提出解决办法。必要时，可重新组织针对不合格部分的再次验收。

10. 文档移交

综合布线工程通过正式验收后，相关的文档资料必须移交给用户方存档管理，为综合布线系统日后的维护工作提供依据。移交的文档主要包括布线系统设计方案、专项检验报告、总体检验报告、质量评定报告、经费开支审计报告、竣工技术资料（工程说明、安装工程量、设备器材明细表、竣工图纸、工程变更记录、测试记录、随工验收记录、隐蔽工程记录、工程决算等）和施工质量监理资料。

2.7　小结

以"现代通用组网技术要领"为项目驱动，提出了学习时应完成的：网络拓扑结构的分析设计；通用局域网技术标准的选型；常用广域网接入技术的选型；IP 地址规划与子网划分；常用网络设备的选型；网络综合布线技术要领等六个任务涉及的理念及基本方法。围绕这些任务对相关的知识、技能和方法进行系统介绍和讨论。

网络拓扑结构的分析设计：着重讨论网络拓扑结构的类型及特点，核心层、汇聚层、接入层的结构分析、拓扑设计方法，以及互联网安全接入、服务器接入、防火墙部署的拓扑结构设计。

通用局域网技术标准的选型：着重讨论从标准以太网到万兆以太网，以及 WLAN 等目前常用的局域网技术的标准、性能特点及选型方法。

常用广域网接入技术的选型：着重讨论当前常用的 DDN、ISDN、FR、xDSL、光纤接入等广域网接入技术的标准、性能特点及选型方法。

IP 地址规划与子网划分：着重讨论 IP 地址及其分类；等长与变长子网掩码、公有与私有 IP 子网划分；变长子网掩码及其 IP 子网划分等 IP 地址规划的方法和要领。

常用网络设备的选型：从最基本、最常用的角度，着重讨论网络操作系统、服务器、路由器、交换机、集线器、网卡、防火墙等网络软、硬件设备的用途、性能特点及选型要领。

网络综合布线技术要领：从综合布线系统的功能及结构、综合布线系统的标准、布线介质的选型、综合布线系统的设计要领、综合布线系统的实施及验收流程等五个方面，对网络综合布线系统涉及的主要技术进行讨论。

本章根据每个任务的不同，以当前网络工程中一个相关的、流行的背景案例为引导，为读者提供借鉴和参考，以便更好的理解相关的学习内容。同时，要求在教学过程中开展相应的实训活动，通过实践来强化学习效果，完成学习任务。

2.8　习题与实训

【习题】

1．简述接入层、汇聚层、核心层拓扑设计的步骤和要领。

2．互联网安全接入的拓扑结构设计通常有哪几种？

3．服务器接入的拓扑结构设计通常有哪几种？

4．简述网络拓扑结构的智能弹性构架设计的优势。

5．归纳比较各种以太网的标准及技术特点。

6．以太网的发展趋势和前景如何？

7．FDDI 技术、ATM 技术的现状如何，为什么在如今的网络工程项目中很少采用？

8．简述局域网中常用的 WLAN 标准及技术特点。

9．归纳比较 DDN、FR、ISDN、xDSL 及光纤接入等目前常用的广域网接入技术的优、缺点。

10．有源光纤接入网 AON 和无源光纤接入网 PON 有什么不同？目前常用的 AON、PON 有哪些相关标准？

11．简述 MSTP、APON、EPON 和 GPON 等光纤接入网的技术特点。

12．有类 IP 地址与无类 IP 地址有什么不同？

13．公用 IP 地址与私用 IP 地址有什么不同？

14．子网掩码的用途是什么？

15．什么是变长子网掩码？

16．某企业拥有一个 C 类网段 202.10.1.0/24，现需要划分 6 个子网，其中 2 个子网为 60 台主机，4 个子网为 30 台主机。请完成其子网的划分。

17．简述网络操作系统的用途。

18．常用的网络操作系统产品分为哪三种，它们在性能和用途上有什么不同？

19．简述服务器的用途及类型。

20．什么是冗余技术？服务器常用的冗余技术有哪些？

21．在进行服务器的选型时，应注意哪些原则及要领？

22．简述路由器的用途及类型。

23．路由器的吞吐量指标有哪些，各有什么用途？

24．什么是路由器的端口线速转发速率？试通过一个具体产品举例说明。

25．在进行路由器的选型时，应注意哪些原则及要领？

26．简述交换机的用途。

27．二层交换机和三层交换机的异同点有哪些？

28．交换机的包交换速率指标的含义是什么？

29．什么是交换机的包转发率？判断交换机是否具备满配置线速交换能力的条件是什么？试通过一个具体产品举例说明。

30．什么是交换机的背板带宽？交换机各端口之间实现全双工线速交换时，背板带宽必须满足什么条件？试通过一个具体产品举例说明。

31．在进行交换机的选型时，应注意哪些原则及要领？

32．简述防火墙的用途及类型。

33．防火墙的吞吐量指标有什么用途？试通过一个具体产品举例说明。

34．简述防火墙选型的要领和步骤。

35．综合布线系统有什么功能？

36．综合布线系统由哪几个部分组成？

37．比较双绞线与光纤，这两种介质各有什么优、缺点？

38．比较单模光纤与多模光纤，这两种光纤各有什么优、缺点？

39．简述综合布线系统的实施与验收流程。

【实训】

1．实训名称

实地考察现代通用组网技术。

2．实训目的

配合课堂教学，完成以下6个任务：

任务1：网络拓扑结构的分析设计。

任务2：通用局域网技术标准的选型。

任务3：常用广域网接入技术的选型。

任务4：IP地址规划与子网划分。

任务5：常用网络设备的选型。

任务6：网络综合布线技术要领。

3．实训要求

（1）实训前，将参与者按每6人一个小组进行分组，每小组确定一个负责人（类似项目负责人）组织本组开展活动，并给本小组的每个成员对应分配上述6个任务中的一个具体任务作为重点考察内容，拟定考察提纲，做好考察准备。

（2）实训中，由任课教师安排6~9学时左右的实训课进行现场教学，组织考察本校正在使用中的校园网项目或者是一个企、事业单位的网络系统，重点关注该项目涉及网络拓扑结构的分析设计、局域网技术标准的选型、广域网接入技术的选型、IP地址规划与子网划分、网络设备的选型、网络综合布线系统的设计与实施等与上述6个任务相关的内容。

（3）实训后，以小组为单位用一周左右的课余时间，由小组负责人组织人员分工协作，整理、编写并提交本组完成上述6个任务的实训报告。建议通过多种形式开展实训报告、成果的交流活动，以便进行成绩评定。

4．实训报告

内容应包括以下5个部分：

（1）实训名称。

（2）实训目的。

（3）实训过程。

（4）考察成果：结合所考察的网络系统，针对其网络拓扑结构的分析设计、局域网技术标准的选型、广域网接入技术的选型、IP地址规划与子网划分、网络设备的选型、网络综合布线系统的构成与实施等 6 个方面进行归纳总结。在考察成果中，针对 6 个方面均应有着重地关注要点及相应的详细分析和描述，具体如下：

> 网络拓扑结构的分析设计。
>> ● 是否引入网络分层的设计理念，采用什么类型的拓扑结构，具体有什么特色？
>> ● 是否采用了冗余链路设计，具体有什么特点？
>> ● 服务器群、防火墙采用什么方式、从什么层面接入系统？

> 局域网技术标准的选型。
>> ● 选用了什么类型的网络标准来构建局域网？
>> ● 核心层、汇聚层、接入层都采用了什么样的局域网标准？
>> ● 核心层、汇聚层、接入层的带宽是多少？
>> ● 用户接入节点有多少，采用什么样的用户群分类接入方式？

> 广域网接入技术的选型。
>> ● 采用什么技术接入互联网？
>> ● 接入互联网的带宽、费用是多少？
>> ● 是否引入了 VPN 或其他的 WAN 互联技术？

> IP 地址规划与子网划分。
>> ● 获得的域名是什么，IP 地址有多少？
>> ● 这样进行 IP 地址的规划？
>> ● 是否划分子网，具体是怎样划分的？

> 网络设备的选型。
>> ● 选用了什么样的网络操作系统，具体用在什么地方？
>> ● 拥有多少台服务器，具体的配置是什么？
>> ● 路由器的具体配置情况如何？
>> ● 交换机的具体配置情况如何？
>> ● 防火墙的具体配置情况如何？
>> ● 网络设备的总体投资是多少？

> 网络综合布线系统的构成。
>> ● 网络综合布线系统的结构图及具体的组成部分是什么？
>> ● 各布线子系统选用了什么样的布线介质？
>> ● 布线系统的施工及验收的具体过程是怎样的？
>> ● 网络综合布线系统的工程支出是多少？

（5）实训的收获及体会。

项目 **3** 组建小型简单网络

项目说明

项目背景

随着网络技术的发展和 Internet 的迅速普及，计算机网络已经进入千家万户，进入到我们日常的工作、学习和生活中。无论网络办公、网络购物，还是网络学习、网络娱乐，网络正在迅速地改变着我们的生活。目前，一个家庭拥有几台计算机或者一个小型公司拥有十几台、几十台计算机已是非常普遍的现象，为了最大限度地发挥计算机的作用，就必须将它们进行联网，按规模和需求组建成适合的小型简单网络，共享各种资源，提高使用效率。

项目目标

本项目的目标，是要求参与者完成以下 3 个任务：

任务 1：组建一个对等网。

任务 2：组建家庭无线网。

任务 3：组建小型办公网。

项目实施

作为一个教学过程，本项目建议在两周内完成，具体的实施办法，按以下 4 个步骤进行：

（1）分组，即将参与者按每 4~5 人一个小组进行分组，每小组确定一个负责人（类似项目负责人）组织安排本小组的具体活动。

（2）课堂教学，即安排 3 学时左右的课堂教学，围绕各任务中给出的背景案例，介绍对等网的组建和设置、家庭无线网的组建和设置、小型办公网的组建和设置等相关的教学内容，要求基本掌握 3 个任务涉及的理论知识。

（3）现场教学，即安排 3~6 学时左右的实训进行现场教学，以小组为单位，根据课堂教学学习到的理论知识，在实验室按要求分别对 3 个任务进行现场网络组建和设置的实验，要求达到较熟练使用相关网络工具和设备进行组网，正确配置网络设置，实现网络互联和相关资源共享。

（4）成果交流，用课余时间围绕现场教学所完成的 3 个实验，以小组为单位，由小组负责人组织本组人员整理、编写并提交本组完成上述 3 个任务的项目总结报告。建议通过课外公示、课程网站发布、在线网上讨论等形式开展项目报告交流活动。

项目评价

任课教师通过记录参与者在整个项目过程中的表现、各小组的项目总结报告的质量，以及项目报告交流活动的效果等，对每一个参与者作出相应的成绩评价。

3.1 任务 1：组建一个对等网

【背景案例】学生宿舍对等网组建案例 [10]

目前，大学生宿舍中计算机普及率已经较高，合理地使用和利用计算机，能够极大地提升同学们的学习效率、扩展学习空间、拓展知识面，同时还能进行多姿多彩的各种娱乐活动，极大丰富同学们的课余生活。但是，单一独立的主机是不能发挥很大功能的，必须把分散的计算机通过网络联接起来，最大程度地发挥其应有的功能。本案例定位于某大学生新生宿舍，共有 4 名同学居住，拥有 4 台计算机（包括笔记本和台式机），希望能够将 4 台计算机联网。经过查阅资料、咨询高年级同学，也经过了市场调查，分析了预算成本，宿舍成员决定采用对等网的方式进行组网。

经过努力，边学边试，自己动手，终于成功组建了 4 台计算机组成的对等网，并能在该网络内实现一些基本的网络功能，达到了他们的预期目标。图 3-1 为学生宿舍对等网案例网络示意图。

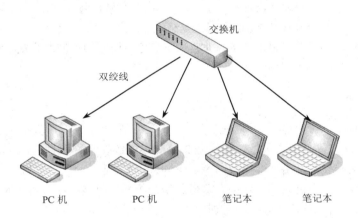

图 3-1 学生宿舍对等网案例网络示意图

本宿舍组建对等网的关键要素如下：

- 网络功能：共享资源、共享打印、彼此互访。
- 网络结构：星型对等网。
- 网络规范：10Base-T/100 Base-TX。
- 网络设备：自带 10Base-T/100 Base-TX 网卡的 PC 机、笔记本电脑，8 口快速以太网交换机。
- 网络介质：超 5 类非屏蔽双绞线（UTP CAT 5e）。
- 网络布线：室内水平布线。
- 操作系统：Windows XP。
- 组网成本：8 口快速以太网交换机 100 元，UTP 网线+RJ45 水晶头约 50 元，共计约 150 元（PC 机、笔记本电脑及 Windows XP 等除外）。

---

[10] 资料来源：GX 广播电视大学学生宿舍网

前面章节主要从宏观上对网络组网的基本理论进行论述，掌握了这些内容后，就需要同学们实际动手组建网络了。对等网是所有网络类型中最简单的一种，同学们通过对等网的学习和实践，能够较快地了解和掌握简单网络组建的基本知识。本任务从案例入手，对对等网的概念、对等网的特点、双绞线的制作、对等网的组建和配置等内容进行较详细介绍。

3.1.1　对等网的概念

对等网（Peer to Peer Network），也称"工作组网"。在对等网络中，计算机相互之间像平等的伙伴，或对等体一样，各台计算机有相同的功能，无主从之分，网上任意节点计算机既可以作为网络服务器，为其他计算机提供资源；也可以作为工作站，以分享其他服务器的资源；任一台计算机均可同时兼作服务器和工作站，也可只作其中之一。在对等网络中除了共享文件之外，还可以共享打印机，对等网上的打印机可被网络上的任一节点使用，如同使用本地打印机一样方便。例如，某一时刻，计算机 A 可能向计算机 B 发送关于某个文件的请求，作为响应，计算机 B 提供文件给计算机 A。计算机 A 起客户端的作用，计算机 B 起服务器的作用。在此之后，计算机 A 和计算机 B 可以交换角色。B 作为客户端，向连按了共享打印机的 A 发出打印请求，而 A 作为服务器，响应来自 B 的请求。计算机 A 和计算机 B 之间是互惠或者对等关系。

对等网是所有网络类型中最简单的，非常适合家庭、校园和小型办公室，它是一种投资少、见效快、性价比高的实用型小型网络系统。

3.1.2　对等网的特点

对等网主要有如下特点：

（1）组建迅速，硬件成本很低。如果是 2 台主机互连成最简单的对等网，只需一条网线即可（计算机必须正确安装了网络适配器及网卡，下同）；如果是 3 台以上主机互连，除了网线，只需再多购置一个简易型交换机（非网管型）即可。整个组网过程能够在很短的时间内完成。

（2）相应的网络配置简单，故障处理简单。硬件连接好后，在操作系统上的配置是比较简单的，而出现故障的几率较低，即使出现故障，也很好处理和排除。

（3）网络用户较少，一般在 20 台计算机以内，适合人员少、应用网络较多的中小企业。实验证明，对等网中计算机数量小于等于 10 台时，整个网络能良好地工作，而随着主机数量的增多，对等关系变得越来越难以协调和管理。由于扩展性不强，对等网的效率将会随着主机数量的增加而快速下降。

（4）网络用户都处于同一区域中。由于连接介质一般采用简单的双绞线或同轴电缆，因为信号衰减和串扰的原因，对等网不可能覆盖较大范围，一般都集中在一个较小范围内（家庭或者办公室内）。同时，所有计算机必须处于同一"工作组"内，对等网在不同工作组相互之间无法通信，也不能使用"域"进行管理（关于"工作组"和"域"的相关知识请参看相关参考书，在此不作冗述）。

（5）对于对等网来说，网络安全不是最重要的问题。对等网主要关心的是数据和资源的共享，如文件交换、打印机共享等，对于数据安全并不能做到很精确的设置和管理。在对等网中，各个用户控制自己的资源。它们可以决定与其他用户共享某些文件，也可以决定终止共享，这是各个用户自己的意愿，所以对等网中不存在控制中心或者管理中心。此外，各用户必须对自己的系统和数据进行备份，以便在出现故障时能进行系统和数据恢复。所以对于数据安全较高的应用，建议不要采用对等网方式。

综合来说，对等网的主要优点有：网络成本低、网络配置和维护简单。主要缺陷有：网络性能较低、数据保密性差、文件管理分散、计算机资源占用大。

3.1.3　RJ45 双绞线的制作

目前网络工程中广泛使用超 5 类非屏蔽双绞线，能够熟练正确地制作各种类型的双绞线是组网技术的基本要求，也是组建对等网过程中的重要环节和基本要求。

1. 双绞线的布线标准

（1）EIA/TIA 的布线标准中规定了两种双绞线的线序 568A 与 568B。

标准 568A：白绿-1，绿-2，白橙-3，蓝-4，白蓝-5，橙-6，白棕-7，棕-8。

标准 568B：白橙-1，橙-2，白绿-3，蓝-4，白蓝-5，绿-6，白棕-7，棕-8。

在整个网络布线中应用一种布线方式，但两端都有 RJ45 端头的网络连线无论是采用端接方式 A，还是端接方式 B，在网络中都是通用的。实际应用中，大多数都使用 568B 的标准，通常认为该标准对电磁干扰的屏蔽更好。

（2）交叉线：指一端是 568A 标准，另一端是 568B 标准的双绞线。用于计算机对计算机、集线器对集线器、交换机对交换机的连接。

（3）直连线：指两端都是 568A 或都是 568B 标准的双绞线。用于集线器、交换机级联，服务器对集线器、交换机连接，计算机对集线器、交换机连接。

（4）RJ45 双绞线的线序排列，如图 3-2 所示。

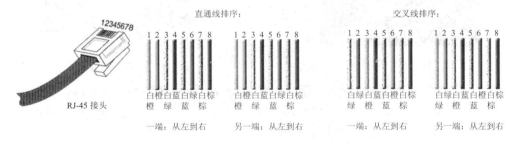

图 3-2　RJ45 双绞线线序排列

2. 制作双绞线的工具和材料

制作双绞线的工具和材料包括双绞线、水晶头、压线钳、测通仪，如图 3-3 所示。

UTP 双绞线　　　　　　测通仪　　　　　　压线钳　　　　　RJ45 水晶头

图 3-3　制作双绞线的工具和材料

（1）UTP（非屏蔽）双绞线，以目前常用的超 5 类 UTP 为例，内分 4 组 8 根铜线成对绞合，可以尽量减少信号衰减和串扰，无金属屏蔽材料，只有一层绝缘胶皮包裹，价格相对便宜，组网灵活，其线路优点是阻燃效果好，不容易引起火灾。

（2）测通仪，能对双绞线进行逐根或者逐队测试，以区分判定哪一根（对）错线、短路和开路。

（3）压线钳，压线钳又称驳线钳，是用来压制水晶头的一种工具。网线和电话接头均可使用压线钳制作。

（4）RJ45 水晶头，是网络连接的标准接头，广泛应用于局域网中各类网络设备连接。

3. RJ45 双绞线制方法

RJ45 双绞线的制作，可按以下 7 个步骤进行：

（1）取线。按需要的长度剪取一段超 5 类 UTP 双绞线。例如：一般跳线长 2m，中等跳线长 3m，长跳线长 5m；如果是网络布线，则按实际走线长度选定。

（2）剥线。即开绞，在双绞线端部用剪线钳剪去约 3~5cm 的衬套，使之露出 4 对双绞线，然后将 4 对绞在一起的线对逐对分开并整直，为理线（排线序）作准备，如图 3-4 所示。

（3）理线。即排线序，EIA/TIA 的布线标准中规定了两种双绞线的线序 568A 与 568B 在制作直通线时，两端均按照 568B 的标准进行线序整理；制作交叉线时，一端按照 568A，另一端则按照 568B 的标准进行线序整理（排序见图 3-2）。具体如图 3-5 所示。

图 3-4　剥线　　　　　　　　　　　　　　　图 3-5　理线

（4）剪线。将理好的线头压紧，在距离开绞口 1.5cm 处用压线钳将多余的线头剪掉、剪平，如图 3-6 所示。注意：剪好的线头不能过长，当线头长度超过 1.5cm 时，压线后将会出现线头无法被水晶头夹紧的现象，严重影响双绞线的使用寿命。

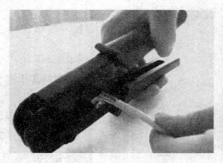

图 3-6　剪线

（5）穿线：将理好的线头压紧并穿入 RJ45 水晶头。穿线时注意：水晶头的金属触点朝上、线序不能弄乱、线一定要穿到尽头，以从水晶头顶端能够看见剪线时留下的金属截面反光为宜，

8 根线都要顶到头，如图 3-7 所示。

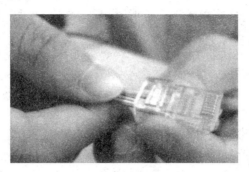

图 3-7　穿线

（6）压线。一只手将穿好线的 RJ45 水晶头放入压线钳的压线口，注意顶到头并顶紧；另一只手用将压线钳用力压线，注意一定要压到钳子的"死点"，明显感觉到"咔"的一声轻响，如图 3-8 所示。必要时，最后双手握钳用力压线，但是用力要适当，不能太用力，以免整个水晶头爆裂。

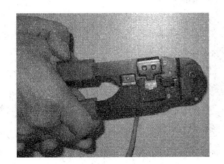

图 3-8　压线

（7）测试：当双绞线的两头都压好之后，即可用测通仪进行测试，如图 3-9 所示。

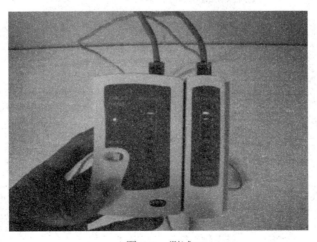

图 3-9　测试

正常情况为：对于直通线，测通仪左边的指示灯从 1 到 8 与右边的指示灯从 1 到 8 应该是一一对应发亮；而对于交叉线，测通仪左边的指示灯从 1 到 8 与右边的指示灯从 1 到 8 应该是：1 对应 3、2 对应 6、其余的 4、5、7、8 仍然是一一对应发亮。否则，说明压制的双绞线有问题，必须认真检查，重新制作。

3.1.4 在 Windows XP 中设置对等网

对等网有双机对等网、多机对等网之分。下面以背景案例中的多机对等网（网络拓扑见图 3.1）为例进行设置。具体可按以下 3 个大的步骤进行：

步骤 1：将 4 台计算机分别用双绞线连接到简单交换机上。注意，如果交换机有级联接口（Uplink 接口），不能连接此接口，否则数据无法传输。

步骤 2：将 4 台主机的 IP 地址依次设置为 192.168.1.2~192.168.1.5，子网掩码均为系统默认的 255.255.255.0。具体操作如图 3-10 至图 3-13 所示。

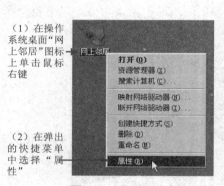

（1）在操作系统桌面"网上邻居"图标上单击鼠标右键

（2）在弹出的快捷菜单中选择"属性"

图 3-10　打开网上邻居属性

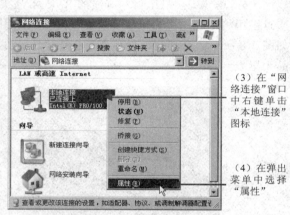

（3）在"网络连接"窗口中右键单击"本地连接"图标

（4）在弹出菜单中选择"属性"

图 3-11　打开本地连接属性

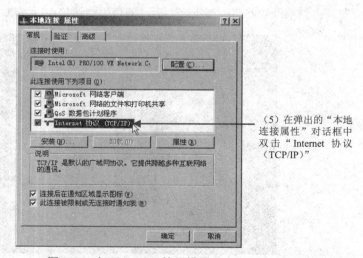

（5）在弹出的"本地连接属性"对话框中双击"Internet 协议（TCP/IP）"

图 3-12　打开 TCP/IP 协议设置

步骤 3：设置计算机名和工作组，如图 3-14 至图 3-16 所示。

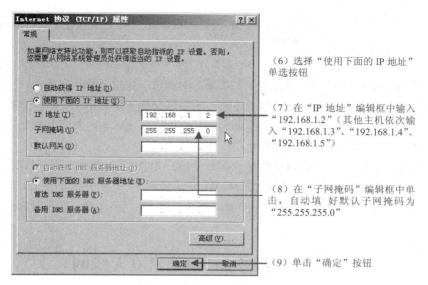

（6）选择"使用下面的 IP 地址"单选按钮

（7）在"IP 地址"编辑框中输入"192.168.1.2"（其他主机依次输入"192.168.1.3"、"192.168.1.4"、"192.168.1.5"）

（8）在"子网掩码"编辑框中单击，自动填好默认子网掩码为"255.255.255.0"

（9）单击"确定"按钮

图 3-13　设置 IP 地址

（1）在"我的电脑"图标上单击鼠标右键

（2）在弹出的快捷菜单中选择"属性"

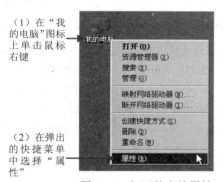

图 3-14　打开的电脑属性

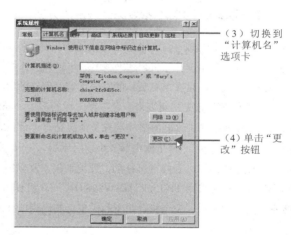

（3）切换到"计算机名"选项卡

（4）单击"更改"按钮

图 3-15　打开计算机名更改

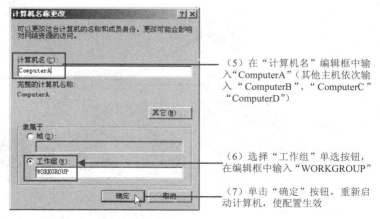

（5）在"计算机名"编辑框中输入"ComputerA"（其他主机依次输入"ComputerB"、"ComputerC"、"ComputerD"）

（6）选择"工作组"单选按钮，在编辑框中输入"WORKGROUP"

（7）单击"确定"按钮，重新启动计算机，使配置生效

图 3-16　更改计算机名

经过以上步骤设置，就完成了对等网的设置。可以在"网上邻居"中的 Workgroup 工作组中找到其他计算机了。

提示：

- 在 Windows 不同的操作系统下，设置基本相同，按提示操作即可。
- 完整功能版本的 Windows 操作系统对于网络功能基本无限制，按以上操作配置即可。但对于一些对网络功能进行了精简或限制的操作系统版本，则需取消相应的网络限制，或者关闭某些第三方软件的限制。
- 设置 IP 地址时，局域网设置建议设为"192.168.*.*"，只要在同一网段内是可以通信的。子网掩码自动默认为"255.255.255.0"不需修改。
- Windows 默认工作组即为"WORKGROUP"，可以不改动。也可以统一设成其他名称工作组。

3.2   任务 2：组建家庭无线网

【背景案例】XXX 家庭无线网解决方案 [11]

网络的发展推动了人们生活水平的不断提高。网络技术在家庭办公、娱乐中的应用显著增长，很多家庭拥有两台或两台以上计算机，越来越多的年轻人选择成为 SOHO（Small Office & Home Office，小型办公和家庭办公）一族。而且在家庭装修的时候，家庭网络的组建已经成为人们关注的重点项目。

本案例源于张先生新装修一套三室一厅的房屋，同时计划组建带无线功能的家庭网络。计划采用 ADSL 接入互联网，张先生家庭网络终端设备情况是有一台台式机（张先生办公用）、一台笔记本电脑（张太太和小孩休闲娱乐使用）、一台平板电脑（小孩娱乐用）、三部手机（每人一部）。张先生希望能够拥有一个有线与无线灵活使用的网络，各终端可移动、便捷地接入互联网，并能够实现资源共享。装修公司按照张先生的要求精心设计，决定选用 TP-Link TD-W89841N 一体机作为无线路由器接入，经过严格施工，系统地测试后，网络系统能正常使用，完全符合户主的需求，圆满完成任务。网络结构如图 3-17 所示。

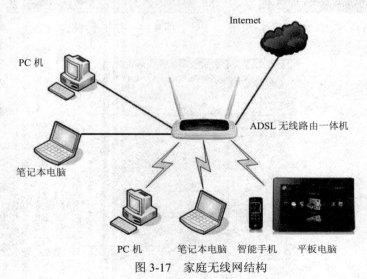

图 3-17   家庭无线网结构

本方案具有以下特点：

- 居家办公、家庭上网、数据共享，以及网络游戏、视频、娱乐等网络功能可以轻松完成。
- 有线与无线网络规范相互兼容，有线网为 10Base-T/100 Base-TX，无线网为 IEEE 802.11x。
- 关键设备——TP-Link TD-W89841N 增强型无线路由器：ADSL+无线路由+交换机一体机；支持 ADSL2+标准；5 个 10Base-T/100 Base-TX 交换端口；最高无线传输速率 300Mbps；QSS 安全设置 、64/128/152 位 WEP 加密 、WPA-PSK/WPA2-PSK 及 WPA/WPA2 等多重安全机制；内置防火墙，支持 IP 与 MAC 地址绑定，有效防范 ARP 攻击，保障内网安全。
- 充分利用 PC 机、笔记本电脑原有的 Windows XP 及智能手机、平板电脑操作系统实现组网。

---

11 资料来源：NN 美格装饰公司客户家庭无线网解决方案

家庭无线网络是目前家用网络主要的组网形式，虽然不是很复杂，但是掌握家庭无线网络的组建和配置，具有很强的现实意义。本任务从案例入手，着重介绍家庭无线网络的需求分析、绘制网络拓扑图、无线路由器的网络方案、无线路由器的具体设置等内容。

3.2.1　家庭无线网需求分析

一般来说，家庭网络有如下特点：

（1）接入计算机和终端较少，一般为 1～6 台（件）。

（2）房间较小，空间跨度小，布线长度较短，线长几米至 30 米以内。

（3）主要应用集中在上网浏览 Internet、共享文件、打印机等简单功能。

（4）用户（家庭成员）使用网络技术水平参差不齐，绝大多数使用者水平较低，这就要求家庭网络操作简单，尽量减少用户参与进行额外配置。

（5）组网成本尽量降低。

（6）网络布线要求美观，不影响房屋整体装修风格。

基于上述案例的要求，装修公司在装修动工前提前进行规划，每个房间均需预留网络接口（要求做到三线统一，包括网络线、电话线、数字电视线必须到位）。为以后升级之需，要选用支持千兆网络带宽的超 5 类非屏蔽双绞线。接入设备根据市场行情，选择销量较好，物美价廉且较稳定的品牌网络设备。

3.2.2　家庭无线网方案设计

1．使用 Visio 绘制网络拓扑图

确定网络的拓扑结构是网络设计的第一步，因此绘制网络拓扑图是网络组建学习的一项重要内容。绘制网络拓扑图有多钟方式，如 Microsoft Office Visio、Bonson、Netsim、FPinger、Smartdraw、亿图等，而最常见的是使用 Visio 进行绘制。

Visio 是一款制作各类图标的专业软件，是 Office 软件系列的单独产品，并不包含在 Office 套件中，需单独安装。它提供了诸如程序流程图、网络拓扑图、数据分布图、地图室内位置图、规划图、线路图等多种图标模板。具体操作与其他 Office 软件类似，用户可以迅速建立自己的图表。

首先打开 Microsoft Office Visio，如图 3-18 所示。在左边"类别"中选择"网络"，在右边模

板中可以看到 Visio 提供了"基本网络图"、"详细网络图"等多种模板,按实际需求选择(一般选择"详细网络图"以获取较多资源)。然后,即可按所设计的方案进行网络拓扑图的绘制。例如,背景案例中的家庭无线网的拓扑图,可绘制图形如图 3-19 所示。

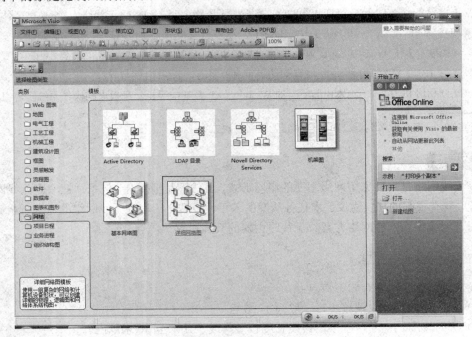

图 3-18　Visio 界面

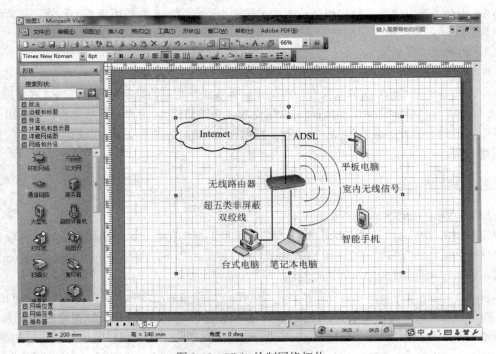

图 3-19　Visio 绘制网络拓扑

2. 家庭无线网络拓扑结构

目前最常用也是最便捷的家庭无线网络拓扑结构为以无线路由器为中心组建的标准星型网络，本案例网络拓扑结构见图 3-20。一般来说，市场上大多数的无线路由器可以直接连接至少 3 台具有有线网卡的计算机，同时可以通过无线信号连接 n 台终端。

图 3-20   家庭无线网示意图

3.2.3   家庭无线网硬件连接

装修房屋时，已经严格按照综合布线的标准和要求，在各规划信息点安装好信息墙座，并测试畅通，如图 3-21 所示。

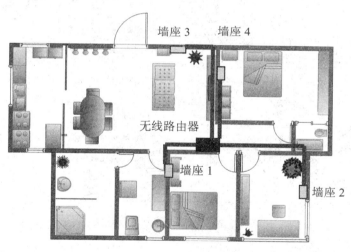

图例：   ▢   信息墙座（网络有线接口）

　　　　━━   超 5 类非屏蔽双绞线

　　　　■   无线路由器

图 3-21   家庭无线网络房屋布局

超 5 类非屏蔽双绞线按 EIA/TIA 的布线标准中规定的直通线方法制作，即两端都是 568A 或都是 568B 标准的双绞线（具体方法见 3.1.3 双绞线的制作）。

根据网络拓扑结构图，将各种网线插入相应接口。首先将 ADSL 线（电话线）接入无线路由器的 LINE 口，然后将两台使用有线网卡的计算机用超 5 类非屏蔽双绞线（直通线）接入无线路由器的 LAN 口（可任意接入，不必按照顺序），再将无线路由器接上电源，打开无线终端的 WLAN 功能，如图 3-22 所示。

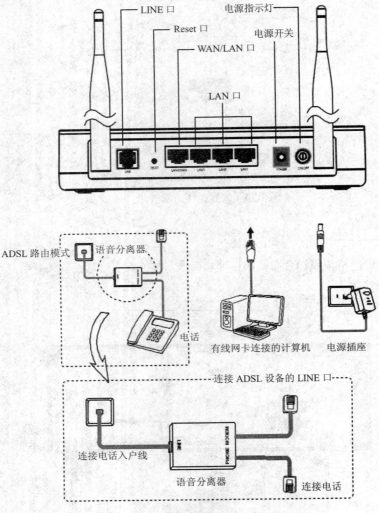

图 3-22　家庭无线网硬件连接图

3.2.4　网络设备设置

家庭无线网络的硬件搭设好后，要进行网络设备的设置，即软件的设置。一般包括无线路由器的设置和客户机（接入计算机及终端）的设置。

1. 无线路由器的设置

（1）使用直通线连接计算机网卡和无线路由器的任意 LAN 接口。

（2）正确设置计算机网络连接。

该无线路由器默认 IP 地址是 192.168.1.1，默认子网掩码是 255.255.255.0。这些值可以根据用户的实际需要而改变。打开计算机中"本地连接"→"属性"→"Internet 协议（TCP/IP）"，在"常规"选项卡设置计算机的 TCP/IP 协议为"自动获得 IP 地址"和"自动获得 DNS 服务器地址"，以便路由器内置 DHCP 服务器将自动为计算机分配和设置 IP 地址。当然也可以手动设置计算机 IP 地址，但是必须是 192.168.1.X（X 是 2~254 的任意整数），默认子网掩码是 255.255.255.0。

在设置好（TCP/IP）协议后，使用 Ping 命令检查计算机与路由器之间是否连通。如在 Windows XP 环境中，执行 Ping 命令，操作步骤如下：单击"开始"→"运行"，在随后出现的运行窗口输入"cmd"命令，回车或单击确认命令窗口界面。在该窗口中输入命令"Ping 192.168.1.1"，其结果如图 3-23 所示则表示已经成功连通，如图 3-24 所示表示尚未连通。

```
Pinging 192.168.1.1 with 32 bytes of data:

Reply from 192.168.1.1: bytes=32 time=6ms TTL=64
Reply from 192.168.1.1: bytes=32 time=1ms TTL=64
Reply from 192.168.1.1: bytes=32 time<1ms TTL=64
Reply from 192.168.1.1: bytes=32 time<1ms TTL=64

Ping statistics for 192.168.1.1:
    Packets: Sent = 4, Received = 4, Lost = 0 (0% loss),
Approximate round trip times in milli-seconds:
    Minimum = 0ms, Maximum = 6ms, Average = 1ms
```

图 3-23　使用 ping 命令测试网络连通

```
Pinging 192.168.1.1 with 32 bytes of data:

Request timed out.
Request timed out.
Request timed out.
Request timed out.

Ping statistics for 192.168.1.1:
    Packets: Sent = 4, Received = 0, Lost = 4 (100% loss),
```

图 3-24　使用 ping 命令测试网络尚未连通

（3）登录无线路由器。

打开计算机浏览器，在地址栏中输入路由器的 IP 地址：http://192.168.1.1。连接建立起来后，出现如图 3-25 所示登录界面。要配置路由器必须使用管理员身份登录，即在该登录界面输入用户名和密码，然后单击确定按钮。初始管理员的用户名和密码见无线路由器说明书。

图 3-25　登录路由器界面

正确登录进入后出现无线路由器设置主界面，如图 3-26 所示。

图 3-26　无线路由器设置主界

（4）使用设置向导进行基本设置。

单击右边主菜单中的"设置向导"，出现如图 3-27 所示的提示窗口。

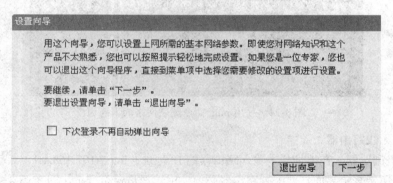

图 3-27　设置向导提示

单击"下一步"，进入系统模式选择画面，如图 3-28 所示。

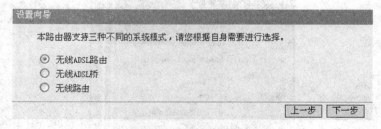

图 3-28　选择系统模式

选择"无线 ADSL 路由模式"，单击"下一步"后，填写 ISP（网络服务提供商）提供的 ADSL 上网帐号和上网口令，如图 3-29 所示。该账号和口令建议妥善保存。

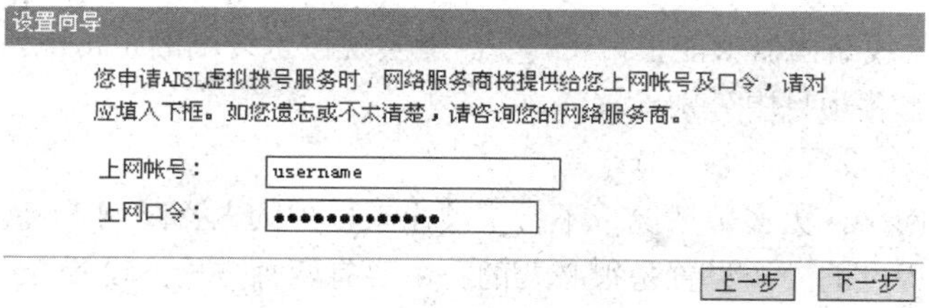

设置向导

您申请ADSL虚拟拨号服务时，网络服务商将提供给您上网帐号及口令，请对应填入下框。如您遗忘或不太清楚，请咨询您的网络服务商。

上网帐号：　username

上网口令：　●●●●●●●●●●●●●

上一步　下一步

图 3-29　输入 ADSL 账号密码

单击"下一步"，出现基本无线网络参数设置页面，如图 3-30 所示。如无特殊要求，建议保留此设置。

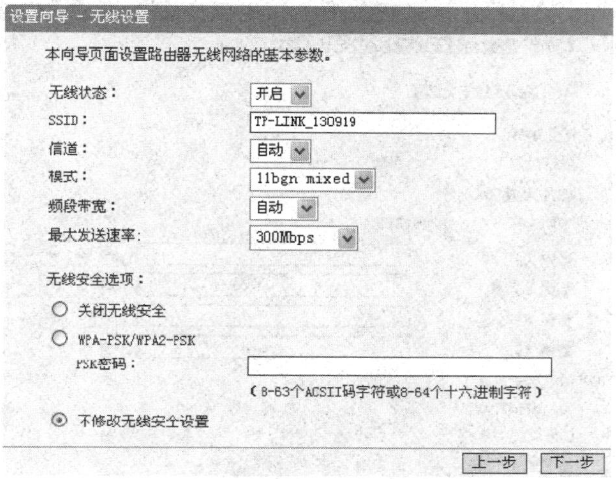

设置向导 - 无线设置

本向导页面设置路由器无线网络的基本参数。

无线状态：　　　开启

SSID：　　　　　TP-LINK_130919

信道：　　　　　自动

模式：　　　　　11bgn mixed

频段带宽：　　　自动

最大发送速率：　300Mbps

无线安全选项：

○ 关闭无线安全

○ WPA-PSK/WPA2-PSK

　　PSK密码：

　　（8-63个ACSII码字符或8-64个十六进制字符）

● 不修改无线安全设置

上一步　下一步

图 3-30　无线基本设置

设置完成后，单击"下一步"，如果更改了无线设置或系统模式，将弹出如图 3-31 所示的设置向导完成界面，单击"重启"使无线设置生效。如果没有更改无线设置或系统模式，将弹出如图 3-32 所示的设置向导完成界面，单击"完成"结束设置向导。

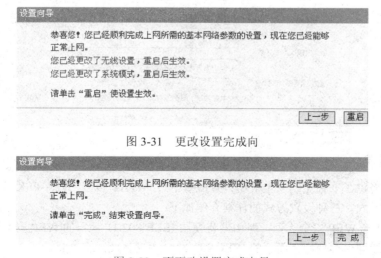

设置向导

恭喜您！您已经顺利完成上网所需的基本网络参数的设置，现在您已经能够正常上网。

您已经更改了无线设置，重启后生效。

您已经更改了系统模式，重启后生效。

请单击"重启"使设置生效。

上一步　重启

图 3-31　更改设置完成向

设置向导

恭喜您！您已经顺利完成上网所需的基本网络参数的设置，现在您已经能够正常上网。

请单击"完成"结束设置向导。

上一步　完 成

图 3-32　不更改设置完成向导

完成以上步骤，无线路由器就能正常工作了，能实现接入终端的正常上网，如果需要进行详细设置，还要进入主菜单各项目中分别设置。

（5）无线网络安全设置。

家庭使用的无线网络，大多数情况下不希望被家人以外的人"蹭网"（盗用网络信号），所以，对无线网络进行一定程度的安全设置是很必要的。主要有两种方式：设置 SSID 和访问密码、进行 MAC 地址绑定。

第一种方法：设置 SSID 和访问密码。在如图 3-30 中的"无线基本设置"中可以进行设置，也可以选择菜单"无线设置"→"无线安全设置"，进行详细设置，如图 3-33 所示。

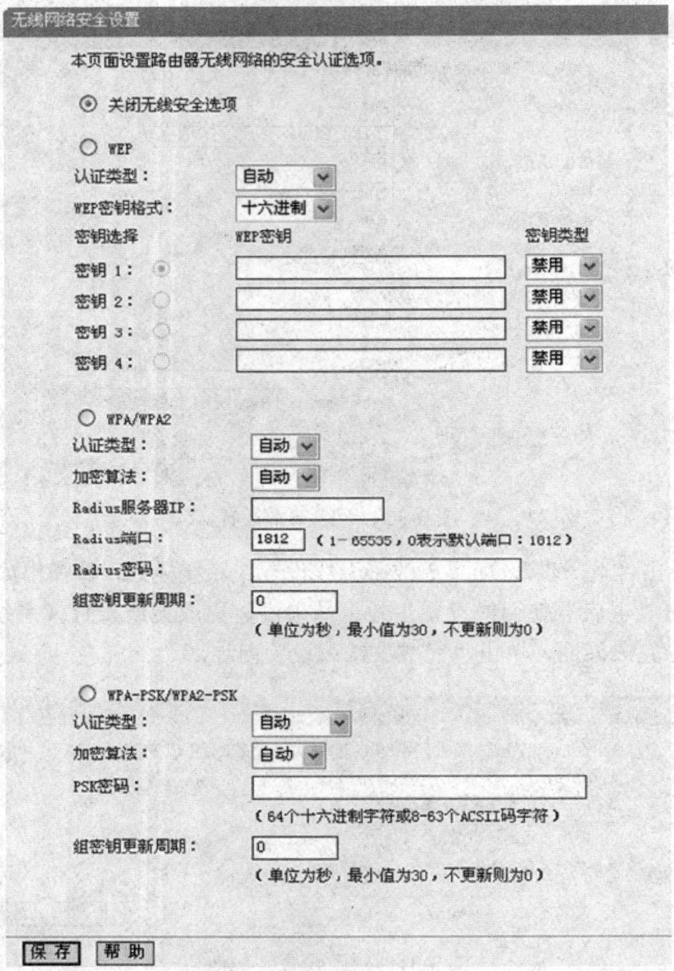

图 3-33　详细无线网络安全设置

无线路由器提供了三种无线安全类型：WEP、WPA/WPA2 以及 WPA-PSK/WPA2-PSK，分别对应不同的设置方式。三种设置方式的详细介绍如下：

1）WEP。选择 WEP 安全类型，路由器将使用 IEEE 802.11 基本的 WEP 安全模式。此加密方式经常在老的无线网卡上使用，而新的 IEEE 802.11 N 不支持此加密方式。所以，如果选择了此加密方式，路由器可能工作在较低的传输速率上。

◎ 认证类型：该项用来选择系统采用的安全方式，即自动、开放系统、共享密钥。

● 自动：若选择该项，路由器会根据终端请求自动选择开放系统或共享密钥方式。

● 开放系统：若选择该项，路由器将采用开放系统方式。此时，无线网络内的终端可以在不提供认证密码的前提下，通过认证并关联上无线网络，但是若要进行数据传输，必须提供正确的密码。

● 共享密钥：若选择该项，路由器将采用共享密钥方式。此时，无线网络内的终端必须提供正确的密码才能通过认证，否则无法关联上无线网络，也无法进行数据传输。

◎ WEP 密钥格式：该项用来选择即将设置的密钥的形式，即 16 进制、ASCII 码。若采用 16 进制，则密钥字符可以为 0～9，A，B，C，D，E，F；若采用 ASCII 码，则密钥字符可以是键盘上的所有字符。

◎ 密钥内容、密钥类型：这两项用来选择密钥的类型和具体设置的密钥值，密钥的长度受密钥类型的影响。

密钥长度说明：选择 64 位密钥需输入 16 进制字符 10 个，或者 ASCII 码字符 5 个；选择 128 位密钥需输入 16 进制字符 26 个，或者 ASCII 码字符 13 个；选择 152 位密钥需输入 16 进制字符 32 个，或者 ASCII 码字符 16 个。

2）WPA/WPA2。选择 WPA/WPA2 安全类型，路由器将采用 Radius 服务器进行身份认证并得到密钥的 WPA 或 WPA2 安全模式。

◎ 认证类型：该项用来选择系统采用的安全方式，即自动、WPA、WPA2。

● 自动：若选择该项，路由器会根据终端请求自动选择 WPA 或 WPA2 安全模式。

● WPA：若选择该项，路由器将采用 WPA 的安全模式。

● WPA2：若选择该项，路由器将采用 WPA2 的安全模式。

◎ 加密算法：该项用来选择对无线数据进行加密的安全算法，选项有自动、TKIP、AES。默认选项为自动，选择该项后，路由器将根据网卡端的加密方式来自动选择 TKIP 或 AES 加密方式。WPA/WPA2 TKIP 加密方式经常在老的无线网卡上使用，新的 IEEE 802.11 N 不支持此加密方式，如果选择了此加密方式，路由器可能工作在较低的传输速率上，建议使用 WPA2-PSK 等级的 AES 加密。

◎ Radius 服务器 IP：Radius 服务器用来对无线网络内的终端进行身份认证，此项用来设置该服务器的 IP 地址。

◎ Radius 端口：Radius 服务器用来对无线网络内的终端进行身份认证，此项用来设置该 Radius 认证服务采用的端口号。

◎ Radius 密码：该项用来设置访问 Radius 服务的密码。

◎ 组密钥更新周期：该项设置广播和组播密钥的定时更新周期，以秒为单位，最小值为 30，若该值为 0，则表示不进行更新。

当路由器的无线设置完成后，无线网络内的主机若想连接该路由器，其无线设置必须与此处设置一致，如 SSID 号。若该路由器采用了安全设置，则无线网络内的主机必须根据此处的安全设置进行相应设置，如密码设置必须完全一样，否则该主机将不能成功连接该路由器。

第二种方法：设置无线 MAC 地址过滤。选择菜单"无线设置"→"无线 MAC 地址过滤"，如图 3-34 所示，可查看或添加无线网络的 MAC 地址过滤条目。添加无线网络 MAC 地址过滤条目如图 3-35 所示。

无线 MAC 地址过滤功能通过 MAC 地址允许或拒绝无线网络中的计算机访问广域网，有效控制无线网络内用户的上网权限。可以利用按钮添加新条目来增加新的过滤规则；或者通过"编辑"、"删除"链接来编辑或删除旧的过滤规则。

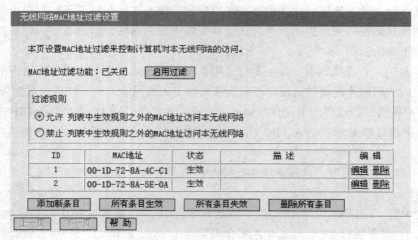

图 3-34　无线网络 MAC 地址过滤设置

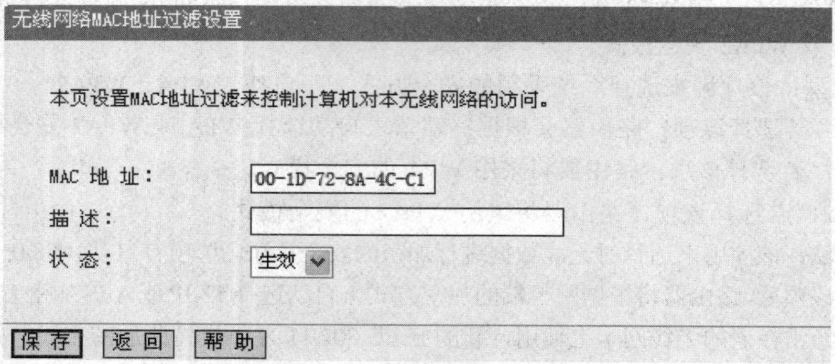

图 3-35　添加无线网络 MAC 地址过滤条目

实例 1：希望能够禁止 MAC 地址为"00-1D-72-8A-4C-C1"和"00-1D-72-8A-5E-0A"的主机访问无线网络，其他主机可以访问无线网络，按照以下步骤进行配置：

第一步：在图 3-34 中，单击"启用过滤"按钮，开启无线网络的访问控制功能。

第二步：在图 3-34 中，选择过滤规则为"允许列表中生效规则之外的 MAC 地址访问本无线网络"，并确认访问控制列表中没有任何生效的条目，如果有，将该条目状态改为"失效"或删除该条目，也可以单击删除所有条目按钮，将列表中的条目清空。

第三步：在图 3-34 中，单击"添加新条目"按钮，设置 MAC 地址为"00-1D-72-8A-4C-C1"，状态为"生效"。设置完成后，单击保存按钮。

第四步：参照第二步，继续添加过滤条目，设置 MAC 地址为"00-1D-72-8A-5E-0A "，状态为"生效"。设置完成后，单击"保存"按钮。

值得注意的是，如果开启了无线网络的 MAC 地址过滤功能，并且过滤规则选择了"禁止列表中生效规则之外的 MAC 地址访问本无线网络"，而过滤列表中又没有任何生效的条目，那么任何主机都不可以访问本无线网络。

2. 主机（终端）的设置

在该案例中共有三种终端，分别是计算机（台式机、笔记本电脑）、平板电脑、智能手机。此处无线路由器 SSID 已经设为 TP-LINK，开启了 DHCP 自动获取 IP 地址功能。以下分别简单介绍在这三种终端上的无线设置方法。

（1）在计算机进行无线网络设置。

首先正确安装计算机的无线网卡驱动程序，然后选择"控制面板"→"网络连接"→"无线网络连接"。如果尚未连接，则单击左侧列表中"刷新网络列表"，系统自动搜索无线网络，右侧框中会出现搜索到的无线网络（可能有多个，信号强度也有所不同），如图 3-36 所示。

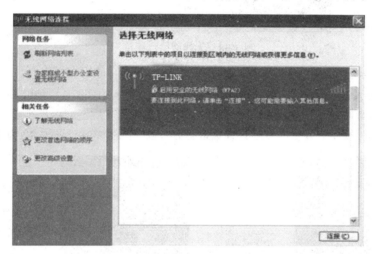

图 3-36 选择无线网络连接

选择要连接无线网络，单击右下角"连接"按钮。如果无线路由器没有设置密码，则直接连接，如果设置了密码，则需输入密码，如图 3-37 所示。成功连接后，无线网络连接状态会显示为"已连接"，如图 3-38 所示。

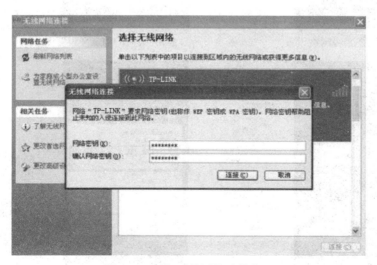

图 3-37 输入无线网络连接密码

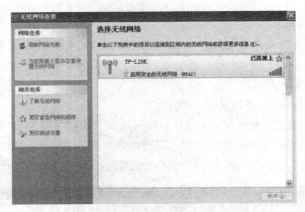

图 3-38 无线网络已连接

（2）在平板电脑和智能手机上进行无线网络设置。

本案例以采用 Android 系统的平板电脑和智能手机为例。Android 是一种以 Linux 为基础的开放源码操作系统，主要使用于便携设备，在平板电脑和智能手机上广泛应用，目前是全球市场占有率最高的便携设备操作系统，其无线网络设置基本类似。以下的图 3-39 至图 3-42 为具体的设置步骤。

图 3-39 打开无线网络设置

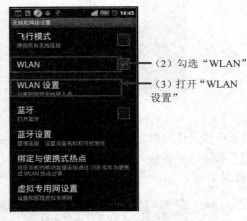

图 3-40 打开 WLAN 设置

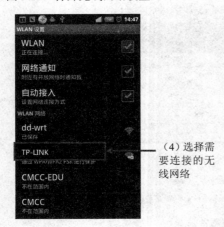

图 3-41 打开无线网络连接

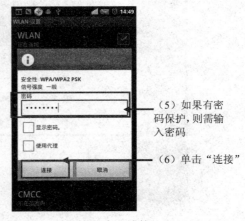

图 3-42 输入密码完成连接

经过以上设置，连接成功后，能够正常上网。

值得注意的是，无论是计算机还是便携式终端，如果在选择刷新网络列表中，无法检测到无线网络，需要检查无线路由器中的无线网络是否打开，电脑上的无线网卡是否打开（软件设置和硬件设置）；如要手动指定机器 IP，只要将网关和 DNS 全部设置成路由器的 IP 即可；无线网络有一定的传输距离，只有在有效距离内，才可能正常连接。

3.3　任务 3：组建小型办公网

【背景案例】XX 公司小型办公网解决方案 [12]

1. 适用环境

本方案适用于 SOHO 家庭办公或中小企业业务办公网，支持 FTTH（光纤入户）宽带上网。网络结构如图 3-43 所示。

图 3-43　XX 公司小型办公网结构

2. 使用网络产品

（1）TP-Link　TL-R760+多功能宽带路由器；

（2）TP-Link　TL-SF1008S8 口百兆交换机；

（3）TP-Link　TL-WA200 无线接入器（AP）；

（4）TP-Link　TL-MC112CS 光纤收发器。

（5）联想万全 R520 G7 S5606 4G/300AN 服务器、普通光纤接入盒等。

3. 方案特点

（1）采用 FTTH 光纤接入上网。通过光纤入户为用户提供基于 IP 技术的高速 Ethernet 接入，并且在一条光纤上可以同时提供语音、视频和数据服务。

（2）FTTH 具有 10M 到 100Mbps 或更高的速度，远远高于其他接入模式，此外还增强了网络对数据格式、速率、波长和协议的透明性，放宽了对环境条件和供电等要求，简化了维护和安装。

（3）随带的管理软件，更具有诊断、日志记录、性能统计等功能，使网络管理更加轻松简单。

（4）无线方式增加使用的灵活性与移动性，TP-Link 无线产品通过采用认证（存取控制列表（ACL）、WLAN 服务区域 ID 号（ESSID））和 WEP 加密两种方式来保证传输安全。

[12] 资料来源：NN 市互惠网络科技责任有限责任公司办公网络方案

小型办公网络结构简单，功能较完备，成本较低，适用性很强，组建小型办公网络是学习网络工程组网技术应该掌握的基本组网技能之一。本任务从背景案例入手，着重介绍小型办公网络的需求分析、网络方案设计、网络硬件连接、网络设备设置等相关的组网技能。

3.3.1 小型办公网需求分析

一般来说，小型办公网络有如下特点：

（1）接入计算机和终端不多，一般将少于 50 人的机构称为小型办公室。

（2）范围跨度不大，一般相对集中在同一建筑物中的一个楼层或几个楼层。

（3）主要应用为办公室自动化、共享软硬件资源、各类行业应用等。

（4）用户具有一定计算机和网络操作能力，一般不配备专门网管人员，请专业计算机和网络公司进行设备维护和培训。

（5）组网成本较低。

（6）具有一定网络管理和数据安全要求。

以背景案例中典型的小型公司为例，该公司对组建其小型办公网有如下需求：

NN 市互惠网络科技责任有限责任公司（以下简称互惠网络公司）是一家主要从事商业软件开发、网站设计的小型公司，人员规模为 17 人，办公场地 $100m^2$，内部分为行政财务部、营销部、开发设计部等三个部门，室内结构还有经理室、会议室、前台等。公司计划组建小型办公网络，采用光纤接入互联网，选用多功能宽带路由器作为网络接入，采用 10M/100M 交换机进行组网，实现自动化办公、网站发布、协作开发、共享资源等功能，在节约成本的情况下大幅提高办公、管理及开发效率。

基于该公司要求，出口数据流量约为 2M 即可，内部应用有办公自动化 OA 系统、Web 网站发布系统、用友财务软件、软件网站共享开发系统，共有打印机 5 台，各部门采用共享方式分别使用。公司网络管理较严格，要求精确管理每台计算机，上班时间禁止从事与工作无关的应用，各系统要求较严格的数据安全性。

3.3.2 小型办公网方案设计

1. 接入方案（光纤专线接入网络方案）

光纤接入技术是指局端与用户之间完全以光纤作为传输媒体的接入网。用户网光纤化有很多方案，有光纤到路边（FTTC）、光纤到小区（FTTZ）、光纤到办公室（FTTO）、光纤到楼面（FTTF）、光纤到家庭（FTTH）、光纤到桌面（FTTD）等。光纤用户网具有带宽大、传输速度快、传输距离远、抗干扰能力强等特点，适于多种综合数据业务的传输，是未来宽带网络的发展方向。它采用的主要技术是光波传输技术，目前常用的光纤传输的复用技术有时分复用（TDM）、波分复用（WDM）、频分复用（FDM）、码分复用（CDM）等。

在众多接入方案中，FTTH 方式是比较常见的小型企业接入方式。FTTH 属于接入网部分，接入网就是市话局或远端模块到用户之间的部分，主要完成复用和传输功能，一般不含交换功能。按照 ITU-T（国际电信联盟远程通信标准化组织）的定义，FTTH 就是光纤到达住户的门口，在局端和住户之间没有铜线，局端与用户之间完全以光纤作为传输媒体，将光网络单元（ONU）安装在住家用户。美国的 FCC（美国联邦通信委员会）对 FTTH 中的"H"定义了新的含义，"H"既包括狭义上的家庭，也包括小型商业机构。FTTH 的显著技术特点是不但提供更大的带宽，而且增强了网络对数据格式、速率、波长和协议的透明性，放宽了对环境条件和供电等要求，简化了维护和安装。

基于本节背景案例中典型的小型公司的网络应用需求，计划采用 FTTH 光纤专线接入互联网方式，网络带宽为 10Mbps。

2. 小型办公网拓扑结构

背景案例的小型办公网可采用以 TP-Link TL-R760+多功能宽带路由为核心的简单星型拓扑结构，分别连接公司的 Web 服务器、财务服务器、文件处理服务器等三台服务器，以及行政、营销、开发等三个部门的交换机，具体如图 3-44 所示。

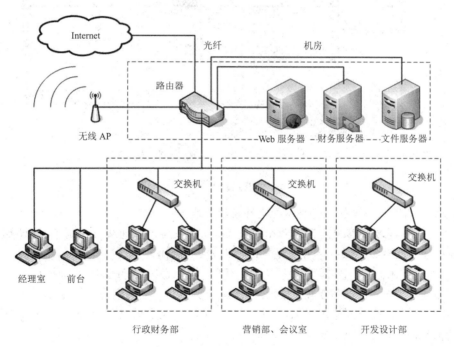

图 3-44 小型办公网拓扑结构图

如有条件，公司可配置专业机房，所有网络设备和服务器统一按标准安装在机柜中。光纤接入至路由器，从路由器上引出超 5 类非屏蔽双绞线，分别接入各服务器、无线网络 AP、各部门客户机及专门客户机。如果有需要，还可接入网络打印机。

根据公司实际情况，可采用区分网段和不区分网段方式规划和分配 IP 地址。本案例客户机较少，未区分网段。如果企业规模达到 32 台客户机以上，或者分工较细致、应用较复杂，则建议划分网段。

3.3.3 小型办公网硬件连接与选型

1. 小型办公网的硬件连接

背景案例的小型办公网按功能划分，布线区域分为机房、无线 AP、行政财务室、销售部会议室、开发设计部、经理室、前台等。公司严格按照综合布线的标准和要求，在各规划信息点安装好信息墙座，并测试畅通，如图 3-45 所示。

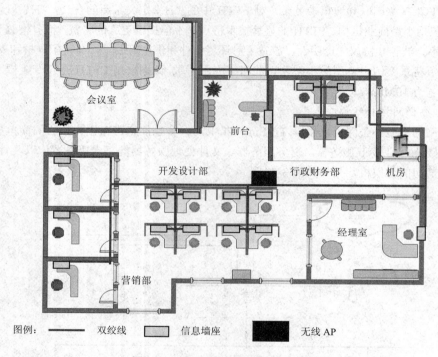

图 3-45　小型办公网络房屋布局图

在进行路由器的具体连接硬件设备时，注意以下步骤：

（1）超 5 类非屏蔽双绞线按 EIA/TIA 的布线标准中规定的直通线方法制作，即两端都是 568A 或都是 568B 标准的双绞线（具体方法见 3.1.3 双绞线的制作）。

（2）主干光纤由 ISP（电信运营商）接入光纤盒，经过融纤进行连接，再通过光纤跳线接入光纤收发器，然后通过超 5 类非屏蔽双绞线接入路由器。此过程由专业网络公司负责。

（3）出口线路直接接入路由器 WAN 口（广域网口），其他连接下级交换机的线路分别连接编号为 1-7 的 LAN 口（局域网口）。

（4）将路由器放置在机柜中，没有特别的接线和冷却要求。不过应该遵循以下原则：将路由器水平放置；尽量远离发热器件；不要将路由器置于太脏或潮湿的地方。

（5）布线要按规范，避免漏电、串扰，双绞线最长单根距离不超过 100m。

路由器的具体硬件连接图见图 3-46 所示。

2. 小型办公网的硬件选型

背景案例的小型办公网的主要网络设备包括：1 台多功能宽带路由器、3 台交换机、1 台无线接入器、3 台服务器。客户机使用原有 PC 机即可。网络设备的选型如下。

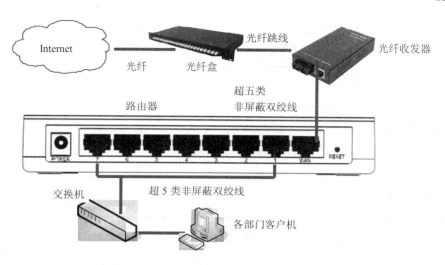

图 3-46   小型办公网络硬件连接图

（1）TP-Link TL-R760+多功能宽带路由器，其性能及配置如表 3-1 所示。

表 3-1   TP-Link TL-R760+多功能宽带路由器指标

协议标准	IEEE 802.3、IEEE 802.3u、IEEE 802.3x
接口	7 个 10/100M 自适应 RJ45 端口（支持自动翻转） 1 个 10/100M 自适应 RJ45 端口（支持自动翻转）
实用功能	IP 带宽控制功能、花生壳 DDNS
网络设置	WAN 口连接类型支持：PPPoE、动态 IP、静态 IP、L2TP、PPTP 拨号方式类型：自动拨号、按需拨号、手动拨号、定时功能 MAC 地址修改与克隆、VPN Pass-through、静态路由
DHCP 设置	DHCP 服务器、DHCP 客户端、客户端列表、静态地址分配
端口转发	虚拟服务器、特殊应用程序、DMZ 主机、UPnP 设置
安全设置	IP 与 MAC 地址绑定防 ARP 攻击、IP 地址过滤、域名过滤、MAC 地址过滤、DoS 攻击防范、FLOOD 攻击防范、Ping 包控制
系统工具	流量统计、系统安全日志、远程 Web 管理、配置文件导入与导出、Web 软件升级

（2）TP-Link TL-SF1008S8 口百兆交换机，其性能及配置如表 3-2 所示。

表 3-2   TP-Link TL-SF1008S8 口百兆交换机指标

支持的标准和协议	IEEE 802.3、IEEE 802.3u、IEEE 802.3x
端口	8 个 10/100M 自适应 RJ45 端口（Auto MDI/MDIX）
网络介质	10Base-T：3 类或 3 类以上 UTP 100Base-TX：5 类 UTP
转发速率	10BASE-T：14881pps/端口 100BASE-TX：148810pps/端口
背板带宽	1.6Gbps
MAC 地址表	1K

（3）TP-Link TL-WA200 无线接入器（AP），其性能及配置如表 3-3 所示。

表 3-3　TP-Link TL-WA200 无线接入器（AP）指标

无线局域网类型	无线接入点
无线局域网络标准	IEEE 802.11b+、IEEE 802.11b
传输速率（Mbps）	22，11，5.5，2，1
最大覆盖范围（M）	350
传输协议	TCP/IP
端口类型	RJ-45
额定电压	5V

（4）TP-Link TL-MC112CS 光纤收发器，其性能及配置如表 3-4 所示。

表 3-4　TP-Link TL-MC112CS 光纤收发器指标

标准与协议		IEEE 802.3、IEEE 802.3u、IEEE 802.3x
基本功能		支持 WDM 技术
		FX 端口支持半双工、全双工模式
		全双工流控（IEEE 802.3x）
		半双工流控（Backpressure）
		链路告警功能
		最远传输距离 20km
接口		1 个 100M SC 端口
		1 个 100M RJ45 端口（自动 MDI/MDIX）
WDM	TX	1310nm
	RX	1550nm
网络介质	10BASE-T	非屏蔽 3、4、5 类，EIA/TIA-568 100Ω STP（最长 100m）
	100BASE-T	非屏蔽 5、超 5 类（最大 100m），EIA/TIA-568 100Ω STP（最长 100m）
	100BASE-FX	单模光纤
指示灯		PWR，LINK，RX
认证		FCC，CE

（5）服务器：联想万全 R520 G7 S5606 4G/300AN 软导（8 盘），其性能及配置如表 3-5 所示。

表 3-5　联想万全 R520 G7 S5606 4G/300AN 软导指标

机箱形态	2U 机架式
处理器	英特尔® 至强® 处理器INTEL 至强四核 E5606 2.13G
Cache	8M
内存	4GB R-ECC DDR3-1333 内存
热插拔硬盘	300GB 热插拔 3.5 寸 SAS 硬盘（15000 转）
网卡	集成 Intel 双千兆自适应网卡，支持网卡冗余、负载均衡，支持网络虚拟化

续表

机箱形态	2U 机架式
I/O 扩展槽	共 3 个： 1 个 PCI-E 2.0×8 扩展槽（全高） 2 个 PCI-E 2.0×8 扩展槽（×4 信号，全高）
外部设备接口	7 个 USB 2.0 接口（2 前 4 后 1 内置） 2 个 RJ45 网络接口 1 个串口 1 个 VGA 接口
兼容操作系统	Windows Server 2003 Standard Edition R2 中/英文版(X32) Windows Server 2003 Enterprise Edition R2 中/英文版(X32) Windows Server 2003 Standard Edition R2 中/英文版(X64) Windows Server 2003 Enterprise Edition R2 中/英文版(X64) RedHat Linux Enterprise AS5.0 Update3 (X32) RedHat Linux Enterprise AS5.0 Update3 (X64) Suse Linux Enterprise Server 10 SP2 (X32) Suse Linux Enterprise Server 10 SP2 (X64)
兼容操作系统	Windows Server 2008 Standard Edition 中/英文版(X32) Windows Server 2008 Standard Edition 中/英文版(X64) Windows Server 2008 Enterprise Edition 中/英文版(X32) Windows Server 2008 Enterprise Edition 中/英文版(X64) Windows Server 2008 Standard Edition 中文版(X32) OEM 版 Windows Server 2008 Standard Edition 中文版(X64) OEM 版 Windows Server 2008 Enterprise Edition 中文版(X32)OEM 版 Windows Server 2008 Enterprise Edition 中文版(X64)OEM 版 VMware ESX 4 VMware ESXi 4 中标麒麟通用服务器操作系统 V5 Update4 x86 /x86_64 中标麒麟高级服务器操作系统 V5 Update4 x86 /x86_64
管理功能介绍	可选万全慧眼 IV 服务器监控管理系统专业版，支持 IPMI2.0，实现远程硬件健康状况监控，批量远程开关机，远程定位等； 可选万全慧眼 IV 服务器监控管理系统高级版，可通过 IP 将本地的键盘、鼠标、显示器、光驱、软驱和存储设备重定向到远端被管服务器，实现完全的远程接管
环境温度	工作环境：10℃～35℃ 运输/储存环境：-40℃～70℃
环境湿度	工作环境：8%～80%的相对湿度，10℃～35℃非冷凝 运输/储存环境：8%～90%的相对湿度，25℃～35℃非冷凝

3.3.4   网络设备设置

小型办公网络搭设好硬件后，下一步同样要进行网络设备的设置，一般包括宽带路由器的设置和客户机的设置。由于本案例使用的是非网管交换机，所以交换机无需另外配置，正确接好网线即可。路由器配置和客户机配置与家庭无线网络基本配置类似，如接入调试、登录、设置 IP 地址等，在此不再冗述，可参照 3.2 节相关内容，但小型办公网更加注重安全性和应用，所以本节主要针对路由器的应用和安全配置进行介绍。

1. 宽带路由器设置

TP-Link TL-R760+宽带路由器的设置内容较多，包括 WAN 口设置、DHCP 服务器设置、静态 IP 分配设置、设置虚拟服务器、防火墙设置与 IP 地址过滤、IP 地址与 MAC 地址绑定、IP 带宽限制等 7 个项目。具体设置方法如下：

（1）WAN 口设置。

该路由器的 WAN 口（广域网口）一共提供 3 种上网方式：动态 IP、静态和 PPPOE。本案例中采用静态 IP，即由 ISP 提供静态公网 IP 地址、子网掩码、DNS 地址等信息，在路由器上按要求设置。各选项的设置如下，具体如图 3-47 所示。

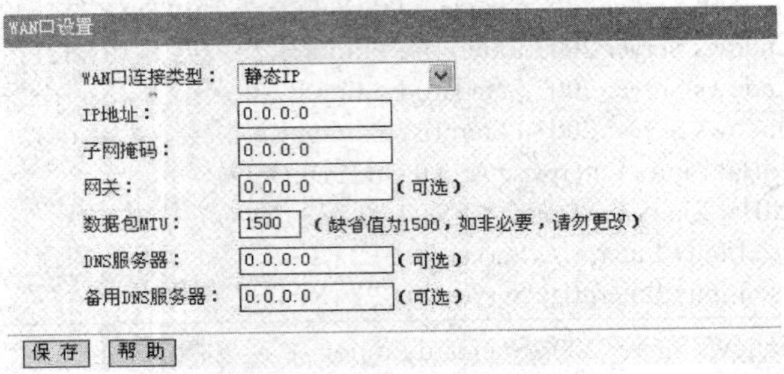

图 3-47　WAN 口设置（静态 IP 连接）

1）IP 地址：路由器对广域网的 IP 地址。请填入 ISP 提供的公共 IP 地址，必须设置。

2）子网掩码：路由器对广域网的子网掩码。请填入 ISP 提供的子网掩码。根据不同的网络类型子网掩码不同，一般为 255.255.255.0（C 类）。

3）网关：填入 ISP 提供的网关。它是光纤连接的 ISP 的 IP 地址。

4）数据包 MTU：数据传输单元，默认为 15000，请向 ISP 咨询是否需要更改。如非特别需要，一般不要更改。

5）DNS 服务器、备用 DNS 服务器：ISP 一般至少会提供一个 DNS（域名服务器）地址，若提供了两个 DNS 地址则将其中一个填入"备用 DNS 服务器"栏。

完成更改后，单击"保存"按钮。

（2）DHCP 服务器设置。

对用户来说，为局域网中的每一台计算机分别配置 TCP/IP 协议参数是比较繁琐的工作，它包括 IP 地址、子网掩码、网关、以及 DNS 服务器的设置等。若使用 DHCP 服务（Dynamic Host Control Protocol，动态主机控制协议）则可以解决这些问题。本路由器内置 DHCP 服务器，它能够自动分配 IP 地址给局域网中的计算机。

选择菜单"DHCP 服务器"→"DHCP 服务"，各选项的设置如下，具体如图 3-48 所示。

1）地址池开始地址、地址池结束地址：这两项为 DHCP 服务器自动分配 IP 地址时的起始地址和结束地址。设置这两项后，内网主机得到的 IP 地址将介于这两个地址之间。

2）地址租期：该项指 DHCP 服务器给客户端主机分配的动态 IP 地址的有效使用时间。在该段时间内，服务器不会将该 IP 地址分配给其它主机。

3）网关：此项应填入路由器 LAN 口的 IP 地址，默认是 192.168.1.10。

4）缺省域名：此项为可选项，应填入本地网域名，未设域名则为空（默认为空）。

5）主 DNS 服务器、备用 DNS 服务器：这两项为可选项，可以填入 ISP 提供的 DNS 服务器，向 ISP 咨询获得。

完成更改后，单击"保存"按钮。

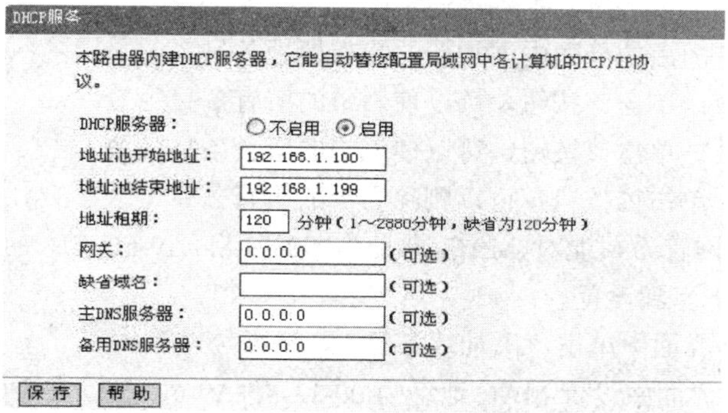

图 3-48　设置 DHCP 服务器

注意：若使用本路由器的 DHCP 服务器功能，局域网中其他计算机的 TCP/IP 协议项必须设置为"自动获得 IP 地址"，如果手动设置 IP 地址则无法自动从服务器获取。此功能需要重启路由器后生效。

采用 DHCP 服务器自动为局域网内客户机分配 IP 地址，是一种高效的网络管理方法，但是也存在着无法准确定位和无序管理的隐患。

（3）静态 IP 分配设置。

静态地址分配功能可以为指定 MAC 地址的计算机预留静态 IP 地址。当该计算机请求 DHCP 服务器分配 IP 地址时，DHCP 服务器将给它分配表中预留的 IP 地址，一旦采用，该主机的 IP 地址将不再改变。静态 IP 分配设置是一种比较有效的网络管理方法。

选择菜单"DHCP 服务器"→"静态地址分配"，各选项的设置如下，具体如图 3-49、图 3-50 所示。

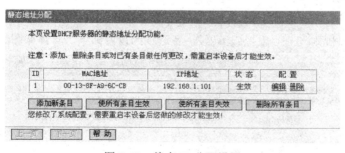

图 3-49　静态 IP 分配设置

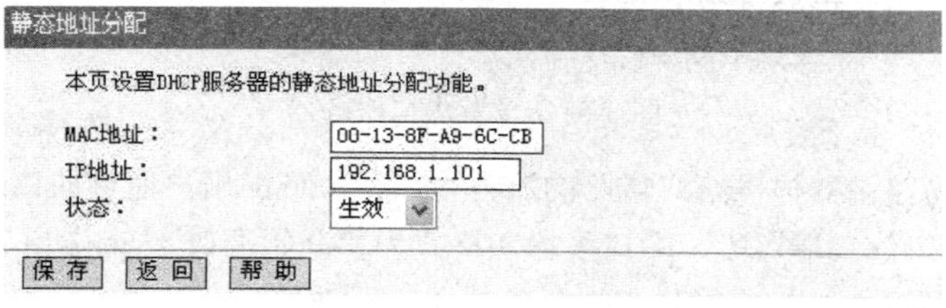

图 3-50　静态 IP 分配设置

1）MAC 地址：指定将要预留静态 IP 地址的计算机的 MAC 地址。

2）IP 地址：该项指定给内网主机预留的 IP 地址。

3）状态：只有状态为生效时，本条过滤规则才生效。

4）添加新条目：在随后的界面中添加新的静态地址条目。

5）使所有条目生效：单击该按钮，可以使表中的所有条目生效。

6）使所有条目失效：单击该按钮，可以使表中的所有条目失效。

7）删除所有条目：单击该按钮，可以删除表中的所有条目。

例 1：本案例中，网管希望能对 MAC 地址为 00-13-8F-A9-6C-CB 的主机分配固定 IP 地址 192.168.1.101，可按以下步骤设置。

第一步：在图 3-49 界面中单击"添加新条目"。

第二步：在图 3-50 界面中设置 MAC 地址为 00-13-8F-A9-6C-CB，IP 地址为 192.168.1.101，状态为生效。

第三步：单击"保存"按钮。

注意：此功能需要重启路由器后才能生效。

（4）设置虚拟服务器。

在大多数小型办公网络中，基本都自己配置有 Web 服务器或邮件服务器等应用服务器，企业希望用户能在公网访问内部的各类服务器，这是小型办公网络的基本需求。但是要在公网能够访问必须使用公网 IP 地址，而一般情况下出于成本的考虑，企业不会购置多个公网 IP 地址使用权。而且另外一方面，路由器内置的防火墙特性能过滤掉未被识别的包，保护局域网安全，在路由器默认设置下，局域网中所有的计算机都不能被外界看到。如果希望在保护局域网内部不被侵袭的前提下，某些局域网中的计算机在广域网上可见，这时就需要使用到路由器的虚拟服务器功能。

该路由器可配置为虚拟服务器，它能使通过公共 IP 地址访问 Web 或 FTP 等服务的远程用户自动转向到局域网中的本地服务器。虚拟服务器可以定义一个服务端口，外网所有对此端口的服务请求都将改发给路由器指定的局域网中的服务器（通过 IP 地址指定），这样外网的用户便能成功访问局域网中的服务器，而不影响局域网内部的网络安全。

选择菜单"转发规则"→"虚拟服务器"，各选项的设置如下，具体如图 3-51 所示。

图 3-51 设置虚拟服务器

1）服务端口：为路由器提供给广域网的服务端口，广域网用户通过向该端口发送请求来获取服务。可输入单个端口值或端口段。端口段输入格式为"开始端口-结束端口"，中间用"-"隔开。

2）IP 地址：局域网中被指定提供虚拟服务的服务器地址。

3）协议：虚拟服务所用的协议，可供选择的有 TCP、UDP 和 ALL。若对采用的协议不清楚，可以选择 ALL。

4）状态：只有状态为生效时，本条目的设置才生效。

例 2：本案例中，网管希望公司的 Web 服务器能够在公网通过 80 端口进行访问，IP 地址为 192.168.1.101，协议选择为 ALL，可按以下步骤设置。

第一步：在图 3-51 界面中单击"添加新条目"。

第二步：在图 3-52 界面中设置服务端口为 80，输入 IP 地址为 192.168.1.101，选择协议为 ALL。

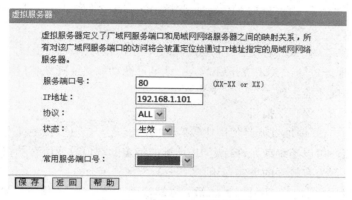

图 3-52　设置 Web 虚拟服务器

第三步：单击"保存"按钮。

注意：如果设置了服务端口为 80 的虚拟服务器，则需要将"安全设置"→"远端 WEB 管理"的"WEB 管理端口"设置为 80 以外的值，如 88,8088 均可，否则会发生冲突，从而导致虚拟服务器不起作用。

（5）防火墙设置与 IP 地址过滤。

选择菜单"安全设置"→"防火墙设置"，各选项的设置如下，具体如图 3-53 所示。

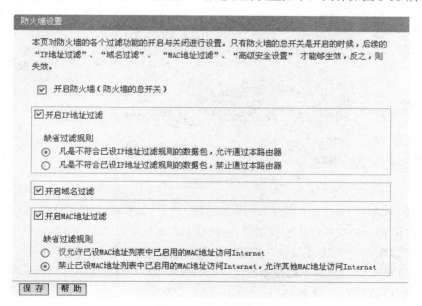

图 3-53　防火墙设置

此功能控制路由器防火墙总功能的开启，以及各子项功能：IP 地址过滤、域名过滤和 MAC 地址过滤功能的开启和过滤规则。只有防火墙的总开关开启后，后续的安全设置才能够生效，反之，则不能生效。其中 IP 地址过滤使用较普遍，本书将详细介绍，其他功能设置方法类似（建议在过滤规则设置完成后再开启防火墙总开关）。

1）开启防火墙：防火墙总开关，只有该项开启后，IP 地址过滤、域名过滤、MAC 地址过滤功能才能启用，反之，则不能被启用。

2）开启 IP 地址过滤：关闭或开启 IP 地址过滤功能并选择缺省过滤规则。只有"开启防火墙"启用后，该项才生效。

3）开启域名过滤：关闭或开启域名过滤功能。只有"开启防火墙"启用后，该项才生效。

4）开启 MAC 地址过滤：关闭或开启 MAC 地址过滤功能并选择缺省过滤规则。只有"开启防火墙"启用后，该项才能生效。

完成设置后，单击"保存"按钮。

在防火墙功能中，IP 地址过滤是使用比较广泛的功能之一，可以拒绝或允许局域网中计算机与互联网之间的通信，可以拒绝或允许特定 IP 地址的特定的端口号或所有端口号，对于精确控制和管理局域网客户机行为有较强的现实作用。

该路由器可利用按钮添加新条目来增加新的过滤规则，或者通过"修改"、"删除"链接来修改或删除已设过滤规则，也可以通过按钮移动来调整各条过滤规则的顺序，以达到不同的过滤优先级，ID 序号越靠前则优先级越高。各选项的设置如下，具体如图 3-54 所示。

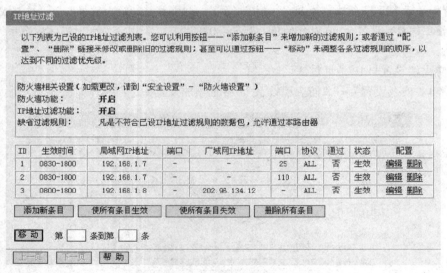

图 3-54　IP 地址过滤

1）生效时间：该项用来指定过滤条目的有效时间，在该段时间外，此过滤条目不起作用。

2）局域网 IP 地址：局域网中被控制的计算机的 IP 地址，为空表示对局域网中所有计算机进行控制。此处可以输入一个 IP 地址段，例如：192.168.1.123 -192.168.1.185。

3）端口（局域网）：局域网中被控制的计算机的服务端口，为空表示对该计算机的所有服务端口进行控制。此处可以输入一个端口段，例如：1030-2000。

4）广域网 IP 地址：广域网中被控制的计算机（如网站服务器）的 IP 地址，为空表示对整个广域网进行控制。此处可以输入一个 IP 地址段，例如：61.145.238.6-61.145.238.470。

5）端口（广域网）：广域网中被控制的计算机（如网站服务器）的服务端口，为空表示对该网站所有服务端口进行控制。此处可以输入一个端口段，例如：25-110。

6）协议：显示被控制的数据包所使用的协议。

7）通过：显示符合本条目所设置的规则的数据包是否可以通过路由器，"是"表示允许该条目通过路由器，"否"表示不允许该条目通过路由器。

8）状态：只有状态为生效时，本条过滤规则才生效。

例 3：本案例中，网管希望禁止局域网中 IP 地址为 192.168.1.7 的计算机在 8:30 到 18:00 之间收发邮件，禁止 IP 地址为 192.168.1.8 的计算机在 8:00 到 18:00 之间访问 IP 为 202.96.134.12 的网站。除此之外，对局域网中的其他计算机则不做任何限制。设置步骤如下：

第一步：在图 3-53 界面中打开防火墙总开关。

第二步：在图 3-53 中开启"IP 地址过滤"，设置"缺省过滤规则"为"凡是不符合已设 IP 地址过滤规则的数据包，允许通过本路由器"。

第三步：在图 3-54 界面中单击"添加新条目"，然后在图 3-54 中按要求添加过滤条目。图 3-55 实现的是禁止 192.168.1.7 的计算机在 8:30 到 18:00 之间发送邮件的设置。设置完成后，单击"保存"按钮。

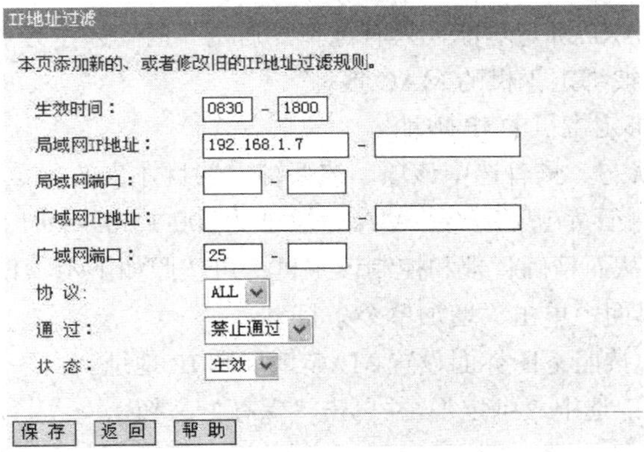

图 3-55　添加 IP 地址过滤条目 1

第四步：回到第三步，继续设置过滤条目：禁止局域网中 IP 地址为 192.168.1.7 的计算机在 8:30 到 18:00 之间接收邮件，禁止 IP 地址为 192.168.1.8 的计算机在 8:00 到 18:00 之间访问 IP 为 202.96.134.12 的网站。完成本例要求设置一共需要设置 3 条 IP 过滤规则，依次对应下面列表中的三条过滤条目，如图 3-56 所示。

ID	生效时间	局域网IP地址	端口	广域网IP地址	端口	协议	通过	状态	配置
1	0830-1800	192.168.1.7	-	-	25	ALL	否	生效	编辑 删除
2	0830-1800	192.168.1.7	-	-	110	ALL	否	生效	编辑 删除
3	0800-1800	192.168.1.8	-	202.96.134.12	-	ALL	否	生效	编辑 删除

图 3-56　添加 IP 地址过滤条目 2

（6）IP 地址与 MAC 地址绑定。

该路由器的 IP 地址与 MAC 地址绑定功能共有静态 ARP 绑定和 ARP 映射表两种方式，在此主要介绍前者。ARP 绑定主要是将主机的 IP 地址与相应的 MAC 地址进行绑定，是防止 ARP 欺骗的有效方法。在路由器中设置静态 ARP 绑定条目，可以维护局域网用户的上网安全。当主机向路由器发送 ARP 请求时，路由器会根据主机的 IP 地址去查看 ARP 静态绑定列表，若列表中的 MAC 地址与主机的 MAC 地址相同，则路由器会允许该 ARP 请求，否则将不允许该请求。这样就能较好地防止局域网内部恶意 ARP 欺骗攻击，也是网络管理中较为常见和有效的手段。

　　选择菜单"IP 与 MAC 绑定"→"静态 ARP 绑定设置"，各选项的设置如下，具体如图 3-57 所示。

图 3-57　静态 ARP 绑定设置

1）ARP 绑定：开启 ARP 绑定功能，只有选择"启用"时，才生效。

2）MAC 地址：显示被绑定主机的 MAC 地址。

3）IP 地址：显示被绑定主机的 IP 地址。

4）绑定：显示条目状态，只有选中该项，该条绑定条目才生效。

　　例 4：本案例中，网管希望将一台 MAC 地址为 00-13-8F-A9-E6-CA 的主机与 IP 地址 192.168.1.100 进行绑定，从而精确管理和控制该主机。可按照如下步骤设置。

　　第一步：在图 3-57 界面中单击"增加单个条目"。

　　第二步：在图 3-58 中按照下图界面设置 MAC 地址和 IP 地址。

　　第三步：设置完成后，选中"绑定"，并单击"保存"按钮。

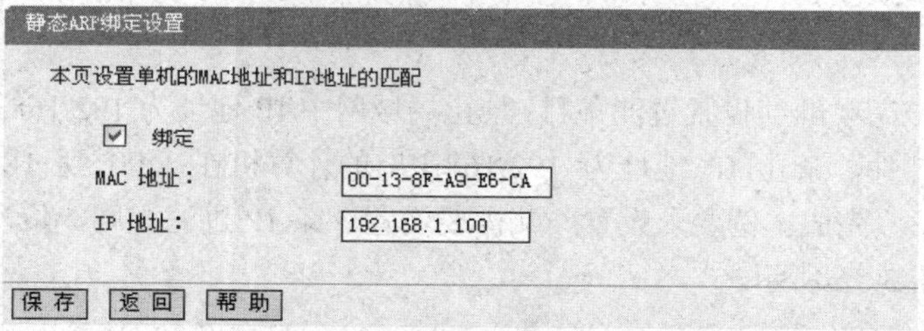

图 3-58　静态 ARP 绑定设置 2

　　（7）IP 带宽限制。

　　在一个局域网中，尤其是在一个小型局域网中，由于成本控制的原因，出口带宽一般不大，基本是 2M～10Mbps。如果对于用户的出口访问互联网带宽不做限制，用户访问互联网杂乱无序，就会造成严重的网络拥塞，真正工作上的应用未能满足，带宽还被娱乐等非工作应用占据，最终严重影响局域网整体性能。IP 带宽限制是局域网管理中一个重要的组成部分，能较好解决网络拥塞问题。

选择菜单"IP 带宽控制",各选项的设置如下,具体如图 3-59 所示。

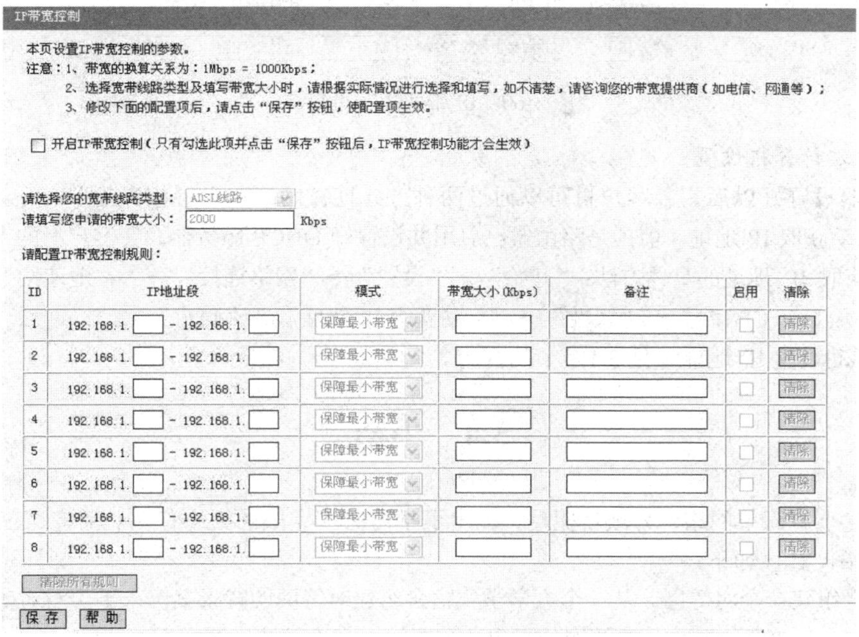

图 3-59　IP 带宽控制设置 1

1）开启 IP 带宽控制:控制 IP 带宽控制功能的开启或关闭。

2）宽带线路类型:申请的宽带线路类型,此处仅区分 ADSL 线路和其他线路。

3）申请的带宽大小:申请的带宽大小,如果填写的值与实际不符,IP 带宽控制功能可能会受到影响。

规则列表中的各列:

4）IP 地址段:受该条规则限制的 IP 地址（或 IP 地址段）,不同规则的 IP 地址不能有交集。

5）模式:对该条规则中的 IP 地址（或 IP 地址段）进行限制的方式。一种为保障最小带宽,一种是限制最大带宽。

6）带宽大小:如果该条规则的模式为"保障最小带宽",受该条规则限制的 IP 地址（或 IP 地址段）的带宽总和至少可以达到此值;如果该条规则的模式为"限制最大带宽",受该条规则限制的 IP 地址（或 IP 地址段）的带宽总和最多只能达到此值。

7）备注:对该条规则的文字说明,不超过 10 个字。

8）启用:是否启用该条规则。

9）清除:将该条规则清除。

10）清除所有规则:将所有已经配置好的规则清除。

例 5:如果希望限制 IP 地址在 192.168.1.2-192.168.1.5 之间的电脑一共最多只能使用 1 Mbps 带宽,并保证 IP 地址为 192.168.1.6 的电脑至少能使用 500kbps 带宽,可按照如下步骤设置:

第一步:在图 3-59 界面中勾选"开启 IP 带宽控制"项。

第二步:按图 3-60 界面设置。

第三步:设置完成后,选中"启用",并单击"保存"按钮。

ID	IP地址段	模式	带宽大小(Kbps)	备注	启用	清除
1	192.168.1.[2] - 192.168.1.[5]	限制最大带宽	1000	A、B、C、D的电脑	☑	清除
2	192.168.1.[6] - 192.168.1.[6]	保障最小带宽	500	E的电脑	☑	清除

图 3-60　IP 带宽控制设置 2

2. 客户端计算机设置

在路由器设置好以后，各客户机可以通过两种方式连接网络，设置相当简单。

（1）自动获取 IP 地址。前提是路由器已启用并设置好 DHCP 服务器。在客户机的 Windows XP 中设置自动获取 IP 地址的具体方法："开始"→"设置"→"网络连接"→"本地连接"→"属性" →"Internet 协议（TCP/IP）"→"属性"→"自动获得 IP 地址"→"确定"。

（2）手动设置 IP 地址。见 3.1.3 节的内容。

3.4　小结

以"组建小型简单网络"为项目驱动，提出了学习时应完成的三个任务。围绕这三个任务分别作了详细介绍，具体如下：

任务 1：组建一个对等网。从一个大学学生宿舍组建对等网的背景案例入手，对对等网的概念、对等网的特点、双绞线的制作、对等网的组建和配置等内容进行较详细介绍。

任务 2：组建家庭无线网。从组建家庭网的背景案例入手，着重介绍家庭无线网络的需求分析、绘制网络拓扑图、无线路由器的网络方案、无线路由器的具体设置等内容。

任务 3：组建小型办公网。从一个小型公司组建办公网的背景案例入手，着重介绍小型办公网络的需求分析、光纤接入路由器的网络方案、小型办公网硬件的连接与选型、路由器的设置、客户端计算机的设置等相关设置等内容。

通过本章学习，读者应该基本掌握三种网络的基本组网方法，并能够分别进行相应的设置和安全配置，满足项目基本需求。

3.5　习题与实训

【习题】

1. 本项目提出了哪三个任务？

2. 学习本项目所提出的三个任务的意义是什么？

3. 对等网的概念是什么？

4. 对等网有什么特点？

5. 对等网的优点和缺点分别是什么？

6. EIA/TIA 的布线标准中规定了两种双绞线的线序 568A 与 568B 的线序是什么？

7. 双绞线制作中交叉线和直连线的特点是什么？

8. 具体来说，双绞线制作分为哪几个步骤？

9. 对等网中 Windows 系统默认的工作组名称是什么？不同工作组间相互能通信吗？

10. 家庭无线网络的特点是什么？

11．绘制网络拓扑图的基本软件有哪些？常用的是哪个软件？

12．家庭无线网络安全设置主要使用哪几种方式？

13．目前无线路由器提供哪几种常见无线安全类型？

14．小型办公网络的特点是什么？

15．常用的小型办公网络安全设置有哪些？

16．什么情况下应该设置虚拟服务器？设置虚拟服务器有什么优点？

17．一般情况下普通路由器中防火墙设置有哪几种方式？

18．简述 IP 地址与 MAC 地址绑定中的 ARP 绑定方式的基本工作原理。

【实训】

1．实训名称

组建带无线功能的小型办公网络。

2．实训目的

任务 1：组建由两台计算机构成的对等网。

任务 2：在此前基础上，组建由 ADSL 无线路由器接入的由三台计算机组成的无线小型办公网络。

任务 3：进行路由器配置和简单的安全配置。

3．实训要求

（1）实训前，参与人员按每 4~5 人一个小组进行分组，每小组确定一个负责人（类似项目负责人）组织安排本小组的具体活动、明确本组人员的分工。

（2）实训中，安排 3~6 学时的时间，制作合乎标准的网线，在两台计算机之间组建一个对等网。然后，在此前基础上，组建由 ADSL 无线路由器接入的由三台计算机组成的无线小型办公网络，并按要求设置无线 ADSL，使其所有计算机能够共享互联并联入互联网，设置设备允许的安全配置，并进行计算机间互传文件，观察局域网传输速度及联入互联网速度。要求完成以下目标：

1）按 EIA/TIA 的布线标准中规定的两种双绞线的线序 568A 与 568B，制作足够数量的 RJ45 双绞线交叉线和直通线。

2）绘制本次实训的网络拓扑图。

3）进行对等网的设置。

4）进行无线路由器的设置，并实现以下安全要求：

● 禁止固定 MAC 地址的一台主机访问无线网络，其他主机可以访问无线网络。

● 设置 Web 服务器能够在公网通过 80 端口进行访问，IP 地址为 192.168.1.101，协议选择为 ALL。

● 设置路由器的 DHCP 服务器分配 IP 范围为 192.168.2.10~192.168.2.50。

● 设置禁止局域网中 IP 地址为 192.168.11 的计算机在 9:00 到 17:00 之间使用 FTP 功能，禁止 IP 地址为 192.168.2.12 的计算机在 9:00 到 17:00 之间访问 IP 为 121.14.0.101 的网站。除此之外，对局域网中的其他计算机则不做任何限制。

限制 IP 地址在 192.168.2.11~192.168.2.20 之间的电脑一共最多只能使用 1 Mbps 带宽，并保证 IP 地址为 192.168.2.21 的电脑至少能使用 500kbps 带宽。

（3）实训后，用三天左右的课余时间，以小组为单位，由小组负责人组织人员分工协作整理、编写并提交本组完成上述 3 个任务的实训报告。建议通过多种形式开展实训报告的成果交流活动，以便进行成绩评定。

4. 实训报告

内容包括以下 5 个部分：

（1）实训名称。

（2）实训目的。

（3）实训过程。

（4）结合实训过程，围绕制作 RJ45 双绞线交叉线和直通线、组建对等网、组建带 ADSL 无线接入的小型办公网等环节进行归纳总结，并提出路由器设置和安全设置需要注意的事项。

（5）实训的收获及体会。

项目 **4** 组建网吧网

项目说明

项目背景

　　自 1995 年北京、深圳、广州开始萌生网吧后，随着互联网的发展，国内的网吧行业发展日新月异。上网聊天、看新闻、学习、玩网络游戏、在线看视频等已成为现代青年社交娱乐的一种主要形式。投资网吧也是一个不错的选择，而如何让自己的网吧在日益残酷的商业竞争中立于不败之地，是网吧经营者要考虑的主要问题。

　　在组建网吧时，如何选择一个符合网吧特性的网络拓扑结构，如何进行 IP 地址分配及子网划分，如何选择网吧的 Internet 接入方式，如何选型和配置网络的硬件设备，以及网络综合布线技术等决定网吧网络系统质量好坏的关键因素是需要技术人员重点考虑的。另外，网吧能否在激烈的竞争中生存还要考虑到成本投入和效益回收的问题。除了政策因素外，如果经营网吧没有对其赖以生存的网络系统进行良好的前期规划和设计，最终只能以失败告终。为此，根据当前网吧的组网工程设定相应的任务，模拟实际的现场情景，让读者分工扮演一定的角色和承担相应任务，并借鉴每个任务所对应的背景案例的做法，参与本项目的运作和实践，从中学习领会承接一个实际的网吧工程项目所必备的组网技术要领。

项目目标

　　本项目的目标，是要求参与者完成以下 4 个任务：

　　任务 1：网吧网络拓扑结构的分析设计；　　任务 2：网吧网络硬件设备的选型及配置。

　　任务 3：网吧计费系统的选型及配置；　　任务 4：网吧布线技术与实施。

项目实施

　　本项目的教学过程建议在两周内完成，具体的实施办法按以下 4 个步骤进行：

　　（1）分组，即将参与者按每 4 人一个小组进行分组，每小组确定一个负责人（类似项目负责人）安排本小组的每一个成员对应一个具体的任务并组织本组开展活动。

　　（2）课堂教学，即安排 6~9 学时左右的课堂教学，围绕各任务中给出的背景案例，介绍组建网吧的过程中要注意的原则及相关技术。

　　（3）现场教学，即安排 9~12 学时左右的实训进行现场教学，组织考察本校附近的网吧，重点关注并完成实训课对网吧中涉及网络拓扑结构的分析设计、网络软硬件设备的选型、网吧计费系统的配置及网络综合布线技术与实施等 4 个任务相关的内容及要求。

　　（4）成果交流，用课余时间围绕所观摩的网吧系统，以小组为单位，由小组负责人组织本组人员整理、编写并提交本组完成上述 4 个任务的项目考察报告。建议通过课外公示、课程网站发布、在线网上讨论等形式开展项目报告交流活动。

项目评价

任课教师通过记录参与者在整个项目考察过程中的表现、各小组项目考察报告的质量，以及项目考察报告交流活动的效果等，对每一个参与者作出相应的成绩评价。

4.1 任务 1：网吧网络总体方案的设计

【背景案例】XXX 网吧总体设计方案[13]

XXX 网吧座落在广西南宁市园湖南路，该网吧经营面积 450 平方米，共有 150 个机位。为更好地满足客户从简单的网页浏览，到 QQ 视频聊天、收发邮件、VOD 点播、网络游戏、网络电影、IP 电话、网络培训、金融服务、网上营销、网上办公等不同的使用需求，同时也为便于经营管理，将网吧按照客户群的不同分为普通区、游戏竞技区、VIP 贵宾区等三个区域。

作为一个中型网吧，XXX 网吧网络采用双光纤接入 Internet，主干跑千兆，百兆交换到桌面的以太网构架。同时，通过多台功能不同的服务器，在网吧内建立一个以网络技术、计算机技术与现代信息技术为支撑的娱乐、通信、管理平台，将现行以游戏为主的活动发展到多功能娱乐这个平台上来，藉以大幅度提高网吧竞争和盈利能力，建设成一流的高档网吧，为吸引高端消费群打下强有力的基础。

网吧采用单星型的网络拓扑结构，具体如图 4-1 所示。

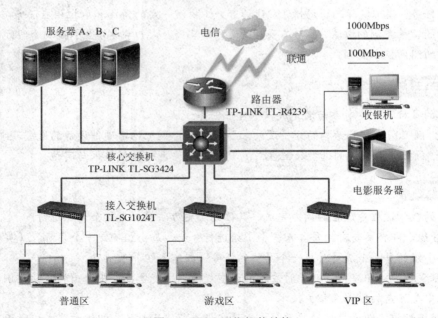

图 4-1　网吧网络拓扑结构

由于客户机数量不算多，为节约组网成本，提高投资回报率，本网吧采用了集约型的二层网络结构，即由核心层和接入层构成，省去了汇聚层。核心交换机选用 TP-LINK 的二层全网管交换机 TL-SG3424，接入交换机为 TP-LINK TL-SL1226 或 TL-SG1024T。核心层与接入层之间采用 1000M 双绞线链路连接，以保证有足够的带宽。同时，可根据不同的客户群区域划分不同的 VLAN，极大地方便网吧的管理和运营。

核心交换机通过 4 个千兆 SPF 光纤口上连接电影服务器和游戏服务器，并通过 1000M 自适应 RJ45 端口，分别连接吧台的收银监控主机及七台接入交换机。接入层交换机则通过 10M/100M 自适应 RJ45 端口，连接到普通区、游戏竞技区和 VIP 区三个区域内的客户机，使客户机的桌面带宽达到 100Mbps。

配置四台服务器，为网吧提供游戏、影视、Web 代理等多种功能的娱乐、通信、上网等服务。其中，Web 代理服务器安装了专用计费系统，配置一台网吧必备的收银 PC 机用于经营管理。

为拥有足够的 Internet 带宽及接入链路的冗余，路由器使用 TP-LINK 的一款内建 DHCP 服务器和防火墙的双 WAN 口接入网吧专用宽带路由器 TL-R4239，通过光纤收发器分别从电信和网通，双线 10M~100M 光纤接入 Internet。

---

[13] 资料来源：南宁市 JS 网吧实施方案

经营网吧的根本目的就是为了赢利，以最小的投资换取极大的回报，吸引顾客让自己的网吧长期立于不败之地。由于网吧的特殊性，网吧在建设过程中需要考虑到大、中、小型网吧的适用范围，要选择合适的网络拓扑结构以及相应的网络设备。背景案例涉及的是一家中型网吧，中型网吧网络系统建设的主要目标是建设成为主干跑千兆，百兆交换到桌面，同时在网吧的范围内建立一个以网络技术、计算机技术与现代信息技术为支撑的娱乐、管理平台。本任务着重介绍的是网吧的总体设计、网络拓扑结构的选型、IP 地址的分配及子网的划分等网吧网络系统前期规划与设计的内容。

4.1.1　网吧网络拓扑结构的选型

为了达到赢利目的，网吧经营者不会投入过多财力用于网络建设，这就需要设计人员根据不同的市场需求采用合理的购机策略、组网策略、上网方式策略、经营策略。而不同网吧的规模会采用不同的组网策略。

根据规模大小，网吧大致可分为三种类型：

（1）小型网吧。一般 10~100 台计算机，适合城镇，投资规模小，风险小，利润要相对小一些。

（2）中型网吧。100~300 台计算机，适合中小城市，投资规模中等，风险也较小，利润中等。

（3）大型网吧。300 台以上计算机，适合大城市，投资规模大，有一定风险，利润较高。

在组建网络的时候还需要考虑到网吧的一些特殊性，需要遵守网吧网络设计原则：

● 经济实用性。由于网吧一次性资金投入较大，设备折旧快，而且设备应用环境恶劣，顾客应用水平素质参差不齐。因此，在网络的建设规划中，要始终贯彻面向应用、注重实效的方针，坚持经济实用的原则。

● 成熟性和先进性。由于计算机网络技术发展很快，设备更新换代也很快。这就要求要规划设计网络系统时既要采用先进的概念、技术及方法，又要考虑结构、设备的成熟性。只有这样，才能确保网络能够安全稳定运行，适应将来网络技术发展的需要。

● 稳定可靠性。在考虑技术先进性的同时，还应该从网络系统结构、技术措施、设备性能、厂商的技术支持以及系统管理维修能力方面着手，确保网络系统运行的稳定性和可靠性，增大平均无故障时间。

- 安全性。在系统设计中，既考虑信息资源的充分共享，更要注意信息的保护和隔离，因此对系统设计时应分别针对客户不同的权限和不同的网络通信环境，采取相应的措施，包括系统安全机制、数据存取的权限控制等。
- 可扩展性及易维护性。为了适应系统变化的要求，网吧投资者应把当前先进性、未来可扩展性和经济可行性结合起来，保护以往投资，实现系统整体的高性价比。

对不同规模的网吧采用的网络拓扑结构会有所不同，例如小型网吧较为简单，可以采用 ISP→路由器→交换机→PC 的网络连接方式，属于单层网络结构。具体如图 4-2 所示。

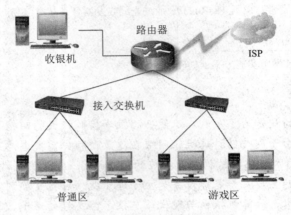

图 4-2　小型网吧网络拓扑结构

中型网吧投资规模中等、机器数量适中，通常采用两层或三层的网络结构设计，可通过划分二层 VLAN 进行网络管理。具体如图 4-3 所示。

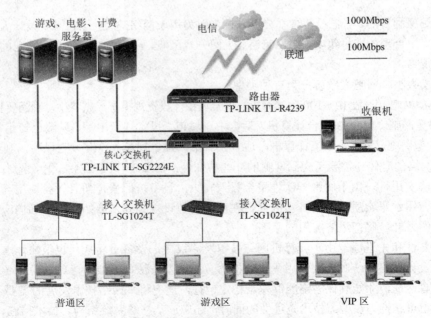

图 4-3　中型网吧网络拓扑结构

大型网吧投资规模大、机器数量较多，在进行设计时要注意前期的规划及设计的选型。可以采用带防火墙的三层网络结构，通过划分三层 VLAN 进行网络管理。具体如图 4-4 所示。

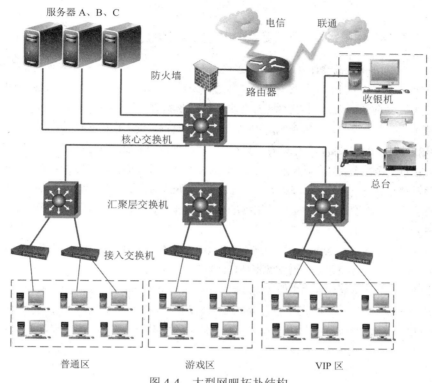

图 4-4　大型网吧拓扑结构

4.1.2　IP 地址的分配及子网的划分

在进行网吧组网时，要充分考虑其应用的特殊性，即网吧是 24 小时营业的，有营业高峰期和低谷期。在高峰期按满座计算，一个中型网吧一百多个信息点所产生的数据量是相当大的。因此为了网络的安全及减少网络广播，有必要对网吧进行子网划分（即 VLAN）。以本任务的背景案例为例，该网吧为 VIP 区、普通区、游戏竞技区等三个区域，加上服务器群共划分了四个子网，每个子网均采用 C 类的私有地址段。各子网的划分及 IP 地址的分配详见表 4-1 所示。

表 4-1　网吧 IP 地址子网划分

子网	区域	IP 地址范围	子网掩码	有效 IP 数目
1	服务器群	192.168.1.3 ~ 192.168.1.10 /24	255.255.255.0	8
2	普通区	192.168.1.11 ~ 192.168.1.75 /24	255.255.255.0	64
3	游戏竞技区	192.168.1.81 ~ 192.168.1.145 /24	255.255.255.0	64
4	VIP 区	192.168.1.151~ 192.168.1.171 /24	255.255.255.0	20

4.2 任务 2：网络设备的选型与配置

【背景案例】XXX 网吧网络设备的选型 [14]

高质量的服务依赖于网吧的硬件设备，主要包括主机和网络设备，而其中网络设备是整个网吧的核心，为了在激烈的竞争中立足，对于网吧的经营者而言，选择一套质量好、综合成本低、服务好的网络设备，是网吧经营者首先要考虑问题。为此，网吧的设计及网络设备的选型应遵循以下原则：

➢ 高速度、高稳定为首。这是网吧吸引顾客、留住顾客的关键，也是网吧经营的有力支撑。

➢ 按规模整体考虑。设备性能应兼容，配置能满足当前应用并预留一定余量即可，不盲目追高。

➢ 高性能价格比优先。只有低投入、高性能的网络设备，才能确保网吧能够快速收回建设成本。

➢ 注重品牌、服务。好的品牌和服务，可有效保障网吧的设备维护事半功倍，降低维护成本。

XXX 网吧作为一个中型网吧（见 4.1 节中的图 4-1），综合考虑网吧设计的原则后选用以下设备：

1．路由器：TP-LINK TL-R4239

TL-R4239 是 TP-LINK 的一款双 WAN 口网吧专用宽带路由器，该路由器具有以下特点：

（1）采用 IXP 网络专用处理器，网络数据处理性能强大、稳定性高。

（2）支持电信、联通等运营商提供的多线路接入，有效倍增网络带宽，支持流量均衡、线路备份。

（3）支持基于 IP 控制每个用户的上下行带宽及其连接数，有效解决用户滥用 P2P 软件消耗带宽问题。

（4）支持 IP 与 MAC 绑定、有效防范 ARP 欺骗、防 DoS 类攻击、多种病毒入侵防御，保障网络顺畅。

（5）支持端口监控，流量统计，满足公安部门监控要求。

（6）全中文 Web 界面管理，支持配置备份、远程管理、软件升级，配置容易，维护简单。

2．核心交换机：TP-LINK TL-SG3424

TL-SG3424 是 TP-LINK 推出的新一代全千兆网管型中小企业的核心层交换机。该机型具有以下特点：

（1）提供全千兆自适应 RJ45 端口、4 个千兆 SFP 光纤扩展插槽，所有端口均支持全线速交换和转发。

（2）完善的安全策略，支持基于 MAC、端口的认证及 L2~L4 数据流分类，有效防御多种网络攻击。

（3）丰富的业务特性，支持多种 VLAN，支持多种消除网络环路的协议标准，完备的 QoS 控制策略。

（4）可视化 Web 配置界面并支持 CLI 命令行、SSL 与 SSH 等通信加密方式，使用和管理维护便利。

3．接入交换机：TP-LINK TL-SG1024T

TL-SG1024T 是 TP-LINK 推出的全千兆非网管经济型中小企业的接入层交换机，提供 24 个 10/100/1000M 自适应 RJ45 端口，背板带宽高达 48Gbps，支持线速交换，即插即用，无需管理；提供两个优化端口为 UPLINK 端口，特别适合作为网吧的游戏竞技区、VIP 贵宾区实现百兆接入或全千兆接入。

4．服务器：游戏服务器选用硬盘容量大、I/O 处理能力强、性价比高的联想 T168 G7 S3-1220 2G/500S 至强四核、双千兆网卡服务器；影视服务器选用数据处理能力强、硬盘容量大、性价比高的联想万全 T260 G3 S5606 2G/2*500SNR1 至强四核、热插拔 1TB 硬盘、双千兆网卡服务器；Web 代理、网吧计费服务器选用硬盘容量大、I/O 处理能力强、性价比极高的联想 T100 G11 G850 2G/500S 奔腾双核服务器。

5．收银 PC 机：选用性价比高的联想扬天 T5910D、AMD 闪龙 150、2GB 内存、320G 硬盘的商用机。

6．客户机 PC：选配性价比高的 Intel 酷睿 i3 2100、2GB 内存、500GB 硬盘的 PC 兼容机。

---

[14] 资料来源：南宁市 JS 网吧实施方案

网络设备作为整个网吧的核心，对于网吧的正常运营至关重要。不可想象一个经常断线、故障连连的网吧如何能够吸引顾客。所以在网吧的筹建或升级中，网络设备选择的好坏起着决定性的作用。由于网络设备的种类多种多样，网吧经营者在选购网络设备的时候，不仅要考虑价格因素，还需考虑产品是否易用、可管理以及网络安全性。背景案例所用设备就是典型的中型网吧选用的设备。本节将围绕相关的技术特点及要求，着重讨论路由器、交换机、服务器等常用的网吧网络设备选型的方法及设备的基本配置要求。

4.2.1 路由器、交换机、服务器的选型

考虑到网吧的特殊性，一般按下面三个原则来进行设备的选购：

- 稳定为首：稳定应当是网吧所有设备选购的首要原则。也就是说，设备的功能可以不用繁杂多变，带宽也可以较窄，但绝不可以经常发生故障。
- 考虑整体：设备之间匹配和兼容性要好。端口速率应当匹配，如核心交换机采用 1000Mbps 端口，那么工作组接入交换机也必须带有 1000Mbps 级联端口，否则将是浪费；最好采用同一品牌设备，兼容性好。
- 高性价比：选择最合适的产品往往比选择最好的产品重要得多，物美价廉是产品选购的最终目标。选购产品时要注意品牌，尽量选用在网吧行业内使用最多、口碑最好的产品。

根据天下网盟 2011 年中国网吧行业调查报告来看，专注网吧市场的网络设备品牌备受青睐。网吧行业主要使用的路由器品牌排在前三名的是 TP-LINK（19.73%）、飞鱼星（13.74%）以及锐捷网络（10.48%）。与 2010 年相比，TP-LINK 的市场占有率在下滑，而专注于网吧市场的飞鱼星、锐捷网络，它们的占有率都有一定程度的提升，其中飞鱼星的上升势头更明显一些。

在网吧交换机市场上 TP-LINK 延续在路由器市场的强势，仍然占据第一位（34.49%）。华为的产品占有率排在第二位（16.49%），但由于其售价较高，与往年相比占有率有所下降。D-Link 排第三（10.68%），占有率比 2010 年下降约 7%，市场表现依旧颓势。以这样的趋势来看，2012 年很可能被排在第四、五位的锐捷网络（8.94%）与飞鱼星超越（6.19%）。

光纤交换机在网吧行业占有率的前三位依次是华为、H3C 与 TP-LINK。融合网络、合勤网络、飞鱼星这三家一直专注于网吧市场的品牌分列第四至六位。

1. 宽带路由器选型

路由器在网络环境中是一个非常重要的设备，在不同的网络应用环境中，选择合适的路由器，已成为决定网络建设成败的重要因素。网吧是网络应用中一个比较特殊的情况，网吧的规模小到几十大到几百上千个节点，各个节点经常同时不间断地在进行网页浏览、聊天、下载、视频点播和网络游戏，整个网吧的数据流量很大，尤其是出口流量。因此，选择合适的路由器对于网吧的经营、维护都是至关重要的。

如何选择适合网吧环境的路由器呢？首先要弄清自身需求，市场上各种各样的宽带路由器在性能、功能上都各不相同，适用范围也不一样。针对不同环境如果选择不当，不仅在开支、维护等方面造成浪费，而且会对上网性能、信息安全造成负面影响。

选择网吧路由器可以从以下几个方面着手：

- 路由器的性能，网吧对于路由器的需求是性能要强大，数据处理能力要强，上网高速畅

通，有大数据流量不掉线、不停顿。

- 路由器的功能，要能够支持绝大多数的常见协议，在应用上，要兼顾常见应用和偏冷应用。
- 路由器的可用性，能否长时间不间断地稳定工作，有没有考虑到冗余设计。
- 路由器的兼容性，要能和不同的生产厂商的产品互连，还要能适应不同运营商的不同接入服务。
- 使用简单，用户界面友好易懂。
- 具有较高的性价比，在保证性能的前提下，价格合理。

综上所述，对网吧路由器的需求可以归结为四个字：多、快、好、省，即功能多、速度快、稳定性好、兼容性好、省钱。

在背景案例的方案中宽带路由器选用 TP-LINK 的 TL-R4239，参考价格为 1198 元。

TL-R4239 是 TP-LINK 的一款双 WAN 网吧专用宽带路由器。TL-R4239 采用 IXP 网络专用处理器，网络数据处理能力强大。支持 IP 与 MAC 绑定、带宽控制、连接数限制、端口监控，同时能防 DoS 类攻击、防多种病毒攻击，能够满足对高速、稳定、安全的网络需求。

采用 Intel IXP 网络专用处理器，处理性能强大；内置开关电源，适应宽范围输入电压波动，能够长时间的稳定运行。

支持电信、联通等运营商提供的多线路接入，有效倍增网络带宽；支持流量策略均衡，满足"电信数据走电信线路、联通数据走联通线路"；支持线路备份，保障网络持续畅通。

支持带宽控制，可基于 IP 控制每个用户的上下行带宽限制；支持连接数限制，可基于 IP 限制每个用户的连接数，有效解决网吧用户滥用 P2P 软件消耗带宽问题。

支持 IP 与 MAC 绑定、能够有效防范 ARP 欺骗；支持防 DoS 类攻击、支持多种病毒入侵防御，保障网络运行顺畅。

支持端口监控，流量统计，满足公安部门监控要求。

全中文 Web 界面管理，功能简明易懂。支持配置备份、远程管理、软件升级，维护简单。

2. 交换机选型

对于超过 100 台计算机的大中型网吧，为了兼顾多方面的管理，在选购核心交换机时就要考虑到网络的可管理性，建议选购具有管理功能的交换机。这样可以利用交换机实现各种交换技术、控制用户访问、提高传输效率及保障网络安全。而对于中型网吧的核心交换机因其主干网络达千兆速度，可选用千兆具有管理功能的 16 口或 24 口交换机，接入交换机只需选择普通带千兆口的交换机即可。

在本节背景案例中，核心交换机选择 TP-LINK 的 TL-SG3424。该交换机是为构建高安全、高性能需求而专门设计的新一化二层全网管交换机，具有完善的 QoS 策略、丰富的 VLAN 特性、完备的安全策略及易管理维护等特点。网吧管理员可利用该交换机对整个网络进行全权控制，可根据不同的应用区域划分不同的 VLAN，进行端口限速、远程管理等，可极大的方便网吧的运营管理。

3. 服务器选型

网吧服务器根据网吧规模不同要求而定。小型网吧因为投资少，会选用高配置的 PC 机来担当服务器；中型网吧服务器的选择要看网吧的定位，如果资金充足可以选用普通的 PC 服务器，如果走经济路线也可以用高配置的 PC 机来担当服务器；而大型网吧则可选用中档服务器来得到良好稳定性和可靠性。

4．计算机配置

网吧的投资大致可以分为几部分，场地的租金、网络设备、计算机、场地装修、电气设备及每月的网络费用和员工工资等。而在这里面，采购计算机的费用占有相当大的比重，而且 IT 行业更新换代很快，因此需要考虑好计算机的配置。出于预算方面考虑，超过八成以上的网吧在采购计算机硬件时会选择性价比较高的兼容机。另外，由于网吧计算机工作时间长、负荷重、硬件损耗快，在采购硬件时通常选用质量和售后服务较好的厂商。

由于目前玩游戏仍是网民到网吧消费的主要目的，根据天下网盟 2011 年中国网吧行业调查显示，到网吧消费的网民中，89.7%以玩游戏为主。也就是说，网吧的收入主要依赖于游戏用户，一旦这部分人群减少，对网吧的上座率将造成很大的冲击。因此网吧的计算机要根据顾客的消费需求来置办，配置不需要太高，过高的配置会浪费大量的资金，过低的配置无法留住顾客。下面给出一些计算机具体配置，供参考选购。

VIP 及游戏区用机器由于顾客需要速度及体验，机器的配置要高一点，具体配置如表 4-2 所示。

表 4-2　VIP 及游戏区用机器配置表

CPU	i5 2320	￥1200
主板	技嘉 H61	￥450
硬盘	希捷 500GB	￥450
显卡	技嘉 GV-N560ti 1GB	￥1600
电源	安泰克 450P	￥300
内存	威刚 4G*2 1333	￥240
机箱	自选	￥100
键鼠	罗技	￥100
光驱	无	￥0
显示器	三星 E2220	￥950
总价：	￥5390 元	

普通区机器由于只需要满足一般上网、观看视频，故配置可适当低一点。在平台选择方面可用 AMD 或 Intel 平台，如果预算好的话也可以用独立显卡，具体如表 4-3、表 4-4 所示。

4.2.2　路由器、交换机的配置

1．网吧多口高速宽带网关/路由器的配置

在背景案例中网吧路由器选择 TP-LINK 的 TL-R4239 双 WAN 口网吧专用宽带路由器，该路由器是为满足网吧用户需求而设计，提供全中文 Web 配置界面，提供三个 10/100M 自适应 LAN 口。除包含所有宽带路由器常见功能外，还支持攻击防护、基于 IP 的 QoS、单机连接数控制、IP 与 MAC 绑定、端口镜像、配置文件备份/导入等特别适合网吧应用的功能，满足网吧用户对高性能、多功能、高可靠性、高安全性的需求。

表 4-3　AMD 平台配置表		
AMD 平台		
CPU	AMD 速龙 II X4640（盒）	￥600
CPU 散热器	超频三红海 10 静音版（HP-9219）	￥70
主板	技嘉 GA-870A-USB3	￥660
显卡	迪兰恒进 HD6770 恒金 1GB	￥760
内存	金士顿 4GB DDR31333	￥140
硬盘	希捷 500GB7200 转 16M（ST3500413AS）	￥450
显示器	飞利浦 224CL2	￥990
机箱	网吧自选	￥80
电源	ANTEC　VP350P	￥200
合计：	￥3950 元	

表 4-4　Intel 平台配置表		
Intel 平台		
CPU	Intel 酷睿 i32100（盒）	￥700
主板	微星 PH61A-P35(B3)	￥650
显卡	迪兰恒进 HD6770 恒金 1GB	￥760
内存	金士顿 4GB DDR31333	￥140
硬盘	希捷 500GB7200 转 16M（ST3500413AS）	￥450
显示器	飞利浦 224CL2	￥990
机箱	网吧自选	￥80
电源	ANTEC　VP350P	￥200
合计：	￥3970 元	

　　下面就以 TL-R4239 为例讲述网吧多口高速宽带网关/路由器的配置。硬件的安装及路由器面板示意图，如图 4-5 与图 4-6 所示。

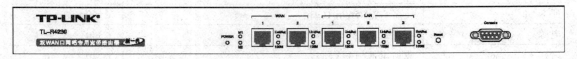

图 4-5　TL-R4239 前面板示意图

图 4-6　TL-R4239 后面板示意图

系统需求：

- 宽带 Internet 服务（接入方式为 xDSL/Cable Modem 或以太网）。
- 具有以太网 RJ45 连接器的调制解调器（直接接入以太网时不需要此物件）。
- 每台 PC 的以太网连接（网卡和网线）；
- TCP/IP 网络软件（Windows 95/98/ME/NT/2000/XP 自带）。
- Internet Explorer 5.0 或更高版本。

安装环境要求：

- 将路由器水平放置。
- 尽量将路由器放置在远离发热器件处。
- 不要将路由器置于太脏或潮湿的地方。
- 电源插座请安装在设备附近便于触及的位置，以方便操作。路由器推荐使用环境：
  - ✧ 温度：0 ℃～40 ℃

◇　湿度：5%～90%RH 无凝结

（1）硬件安装步骤。

在安装路由器前，需确认能通过宽带服务访问网络。安装过程中拔除电源插头，应保持双手干燥。

1）建立局域网连接。用一根网线连接路由器的 LAN 口和局域网中的集线器或交换机。也可以用一根网线将路由器与计算机网卡直接相连，如图 4-7 所示。

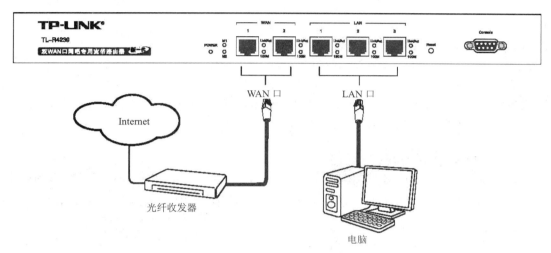

图 4-7　建立局域网和广域网连接

2）建立广域网连接。光纤直接接到网吧，然后通过光纤收发器将光信号转换成 10M/100M 电信号，用网线连接到路由器 WAN 口，如图 4-7 所示。采用光纤接入，速度快、稳定性好、障碍率低、抗干扰性强。

3）连接电源。将电源线连接好，接通电源，路由器将自行启动。路由器面板上对应局域网端口的 Link/Act 指示灯和计算机网卡指示灯亮，表明硬件安装正确。

（2）为路由器建立正确的网络设置。

首先将计算机直接接到路由器的局域网端口，手动设置计算机的 IP 地址为 192.168.1.X（X 是 2 到 254 之间的任意整数），子网掩码为 255.255.255.0，默认网关为 192.168.1.1（路由器默认 IP 地址是 192.168.1.1，默认子网掩码是 255.255.255.0）。然后使用 Ping 命令检查计算机和路由器之间是否连通。

在 Windows XP 环境中，操作步骤如下：

首先单击桌面的"开始"菜单，再选择"运行"选项，并在随后出现的运行输入框内输入"cmd"命令，然后回车或单击"确认"键即可进入命令行操作界面。最后在该界面中输入命令 Ping 192.168.1.1，其结果显示如图 4-8 所示。

如果屏幕显示为图 4-8（a）则表明计算机已与路由器成功建立连接。如果屏幕显示为图 4-8（b）则这说明设备还未安装好，需要按照下列顺序检查：

1）硬件连接是否正确？

2）计算机的 TCP/IP 设置是否正确？

```
Pinging 192.168.1.1 with 32 bytes of data:

Reply from 192.168.1.1: bytes=32 time=6ms TTL=64
Reply from 192.168.1.1: bytes=32 time=1ms TTL=64
Reply from 192.168.1.1: bytes=32 time<1ms TTL=64
Reply from 192.168.1.1: bytes=32 time<1ms TTL=64

Ping statistics for 192.168.1.1:
    Packets: Sent = 4, Received = 4, Lost = 0 (0% loss),
Approximate round trip times in milli-seconds:
    Minimum = 0ms, Maximum = 6ms, Average = 1ms
```

```
Pinging 192.168.1.1 with 32 bytes of data:

Request timed out.
Request timed out.
Request timed out.
Request timed out.

Ping statistics for 192.168.1.1:
    Packets: Sent = 4, Received = 0, Lost = 4 (100% loss),
```

（a）连接成功　　　　　　　　　　　　　　（b）连接失败

图 4-8　网络连接状态

（3）登录路由器并对其进行相应配置。

打开浏览器，在地址栏里输入路由器的 IP 地址（http://192.168.1.1）。连接建立后将会看到图 4-9 所示登录界面。输入用户名和密码（用户名和密码的出厂设置均为 admin），然后单击"确定"按钮。

成功登录后会弹出一个设置向导的画面（如果没有自动弹出，可以单击管理员模式画面左边"设置向导"菜单将它激活），如图 4-10 所示。

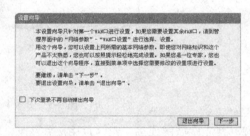

图 4-9　路由器登录界面　　　　　　　　　　　图 4-10　设置向导 1

单击"下一步"，进入上网方式选择画面，如图 4-11 所示。

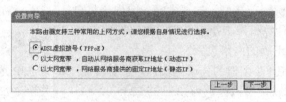

图 4-11　设置向导 2

在图 4-11 中显示了最常用的三种上网方式，可以根据自身情况进行选择，然后单击"下一步"填写上网所需的基本网络参数。

1）如果上网方式为 PPPoE，即 ADSL 虚拟拨号方式，则需要填写上网账号及上网口令，如图 4-12 所示。

图 4-12　设置向导 3

2）如果上网方式为动态 IP，即可以自动从网络服务商获取 IP 地址，则不需要填写任何内容即可直接上网。

3）如果上网方式为静态 IP，即拥有网络服务商提供的固定 IP 地址，则需要填写 DNS 服务器地址的 IP 地址。在填写完上网所需的基本网络参数之后，会出现设置向导完成界面。

在登录成功以后，浏览器会显示管理员模式下的路由器配置页面。页面的左侧是菜单栏，可进行"运行状态"、"设置向导"、"网络参数"、"DHCP 服务器"、"转发规则"、"安全设置"、"路由功能"、"连接数限制"、"QoS"、"IP 与 MAC 绑定"、"动态 DNS"、"交换机功能"和"系统工具"十三个菜单的操作。

首次登录可以先查看路由器的运行状态，单击左侧的"运行状态"菜单，可以看到路由器的版本信息、LAN 口状态、WAN 口状态等工作状态，如图 4-13 所示。

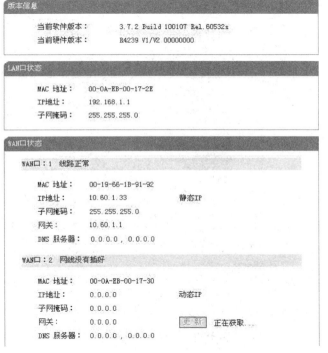

图 4-13　路由器的工作状态

查看路由器的工作状态后，需要进行设置的是路由器的网络参数。主要有 LAN 口设置、WAN 口设置，如图 4-14 所示。

单击"网络参数"菜单下的 LAN 口设置项，进入 LAN 口的设置界面，如图 4-15 所示。

对路由器局域网的子网掩码设置，可以在下拉列表中选择 B 类（255.255.0.0）或者 C 类（255.255.255.0）地址的子网掩码。一般情况下选择 255.255.255.0 即可。

● MAC 地址：设置路由器对局域网的 MAC 地址。
● IP 地址：输入本路由器对局域网的 IP 地址，出厂默认值为 192.168.1.1，可根据实际需要设置该值。

设置好 LAN 口的相关参数后单击"保存"，使设置生效。下一步要设置的是 WAN 口设置项。

选择网络参数下的 WAN 口设置项，进入 WAN 口的设置界面（默认为动态 IP 设置界面）。在 WAN 口的连接类型中选择 PPPoE，即上网方式为 PPPoE（连接类型有动态 IP、静态 IP 及 PPPoE 三种），并输入上网账号及上网口令，如图 4-16 所示。

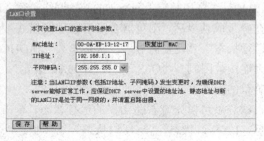

图 4-14 网络参数设置   图 4-15 LAN 口参数设置

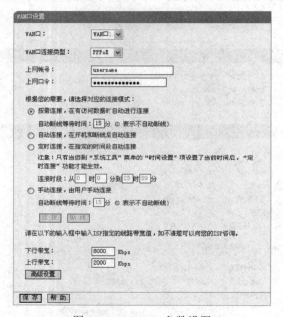

图 4-16 WAN 口参数设置

设置完成后可以单击"保存"按钮，使设置生效。设置完成后要做一个 WAN 口在线检测，路由器可以通过 WAN 口在线检测，准确地检测线路是否正常，从而达到稳定工作的目的。

为方便管理网吧里机器的 IP 地址，可利用路由器自带的 DHCP 服务器功能来自动配置和管理网络内部主机的 TCP/IP 参数。单击"DHCP 服务器"菜单下面的"DHCP 服务"，进入设置界面，如图 4-17 所示。

● DHCP 服务器：若想使用 DHCP 的自动配置 TCP/IP 参数功能，请选择启用。

● 地址池开始地址：DHCP 服务器自动分配 IP 地址的起始地址。

● 地址池结束地址：DHCP 服务器自动分配 IP 地址的结束地址。

● 地址租期：所分配 IP 地址的有效使用时间，超时将重新分配。

● 网关：路由器 LAN 口的 IP 地址，本路由器默认是 192.168.1.1。

● 缺省域名：输入本地网域名，也可以不填。

- 主 DNS 服务器：输入 ISP 提供的 DNS 服务器地址，也可以不填。
- 备用 DNS 服务：如果 ISP 提供了两个 DNS 服务器地址，则输入另一个 DNS 服务器的 IP 地址，也可以不填。

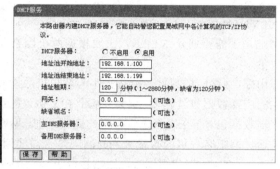

图 4-17　DHCP 服务器参数设置

如果想查看网吧内利用 DHCP 获得 IP 的主机信息，可以进入 DHCP 服务器下的客户端列表。该客户端列表罗列了所有通过 DHCP 获得 IP 的主机信息，具体如图 4-18 所示。

图 4-18　DHCP 客户端列表

2. 交换机端口配置

堆叠和级联是连接交换机以扩展端口的两种手段。所谓堆叠，是指使用专门的模块和线缆，将若干交换机堆叠在一起作为一个交换机使用和管理，从而实现高速连接。所谓级联，是指使用普通的线缆将交换机连接在一起，实现相互之间的通信。采用堆叠方式时，交换机之间的连接带宽通常大于 1Gbps；采用级联时，带宽最高只有 1Gbps。不过，由于堆叠需要借助于专门的模块和电缆实现，价格相对较高。网吧环境下建议采用级联方式。

3. 网吧 VLAN 的划分及配置

（1）VLAN 简介。

以太网是一种基于 CSMA/CD（Carrier Sense Multiple Access/Collision Detect，载波侦听多路访问/冲突检测）的共享通信介质的数据网络通信技术，当主机数目较多时会导致冲突严重、广播泛滥、性能显著下降甚至出现网络不可用等问题。通过交换机实现局域网互联虽然可以解决冲突严重的问题，但仍然不能隔离广播报文。在这种情况下出现了 VLAN（Virtual Local Area Network）即虚拟局域网技术，这是一种通过将局域网内的设备逻辑地而不是物理地划分成一个个网段，从而实现虚拟工作组的新兴技术。同一个 VLAN 内的主机通过传统的以太网通信方式进行报文的交互，而不同 VLAN 内的主机之间则需要通过路由器或三层交换机等网络层设备进行通信。VLAN 内部的广播和单播流量都不会转发到其他 VLAN 中，即使是两台计算机处于相同的网段，但是由于它们属于不同的 VLAN，它们各自的广播流也不会相互转发，从而有助于控制流量、减少设备投资、简化网络管理、提高网络的安全性。

（2）VLAN 的优点。

VLAN 的划分不受物理位置的限制，不在同一物理位置范围的主机可以属于同一个 VLAN；一个 VLAN 包含的用户可以连接在同一个交换机上，也可以跨越交换机。划分 VLAN 可以限制广播范围，并能够形成虚拟工作组，动态管理网络。

（3）网吧网络 VLAN 的划分。

首先，判断网吧是否需要划分 VLAN，主要根据两个因素，一是网吧网络广播包数据流量；二是网吧客户机数量。

在网吧实际应用中，网络广播数据包流量大小与客户机数量成正比。网络中的客户机数量越多，客户机工作时产生的广播数据包就越多。另外，基于 IPX 协议的局域网游戏（如 CS、红色警报等），也会产生大量的广播数据包。而在网络还没有组建完成之前，网吧网络广播数量包流量大小无法确定，因此，通常是通过网吧客户机的数量来判断网吧是否需要划分 VLAN。

其次，对网吧进行 VLAN 划分规划时，通常按以下步骤进行：

1）确定 VLAN 划分方法。VLAN 的划分方法有多种，可以根据端口、MAC 地址、网络层划分 VLAN，还可以根据 IP 组播来划分 VLAN。

2）确定 VLAN 数量。为方便经营管理，网吧通常都划分普通区、网络游戏区、VIP 区等多个经营区域。在为网吧划分 VLAN 时，可以根据网吧的经营区域来划分 VLAN 的数量。

3）确定每个 VLAN 覆盖范围。在制定 VLAN 划分规划时，最后还需要确定每一个 VLAN 的覆盖范围。比如，网吧划分了普通区、网络游戏区、VIP 区，而服务器需要与每台客户机进行通信，这就要求网吧服务器必须在每一个 VLAN 中。一旦任一个 VLAN 的覆盖范围出现错误，网吧的正常运营就要受到影响。

网吧的 VLAN 划分规则做好之后，需要将 VLAN 数量、端口与 VLAN 对应关系等资料全部记录成文档，方便日后查阅及网络维护。

背景案例中，IP 地址的分配及 VLAN 的划分如图 4-19 所示。

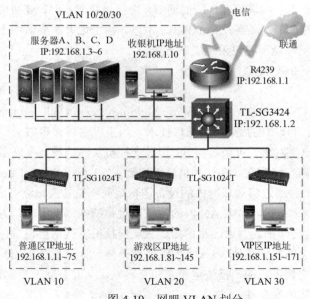

图 4-19 网吧 VLAN 划分

核心交换机采用的是 TP-LINK 的 TL-SG3424。该交换机支持的 VLAN 划分方式包括 802.1Q VLAN、MAC VLAN 和协议 VLAN 三种。MAC VLAN 和协议 VLAN 仅对 untag 数据包和优先级 tag 数据包生效，当一个数据包同时满足 802.1Q VLAN、MAC VLAN 和协议 VLAN 时，交换机将按照 MAC VLAN、协议 VLAN、PVID 的顺序来处理数据包，在相应 VLAN 中转发数据包。下面就以 TP-LINK 的 TL-SG3424 为例介绍网吧 VLAN 的划分。

普通区、游戏区及 VIP 区分别对应 VLAN 10、VLAN 20 和 VLAN 30，收银机及服务器需要与每台客户机进行通信，这就要求网吧服务器必须在每一个 VLAN 中，即属于 VLAN 10、VLAN 20 和 VLAN 30。

TL-SG3424 交换机面板如图 4-20 所示，有 24 个 10M/100M/1000M 自适应 RJ45 端口，分别对应一组 1000M 指示灯和 Link/Act 指示灯。4 个 SFP（Combo）端口，SFP 模块卡扩展槽位于千兆 RJ45 端口的右边，同与其 Combo 共享的千兆 RJ45 端口共用指示灯，其中 SFP1~SFP4 分别与端口 21~24 共用。Combo 口中的两个端口只能使用一个，如使用了 SFP 口后，对应的 RJ45 口将失效。SFP 端口兼容多模、单模 SFP 光纤模块。

图 4-20　TL-SG3424 前面板

根据图 4-19 中 VLAN 的划分对 TL-SG3424 交换机端口作出分配，如图 4-21 所示。普通区 VLAN 10 包含 1-4 端口，游戏区 VLAN 20 包含 5-8 端口，服务器属于三个 VLAN 包含 17-24 端口。

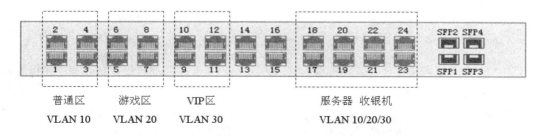

图 4-21　交换机端口分配

对网吧 VLAN 划分作出规划后，就可以对 TL-SG3424 交换机进行 VLAN 的配置了，具体的操作步骤如下：

➢　登录交换机 Web 管理页面

确认交换机已正常加电启动，将管理主机与交换机任一端口相连，并设置管理主机 IP 地址为 192.168.0.X（X 为 2~254 之间的任意整数），子网掩码为 255.255.255.0。打开管理主机 IE 浏览器，在地址栏中输入 http://192.168.0.1 进入交换机登录页面，如图 4-22 所示。

在此页面输入交换机管理帐号的用户名和密码，出厂默认值为 admin/admin。成功登录后可以看到交换机典型的 Web 页面，如图 4-23 所示。

从图 4-23 中可以看到，左侧为一级、二级菜单栏，右侧上方长条区域为菜单下的标签页，当一个菜单包含多个标签页时，可以单击标签页的标题在同级菜单下切换标签页。右侧标签页下方区域可分为三部分，条目配置区、列表管理区以及提示和注意区。

图 4-22 交换机登录界面

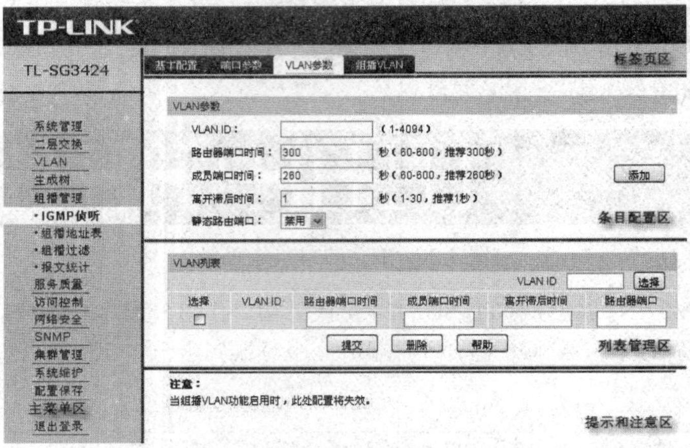

图 4-23 系统配置 Web 页面区域划分

单击主菜单区的系统管理>>系统配置>>系统信息可以查看当前端口连接状态和交换机的系统信息，如图 4-24 所示。

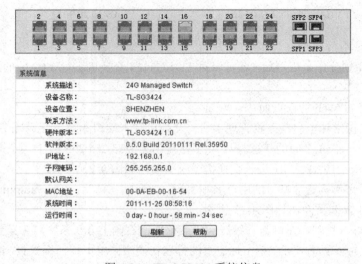

图 4-24 TL-SG3424 系统信息

> 设置交换机 IP 地址

登录交换机 Web 页面，选择主菜单区的系统管理>>系统配置>>管理 IP，进入如图 4-25 所示页面，配置好交换机的 IP 地址，同时设置管理主机的 IP 地址为 192.168.1.8，子网掩码为 255.255.255.0。打开 IE 浏览器，在地址栏中输入 http://192.168.1.2 重新登录交换机 Web 页面。

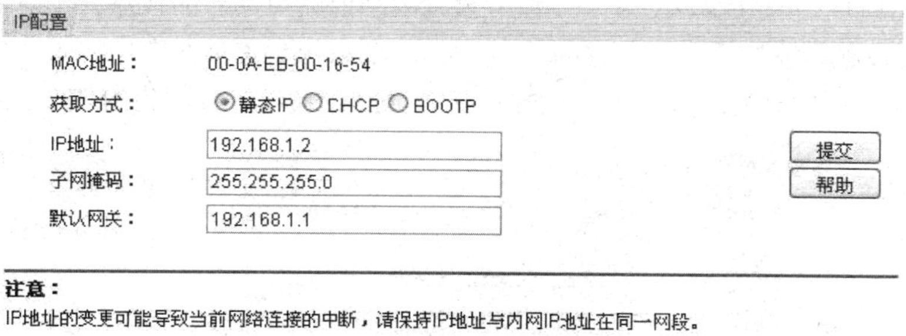

图 4-25 管理交换机 IP 地址

> 配置 VLAN

TP-LINK 的 TL-SG3424 支持的 VLAN 划分方式包括 802.1Q VLAN、MAC VLAN 和协议 VLAN 三种。

TL-SG3424 交换机 802.1Q VLAN 的配置步骤：

● 设置端口类型（必选操作）。在 VLAN>>802.1Q VLAN>>端口配置页面根据端口连接的设备设置端口类型。

● 创建 VLAN（必选操作）。在 VLAN>>802.1Q VLAN>>VLAN 配置页面中单击"新建"按键创建 VLAN，请输入 VLAN ID 并对其进行描述，在此页面中请同时勾选 VLAN 包含的端口。

按照步骤要求，首先进行端口配置。进入页面的方法：**VLAN>>802.1Q VLAN>>端口配置**，如图 4-26 所示。

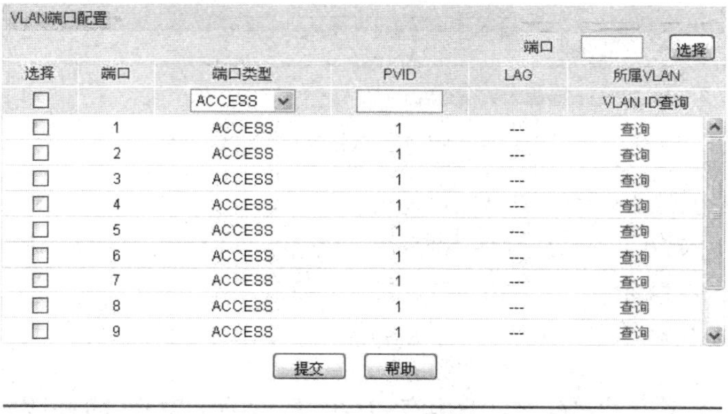

图 4-26 802.1Q VLAN 端口配置

将端口 1-12 类型为 ACCESS；设置端口 17-24 的类型为 TRUNK，单击"提交"。

项目说明，端口类型默认为 ACCESS。

● ACCESS：该端口只能加入一个 VLAN，出口规则为 UNTAG。PVID 值与当前 VLAN ID

的值保持相同。如果 VLAN 删除，相应端口的 PVID 会自动置为默认值 1。

● TRUNK：该端口可加入多个 VLAN，出口规则为 TAG。PVID 值可设置为当前端口加入的任意一个 VLAN 的 VID 值。

● GENERAL：该端口可加入多个 VLAN，且允许根据不同 VLAN 选择不同的出口规则，默认出口规则为 UNTAG。PVID 值可设置为当前端口加入的任意一个 VLAN 的 VID 值。

对交换机端口配置完成后可以创建新的 VLAN。在系统配置页面中，如图 4-27 所示，选择主菜单区的 VLAN>>802.1Q VLAN>>VLAN 配置，可以查看当前已经创建的 802.1Q VLAN。

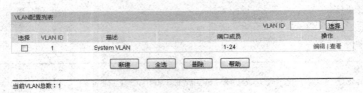

图 4-27　查看 VLAN 列表

在默认情况下，为了保证交换机在出厂情况下能正常通信，所有端口的默认 VLAN 均为 VLAN 1，只有属于 VLAN 1 的端口才能访问交换机 Web 页面。VLAN1 无法编辑和删除。单击"新建"按钮，可以创建新的 VLAN，如图 4-28 所示。

图 4-28　创建或编辑 802.1Q VLAN

填写 VLAN ID 为 VLAN 10，VLAN 描述为普通区，选择端口1、2、3、4、17-24。运用同样的步骤可以新建 VLAN 20，VLAN 描述为游戏区，包含端口5、6、7、8、17-24；新建 VLAN 30，VLAN 描述为 VIP 区，包含端口9、10、11、12、17-24。

到此，网吧 VLAN 就创建完成。

4.3　任务 3：网管计费系统的选型及配置

【背景案例】XXX 网吧网管计费系统的选型 [15]

网吧网管计费系统是网吧经营管理的必备软件，选型时必须充分考虑到计费系统的专业性、稳定性、可靠性以及在网吧行业中的认可度。为此，本网吧建设项目在设计时选择了功能完善、计费准确、界面友好、安全稳定，如图 4-29 所示的网吧业主的得力助手——"万象网管 2008 标准版"作为网管计费系统。

该系统具有以下特点：

（1）采用 SQL Server 2000 数据库程序，计费系统采用服务端、客户端两层架构，继万象网管系列产品的一惯特点，使用简单，安装方便。

（2）全新的包间计费功能，可按规模自由设定多台机器统一计费管理——包间化。持实名卡用户或非实名用户均可在服务端申请开通包间上机；支持 VIP 贵宾间、情侣座等多种包间方式。

（3）多样化会员等级费率管理，将会员分为计费会员和计时会员，其中计费会员可分为多个等级，如普通、黄金、VIP 等，每个会员等级可设置单独的费率，并可以再为每个会员等级的设置上机折扣。

图 4-29　万象网管 2008 标准版

（4）会员积分兑换，计费会员每充值 1 元，即可累积 1 个可用的兑换积分。积分直接反映出这个用户在网吧的消费情况，网吧可依此制定相应的会员管理政策来稳固更多的顾客；会员的可用积分现在能兑换成上机费用了，也可以用于购买商品了，只需设置兑换比率，顾客就可在吧台或客户机申请按比例将积分换成消费金额。

（5）硬件资产管理，收银端会自动收集客户机的硬件信息并存于服务端，可查看每台机器的配置情况。当机器的硬件配置发生改变时，服务端将自动报警提示。

（6）自助转换消费模式，顾客上机后，在任意时间段，都可以自助地改变其消费模式。比如由标准上机模式转为定额上机模式，由标准上机模式转换为通宵计费模式等。

（7）增强挂机锁，当顾客暂离电脑时，若干挂机锁，设置自己的密码，以防别人使用。即使被别人强行重启电脑，此锁定仍然有效，必须凭顾客自己设置的密码才能解开。

（8）关机提醒，当用户上机后离开并将电脑关闭，而忘了结账的时候，服务端给出"人性化"提示："有机器在计费但是已经关机。"以减少因顾客疏忽结账而给网吧带来乱扣费的误会。

（9）短信账务，可自动向业主发送包括网吧的营业统计、交班情况、硬件信息情况和网吧实发事件等短信，让业主身在外地也可以掌握网吧的经营情况。

15　资料来源：南宁市 JS 网吧实施方案

网吧的收入主要来源于顾客到网吧使用计算机上网收取机时费，对于一个有着上百个机位的网吧来说，采用人工记录、人工安排顾客上机是无法想象的。在信息化如此发达的今天，完全可以采用管理软件来统一管理记录顾客上下机、计费、上机卡、机器使用情况，提供简单的统计功能及超时超费提醒功能等。现在网吧计费管理系统已广泛地被各个网吧采用，它可以让网吧少些网管就能把网吧管理得井井有条，使各项业务的办理迅速、准确，极大地提高了网吧管理的工作效率，更重要的是能准确地计费、减少网吧的损失。本任务将重点介绍常用网吧网管计费系统的选型以及网吧计费系统的配置。

4.3.1　常用网吧网管计费系统的选型

常用的网吧计费系统有万象网管、Pubwin、龙管家、佳星、金钥匙、奥比特、嘟嘟牛、摇钱树及美萍等，每个系统都有自己的优缺点。

　　根据天下网盟 2011 年中国网吧行业调查报告，万象网管与 Pubwin 这两款传统的网吧计费系统分别以 35.4%与 26.9%的市场占有率分列第一位、第二位，但与 2010 年相比万象网管与 Pubwin的市场占有率都有一定程度的下滑，而龙管家、一卡通、嘟嘟牛这几款软件的占有率则呈上升趋势，如图 4-30 所示。

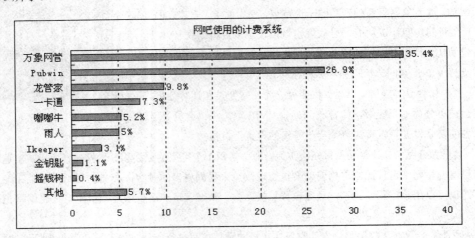

图 4-30　2011 年网吧计费系统市场占有率

　　由于正规网吧的计费系统基本都是由公安部指定安装，网吧不能自由选择。因此，在未来两年，只要软件不出现太大的问题，万象网管与 Pubwin 仍然会领先于其他对手。下面介绍几种常用的网吧计费系统，网吧经营者可以根据自己本身的情况选择计费系统。

1. 万象网管 2008

万象网管 2008 利用最新技术和合作，在保障网吧安全和提高网吧收入两个方面更有全新突破，让网吧的电脑更安全，管理更轻松。令业主随时随地掌握网吧的最新情况，大大降低了网吧的经营风险。

万象网管的主要优点：

- 功能模块分离。万象网管 2008 分为数据库、计费服务器程序、收银端程序、客户端几个部分，计费服务程序与数据库相连，专用于费用计算及各种命令的集中处理，而收银端仅仅起到信息显示及接收用户的操作指令的作用；所有数据全部保存在数据库及计费服务器上，收银端不保存任何数据，这样，在收银端出故障时，可以立即找到另一台机器安装收银端，对营业不产生任何影响。可实现多收费机管理，每个收费机都可以管理整个网吧的电脑。
- 可以轻松管理超过 2000 台以上的电脑。
- 通信安全可靠。在万象以前的版本中，一直是采用 IPX 协议进行管理的，但对于网络环境不太好的网吧，IPX 容易产生脱管问题；因而，在 2008 中采用了 UDP 协议，使用网吧通信更加可靠。
- 万象网管 2008 集成了更多增值服务，能够直接增加网吧的收入。

2. Pubwin 2009

Pubwin 2009 是基于广泛征集网管和业主的需求及建议之上研发的，满足网吧使用及管理需求，其具备高度的安全性能；灵活部署、集中管理的特性；丰富的商业策略；严谨与高效的业务流程设计；低资源占有率及高速的启动速度和便捷高效的配置管理等；融入众厂商产品用户使用习惯并结合免费的带有虚拟还原功能的迅闪 2007，不但具有强大功能，而且软件容易上手和使用。

主要优点：Pubwin 2009 基于 Web 服务的分布式体系结构，建立在高性能的数据库 Mysql 和 J2EE 容器之上，能够支持 Linux 和 Windows 等多种操作系统，企业级构架使 Pubwin 2009 用户可靠与强大的处理能力，能够胜任任何超大网吧的管理要求。

3．龙管家

● 集审计、实名、计费等功能为一体，满足公安机关对网吧安全技术措施的新要求。
● 采取分布式探针（即客户端/服务端）模式，最大程度减轻安全技术产品对网吧网络资源和带宽的影响。
● 安全技术措施的落实有保障，只要正常安装、使用本产品，就能确保网吧能符合公安机关对网吧安全技术措施的各项要求。
● 管理经营严格规范，采取 SQL 数据库模式，能更好地防止解锁、破解、逃费、截留收银款等弊端，安全保障性更强，财务管理更规范。

4．网吧一卡通

一卡通是由深圳市领路达方公司开发的智能卡会员制网吧（机房）管理系统，它可以实现真正的会员制管理理念，完全采取 IC 卡自助式上机，无需管理人员干预，并能给上机顾客提供最人性化的点到点的服务；同时可以在网吧的不同区域设置多个收银点，适合大、中、小网吧以及学校机房的经营。

该系统的特点：

● IC 卡智能设备和管理软件构成的全自动收费管理系统完全取代了人工收费，先充币值后消费，可以保证消费资料齐全和避免收费时不必要的争端。
● 可以针对不同的消费者，不同的消费时段，不同的终端或置于不同地点的计算机设定不同的收费标准。
● 可以设定有时间限制的包月卡、包夜卡，月卡可以更好地稳定客源。
● 可在服务器上随时查询，打印顾客消费情况；
● 费率多样化，有利于吸引更多消费者；
● 具有 IC 卡远程充值功能，即顾客可以在上网过程中不拔卡充值；
● 人机界面好，操作方便；
● 具有上机上网外的其它消费（如买饮料、食品等）的 IC 卡扣款、结帐等管理功能，实现一卡多用；
● 本系统可用于无盘工作站，如斯伯林明智系统、创世纪系统。

4.3.2　常用网吧网管计费系统的配置

常用的网吧网管计费系统都是易于安装配置的，下面以万象 2008 标准版为例介绍如何为网吧安装计费系统。

1．安装万象网管 2008 系统

（1）机器配置，如表 4-5 所示。

表 4-5　机器最低配置要求

服务端和收银端最低配置	客户机最低配置
CPU：奔腾 3.0GHz	CPU：赛场 1.0GHz
内存：1GB	内存：128MB 以上
硬盘：剩余 100GB 空间	硬盘：剩余空间 200MB 以上
显示模式：1024*768	网卡：100 网卡
网卡：100M 网卡	操作系统：Win2000、WinXP、Win2003
操作系统：Win2000 以上版本（推荐安装 Server 版）	支持无盘
数据库：SQL 2000 以上版本或者 MSDE	

（2）下载万象最新版（http://down.sicent.com/webdown/wx2008_v2.8.1.exe）

双击下载好的 Wx2008_v2.8.1.exe 文件，解压缩文件。在解压出来的文件夹中双击 Server.exe 文件，开始安装万象网管 2008，如图 4-31 所示。

阅读并同意许可协议后，选择"我同意此协议"，单击"下一步"继续。然后选择要安装的目标目录，或者手动输入，单击"下一步"继续，如图 4-32 所示。

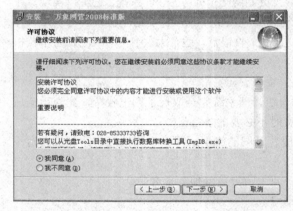

图 4-31　万象网管 2008 安装协议

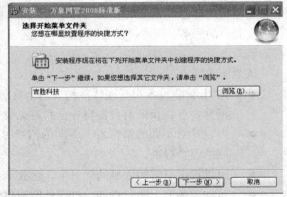

图 4-32　选择软件快捷方式放置位置

然后，选择"开始菜单"文件夹，单击"下一步"继续。选择协议类型，建议使用 TCP 协议，更安全、可靠，单击"下一步"继续，如图 4-33 所示。

此时如果采用 MSDE 2000 作为数据库服务器，请选中该选项。设置完成后，单击"下一步"继续，安装程序将自动安装 MSDE，安装完成后，将自动跳转到下一个安装界面。如果机器本身已装有数据库服务器，则不要勾选"安装数据库服务器"选项，如图 4-34 所示。

在图 4-35 中填入数据库服务器的 IP 或者机器名，如果安装 MSDE 时使用的是默认密码，登录 ID 和密码都是默认的，不需要修改即可，数据库名称也是默认的。如果之前已经使用过万象 2008，并且数据库存在，请填入已经存在的数据库。执行成功后，会出现安装详细信息，确认无误后，单击"安装"即可开始安装万象网管 2008 服务端，如图 4-35 所示。

当出现图 4-36 所示的界面时，不要勾选"启动万象网管 2008 服务端"，单击"完成"按钮即可完成服务端的安装。

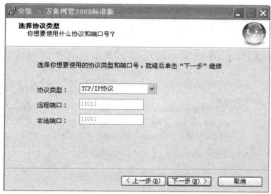

图 4-33   选择协议类型

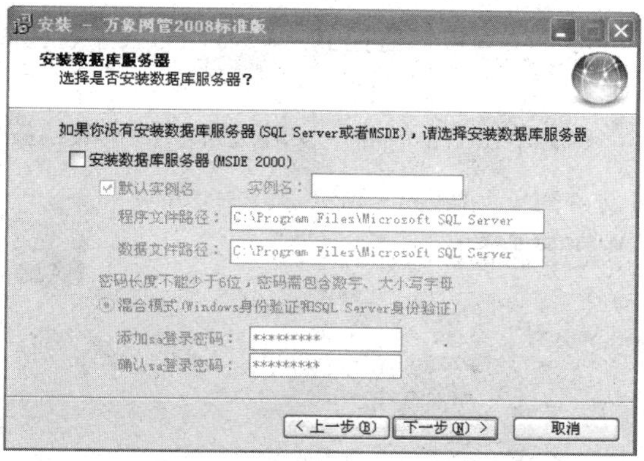

图 4-34   选择是否安装数据库服务器

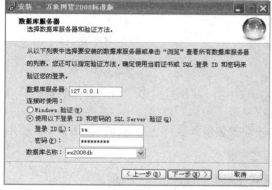

图 4-35   选择数据库服务器和验证方法

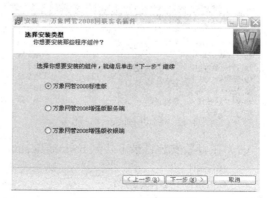

图 4-36   万象网管 2008 安装完成

2. 联系注册

安装好服务器端后还需要登录到吉胜科技网站（http://www.sicent.com/Regiest_ID.aspx）进行注册，在充值成功后就可使用了。

3. 安装万象插件

（1）登录吉胜科技网站下载插件并解压安装包，执行可执行文件"万象网管 2008 同联实名插件 2009042301.exe"，如图 4-37 所示。

（2）单击"下一步"继续，如图 4-38 所示。

图 4-37   万象网管 2008 同联实名插件安装

图 4-38   选择安装类型

（3）填写审计监控 IP（如监控与万象装在同一台电脑中，则填写服务端 IP 即可），如图 4-39 所示。

（4）单击"下一步"安装选择软件安装位置，如图 4-40 所示。最后单击"下一步"安装完成。

图 4-39　输入同联监控服务器 IP　　　　　　图 4-40　选择软件安装位置

（5）单击桌面的"开始"菜单，再选择"运行"选项，并在随后出现的"运行"输入框内输入万象安装路径 \barservice.exe –install，然后回车或单击"确认"按钮。

注明：如果网吧是卸载万象后二次安装，实名插件安装步骤执行之后会弹出以下窗口，不用理会，单击确认，如图 4-41 所示。

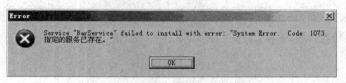

图 4-41　卸载万象后二次安装警告

（6）打开"服务"选项，找到 Barservice 这项服务，开启服务，如图 4-42 所示。这时桌面右下角会弹出注册窗口"警告：请注册实名程序"。

单击之后在弹出的对话框中填写网吧相应的注册信息，如图 4-43 所示。

图 4-42　启动 Barservice 服务　　　　　　图 4-43　网吧注册

（7）在万象安装目录下找到 barinterfice.ini 文件进行相应的修改。如：

```
[mysql]
SqlHost=192.168.0.201
[client]
```

ReserveIP=192.168.0.202

TimeStemp=600

打开后在 SqlHost=填写审计 IP，在 ReserveIP=填写吧台（服务端）IP，保存退出。

（8）将主程序补丁（wxServer.exe）在万象安装目录下替换掉。

4．启动万象

（1）这时会弹出注册窗口，进行网吧相应注册之后，安装完毕，如图 4-44 所示。

图 4-44　网吧注册

（2）如安装正确，万象开启后右下角会出现如图 4-45 所示的图标，包括同联的审计图标（小熊）和万象吧台代理图标（淡绿色小球）。注：如果安装不正确，则审计图标以一个小猪呈现。

（3）万象左下角显示万象网管状态信息，如图 4-46 所示。

图 4-45　万象吧台代理图标

图 4-46　万象网管状态信息

5．安装客户端插件

在客户端安装插件 Client.exe。安装只需单击"下一步"，要注意安装时需要填写审计 IP 和吧台 IP。

6．安装完成

安装工作完成。

4.4　任务 4：网吧网络布线系统的设计与实施

【背景案例】XXX 网吧网络布线系统总体设计方案 [16]

1．网吧概况

XXX 网吧位于某大厦临街的一层，占用一个面积约为 450m²（宽约 18m、长约 25m）的大开间。整个网吧的网络系统拥有 150 台客户机，分为普通区、游戏竞技区、VIP 贵宾区等三个区域，网络拓扑结构详见图 4-1（即 4.1 节中的背景案例）。

2．网吧网络需求分析

作为一个中型网吧，为更好地满足客户从简单的网页浏览，到视频 QQ 聊天、收发邮件、VOD 点播、网络游戏、网络电影、IP 电话、网络培训、金融服务、网上营销、网上办公等不同的使用需求，网吧的网络系统需要双光纤接入 Internet，主干跑千兆，百兆交换到桌面的以太网构架。同时，对不同的区域采用不同 PC 机配置及不同的收费标准，并通过多台功能不同的服务器，在网吧内建立一个以网络技术、计算机技术与现代信息技术为支撑的娱乐、通信、管理平台，将现行以游戏为主的活动拓展到多功能娱乐的平台上来，藉以大幅度提高网吧竞争和盈利能力，建设成一流的高档网吧。

　　3.　网吧网络布线系统的设计

　　本网吧的网络布线系统采用专业化、规范化的设计理念，以先进性、可靠性、经济性、灵活性并重为设计原则，遵循我国有关网络综合布线系统设计、验收的最新标准和规范进行设计、施工及验收。

　　在网络布线系统的布局设计上，充分考虑到网络系统在以太网规范、带宽、距离等方面的要求，以及整个网络所处环境中各节点的连接距离均不超过 100m 的特点，采用以超 5 类 UTP 为主体、局部使用 6 类 UTP 和多模光纤的布线方式。其中，网络设备集中安装在标准机柜中，并设置在网吧大门即安全门之间的吧台中间；三个区域的网线分别按普通区 64 机位、游戏竞技区 64 机位、VIP 贵宾区 20 机位，将 150 条超 5 类 UTP 网线沿网吧的中轴线走地槽铺设，每个区域的走线在相应的联排电脑桌下方进行分支转折，然后沿联排电脑桌的方向从下方的地槽继续走线；最后，各区域的走线在到达每个机位的地方留出 2m 左右的网线从地槽穿出地面，并直接打上 RJ45 水晶头作为各 PC 机的"跳线"。具体布局如图 4-47 所示。

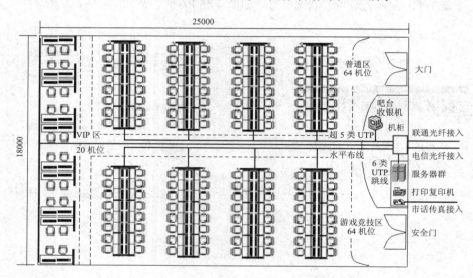

图 4-47　网吧网络布线系统走线布局图

　　本网吧的网络布线系统属于网络机房类的综合布线，与标准的网络综合布线系统相比，显得更为追求简捷、经济和实用。这主要体现在以下三个方面：

- 所有的网络布线器材均选用性价比及知名度较高的 TCL 产品，包括超 5 类和 6 类 UTP 网线、水晶头、42U 的标准机柜、24 口配线架、理线架等等。
- 设备间子系统采用标准机柜集中安装路由器、交换机、光纤收发器等网络设备，并同时兼备管理子系统、进线间子系统的功能。为降低散热成本，服务器群以开放方式安放在机柜旁的电脑桌上。
- 水平布线的配线子系统直接从设备间的配线架开始，直接铺设到各机位的桌面，兼备有工作区子系统的功能，取消了信息盒及桌面跳线。

整个网络布线系统的具体设计及连接方式如图 4-48 所示。

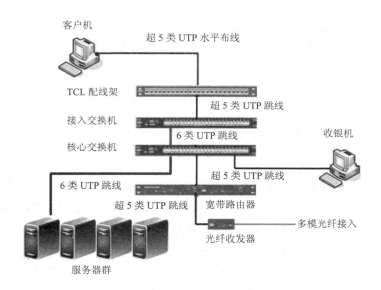

图 4-48　网吧网络系统连接图

（1）设备间子系统的设计。

设备间子系统由机柜、配线架、理线架及网络设备等组成。其中，配线架上标明各机位的编号，并通过超 5 类 UTP 跳线，实现各客户机与接入交换机的连接；接入交换机则通过 6 类 UTP 跳线与核心交换机连接；核心交换机通过 6 类 UTP 跳线与服务器群连接；收银机、宽带路由器通过超 5 类 UTP 跳线与核心交换机连接；联通、电信通过多模室内光纤接入光纤收发器，然后通过超 5 类 UTP 跳线接入宽带路由器。

（2）配线子系统的设计。

配线子系统由普通区、游戏竞技区、VIP 贵宾区等三个区域的水平布线组成。各区均从机柜中的配线架开始进行水平布线，其中，普通区通过 64 条超 5 类 UTP 水平布线分别与该区的 64 机位直接连接；游戏竞技区通过 64 条超 5 类 UTP 水平布线分别与该区的 64 机位直接连接；VIP 贵宾区通过 20 条超 5 类 UTP 水平布线分别与该区的 20 机位直接连接。为便于规范管理，所有直连客户机位的网线末端必须按机位编号并做好牢固的标签，标签的编号必须与配线架上的机位编号一致。

4. 网吧视频监控系统布线的设计……（略）

———————————
16 资料来源：南宁市 JS 网吧实施方案

任务导读

所谓布线，顾名思义，布线就是布置线缆、安放线缆。在建设智能楼宇时需要先将网线、电话线、有线电视等信号线接入到每间房里方便使用，因此在布置线缆时要遵循一定的标准，此标准就是结构化布线所要遵循的。只有按照一定的"结构化"来布线才能在日后的工作中将网络故障发生几率降到最低，也能加快排查网络问题的速度。

网吧网络系统的综合布线相对复杂，施工要求高，切莫认为网吧布线就是随便接上电源，联通网线就可以了，在布线系统设计的过程中还需要与配套的供电系统结合起来考滤。虽然网吧对于综合布线的需要日益加强，但中小网吧在布线上的预算并不多。怎样才能经济高效的给中小网吧的布线，是每个布线工作人员要考虑的主要问题。网络系统的综合布线，一般可分为设计、施工和验收

三个过程。本任务将重点介绍网吧网络布线系统的设计、布线系统的器材选型及布线系统的施工与验收。

4.4.1 网吧网络布线系统的设计

1. 网吧网络布线设计原则

网络布线系统作为基础设施的重要组成部分，尽管只占总投资的 2%左右，但是却决定着网络所能提供的最大带宽，而且一旦实施就很难再扩充和更换。并且网吧网络环境比较特殊，因此，在网吧网络布线系统设计过程中需要遵守以下原则：

- 先进性。实施后的布线系统应满足当前和将来网络通信技术发展的要求；
- 灵活性。布线系统应能够满足灵活应用的要求，除固定于建筑物内的缆线外，其余所有的接插件都应是积木式的标准件，以方便管理和使用。
- 扩充性。布线系统应是可扩充的，以便将来发展时，容易将设备扩展进去。
- 可靠性。在数据高速传输时，有很好的抗干扰能力，能适应复杂的电磁干扰。
- 经济性。在满足应用要求的基础上，尽可能降低造价。

为满足上述要求，网吧布线系统通常采用结构化综合布线系统。

2. 综合布线标准

网吧网络综合布线应当遵循以下国际和国家标准：

- ISO/IEC 11801 信息技术—用户建筑群的通用布缆。
- EN 50173 信息技术—综合布线系统。
- TIA/EIA-568C 商业大楼电信布线标准。
- TIA/EIA-569 通信路径和空间的商业建筑标准。
- TIA/EIA-606 电信基础设施管理标准。
- GB/T 50311－2007《建筑与建筑群综合布线系统工程设计规范》。
- GB/T 50312－2007《建筑与建筑群综合布线系统工程验收规范》。

3. 网吧布线需求

网吧布线主要是设计一套能符合现有国际国内规范的，能满足目前以及未来几年的各种应用，同时是灵活、安全的综合布线系统，并按照"统一设计、统一规划、统一施工、统一管理"的设计思路进行。

由于网吧通常只是分布在同一楼层,因此系统设计结构只需要按照工作区子系统、配线子系统、设备间子系统、管理子系统及进线间子系统共五个子系统进行划分和组成。竣工后的综合布线系统要求做到系统配置灵活、易于扩充、易于管理、易于维护以及满足相关的国际标准和国家标准。

本任务背景案例中设计的中型网吧，为更好地满足客户从简单的网页浏览，到 QQ 视频聊天、收发邮件、VOD 点播、网络游戏、网络电影、IP 电话、网络培训、金融服务、网上营销、网上办公等不同的使用需求，网吧的网络系统需要双光纤接入 Internet，主干跑千兆，百兆交换到桌面的以太网构架。网吧主要分为三个区域，信息点分别按普通区 64 机位、游戏竞技区 64 机位及 VIP贵宾区 20 机位计算。

4. 进线间子系统

网吧进线间子系统是网吧与外部通信系统连接的布线设施，主要由进入网吧的电缆或光缆与进线线缆交接的配线设备等组成。目前，大部分的网吧都是通过电信与联通双光纤接入因特网，根据网吧路由器的不同类型有两种方式进行连接。如果路由器的 WAN 口只配有电口，那么可使用电信光纤接入到光纤收发器再用双绞线跳线接入路由器 WAN 口方式。如果路由器的 WAN 口配有光纤模块，则可用电信光纤接入到光纤收发器再用光纤跳线接入路由器 WAN 口方式。

5. 设备间/管理子系统

由于中小型网吧面积不大，位于同一楼层，可以将设备间子系统与管理子系统合二为一，既提高了网吧空间利用率，又可实现对网络设备的统一管理，便于提供稳定的电源和良好的运行环境。如果网吧的预算充足的话可以将设备间安置到一个房间里，如果预算较紧也可以将网络设备安放到机柜放置到吧台区域，如背景案例中的图 4-46 所示。

设备间是整个网络的数据交换中心，它的正常与否直接影响着用户的网络质量，所以设备间须进行严格的设计：

- 设备间应尽量保持干燥、无尘土、通风良好，应符合有关消防规范，配置有关消防系统。
- 应安装空调以保证环境温度满足设备要求。
- 数据系统的光纤盒、配线架和网络设备均放于机柜中，配线架、线管理面板和交换机交替放置，方便跳线和增加美观。网络服务器与主交换机的连接应尽量避免一切不必要的中间连接，直接用专线联入主交换机，将可能故障率降至最低点。

网吧的管理子系统设置在设备间，所用设备间配线架的数量主要是根据总体网络点的数量来配置的，并加上一定的余量。配线架的连接方式采用直接连接方式，方法简单且节省成本。

6. 配线/工作区子系统

配线子系统的范围是从设备间的管理子系统至工作区信息插座，主要由用户信息插座、水平电缆、配线设备等组成。在网吧建设中配线子系统是信息传输的重要组成部分，通常采用星型拓扑结构，每个信息点均需连接到管理子系统，常采用埋入式进行布线。

考虑到网吧的特殊性，工作区子系统设计中由于信息点位置固定且较为集中，为节约成本，通常取消使用信息插座，在配线到达每个机位的地方留出 2m 左右的网线从地槽穿出地面，并直接打上 RJ45 水晶头作为各 PC 机的"跳线"。

背景案例中在整个布局设计上，如图 4-47 所示，考虑到网络系统在以太网规范、带宽、距离等方面的要求，以及网络中各节点的连接距离均不超过 100m 的特点，采用以超 5 类非屏蔽系统（百兆到桌面）。网络设备集中安装在标准机柜中，并放置在网吧大门即安全门之间的吧台中间；三个区域的网线分别按普通区 64 机位、游戏竞技区 64 机位、VIP 贵宾区 20 机位，将 150 条超 5 类 UTP 网线沿网吧的中轴线走地槽铺设，每个区域的走线在相应的联排电脑桌下方进行分支转折，然后沿联排电脑桌的方向从下方的地槽继续走线；最后，各区域的走线在到达每个机位的地方留出 2m 左右的网线从地槽穿出地面，并直接打上 RJ45 水晶头作为各 PC 机的"跳线"。

4.4.2   网吧网络布线系统的器材选型

网络布线系统产品种类多型号复杂，根据不同的环境和布线要求进行适当的选型尤为重要。网吧的网络布线系统属于网络机房类的综合布线，与标准的网络综合布线系统相比，显得更为追求简捷、经济和实用。在进行产品选型时，通常遵循以下原则：

- 高性价比。选择的线缆、接插件、电气设备等应该具有良好的物理和电气性能，且有较高的性价比。
- 实用性好。设计的系统应该满足用户未来几年的要求。

- 灵活性。符合连接硬件标准规范。
- 易扩充性好。尽量采用符合标准的易扩展的结构和接插件。
- 便于管理。有统一的标识，便于配线、跳线管理。
- 随着综合布线市场的迅速发展，布线产品线也越来越丰富。目前市场上主要品牌有 AVAYA、AMP、SIEMON、IBDN、KRONE、IBM、康普、唯康、大唐和 TCL 等。这些公司各有其优点，它们的布线产品都能达到 EIA/TIA 568 所有的五类标准。

　　网吧布线系统出于预算方面考虑，一般不会选用过于昂贵的国际品牌。目前国产厂商以 TCL、普天为代表。TCL 是国内最大的布线产品供应商，诸多指标超过 EIA/TIA 568 规定的五类标准，而且 TCL 布线系统凭借 TCL 国际电工强大的生产实力，提出"国际品质、民族品牌"为产品的立足之本，在产品品质上紧跟国际著名布线生产厂商，产品可以与国际品牌相媲美，性价比高。网吧用户推荐使用 TCL 布线产品，背景案例选用的就是 TCL 布线产品。

　　综合布线系统的器材用量最大的是传输介质，如双绞线、同轴电缆和光纤，此外还需要有其他的布线设备、部件的配合，主要是配线架、信息插座、跳线、机柜、机架、线槽和管道等。网吧布线器材的选型，应根据实际的需要来具体考虑。

　　网吧工作区子系统由于环境的因素已经简化，而配线子系统是连接工作区信息点到配线间之间的线缆，主要有超 5 类屏蔽/非屏蔽双绞线。当需要更高带宽应用时，亦可以采用 6 类双绞线或光纤。TCL 通过提供各种性能的线缆，满足不同的客户需求。在背景案例中采用超五类 4 对非屏蔽双绞线电缆及 RJ-45 连接器。

　　网吧设备间子系统采用标准机柜集中安装路由器、交换机、光纤收发器等网络设备，并同时兼备管理子系统、进线间子系统的功能。为降低散热成本，服务器群以开放方式安放在机柜旁的电脑桌上，标准机柜如图 4-49 所示。

　　网吧管理子系统由各种规格的配线架实现水平的端接及分配，由各种规格的跳线实现布线系统与网络设备的连接，并提供灵活方便的线路管理能力。TCL 的配线架为标准化、模块化设计，并采用高性能的插接式跳接线，连接简单可靠，并具有优良的可管理性和系统扩展能力。主要产品：铜缆系列的 RJ45 模块式配线系统、110 配线系统，光缆系列的 PD1124 模块式配线架。

　　模块化配线架是符合 ISO11801 国际标准，满足 EIA 标准的 19 英寸标准安装方式，与 PM1011 型超 5 类信息插座模块快速配合安装，具有 24 口或 48 口模块化配置插座端口，如图 4-50 所示。

图 4-49 标准机柜

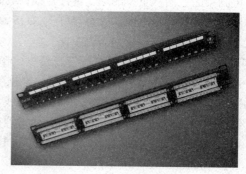

图 4-50 TCL 模块化配线架

为了对线缆进行管理使之变得整齐、有条理，可以使用理线器。使用时，将线缆放入线槽内，使得线缆整齐合理，方便系统维护。主要的产品有 19 英寸标准机柜用 1U 宽度理线器组件（黑色）、19 英寸标准机柜用 1U 宽度理线器组件（白色），如图 4-51 所示。

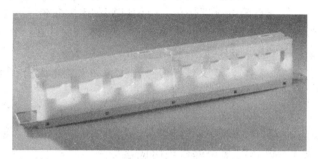

图 4-51   TCL 理线器

4.4.3   网吧网络布线系统的施工与验收

1. 网吧网络布线系统的施工

工程的实施是整个项目建设成败的关键，在网吧进行综合布线系统施工前制定一个可行的高质量的安全施工方案是向用户提供符合用户需求的优良工程的保证，还可为未来的维护、升级提供最大的便利。一个优秀的综合布线系统设计方案的完美实现，需要有优秀的管理人员进行工程的组织及出色的技术人员进行施工，还需要有好的工程材料、施工的设备及工艺等。

网吧网络组建工程经过调研、确定方案后，就进入到工程的实施阶段了。在工程实施就是开工前要求做一些准备工作：

（1）根据网吧网络系统拓扑结构及现场环境设计综合布线实际施工图，确定布线的走向位置供施工人员和管理人员使用。

（2）为工程准备施工材料，有的材料必须在开工前就备好料，有的可以在开工过程中备料。主要有以下几种：线缆、插座、信息模块、服务器、网络设备、不同规格的槽板、ＰＶＣ防火管等布线用料。

（3）向用户提交开工报告。

开工准备工作做好后接下来就是施工阶段。众所周知，网络的发展非常迅速，几年前还在为 10Mbps 到桌面而努力，而今已经是 100Mbps，甚至是 1000Mbps 到桌面了。网络的扩展性是需要引起重视的，谁都不想仅仅使用 2～3 年便对布线系统进行翻修、扩容，所以留出富余的接入点是非常重要的，这样才能满足日后升级的需求。网吧网络系统的综合布线施工如同电源系统布线一样，也需要在装修未完成之前进行，而且与一些装修要同步进行。根据多年结构化布线和故障排除的经验，在布线施工时需要注意几点事项，特别是网吧布线时应注意，这样才能保证工程的质量，保证网络的顺畅。

● 施工现场督导人员要认真负责，及时处理施工进程中出现的各种情况，协调处理各方意见。如果现场施工碰到不可预见的问题，应及时向工程单位汇报，并提出解决办法供工程单位当场研究解决，以免影响工程进度。

● 对工程单位计划不周的问题，要及时妥善解决。对工程单位新增加的点要及时在施工图中反映出来。

- 水晶头选择：水晶头质量的优劣，也会影响网络传输质量。一定要选择质量较好的水晶头，质量低劣的水晶头，长时间使用之后金属片与网线接触不良，网线会出现时通时不能的症状。

- 双绞线制作：双绞线有两种标准接法，EIA/TIA568B 标准和 EIA/TIA568A 标准。一般情况下，网吧都用直通线，即双绞线两端全部用 568B 线序连接；交叉线用于交换机与路由器之间的级联，一端用 568B 线序连接，另外一端用 568A 线序连接。由于目前很多品牌的交换机都支持端口翻转，交叉线已经被淘汰。如果施工人员在制作双绞线时不是采用标准接法将直接影响网络传输质量。

- 双绞线铺设：双绞线要铺设在 PVC 管道或金属线槽中，有条件的网吧可以将网线铺设在专用通道中，尽量绕开空调等电器。双绞线两端要保留一定的长度，应对水晶头损坏时重新做水晶头。有多余的电缆时应该按需要的长度剪断，而不是将其卷起并捆绑起来。

- 线路标记要记录：在布线施工的过程中，通常数十条甚至上百条双绞线布置在一个管道中。为方便排查故障，在铺设网线时，每条双绞线一定要做标记。不仅要在双绞线两端做相同的标记，而且每隔十几米都要做一个标记。标记一定要清晰、有序，只有这样才能给下一步设备的安装、调试工作带来便利，确保后续工作的正常进行。

- 备份线路要铺设：从主干交换机到分支交换机，一定要铺设备份线路，防止双绞线损坏时造成大面积断网。从分支交换机到计算机之间的双绞线，也要铺设 2 条以上的备份线路，为日后双绞线损坏做应急之用。

- 防止干扰：由于电磁设备会干扰到网络传输速度，而大功率用电器产生的磁场会对附近的网线引起干扰。在结构化布线时一定要事先把网线的路线设计好，远离大辐射设备与大的干扰源。除了避开干扰源之外，网线接头的连接方式必须按标准来制作，一定要保证 1 和 2、3 和 6 是两对芯线，这样才能有较强的抗干扰能力。

- 散热：高温环境下，电子设备很容易出现故障。对于核心网络设备以及服务器来说，需要把它们放置合适的环境中进行管理，并且还需要配备空调等降温设备。

- 器材的清理：当结构化布线工作完成后就应该把多余的线材、工具、设备拿走，防止普通用户乱接这些线材。因为使用者一般对网络不太熟悉，出现问题时可能会病急乱投医，看到多余线材、设备就会随便试用，使问题更加严重。

- 对部分场地或工段要及时进行阶段检查验收，确保工程质量。

- 制定工程进度表。

工程施工结束后还需要进行相应的收尾工作，如现场的清理，保持现场清洁、美观；汇总各种剩余材料，集中放置一处，并登记其还可使用的数量；做好布线施工的总结材料。

2. 网络系统综合布线验收

在背景案例中作为一个中型网吧，7 台交换机，上百条网线，再加上路由器及主干交换机等设备组成了一个复杂的网络布线系统，如果不进行验收，一旦某个环节出现问题，解决的难度可想而知了。为此，网络系统的综合布线竣工之后，必须进行验收。验收是用户对网络工程施工工作的认可，检查工程施工是否符合设计要求和符合有关施工规范，还是保证工程质量和投产后能否正常运行不可或缺的关键步骤。综合布线系统工程的验收包括两个部分，一是物理（现场）验收，二是文档验收。现场验收是利用各类测试仪对现场进行认证，以及对施工环境、设备质量和安装工艺等众多项目的检查。

（1）物理（现场）验收。

在验收的时候，应由施工方与用户共同组成一个验收小组，对已竣工的工程进行验收。作为网络综合布线系统，在物理上主要针对几个子系统进行验收。

工作区/配线子系统验收 线槽走向、布线是否美观大方，安装是否符合规范。槽与槽，槽与槽盖是否接合良好。水平干线槽内的线缆有没有固定。

管理间/设备间子系统验收，主要检查设备安装、标签的编号是否规范整洁。

验收不能等到工程全部结束后才进行，有些内容需随工检查，发现不合格的地方，做到随时返工，如果完工后再检查，出现问题就不好处理了。网吧布线系统的验收可以按以下几点进行。

1）环境检查。环境检查包括工作区、设备间、进线间及入口设施。具体检查的内容有：设备间、管理间的设计；地面、墙面、电源插座、信息模块座、接地装置等要素的设计与要求；线槽、打洞位置的要求；施工队伍的素质以及施工设备；器材堆放是否安全、达到防火防盗要求。

2）施工材料的检查。施工所用的材料双绞线、光缆、塑料槽管、金属槽是否按方案规定的要求购买。交换机、路由器等设备是否按方案规定的要求购买。

3）检查线缆及设备安装。双绞线电缆和光缆安装主要内容有线槽安装位置是否正确、安装是否符合要求、接地是否正确。

线缆敷设包括检查线缆规格、路由是否正确，对线缆的标号是否正确，线缆拐弯处是否符合规范，线槽、线缆固定是否牢靠等。

网线敷设完毕、水晶头安装完毕之后，必须用网络测试仪测试网线的性能指标是否正常。如果网线不正常，可以检查是网线质量问题还是水晶头制作问题，然后重新测试，一直到网线的性能指标合格，可以正常通信为止。

设备的安装主要是路由器交换机放置的位置及机柜与配线面版的安装。需要检查的是设备的型号、外观是否符合要求。跳线制作是否规范，配线架面版的接线及标签是否美观整洁。网络设备安装完毕之后，需进行加电测试，检查一下每台网络设备工作是否正常。然后测试网络设备的每个端口是否可以正常通讯，及时发现故障并加以排除。

4）系统测试。和其他的网络布线系统测试相同，网吧布线系统的测试包括布线测试和负载测试。

网络设备和网线的连接性能都经过测试可以正常工作后，仍需对网络系统综合布线作最后一步的测试，就是对网络进行负载测试，类似于电源系统布线的负载测试。

负载测试可以分几个步骤进行，首先测试单点之间的网络传输速度测试，然后测试单点到多点之间的传输速度测试，最后进行综合测试，测试外部网络和内部网络的互联互通性能。其中，综合测试主要包括下载速度测试、网络游戏顺畅程度、在线影院流畅度等。如在测试中发现问题，需仔细查找原因并加以排除。

（2）文档验收。

技术文档是指为了便于工程验收和今后管理，施工方应编制的工程技术文件，一般包括工程说明、竣工图纸、设备材料明细表、施工说明、工程造价核算、验收记录等文件。文档验收主要是检查施工方是否按协议或合同规定的要求，交付所需要的文档。

4.5　小结

以"组建网吧网"为项目驱动，提出了学习时应完成的：网吧网络拓扑结构的分析设计、网吧网络硬件设备的选型及配置、网吧计费系统的选型及配置、网吧布线技术与实施等四个任务涉及的理念及基本方法。围绕这些任务对相关的知识、技能和方法进行系统介绍和讨论。

网吧网络拓扑结构的分析设计：着重讨论网吧网络拓扑结构的类型及特点，根据网吧规模及资金投入来进行拓扑结构设计。

网吧网络硬件设备的选型及配置：着重讨论从组建网吧的特殊性及网吧经营者角度出发对网络硬件设备的选型及其配置方法。

网吧计费系统的选型及配置：着重讨论当前常用的网吧计费系统的性能特点、选型方法及如何完整地配置一套计费系统。

网吧布线技术与实施：针对网吧的特点从综合布线系统的设计要领及标准、布线介质的选型、综合布线系统的实施及验收流程等三个方面，对网吧综合布线系统涉及的主要技术进行讨论。

根据每个任务的不同，以当前网吧组建项目中一个相关的、流行的背景案例为引导，为读者提供借鉴和参考，以便更好地理解相关的学习内容。同时，要求在教学过程中开展相应的实训活动，通过实践来强化学习效果，完成学习任务。

4.6　习题与实训

【习题】

1. 本章提出了哪四个任务？谈谈完成这些任务的意义是什么？
2. 网吧组建一般采用哪种拓扑结构？
3. 网吧网络设备选型要遵循哪些原则？
4. 如何选择网吧用路由器？
5. 如何选择网吧用交换机？
6. 怎样对网吧进行 VLAN 划分规划？
7. 怎样利用交换机配置网吧 VLAN？
8. 参考目前主流计算机配置，谈谈为网吧配置计算机应该注意什么问题。
9. 简述网吧计费系统的作用，常用的网吧计费系统有哪些？
10. 综合布线系统设计中要把握哪些原则？
11. 综合布线施工前要做哪些准备工作？
12. 如何选择网吧布线器材？
13. 综合布线施工时要注意哪些问题？

【实训】

1. 实训名称

网吧组建与配置。

2. 实训目的

配合课堂教学，完成以下 4 个任务：

任务 1：网吧网络拓扑结构的分析设计。

任务 2：网吧网络硬件设备的选型及配置。

任务 3：网吧计费系统的选型及配置。

任务 4：网吧布线技术与实施。

3．实训要求

（1）实训前，参与人员按每 4 人一个小组进行分组，每小组确定一个负责人（类似项目负责人）组织安排本小组的具体活动、明确本组人员的分工，每一个成员对应一个具体的任务。

（2）实训中，安排 9~12 学时左右的现场考察与配置实验，完成与上述 4 个任务相关的内容。具体安排：

先利用 3 学时左右的时间，统一组织考察当地的一个大中型网吧项目。重点关注：网吧的选址、网吧的平面布局、网络拓扑结构的设计、IP 地址的规划与子网划分、网络软硬件设备的选型、网吧的网络布线与实施过程等内容。

然后，利用 6~9 学时在实验、实训室中完成：网吧交换机的基本配置、二层 VLAN 配置；宽带路由器的接入配置；网吧计费系统的安装与配置等内容。

网络设备配置的实验中所使用的具体设备依学校的条件而定，必要时也可以在模拟环境中进行。凡不能在规定的实训学时中完成的实验项目，可利用课余时间自行完成。

（3）实训后，用一周左右的课余时间以小组为单位，由小组负责人组织人员分工协作整理、编写并提交本组完成上述 4 个任务的实训报告。建议通过多种形式开展实训报告的成果交流活动，以便进行成绩评定。

4．实训报告

内容包括以下 5 个部分：

（1）实训名称。

（2）实训目的。

（3）实训过程。

（4）结合所考察网吧，针对其选址、布局、网络拓扑、IP 地址的规划与子网划分、网络软硬件设备的选型、网吧的网络布线与实施过程等内容，以及在实验、实训室中完成的网络设备配置、计费系统配置进行归纳总结。

（5）实训的收获及体会。

项目 **5** 组建中小型企业网

项目说明

 **项目背景**

随着计算机网络通信技术的飞速发展,中小型企业计算机网络组建技术已成为计算机网络专业必须掌握的一门技术。如何科学地组建一个中小型企业网络,使其具有便利、快捷的可维护性是组建网络的重点。下面将采用项目驱动,以一个中型企业网络组网案例为基础,通过完成 5 个设定的任务,深入浅出地介绍中小型企业计算机网络组建技术。

项目目标

本项目的目标,是要求参与者完成以下 5 个任务:

任务 1: 中小型企业网总体方案的设计。

任务 2: 中小型企业网设备的选型和配置。

任务 3: 网络系统软件的选型及 C/S 服务器配置。

任务 4: 广域网接入技术的选型及配置。

任务 5: 虚拟专网 VPN 的配置。

项目实施

作为一个教学过程,本项目建议在两周内完成,具体的实施办法按以下 4 个步骤进行:

(1) 分组,即将参与者按每 4~5 人一个小组进行分组,每小组确定一个负责人(类似项目负责人)组织安排本小组的具体活动。

(2) 课堂教学,即安排 6 学时左右的课堂教学,围绕各任务中给出的背景案例,介绍涉及企业网总体方案设计、设备选型和配置、软件选型和配置,广域网接入技术的选型和配置以及 VPN 的配置方法等内容。

(3) 现场教学,即安排 12 学时左右的实训进行现场教学,组织观摩当地一个正在建设中的或已经通过验收的中小型企业网络工程项目,重点考察该项目涉及本章内容 5 个任务相关的内容,并且在实验室利用已有设备或模拟设备,例如 VMWare、Packet tracer 等软件练习软件配置及路由器、交换机的配置。

(4) 成果交流,用课余时间围绕所观摩的网络工程项目,以小组为单位,由小组负责人组织本组人员整理、编写并提交本组完成上述 5 个任务的项目总结报告。建议通过课外公示、课程网站发布、在线网上讨论等形式开展项目报告交流活动。

项目评价

任课教师通过记录参与者在整个项目过程中的表现、各小组的项目总结报告的质量，以及项目报告交流活动的效果等，对每一个参与者作出相应的成绩评价。

5.1　任务 1：企业网的总体方案设计

【背景案例】新网络、合为贵——经济危机中小企业网解决之道[17]

新网络，合为贵。贵在何处？

网络合：整合路由、交换、WiFi 无线、3G 无线、WiNet 内嵌式网管……一体化网络更易用、更可靠。

安全合：整合防火墙、防攻击、防病毒、URL 过滤、应用控制、IPS……一体化安全防护更有效。

业务合：整合 IP 电话、即时通信、短信群发、电话会议、电视会议、IP 监控……随时随地高效沟通。

2008 年，金融危机席卷全球，广大企业也受到很大冲击。在危机的影响下，企业对各方面投入都谨慎了许多。企业老板开始考虑信息化投入的风险。2009 年，H3C 隆重推出"新网络、合为贵"解决方案，从实际应用出发，全面考虑互连、管理、安全、扩展性四大要素，以"合"的理念为企业搭建高性价比的基础网络，在保持信息化品质的情况下成本降低 70%，不再让信息化成为企业的沉重负担。

中小企业花钱构建 IT 信息系统干什么？在繁华虚无、专业术语充斥的背后有着最简单、朴实的道理：

● 网络建立沟通新桥梁，局域网搭建小舞台，互联网展现大空间。

● 无线（WLAN、3G）赋予网络弹性，创造自由、整洁的办公空间。

● SSL VPN 消除员工出差的后顾之忧，公司资源如影随形，提升竞争力，规范企业管理。

● 统一通信带来运营效率，即时通信、即时会议，单击拨号，群发消息，消除隔阂，营建和谐氛围。

由于 IT 技术处于不断演进中，"IT 能给企业带来什么"这一问题也伴随着技术的演进而不断有更多样化的答案。于是很多企业都有这样一个错觉，上述的每一个裨益都需要一台设备、一笔投资来实现，而企业的基础 IT 构架就如同串糖葫芦一样，变成了一台一台设备的叠加。总之，在大众的心目中，虽然 IT 的迅猛发展缩小了中小企业与大企业之间在信息获取能力、市场营销等方面的差距，但所有的一切都需要一笔又一笔的投资来支撑。然而 2008 年的经济寒冬，使得中国中小企业 IT 预算缩减首当其冲，"人都快活不下去了，还要设备做什么"？但是，企业信息化真的等于烧钱吗？

过程的积累可以形成质变。H3C 作为 IT 技术演进整个过程的亲历者、研究者，集十余年的技术功底，在特殊时期，第一时间推出了"新网络，合为贵——H3C 经济危机下中小企业的 IT 解决之道"。这个方案在简单的路由器＋交换机的扁平二层网络中，成功地为用户实现了网管、安全防护、SSL VPN、WLAN、3G 和统一通信多种功能的融合，最大化地减少了中小企业的 IT 投入成本和管理成本。"新网络、合为贵"，使开源节流不再只是一个思路、一个口号，而变成一个可实现、可复制、看得见摸得着的中小企业信息化解决方案。

比较一：传统组网与"新网络"的投入成本比较，如表 5-1 所示。

比较二：传统网络与"新网络"的网络拓扑比较，如图 5-1 所示。

"新网络、合为贵"解决方案整合多项功能和产品，更提供了针对各行业应用的多个最佳实践案例。表 5-2 给出的是三种较典型的配置供参考。

表 5-1　传统组网与"新网络"的投入成本

传统组网			新网络		
设备	数量	总价（万）	设备	数量	总价（万）
路由器	1	0.3～1	路由器	1	0.9
防火墙	1	1～2.5	交换机	7	1～2
SSL VPN 网关	1	2～4	UTM（选配）	1	2.2
语音网关（根据单台设备路数）	5～10	5～9	融合通信配套板卡、软件（选配）	1 套	4
交换机	7	1～2			
统一网络管理系统	1	2～10			
总计		11.3～28.5			1.9～9.1

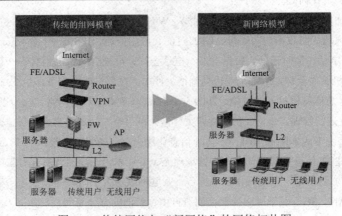

图 5-1　传统网络与"新网络"的网络拓扑图

表 5-2　典型配置

100 台 PC 企业		200 台 PC 企业		200 台 PC 企业（安全融合）	
新网络、合为贵		新网络、合为贵		新网络、合为贵	
设备	型号、数量	设备	型号、数量	设备	型号、数量
出口路由器	MSR 20-10w/15w×1	出口路由器	MSR 20-208×1	出口路由器	MSR 20-208×1
接入交换机	S2126-EI×4	核心交换机	S5528C-SI×1	多功能安全网关	SecPathU200-CM/CA
方案说明……		接入交换机	S3126-TP-SI×8	核心交换机	S5528C-SI×1
		无线 AP	WA2210-AG×N	接入交换机	S3126-TP-SI×8
		方案说明……		无线 AP	WA2210-AG×N
				方案说明……	

简单的网络、少量的投入、专业的效果，这就是 H3C "新网络、合为贵"的核心思想，H3C 也愿意与广大的中小企业用户一起进行更深入细致的探讨。

17　资料来源：http://www.h3c.net.cn/Partner/Business___SMB_Area/Solutions/Mid_Small_Enterprise/Solutions/Full_Solution/200903/629118_30007_0.htm

中小企业通常是指规模在 500 人以下的企业，如果进一步细分，又可分为 100 人以下的小型企业、100～250 人的中小型企业，以及 250 人以上的中型企业。从广义的角度，又可以将同等规模的政府、科研及教育等单位也作为中小企业来看待。许多中小企业网络技术人员较少，而对网络的依赖性却很高，因此需要网络尽可能简单、可靠、易用，降低网络的使用和维护成本显得尤为重要。企业网在组建之初，首先需要按照需求进行总体设计，设计的内容包括网络拓扑结构的选择，接入层、汇聚层、核心层的设计，以及 IP 地址的总体规划。

5.1.1　星型网络拓扑结构的选型

以一个不足 200 人的中小型企业为例：企业规模为 110~160 人，所有 PC 分布在两栋老式建筑内，A 栋有 5 层，B 栋有 3 层，机房在 A 栋。A 栋和 B 栋相距 15m 左右。每层楼的 PC 分布不均匀，部分楼层较少，部分楼层较为集中，少的楼层 PC 数量在 12~18 台之间，个别楼层 PC 数量在 50~70 台之间；A 栋 PC 总数在 70~100 之间，B 栋 PC 总数在 40~60 之间。企业网络的主要应用分为两部分：一部分是基础网络应用，它包括内部文件共享、办公自动化、邮件和网站服务；另一部分是企业的业务应用系统。另外，要支持公司中层以上干部通过 VPN 远程办公。企业大部分的用户数据来自对业务应用的访问，同时业务应用系统的可靠性的要求也最高。企业总部申请一条 ADSL 线路接入当地的 ISP，用于 Internet 接入，内部网络支持千兆，外部接百兆线路。

上述企业网络的需求并不复杂，主要是需要将两栋楼各楼层的计算机通过交换机等网络设备连接起来，访问外网，同时架设服务器供 B2C 网络应用，因此，在进行网络拓扑结构的选型时，可采用"单星型"的网络拓扑结构，具体如图 5-2 所示。

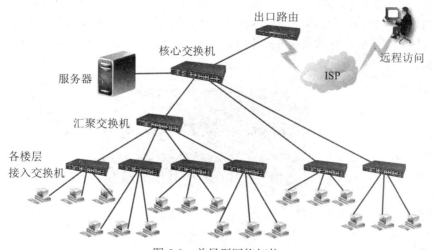

图 5-2　单星型网络拓扑

"单星型"网络是指在整个网络以一台核心层交换机为中心，下面连接多个汇聚层、接入层交换机，而且各交换机是通过级联方式的分层结构。这种结构在中小型企业网的应用中非常普遍。当用户节点数有一定的规模时，单星型网络结构一般具有"接入层"、"汇聚层"和"核心层"3 个层次。在各层中的每一台交换机又各自形成一个相对独立的星型网络结构，其实质是一种扩展星型结构。在这种网络中通常会有一个专用的机房，集中摆放所有关键设备，如服务器、网管控制台、交换机、路由器、防火墙、UPS 等等。

可以看到，该企业的整个网络分布在两栋楼里。可以将两栋楼里的网络节点通过两台汇聚层交换机分别汇聚到核心交换机上，也可只设置一个汇聚交换机。整个网络的交换机分 3 层结构：核心交换机是一台提供 4 个 1000Mbps SFP 的以太网接口、24 个 10/100/1000Mbps 接口的以太网交换机；汇聚层交换机是一台提供 4 个 1000Mbps SFP 的以太网接口，24 个 10/100Mbps 接口的以太网交换机；接入层 12 台 10/100/100Mbps 双绞线 RJ-45 接口的 24 口以太网交换机。另外，网络边缘通过边界路由器与外界网络连接。

5.1.2 接入层、汇聚层、核心层的设计

在项目 2 中已经学习了接入层、汇聚层、核心层的概念，对于中小型企业的网络，在实际运用中，不一定非要按三个层次设计，有可能会将其中两层的功能合并到其中一层中，例如接入层和汇聚层可以用同一台交换机即可，下面设计仍按三层进行分析，重点在层次设计，设备选型请参见 5.2 节。

1. 接入层的设计

接入层通常指网络中直接面向用户连接或访问的部分。接入层目的是允许终端用户连接到网络，在接入层中，主要设备是二层交换机，因此接入层交换机具有低成本和高端口密度特性。在核心层和汇聚层的设计中主要考虑的是网络性能和功能性要高，而在接入层设计上主要是使用性能价格比高的设备。

接入层是最终企业用户与网络的接口，它应该提供即插即用的特性，同时应该非常易于使用和维护。当然也应该考虑端口密度的问题。从案例需求中可以看到，各楼和楼层计算机密度分布不均匀，目前一般常用的交换机接口数为 8/24/48 口，因此在大于 24 或 48 口的情况，可以考虑采用可堆叠交换机，接入交换机之间以高速堆叠模块相互连接，并借助 1000Mbps 链路实现与汇聚层交换机之间的连接，如图 5-3 所示。

图 5-3 交换机堆叠

如果选择的接入层交换机不支持堆叠，那么可以使用链路汇聚的方式实现接入层交换机之间的高速连接（如图 5-4 所示），采用这样的方式，可以使用百兆交换机代替千兆连接，形成性价比较高的方案，这样既增加了接入层交换机之间的互联带宽，又提高了连接的稳定性。当然链路汇聚必须在同一类型的端口之间才能实现。

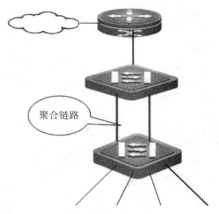

图 5-4　链路汇聚

再简单一点，还可以使用普通的级联方式，如图 5-5 所示。

图 5-5　级联

　　可以根据不同楼层的负载要求，选用不同接口数量的二层交换机，考虑到当前网络技术发展的情况，很多主机都已经配备了千兆网卡，可以选用非网管的千兆交换机，这样既可以使局域网传输速度提高，也可以节省成本。如果资金充裕，可以选用可网管的二层交换机，这样更有利于以后的管理。在图 5-2 的例子中，各楼层的电脑都通过布线系统接入到该楼层的接入交换机中，实现简单、高效的用户节点接入。

　　2. 汇聚层的设计

　　汇聚层交换机与接入层交换机之间，根据对网络稳定性、网络带宽的要求不同，可以采用两种方式：冗余连接和简单连接。

　　如果接入层计算机对网络连接要求较高，应当采用冗余连接的方式，也就是每台接入层交换机都有两条百兆或千兆链路连接至汇聚层交换机，如图 5-6 所示，当其中一条链路出现问题的时候，备用链路立即可以启用，从而保证了网络链路的稳定。

　　如果接入层的主机数量比较少，并且对网络稳定性没有特别的要求，也可以采用简单链路方式，只用一条链路连接接入层交换机和汇聚层交换机，如图 5-7 所示，这样以节约设备购置、网络布线的费用。然而，当这唯一的链路出现故障时，就没有办法立即恢复了。

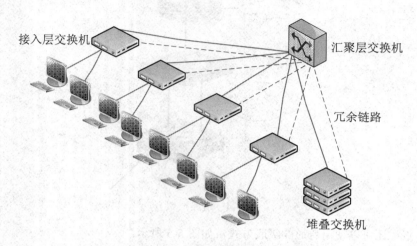

图 5-6　冗余连接方式

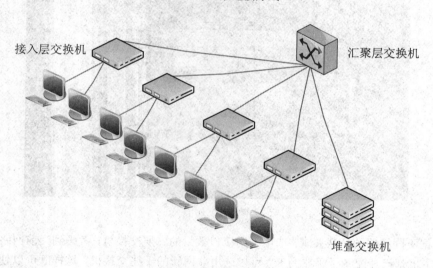

图 5-7　简单连接方式

连接核心交换机与汇聚层交换机也是一样的设计方式，可以通过普通双绞线实现扩展级联。当然，为了实现冗余连接，汇聚层的每台交换机都要与每台核心交换机分别连接。因为本案例中核心交换机和汇聚层交换机都有足够的 RJ-45 千兆位端口，可以满足冗余连接要求。然后把其他要与核心交换机连接的网络设备连接起来，如管理控制台、一些特殊应用工作站、负荷较重的网络打印机等。但要注意至少每台交换机要留有两个以上备用端口。在图 5-2 的例子中，汇聚交换机的主要作用是将接入层的交换机连接起来，再连入核心交换机。

3. 核心层的设计

在图 5-2 的例子中，核心交换机主要有四个作用：连接汇聚层交换机，连接服务器，连接部分接入层的交换机，连接网络出口的路由器。按照标准的设置，各接入层的交换机应先进行汇聚，再接入核心交换机。但是在实际应用中，考虑到企业实际情况，为节约成本，省去了一台汇聚交换机，而将同一栋楼的接入交换机直接接入核心交换机。

如果要考虑提高可靠性，可采用高冗余度的"双星型"拓扑结构，即设置两台核心交换机，核心交换机之间先通过 SC 光纤端口进行负载均衡和冗余连接，然后再通过一主一备的冗余链路与汇聚层交换机连接，与核心交换机连接的服务器则通过两块双绞线千兆位网卡分别与两台核心交换机进行冗余连接。这种结构的组网成本较高，多为大中型的企业网所采用。

5.1.3 IP 地址的分配及子网的划分

目前中小企业网络 IP 分配方法主要有手工静态分配和 DHCP 服务器动态分配两种分配方式，但是此两种方式在应用过程中存在不同的问题。如手工静态分配，在客户端进行 IP 配置，相对较严谨，管制较完全，但一般非 IT 性质的中小企业，没有专门的网络管理员，在出现由于 IP 配置导致的网络问题时，解决问题有一定的难度。此外，静态配置对于一些移动办公或临时性使用网络的人员，实际操作也很麻烦。而对于 DHCP 服务器动态分配而言，中小企业网络管理人员使用 DHCP 服务器来为用户节点自动分配 IP 地址，这样大大提高了网络管理效率。但在 DHCP 管理使用中，存在着 DHCP Server 冒充、DHCP Server 的 DOS 攻击、用户随意指定 IP 地址造成网络地址冲突等问题。

在图 5-2 的例子中，企业共有两栋楼，PC 总数并不多，用户机的 IP 地址采用 DHCP 动态获取的方式比较方便，同时每 IP 绑定 MAC 地址，这样也比较安全，编址方式采用同一部门同 IP 段的方式，使用 VLAN 管理，局域网内使用私有地址，按照需求分配。IP 地址的分配及子网划分的具体方案如下：

（1）接入外网时，需要一个公有 IP 地址，此地址由接入互联网的运营商分配。

（2）采用 VLAN 管理，而对于每一个 VLAN 最好都是一个独立的网段，因此，可以按照部门来划分子网，分配网段。如财务部为 VLAN30、网段 192.168.3.0、子网掩码 255.255.255.0，制作部为 VLAN40、网段 192.168.4.0、子网掩码 255.255.255.0，……以此类推。

（3）作为公司的董事长和高层领导，其计算机需要专门的保护，不希望其他人员任意访问，因此单独划分为各自的 VLAN。其中，董事长的 PC 机（1~4 台）设置到 VLAN10 的独立网段 192.168.1.0 中，并且采用 MAC 地址和 IP 绑定的方式，单机单用。由于 192.168.X.X 是私有地址，因此可以不考虑 IP 的浪费，子网掩码采用 255.255.255.0，但是考虑到管理的方便和进一步的安全性，可以再划分子网，同时考虑其有可能有其他上网设备，保留有 4 个 IP 的小网段即可，因此根据前章所述，可以使用子网掩码 255.255.255.248。同理，高层领导的 PC 机（15 台）设置到 VLAN10 的独立网段 192.168.2.0 中，使用子网掩码 255.255.255.240。

（4）公司的规模不大，业务数据量不多，采用一台服务器即可完成 Web、OA、电子邮件、DHCP 等服务并将其设置到 VLAN100、网段地址 192.168.100.100 中，使用子网掩码 255.255.255.254。

VLAN 划分及 IP 地址的分配结果如表 5-3 所示。按表中的分配，各个部门都在一个独立的网段之中，子网掩码均采用 255.255.255.0，每个网段可以容纳的机器有 254 台，为避免外部人员私自接入网络，可以将 IP 与机器 MAC 地址绑定，同时限制 DHCP 服务器分配 IP 地址的范围。

表 5-3　VLAN 划分及 IP 地址分配表

部门	IP 网段	子网掩码	VLAN	备注
董事长	192.168.1.0	255.255.255.248	VLAN10	MAC 地址绑定，单机单用
高层领导	192.168.2.0	255.255.255.240	VLAN20	MAC 地址绑定，单机单用
财务部	192.168.3.0	255.255.255.0	VLAN30	MAC 地址绑定，单机单用
制作部	192.168.4.0	255.255.255.0	VLAN40	MAC 地址绑定，单机单用
行政部	192.168.5.0	255.255.255.0	VLAN50	MAC 地址绑定，单机单用
采购部	192.168.6.0	255.255.255.0	VLAN60	MAC 地址绑定，单机单用
销售部	192.168.7.0	255.255.255.0	VLAN70	MAC 地址绑定，单机单用
工程部	192.168.8.0	255.255.255.0	VLAN80	MAC 地址绑定，单机单用
技术部	192.168.9.0	255.255.255.0	VLAN90	MAC 地址绑定，单机单用
服务器（Web、OA、电子邮件、DHCP）	192.168.100.100	255.255.255.254	VLAN100	MAC 地址绑定，单机单用

5.2　任务 2：企业网设备的选型与配置

【背景案例】H3C 中小企业解决方案之设备选型（中型方案）[18]

……

回顾企业网络建设之路，大多在企业建立之初的个体分散形式下，通过简单的网络设备进行互连，解决了企业最基本的信息共享需求，正是这样的建网起步制约着企业的发展和网络规模的扩展。随着企业的人员增多，信息点的增加，企业的网络互连仍大多通过设备连到信息点，这类网络必然面临着众多问题，例如网络环路问题。但企业意识到网络问题的严重性时，通常需要经历网络改造。通过企业网络的统一规划，建构统一的网络平台，而且原有的网络设备投资大多在此时的网络改造中无法得到保护。这种曲折浪费的网络建设之路其实是可以避免的。在网络建设之初通过合理有效的网络规划，通过高扩展性、高开发性的网络架构和高弹性的网络设备打造企业基础设施，在网络建设之初就能保障设备投资。

……

1. 网络需求

需要高性能网络，能够实现企业内资源共享，无纸办公，提供管理应用系统，实现企业办公自动化，能够接入 Internet，收发 E-mail，共享 Internet 资源。

2. H3C 解决方案

本方案适用于 200~300 台电脑联网，核心采用 H3C 公司 H3C S5500-28C-SI 或 S5500-20TP-SI 交换机，以千兆双绞线/光纤与接入交换机及服务器连接；用户接入采用 H3C 公司 H3C S3100-26TP-SI 或 S3100-52TP-SI 交换机，千兆铜缆/光纤上连核心交换机。Internet 出口采用 H3C 公司 H3C 的 MSR20-1X 多业务路由器作为 Internet 出口路由、Secpath F1000-C 或者 UTM 作为安全网关和移动用户的 VPN 接入网关，详见表 5-4 所示。

表 5-4　设备选型

业务	需求	解决方案	说明
数据	交换机	核心：H3C S5500-28C-SI 或 H3C S5500-20TP-SI 接入：H3C S3100-26TP-SI 或 H3C S3100-52TP-SI	全千兆三层核心 接入层支持光电复用千兆上行， 支持混合堆叠。
	路由器	H3C　MSR20-1x 路由器	转发率 160kpps，256MB 内存 支持 GE/FE 交换模块，同异步串口模块， E1/PRI 模块，语音模块，加密模块
安全	防火墙	H3C SecPath F1000-C 或	支持应用层报文过滤
	VPN	H3C SecPath U200	支持 DVPN

……

18　资料来源：http://www.h3c.com.cn/Partner/Business___SMB_Area/Solutions/Mid_Small_Enterprise/Solutions/Full_Solution/200906/637444_30007_0.htm#_Toc232224291

在设计完总体方案之后，就要进行网络设备的选型，本任务中将对服务器、交换机、路由器等主要的网络设备选型提出一些建议，同时给出了部分网络设备的配置方法和过程。其中在 5.1.1 节例子中，企业网的设备选型如表 5-5 所示。

表 5-5　案例设备选型

名称	型号	端口类型及数量	主要用途	数量
核心交换机	H3C S5500-28C-SI	24 个 10/100/1000Base-T 以太网端口；4 个 1000Base-X SFP 千兆以太网端口	核心交换机，服务器接入；汇聚部分接入交换机	1 台
汇聚交换机（兼）	H3C S3600-28P-SI	24 个 10/100Base-TX 以太网端口；4 个 1000Base-X SFP 千兆以太网端口	汇聚部分楼层接入交换机，PC 接入	1 台
接入交换机	H3C S3100V2-26TP-SI	24 个 10/100Base-TX 自适应以太网端口；2 个 Combo 端口（光电复用口）	PC 接入	12 台
路由器	AR18-21A	1 个 10/100M 接口；1 个 ADSL2+ over POTS	接入 ISP	1 台
服务器			Web、DNS、DHCP 服务器	1 台

5.2.1　服务器、交换机、路由器的选型

1. 服务器的选型

在当前产品众多的市场环境下，选择一套成熟、智能的 IT 信息系统更能帮助企业实现业务高效、自身稳健发展，提高公司的竞争实力，确保企业抵御危机风险。其中关键设备服务器的选择方面，也更需要中小企业加以留心。服务器作为企业核心计算设备，上面会运行中小企业的主要业务应用，如果出现任何问题或故障，都会带来企业业务停顿的严重后果。因此，中小企业需要从多个

角度出发，选择好适合企业应用需求的服务器产品和相关的 IT 系统软件。本部分主要讲服务器产品选择，系统软件的选择请看 5.3 节。

首先，要根据企业的需求，应用系统的多少大概确定需要的服务器类型，例如：

- 企业网站是时下企业展现自身形象，发展业务的重要途径，因此，Web 服务器是不可或缺的。
- 电子办公 OA 服务器。
- DNS、DHCP 服务器。

其他应用如文件服务、数据库服务、邮件服务、多媒体服务、终端服务等，不过每个应用对服务器的要求各有侧重。文件服务对系统性能的影响是最大的，其次是要求磁盘系统的 I/O 速度，而对处理器和内存的要求次之。而像数据库服务器，需要高性能处理器和快速的磁盘子系统来满足大量的随机 I/O 请求及数据传送。再如 Web 服务，与网站的特性直接相关。

其次，根据各类型的应用确定服务器的数量，比如 5.1.1 节例子中企业网对于 Web 服务的要求仅限于展示企业形象和产品，对服务器的存储和处理性能要求不高，需要一台即可。为节约组网成本，还可以在 Web 服务器上实现 OA、电子邮件和 DHCP 等服务。

（1）塔式服务器。

在 5.1.1 节例子中，企业规模不大，要求不是很高，在服务器的选择是可以考虑在价格较低的基础上性价比较高的产品，比如塔式服务器，塔式服务器虽然比较占空间，但是价格便宜，主板扩展性较强，插槽也很多，而且塔式服务器的机箱内部往往会预留很多空间，以便进行硬盘、电源等的冗余扩展。这种服务器无需额外设备，对放置空间没多少要求，并且具有良好的可扩展性，配置也能够很高，因而应用范围非常广泛，可以满足一般常见的服务器应用需求，在服务器需要数量不多的情况下可以考虑。下面提供几个塔式服务器的参数及特点供比较选择。

选择一：

DellPowerEdge T110 II 标配 1 颗英特尔至强 E3-1220 3.10GHz 4 核处理器，4GB 的 133MHz 单排 UDIMM 内存，以及 250GB 的硬盘，最大支持 4 块 3.5 寸硬盘，非热插拔。拥有一个戴尔 PERC H200a RAID 控制器，该控制器支持 RAID 0、1、5 和 10（取决于安装的驱动器数量）。还支持高达 32GB 内存。主板集成一个单端口 Broadcom BCM 5722 千兆以太网网卡，配有单个 305W 电源。支持英特尔虚拟化技术，因此，该服务器能够用于将物理服务器整合至虚拟机中。前面板有 1 个 DVD 驱动器、2 个 USB 端口和 1 个 LED 控制面板，提供关于系统健康以及 USB 和驱动器运行的全面信息，通过 LED 控制面板可以了解服务器的运行信息。

总体上来说，戴尔 PowerEdge T110 II（图 5-8）是小型企业服务器首选，它易扩展、便于维护，是性价比很高的一款入门级服务器，运行稳定，可以作为小型文件服务器、Web、小型数据库等应用，节能静音，价格在 6000 元左右，散热性能也非常不错。

图 5-8 DellPowerEdge T110 服务器

选择二：

浪潮是中国最早的 IT 品牌之一，其服务器定位于中国高端商用计算与服务领域，始终以客户应用为导向，致力于将先进的 IT 技术应用到国内信息化建设中。从 1993 年制造中国第一台服务器开始，浪潮就一直是中国服务器领域"专业和领先"的代名词。其中，NP 系列的服务器比较适合中小企业的普通应用，如果中型企业规模较大，资金较充足，还可以选用 NF 系列的产品。

NP3020M2 支持英特尔最新 Xeon E3-1200 系列处理器，大幅提升后的处理器主频，带来更少的延迟和更高计算性能；采用支持纠错代码（ECC）的内存，提供比台式机更高水平的数据完整性、可靠性和系统正常运行时间，有效提供数据容错功能，降低系统宕机概率，从容面对不断上涨的业务；良好的散热设计，更好地保证机箱内部气流的通畅，确保关键部件正常工作，避免因局部散热不利造成的系统宕机隐患；总共有 6 个 PCI 扩展槽，支持传统 PCI 及高速 PCI-E2.0X16，保护用户现有的 IT 设备投资，可以使用户短期的投资获得长期的超值回报；在存储方面，拥有 8 块硬盘的扩展空间，可选 SATA、SAS 存储配置，为客户提供更强大的数据存储选择，并提供充足的未来扩展空间。

在资金充足的情况下可以考虑配置相对更高一点的 NP3060。

选择三：

性能较稳定，价格相对较便宜的服务器——HP ProLiant ML110 G7（QU507A）（图 5-9）。

HP ProLiant ML110 G7（QU507A）是 4U 塔式结构，采用至强 E3-1200 处理器 Xeon E3-1240，采用 32nm 工艺，四核心设计，核心频率 3.3GHz，四核共享 8MB 三级缓存，相对上一代平台显著提升了内存带宽。标配 2 条 2GB PC3-10600E DDR3 UB ECC 内存，提供 4 个内存插槽，内存最大支持 16GB。有较高的可扩展性，并且价格便宜，性价比较高。

但是，标配不提供硬盘，需要自配硬盘，并且标配的电源太差、太低端。总体来说性能比较稳定，适用于一般小型企业。

（2）机架式服务器。

如果企业规模比较大，服务器数量需要比较多，可以选择机架式服务器。机架服务器实际上是工业标准化下的产品，其外观按照统一标准来设计，配合机柜统一使用，以满足企

图 5-9　HP ProLiant ML110 G7（QU507A）服务器

业的服务器密集部署需求。机架服务器的主要作用是为节省空间，由于能够将多台服务器装到一个机柜上，不仅可以占用更小的空间，而且也便于统一管理。机架服务器的宽度为 19 英寸，高度以 U 为单位（1U=1.75 英寸=44.45 毫米），通常有 1U、2U、3U、4U、5U、7U 几种标准的服务器。

机架式服务器的优点是占用空间小，而且便于统一管理，但由于内部空间限制，扩充性较受限制，例如 1U 的服务器大都只有 1~2 个 PCI 扩充槽。此外，散热性能也是一个需要注意的问题，安装还需要有机柜等设备，因此这种服务器多用于服务器数量较多的大型企业使用，也有不少企业采用这种类型的服务器，但将服务器交付给专门的服务器托管机构来托管，尤其是目前很多网站的服务器都采用这种方式。由于在扩展性和散热问题上受到限制，因而单机性能比较有限，应用范围也受到一定限制，往往只专注于在某方面的应用，如远程存储和网络服务等。在价格方面，机架式服务器一般比同等配置的塔式服务器贵上二到三成。下面提供几个机架式服务器的参数及特点供比较选择。

选择一：

Dell PowerEdge R310（图 5-10）采用全新的四物理核心，且支持多线程，内存可扩展到 8GB，

可以满足普通入门级应用，组成的 RAID0 模式下读写速度相当快，且速度保持稳定。缺点是不支持硬 RAID5，所以在安全和速度方面有待提高，企业级硬盘存储性能不及专业 SCSI 硬盘的性能，如果硬盘支持 SAS 的话，整个系统会更加稳定。

图 5-10　Dell PowerEdge R310

总体来说 Dell PowerEdge R310 的机架非常适合小型企业和空间有限的环境，可以在小企业内部的 OA 及文档存储共享应用，其紧凑型机箱、高级系统管理功能和可选交互式液晶屏为特色，有助于简化设置和维护工作，但是对于想要大批量的数据采集及运算就不合适了。

选择二：

浪潮 NF5210（图 5-11）采用英特尔® 至强® 处理器5600 系列，数据传输速率最高可达 6.4GT/s，4～8MB 的三级高速缓存；支持 64 位扩展、I/O 加速、Turbo、超线程技术，系统应用性能较上代产品提高 2.25 倍；它还采用最新的英特尔 5500（24D）芯片组、创新的主板 VR 电路设计及支持更加节能的 2.5 寸硬盘；采用 DDR III 内存，8 个内存插槽，支持 DDR3 800/1066/1333MHz 内存，最大可扩展 64GB 内存，支持三通道读取，满足用户性能需求更加节能；外存储方面，支持 4 块 3.5 寸或 2.5 寸 SAS/SATA/SSD 硬盘，从而使得对热插拔存储设备的支持更加灵活可选；集成 SATA HostRaid 0、1、10、5；SAS RAID 0、1、10，可选 Ibutton 实现硬虚拟 RAID 5，为用户提供多种数据保护方案。

图 5-11　浪潮 NF5210

在智能管理方面，配备 1 个 PCIE2.0 x8 扩展槽，采用了自适应选件技术，支持主流的 PCI-E 设备，支持用户的扩展需求；标配集成 BMC 智能控制芯片，支持符合 IPMI 2.0 规范的远程控制，在异地全面管理服务器，支持远程操作、管理、部署操作系统与应用系统，并监控服务器的运转状态。可选配浪潮英信服务器睿捷管理套件，简化了服务器的维护与管理工作；可进行自动安装、远程数据备份、管理等功能。支持 4 块 3.5 英寸或 4 块 2.5 英寸热插拔 SATA、SAS 硬盘，满足不同应用的数据存储需求。

2. 交换机选型

在中小企业交换机的选型上，主要按照前面章节所提到的原则，更重要的是在选型的过程中，充分考虑好企业规模，对于设备的要求主要还是以"适用当前，适当扩展"的原则。对于接入层的交换机主要是满足当前需求就可以了，因为更换起来比较简单，不会对整体网络有什么影响，但是在汇聚交换机和核心交换机的选择上，就要保证一定的扩展能力。虽然很多企业采用的是招投标的方式进行设备采购，但是对产品的熟悉度能够帮助制标人员写出最合适的招标方案，最后更有可能获得所需的产品。下面将对各种产品进行简要分析。

（1）接入层交换机。

选择一：

H3C S2126-EI 以太网交换机（图 5-12）是 H3C 公司秉承 IToIP 理念设计的二层线速智能型可网管以太网交换机产品，具有百兆光电灵活上行、无风扇静音设计、完备的安全和 QoS 控制策略等特点，满足企业用户多业务融合、高安全、可扩展、易管理的建网需求，适合行业、企业网、宽带小区的接入和中小企业、分支机构汇聚交换机和接入交换机。

图 5-12　H3C S2126-EI

H3C S2126-EI 由 24 个 10/100Base-T 以太网端口，2 个 10/100Base-T 以太网端口和 2 个 100Base-X SFP 百兆以太网端口（Combo）构成，具有下面的特点：

➤ 线速交换、灵活端口上行

H3C S2126-EI 交换机具有 5.20Gbps 的总线带宽，为所有端口提供二层线速交换能力，同时提供固定端口+SFP 模块共用的灵活上行模式。

➤ 完备的安全控制策略

H3C S2126-EI 交换机支持 802.1x 认证；支持跨交换机的远程端口镜像功能（RSPAN）；支持 DHCP Snooping（侦听）功能。

➤ QoS 能力

H3C S2126-EI 交换机支持每个端口 4 个输出队列，支持 2 种队列调度算法：WRR 调度算法和 HQ+WRR 调度算法，可以以不同的优先级将报文放入端口的输出队列。支持端口双向限速，限速的控制粒度最小可达 64kbps。满足用户多业务识别、分类、资源调度的需要。

➤ 简单易用的管理和维护

H3C S2126-EI 交换机采用无风扇静音设计，特别适合在楼道和办公室使用。支持 VCT（Virtual Cable Test）电缆检测功能，便于快速定位网络故障点。

支持 SNMP，可支持 HP OpenView 等通用网管平台，以及 Quidview&reg 网管系统。支持 CLI 命令行、Web 网管、TELNET、HGMP 集群管理，使设备管理更方便。

选择二：

锐捷 RG-S2600-I 系列交换机（如图 5-13 所示）包含 RG-S2628G-I 和 RG-S2652G-I 两款产品，是锐捷网络为构架安全稳定的网络推出的基于新一代硬件架构的安全智能交换机，充分融合了网络发展需要的高性能、高安全、多业务、易用性等特点，并融入了 IPv6 的特性，为用户提供全新的技术特性和解决方案。

图 5-13　锐捷 RG-S2600-I

RG-S2600-I 系列交换机提供了 SNMP、Telnet、Web 和 Console 口等多种配置方式方便网络管理和维护，并提供最为灵活和完善的端口组合形式，非常利于用户根据网络布线需要，选择所需的上行链路的接口形式，它具备以下一些特点：

➤　灵活完备的安全控制策略

通过多种内在的安全机制可有效防止和控制病毒传播和网络流量攻击，控制非法用户使用网络，保证合法用户合理化使用网络，如端口静态和动态的安全绑定、端口隔离、多种类型的硬件 ACL 控制、基于数据流的带宽限速、用户接入控制的多元素绑定等，满足企业网、校园网加强对访问者进行控制、限制非授权用户通信的需求。

➤　高可靠性

基础网络保护（NFPP）通过将报文分类限速（管理类、转发类、协议类），并对报文进行攻击监测，双重保障保护 CPU 和信道带宽资源免受攻击烦扰，保证报文的正常转发以及协议状态的正常，维护网络的稳定。

➤　多业务支持

支持 802.1P、DSCP、IP TOS、二到七层流过滤等 QoS 策略，具备 MAC 流、IP 流、应用流等多层流分类和流控制能力，实现带宽控制、转发优先级等多种流策略，支持网络根据不同的应用、以及不同应用所需要的服务质量来提供服务。支持基于 IPv6 的服务质量保证，可在 IPv6 环境下识别出不同的应用，并提供不同的服务质量，确保关键业务的带宽。

极灵活的带宽控制能力，基于交换机端口、MAC 地址、IP 地址、VLAN ID、协议、应用组合进行灵活的带宽限速，限速粒度达到 64kbps，可根据网络安全需求，设定不同业务应用的带宽流量，满足网络带宽按需所用。

➤　方便易用易管理

采用灵活的千兆电口+光口（非复用）的形式，可最灵活满足双千兆电/光口上联或多个千兆服务器的连接，方便用户根据网络架构灵活选择连接形式。

支持设备间的混合堆叠；多端口同步监控；可使用 Syslog，方便各种日志信息的统一收集、维护、分析、故障定位、备份，便于管理员进行网络维护和管理。

支持使用 Web 浏览器配置交换机，无需了解复杂的命令行和终端模拟程序，允许简单、快速的配置交换机，从而降低部署成本。

（2）汇聚交换机。

选择一：

H3C S3600-28P-SI 是一种三层智能交换机（图 5-14），具有 24 个 10/100Base-TX 以太网端口，4 个 1000Base-X SFP 千兆以太网端口，一个 Console 口，背板带宽为 32Gbps，包转发率为 9.6Mpps。

因此，作为组建百兆局域网，千兆出口的网络是一个很好的选择，性价比颇高。

图 5-14　H3C S3600-28P-SI

另外，这款交换机支持 VLAN 功能，支持基于端口、协议的 VLAN，Voice VLAN，支持 GVRP，VLAN VPN（QinQ），具有 QoS 功能，支持对端口接收报文的速率和发送报文的速率进行限制，支持组播管理。在网管功能和安全方面，还具有如表 5-6 所示的特性。

表 5-6　H3C S3600-28P-SI 网络管理及安全管理特性

网络管理	支持 XModem/FTP/TFTP 加载升级 支持命令行接口（CLI）、Telnet、Console 口进行配置 支持 SNMP V1/V2/V3、Web 网管 支持 RMON 1，2，3，9 组 MIB 支持 iMC 智能管理中心 支持 HGMPv2 集群管理 支持系统日志、分级告警、调试信息输出 支持 PING、Tracert 支持上电 POST、风扇堵转、PoE 设备过热等情况的检测与告警 支持 VCT（Virtual Cable Test）电缆检测功能 支持 DLDP（Device Link Detection Protocol，设备连接检测协议） 支持端口环回检测 支持 IPv6 host 功能族，实现 IPv6 管理纠错
安全管理	用户分级管理和口令保护 支持 IEEE 802.1X 认证/集中式 MAC 地址认证 支持 AAA RADIUS 认证 支持 MAC 地址学习数目限制 支持 MAC 地址与端口、IP 的绑定 支持 SSH 2.0 支持防止 DoS 攻击功能 支持 ARP 入侵检测功能 支持端口隔离 支持 MAC 地址黑洞纠错

选择二：

锐捷 RG-S3250E-24（图 5-15）是锐捷网络基于网络安全和易用好管理的理念推出的新一代安全智能交换机，充分融合了网络发展需要的高性能、高安全、多业务、易用性特点，为用户提供全新的技术特性和解决方案，同时该系列还有 RG-S3250E-48 产品。

该交换机还可为各种类型网络接入提供完善的端到端 QoS 服务质量、灵活丰富的安全策略和基于策略的网络管理，是校园网、企业网、政务网、业务网、宽带小区、商务楼宇等应用的理想接入设备，为用户提供高速、高效、安全、智能的全新接入方案。RG-S3250E-24 具有下面的特性：

➢　全面的安全控制策略

通过与锐捷网络全局安全解决方案 GSN 的结合，可在安全策略方面为用户提供全面的立体三维的技术特性和解决方案；硬件实现端口与 MAC 地址和用户 IP 地址的灵活绑定，严格限定端口上的用户接入；

专用的硬件防范 ARP 网关和 ARP 主机欺骗功能，有效遏制了网络中日益泛滥的 ARP 网关欺骗和 ARP 主机欺骗的发生，保障了用户的正常上网。

支持 DHCP snooping，可只允许信任端口的 DHCP 响应，防止未经管理员许可私自架设 DHCP Server；基于源 IP 地址控制的 Telnet 和 Web 设备访问控制，增强了设备网管的安全性，避免黑客恶意攻击和控制设备。

SSH（Secure Shell）和 SNMPv3 可以通过在 Telnet 和 SNMP 进程中加密管理信息，保证管理设备信息的安全性，防止黑客攻击和控制设备，保护网络免遭干扰和窃听。

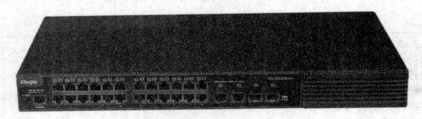

图 5-15　锐捷 RG-S3250E-24

➢　丰富的组播特性

支持 IGMP 源端口检查功能，有效地杜绝非法的组播源，提高网络的安全性。支持和识别 IGMPv1/v2 和 IGMPv3 全部版本的组播报文，适应不同组播环境，避免非法的组播数据流占用网络带宽，满足组播安全应用的需要。

➢　完善的 QoS 策略

以 DiffServ 标准为核心的 QoS 保障系统，具备 MAC 流、IP 流、应用流等多层流分类和流控制能力，实现灵活精细的带宽控制、转发优先级等多种流策略，带宽限制粒度达 64kbps，支持网络根据不同的业务、以及不同业务所需要的服务质量特性，提供差异化服务。

➢　高可靠性

支持生成树协议 802.1d、802.1w、802.1s，完全保证快速收敛，提高容错能力，保证网络的稳定运行和链路的负载均衡，合理使用网络通道，提供冗余链路利用率。支持 RLDP，可快速检测链路的通断和光纤链路的单向性，并支持端口下的环路检测功能，防止端口下因私接 Hub 等设备形成的环路而导致网络故障的现象。

➢　方便易用易管理

采用灵活复用的千兆接口和扩展槽组合的形式，可最灵活满足是否需要多个千兆链路或多个千兆服务器的连接，方便用户根据网络架构灵活选择连接形式；支持设备间的混合堆叠，通过堆叠不仅可以统一管理和使用设备，降低管理成本，同时可以灵活地组合和扩展端口，平滑扩容，保障了网络的高度灵活和可扩展，网络管理更加简单；三层路由功能满足了小企业内部不同部门间需要相互通信的需求，使网络结构简单化；提供图形化的安全策略管理平台，支持安全策略自动同步下发、升级和维护功能，安全策略智能化，可大幅度提高交换机管理和配置效率，提高网络安全。

（3）核心交换机。

H3C S5500-28C-SI交换机（图 5-16）是 H3C 公司自主开发的全千兆三层以太网交换机产品，具备丰富的业务特性，提供 IPv6 转发功能以及最多 4 个模块化扩展接口。通过 H3C 特有的集群管理功能，用户能够简化对网络的管理。这款千兆以太网交换机定位为企业网和城域网的汇聚或接入，同时还可以作为小企业的核心。

H3C S5500-28C-SI 交换机采用正面整齐划一的插口有序排列，用户一目了然，非常方便操作。

图 5-16　H3C S5500-28C-SI

性能方面，H3C S5500-28C-SI 交换机采用全双工传输模式，采用存储-转发交换模式，传输速率都为千兆级，分别是 10Mbps/100Mbps/1000Mbps，拥有 24 个端口数量以及 4 个模块化扩展接口。该机的背板带宽为 128Gbps，支持基于 VLAN 的服务策略配置，额定交流电压范围 100V～240V A.C.，50/60Hz、最大电压范围 90V～264V A.C.，47/63Hz；额定直流电压范围 10.8V～13.2V D.C.。

H3C S5500-28C-SI 交换机以优秀的性能保证了企业网和城域网的有效连接和安全性，为用户提供了稳定的网络环境。

Cisco Catalyst 3560-E 系列交换机（图 5-17）是一个企业级独立式配线间交换机系列，支持安全融合应用的部署，并能根据网络和应用需求的发展，最大限度地保护投资。通过将 10/100/1000 和以太网供电（PoE）配置与万兆以太网上行链路相结合，Cisco Catalyst 3560-E 能够支持 IP 电话、无线和视频等应用，提高了员工生产率。

图 5-17　Cisco Catalyst　3560-E

Cisco Catalyst 3560-E 系列的主要特性：

- Cisco TwinGig 转换器模块，将上行链路从千兆以太网移植到万兆以太网。
- PoE 配置，为所有 48 个端口提供了 15.4W PoE；
- 模块化电源，可带外部可用备份电源。
- 在硬件中提供组播路由、IPv6 路由和访问控制列表。
- 带外以太网管理端口，以及 RS-232 控制台端口。

3. 路由器选型

在路由器的选择上，主要考虑以下几个方面：

- 性能及冗余、稳定性。

- 路由器的几种接口。
- 端口数的确定。
- 路由器支持的标准协议及特性。
- 确定管理方法的难易程度。
- 注意企业自身的特殊需求。

对于中小型企业，如果对于出口带宽要求不高，网站访问量不大的情况，就像任务导读中表 5-5 所列出的，选用 AR18-21 路由器即可，满足企业出口使用 ADSL 接入广域网的要求，又可以做一些基本的安全设置。对网络要求较高的企业，或者在接入网络时选择了不同方式的时候，则需要选择相对应的路由产品，下面的产品可以作为参考。

选择一：

华为 AR28-31（图 5-18）是一款面向企业级用户的模块化接入路由器，采用 MPC8245 处理器，主频为 300MHz，最大 Flash 内存 32MB，最大 DRAM 内存 256MB，提供了固定的快速以太网接口、AUX 口、同异步串口和 E1 端口的同时，还提供了丰富的可选配的智能接口卡 SIC 及多功能接口模块 MIM；具备 VRP 平台的成熟性、稳定性和可靠性，它采用模块化端口结构，支持 DHCP、VLAN、IPX、OSPF、BGP 多项网络协议，支持华为 3Com 特有的动态 VPN、BIMS、EAD 等特性，支持哑终端接入服务器的功能和金融 POS 接入功能，并且支持 SNA/DLSw、VoIP 特性等，还提供十分丰富的备份方案及其 QoS 特性。拥有 IKE、IPSEC、硬件加密卡、防火墙支持、CA 认证、高性能 NAT 等网络安全性能。具有良好的可扩展性，全面满足企业的应用需求。

图 5-18　华为 AR28-31

AR28-31 路由器具有更灵活的配置方式和更高的处理能力，既适合在中小型企业网中担当核心路由器，也可在一些大的分支机构担当接入路由器。

选择二：

Cisco 2811（图 5-19）隶属于 Cisco 2800 系列产品，具有先进、集成的端到端安全性，以用于提供融合服务和应用。Cisco 2811 提供了 2 个 10Mbps/100Mbps 端口，它能以线速为多条 T1/E1/xDSL 连接提供多种高质量并发服务，支持 IEEE 802.3X 协议和 SNMP 协议，VPN-虚拟专用网，QoS，协议支持很完善，Cisco ClickStart 网管软件，采用 Motorola MPC860 160MHz 的处理器，配备最大 256MB 的 Flash 闪存和最大 760MB 的 DRAM 内存。有 2 个 10/100Mbps 局域网接口，广域网配有可选的 WIC 卡，还有 4 个 HWIC 插槽，1 个 NM 插槽和 1 个 Console 控制端口。

路由器提供了内嵌加密加速和主板话音数字信号处理器（DSP）插槽，入侵保护和防火墙功能，集成化呼叫处理和语音留言，用于多种连接需求的高密度接口，以及充足的性能和插槽密度，以用于未来网络扩展和高级应用凭借思科 IOS 软件高级安全特性集，它在一个解决方案中提供了一系列强大的通用安全特性，如思科 IOS Software Firewall、入侵保护、IPSec VPN、Secure Shell（SSH）协议 2.0 和简单网络管理协议（SNMPv3）。

图 5-19 Cisco 2811

总体来说产品性能和硬件配置都非常不错，产品运行也非常稳定，是中小企业不错的选择。

5.2.2 交换机端口堆叠及配置

交换机堆叠是通过厂家提供的一条专用连接电缆，从一台交换机的 UP 堆叠端口直接连接到另一台交换机的 DOWN 堆叠端口，以实现单台交换机端口数的扩充。一般交换机能够堆叠 4～9 台。

为了使交换机满足大型网络对端口的数量要求，一般在较大型网络中都采用交换机的堆叠方式来解决，中小型企业使用交换机堆叠的情况不会很多，但是也会存在需要的情况。要注意的是只有可堆叠交换机才具备这种端口，所谓可堆叠交换机，就是指一个交换机中一般同时具有 UP 和 DOWN 堆叠端口，如图 5-20 所示。当多个交换机连接在一起时，其作用就像一个模块化交换机一样，堆叠在一起交换机可以当作一个单元设备来进行管理。一般情况下，当有多个交换机堆叠时，其中存在一个可管理交换机，利用可管理交换机能对此堆叠式交换机中的其他"独立型交换机"进行管理。可堆叠式交换机能方便地实现对网络的扩充，是新建网络时最为理想的选择。

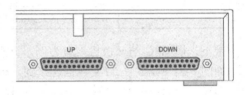

图 5-20 交换机堆叠口

堆叠中的所有交换机可视为一个整体的交换机来进行管理，也就是说，堆叠中所有的交换机从拓扑结构上可视为一个交换机。堆叠在一起的交换机可以当作一台交换机来统一管理。交换机堆叠技术采用了专门的管理模块和图 5-21 所示的堆叠连接电缆，这样做的好处是，一方面增加了用户端口，能够在交换机之间建立一条较宽的宽带链路，这样每个实际使用的用户带宽就有可能更宽（只有在并不是所有端口都在使用情况下）；另一方面多个交换机能够作为一个大的交换机，便于统一管理。

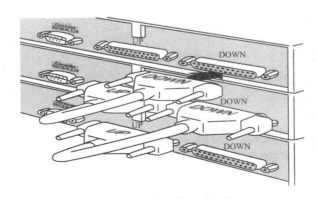

图 5-21 交换机堆叠示意图

在进行堆叠配置前，先了解一下 H3C 交换机的一些基本命令，具体如表 5-7 所示。

表 5-7　H3C 交换机基本命令

作用	命令	解释
进入系统视图	<H3C> system-view [H3C]	进入系统视图
配置主机名	[H3C]systemname H3C	为交换机起名为 H3C
配置 console 口密码	[H3C] user-interface aux 0	进入 AUX 用户界面视图
	[H3C-ui-aux0] authentication-mode password	设置通过 Console 口登录交换机的用户进行 Password 认证
	[H3C-ui-aux0] set authentication password cipher 123456	设置用户的认证口令为加密方式，口令为 123456
	[H3C-ui-aux0] user privilege level 2	设置从 AUX 用户界面登录后可以访问的命令级别为 2 级
配置 Telnet	[H3C] user-interface vty 0	进入 vty 用户界面模式，之后的配置与 AUX 类似
配置交换机 VLAN 1 管理地址	[H3C] interface vlan-interface 1	进入 VLAN1 接口界面
	[H3C-VLAN-interface1] ip address 192.168.0.129 255.255.255.0	配置管理 IP 为 192.168.0.129，子网掩码为 255.255.255.0

接下来以 H3C 的交换机设备为例，分析一下三台交换机如何进行堆叠。

如图 5-21 所示，三台交换机连接到一起，依次为交换机 A、B、C。交换机 A 是主交换机，它通过 G1/1 接口连接 B 交换机的 G1/1 接口，通过 G2/1 连接 C 交换机的 G1/1。所有 G 端口都设置为 VLAN 10。主交换机可以根据实际情况选择。

（1）IP 地址与 Trunk 设置。

首先将网络的管理 VLAN 设置为 VLAN100，管理地址网段为 100.1.1.0/28。然后将所有互连端口设置为 Trunk 端口，容许所有 VLAN 以及管理 VLAN 100 的通过。

（2）堆叠设计。

选择交换机 A 作为主堆叠交换机，使用堆叠方式对交换机 B 和交换机 C 进行管理。

（3）交换机 A 设置

1）建立 VLAN100。

　　[H3C]vlan 100

2）默认情况下堆叠管理使用 VLAN1 作为管理 VLAN，可以通过 management-vlan 命令来修改交换机在堆叠管理中，下面的命令是把 VLAN 100 设置为管理 VLAN。

　　[H3C]management-vlan 100

3）进入堆叠端口 G1/1。

　　[H3C]interface gigabitethernet 1/1

4）将 G1/1 端口设置为 TRUNK 端口。

　　[H3C]port link-type trunk

5）容许 VLAN100 通过此 TRUNK 端口。

　　　　[H3C]port trunk permit vlan 100

6）进入堆叠端口 G2/1。

　　　　[H3C]interface gigabitethernet 2/1

7）将该端口也设置为 trunk 端口。

　　　　[H3C]port link-type trunk

8）容许管理 VLAN 100 通过此 trunk 端口。

　　　　[H3C]port trunk permit vlan 100

9）设置堆叠管理使用的 IP 地址范围，这样以后就可以通过 100.1.1.1 来登录和管理堆叠了。

　　　　[H3C]stacking ip-pool 100.1.1.1 16

10）建立堆叠。

　　　　[H3C]stacking enable

（4）交换机 B 与交换机 C 设置。

在交换机 B 与 C 上的设置与 A 类似，也是首先建立 VLAN 100，然后将与 A 连接的 G 端口设置为 trunk 端口，接下来容许各个 VLAN 以及管理 VLAN 100 通过。

（5）启用堆叠。

按照上面的步骤设置完堆叠就可以正常启用了，在主交换机上使用 stacking num 命令登录到从堆叠交换机上。通过在从交换机上通过 quit 命令退回到主交换机设置界面。

5.2.3　交换机端口聚合及配置

端口汇聚就是通过配置，将两个或多个物理端口组合在一起成为一条逻辑的路径，从而增加在交换机和网络节点之间的带宽，将属于这几个端口的带宽合并，给端口提供一个几倍于独立端口的独享的高带宽。Trunk 是一种封装技术，它是一条点到点的链路，链路的两端可以都是交换机，也可以是交换机和路由器，还可以是主机和交换机或路由器。基于端口汇聚（Trunk）功能，允许交换机与交换机、交换机与路由器、主机与交换机或路由器之间通过两个或多个端口并行连接，同时传输以提供更高带宽、更大吞吐量，大幅度提高整个网络能力。

一般情况下，在没有使用 Trunk 时，百兆以太网以双绞线的这种传输介质特性决定在两个互连的普通 10/100 交换机的带宽仅为 100Mbps，如果采用的全双工模式，则传输的最大带宽可以达到 200Mbps，这样就形成了网络主干和服务器瓶颈。要达到更高的数据传输率，则需要更换传输媒介，使用千兆光纤或升级成为千兆以太网，这样虽然在带宽上能够达到千兆，但成本却非常昂贵（可能连交换机也需要一块换掉），根本不适合低成本的中小企业和学校使用。如果使用 Trunk 技术，把四个端口捆绑在一起来达到 800Mbps 带宽，这样可较好地解决成本和性能的矛盾。

端口聚合是在交换机和网络设备之间比较经济的增加带宽的方法，如服务器、路由器、工作站或其他交换机。这种增加带宽的方法在单一交换机和节点之间连接不能满足负荷时是比较有效的。

端口聚合的主要功能就是将多个物理端口（一般为 2～8 个）绑定为一个逻辑的通道，使其工作起来就像一个通道一样。将多个物理链路捆绑在一起后，不但提升了整个网络的带宽，而且数据还可以同时经由被绑定的多个物理链路传输，具有链路冗余的作用，在网络出现故障或其他原因断开其中一条或多条链路时，剩下的链路还可以工作。

以华为和锐捷的交换机为例。

➢　华为交换机的端口聚合可以通过以下命令来实现

S3250(config)#link-aggregation port_num1 to port_num2 {ingress | ingress-egress}

其中 port_num1 是起始端口号，port_num2 是终止端口号。ingress/ingress-egress 这个参数选项一般选为 ingress-egress。

在做端口聚合的时候请注意以下几点：

● 每台华为交换机只支持 1 个聚合组。

● 每个聚合组最多只能聚合 4 个端口。

● 参加聚合的端口号必须连续。

对于聚合端口的监控可以通过以下命令来实现：

S3026(config)#show link-aggregation [master_port_num]

其中 master_port_num 是参加聚合的端口中端口号最小的那个。

通过这条命令可以显示聚合组中包括哪些端口等一些与端口聚合相关的参数。

➢ 锐捷端口聚合可以用以下命令来配置

Switch#configure terminal

Switch(config)#interface range fastethernet 1/1-2

Switch(config-if-range)#port-group 5

Switch(config-if-range)#switchport mode trunk

5.2.4　二层 VLAN 的划分及通信配置

VLAN（Virtual Local Area Network）的中文名为"虚拟局域网"。VLAN 是一种将局域网设备从逻辑上划分成一个个网段，从而实现虚拟工作组的数据交换技术。这一技术主要应用于交换机和路由器中，但主流应用还是在交换机之中。在 4.1.3 节中可以看到 IP 地址的分配，需要将各部门独立起来，避免不同部门间的直接访问，保护各部门的独立数据不被其他部门获得。下面结合案例情况，看一看如果配置 VLAN 以满足需求。

1. 配置基于端口的 VLAN

（1）首先创建行政部的 VLAN，例如 vlan005 并进入视图。

<H3C> system-view

[H3C] vlan 5

（2）指定 vlan5 的描述字符串为 XingZheng，这样可以方便记忆和识别。

[H3C-vlan5] description XingZheng

（3）向 vlan5 中加入端口 Ethernet1/0/5。

[H3C-vlan5] port Ethernet 1/0/5

（4）创建其他 VLAN 并进入其视图。

[H3C-vlan5] vlan 6

（5）向 vlan6 中加入端口 Ethernet1/0/6 和 Ethernet1/0/16。

[H3C-vlan6] port Ethernet 1/0/6 Ethernet1/0/16

（6）如果需要将接口从 VLAN 中移除，比如将接口 Ethernet1/0/16 从 vlan 6 中移除，进入 vlan 管理模式后输入下面的命令。

[H3C-vlan6]undo port Ethernet1/0/16

2．对 VLAN 进行 IP 地址配置

配置 VLAN 接口 5 的 IP 地址。

  <H3C> system-view

  [H3C] interface vlan 5

  [H3C-Vlan-interface5] ip address 192.168.5.1 255.255.255.0

3．建立默认路由

  [H3C] ip route-static 0.0.0.0 0.0.0.0 192.168.0.1 preference 60

4．建立 DHCP 中继

（1）配置 DHCP 服务器 IP。

  [H3C]DHCP-server 1 ip 192.168.100.1

（2）启动 DHCP 中继服务。

  [H3C]DHCP relay information enable

（3）进入 vlan 5 接口。

  [H3C]interface vlan 5

（4）设置 vlan 5 接口的 DHCP-server 为 1。

  [H3C-Vlan-interface 5]DHCP-server 1

（5）保存配置。

  [H3C]save

（6）其他相关操作。

为了远程访问交换机进行配置，需要设置交换机固定 IP。通过 Console 口在超级终端中执行以下命令，配置以太网交换机管理 VLAN 的固定 IP

  <H3C>system-view

  [H3C]interface Vlan-interface 1（进入管理 VLAN）

  [H3C-Vlan-interface] undo ip address（取消管理 VLAN 原有的 IP 地址）

  [H3C-Vlan-interface] ip address 192.168.1.255 255.255.255.0（配置以太网交换机管理 VLAN 的 IP 地址为 192.168.1.255，子网掩码为 255.255.255.0）

另外一些交换机如 S3600 系列会提供一个内置的 Web Server，用户可以通过 WEB 网管终端（PC）登录到交换机上，利用内置的 Web Server 以 Web 方式直观地管理和维护以太网交换机。

交换机和 WEB 网管终端（PC）都要进行相应的配置，才能保证通过 Web 网管正常登录交换机。

用户通过 Console 口，在以太网交换机上配置欲登录的 Web 网管用户名和认证口令。

通过 Console 口，添加以太网交换机的 Web 用户，用户级别设为 3（管理级用户）。

  [H3C] local-user admin（设置用户名为 admin）

  [H3C-luser-admin] service-type telnet level 3（设置级别 3）

  [H3C-luser-admin] password simple admin（设置密码 admin）

配置交换机到网关的静态路由：

  [H3C]ip route-static 0.0.0.0 0.0.0.0 192.168.1.1（网关的 IP 地址为 192.168.1.1）

5.3　任务 3：网络系统软件的选型及 C/S 服务器配置

【背景案例】中小企业网站服务器操作系统选 Linux 还是 Windows[19]

对于广大中小企业网站来说，究竟该怎样为自己的服务器搭建一个经济可靠的运行环境呢？是 Linux 还是 Windows？普遍认为，Linux 稳定性较强，但维护成本过高，Windows 使用更方便，但稳定性不高。如何选择，这是由两种搭建环境的实际应用来决定的。

一、不同应用，催生两种经典方案

目前，中小企业网站主要应用都集中在 Web 发布和论坛搭建，有的企业还要求搭建邮件服务器。这些应用都需要在搭建服务器时，配置站点发布工具和数据库应用程序，还有可靠的动态编程环境。

熟悉网络编程或者站点发布的人都知道，目前行业里针对中小网站服务器的应用，最流行的服务器环境主要有两种，一种是基于 Linux 平台下的 LAMP 搭配，另一种则是在 Windows 系统下的 WISA 环境。

所谓 LAMP 实际上是 Linux+Apache+Mysql+PHP 四者的英文单词首写字母的缩写，该环境要求网站的发布要建立在类 Linux 系统（包括 Unix 以及各个版本的 Linux 系统）上，使用的站点发布工具为 Apache，与其相关联的数据库应用程序选择 Mysql，一切涉及动态编程的环节都通过 PHP 语言完成。LAMP 可以满足前面提到的企业级应用。

而 WISA 环境则和 LAMP 截然不同，WISA 是 Windows+IIS+SQL Server+ASP 四者的英文单词首写字母的缩写，该环境要求网站的发布要建立在微软公司出品的 Windows 系统（包括 Windows 2000 Server、Windows Server 2003 以及 Windows Server 2008）上，使用的站点发布工具为 Windows 系统自带的组件 IIS，与其相关联的数据库应用程序选择 SQL Server，当涉及动态编程环节时程序语言通过 ASP 语言完成。这个环境也能很好地满足中小企业日常应用的需要。

LAMP 与 WISA 的运行环境对比，如表 5-8 所示。

表 5-8　LAMP 与 WISA 的运行环境对比

服务器环境	操作系统	站点发布工具	数据库	动态语言环境
LAMP	Linux	Apache	Mysql	PHP
WISA	Windows	IIS	SQL server	ASP

二、两种方案，谁更合适？

到底前面提到的哪个方案更好，只能够通过理性的分析，判断哪个方案更适合实际情况。下面将从搭建容易度、先期成本支出、稳定性等多个方面比较 LAMP 与 WISA 站点发布环境，让大家看看哪个方案更适合自己。

1. 搭建容易度

WISA 环境中的 Windows 系统普及程度相当高，连很多小学生都知道他的安装方法。虽然服务器版本的 Windows 操作系统安装时会和家庭版的 Windows 操作系统有所区别，但是大体上还是一致的。而且 IIS 作为 Windows 操作系统的一个服务组件，不需要我们单独安装。因为 Windows、IIS、SQL Server、ASP 都是出自微软公司的产品，兼容性没有任何问题，很容易上手，不用在安装时做什么复杂的兼容性调试，傻瓜化的初始步骤根本就不需要学习。

　　但是 LAMP 环境的建立就不一样了，过程相当复杂。不管是 RED HAT 版本，还是 Debian 版本的 Linux，又或者是 UNIX，它们的安装都是比较麻烦的，很多步骤都需要通过一条一条的命令来完成，根本不像 Windows 可视化界面那样简单。在站点发布工具方面，Apache 大部分配置参数都需要通过编辑 Apache 的 httpd 文件来实现，难度非常大，需要操作者有丰富经验或经过系统培训；在数据库方面，Mysql 与 PHP 也都是在命令窗口下通过指令来完成安装与配置工作，对一般人来说难度比较大。

　　点评：从搭建容易度方面来讲 WISA 环境搭建更加简单，要求的技术含量远远没有 LAMP 环境搭建高。所以在这方面 WISA 环境获得了压倒性的胜利。

　　2. 先期成本支出

　　在搭建环境之前，获得系统安装软件必不可少。要搭建 WISA 环境，我们获得系统安装软件的途径只能是购买正版 Windows 操作系统，并根据实际使用情况支付相应的终端数量授权费用；另外 SQL Server 数据库也是需要付费购买的。

　　LAMP 环境搭建的先期成本相对低廉，Linux 是免费的操作系统，可以通过互联网下载获得，其他几个搭建时用到的主要程序也是免费的，包括站点发布工具 Apache、数据库程序 Mysql 以及网络编程语言环境 PHP。

　　点评：WISA 环境需要我们支付一定的费用用于购买正版软件以及终端数量授权，而 LAMP 环境下使用的一切软件都是免费的。所以在先期成本支出方面 LAMP 环境占据比较大的优势。

　　3. 后期维护投入

　　……

　　4. 稳定性与可靠性

　　……

　　点评：WISA 由于自身的先天问题造成安全性与稳定性方面的不足，LAMP 环境则不存在此类问题。所以在稳定性、可靠性、安全性等方面 LAMP 占有比较大的优势。

　　5. 可扩展性

　　……

三、服务器环境搭建建议

　　对于中小企业网站服务器的搭建来说，如果企业应用压力不大的话，选择 WISA 环境来发布网站是可行的。当网站的访问量增多到一定程度时，就容易不稳定，这时应该考虑在 LAMP 环境下发布。

　　我们也不能一味地追求 LAMP 环境，对于那些在 WISA 环境下可以很好运行的站点我们不需要盲目地更换发布环境，因为 WISA 在维护成本方面还是有比较大的优势。总之，适合实际情况的才是最好的，那些重要的对稳定性要求高的核心服务选择 LAMP 环境，而对于普通的应用服务直接在 WISA 环境下发布即可。

_____

19　资料来源：http://www.searchsv.com.cn/showcontent_3437.htm

　　在企业运作过程中，各种业务功能都需要不同软件的支持，从系统软件到应用软件，从收费软件到免费软件，如何选择好与企业发展相适应的软件是一个重要的问题。同时，相对与硬件的部署，用户的体验更多的是在软件的使用上，从个人文件的处理，到 B2C 的商务运作，都离不开软件。本任务将从系统软件的选型、基本软件配置和客户端软件综述三个方面来讨论中小型企业网的软件体系选型及配置。

5.3.1　网络操作系统的选型

网络操作系统（NOS）是网络的心脏和灵魂，是向网络计算机提供服务的特殊的操作系统。它在计算机操作系统下工作，使计算机操作系统增加了网络操作所需要的能力。例如当在 LAN 上使用字处理程序时，用户的 PC 机操作系统的行为像在没有构成 LAN 时一样，这正是 LAN 操作系统软件管理了用户对字处理程序的访问。网络操作系统运行在称为服务器的计算机上，并由联网的计算机用户共享，这类用户称为客户。常见的网络操作系统主要 Windows、UNIX、Linux 等。

网络操作系统与通常的操作系统的区别在于，网络操作系统是网络上各计算机能方便而有效地共享网络资源，为网络用户提供所需的各种服务的软件和有关规程的集合。网络操作系统与通常的操作系统有所不同，它除了应具有通常操作系统应具有的处理机管理、存储器管理、设备管理和文件管理外，还应具有以下五大功能：

（1）提供高效、可靠的网络通信能力。

（2）提供多种网络服务功能，如远程作业录入并进行处理的服务功能。

（3）文件转输服务功能。

（4）电子邮件服务功能。

（5）远程打印服务功能。

Windows Server 2003 是 Windows 系列中用于服务器较多的一个系统，其本身分为多个版本，不同的版本具有不同的特性。

➢　Windows Server 2003 Web 版

其标准的英文名称：Windows Server 2003 Web Edition，用于构建和存放 Web 应用程序、网页和 XML Web Services。它主要使用 IIS 6.0 Web 服务器并提供快速开发和部署使用 ASP.NET 技术的 XML Web services 和应用程序。支持双处理器，最低支持 256MB 的内存，最高支持 2GB 的内存。

➢　Windows Server 2003 标准版

其标准的英文名称：Windows Server 2003 Standard Edition，销售目标是中小型企业，支持文件和打印机共享，提供安全的 Internet 连接，允许集中的应用程序部署。支持 4 个处理器，最低支持 256MB 的内存，最高支持 4GB 的内存。

➢　Windows Server 2003 企业版

其标准的英文名称：Windows Server 2003 Enterprise Edition，Windows Server 2003 企业版与 Windows Server 2003 标准版的主要区别在于 Windows Server 2003 企业版支持高性能服务器，并且可以集群服务器，以便处理更大的负荷。通过这些功能实现了可靠性，有助于确保系统即便出现问题仍可用。在一个系统或分区中最多支持 8 个处理器，8 节点集群，最高支持 32GB 的内存。

➢　Windows Server 2003 数据中心版

其标准的英文名称：Windows Server 2003 Datacenter Edition，它针对要求最高级别的可伸缩性、可用性和可靠性的大型企业或国家机构等而设计的。它是最强大的服务器操作系统，分为 32 位版与 64 位版：32 位版支持 32 个处理器，支持 8 点集群，最低要求 128MB 内存，最高支持 512GB 的内存。64 位版支持 Itanium 和 Itanium 2 两种处理器，支持 64 个处理器与支持 8 点集群，最低支持 1GB 的内存，最高支持 512GB 的内存。

Linux 是一种自由和开放源码的类 UNIX 操作系统。目前存在着许多不同的 Linux，但它们都使用了 Linux 内核。Linux 可安装在各种计算机硬件设备中，从手机、平板电脑、路由器和视频游戏控制台，到台式计算机、大型机和超级计算机。Linux 是一个领先的操作系统，世界上运算最快的 10 台超级计算机运行的都是 Linux 操作系统。严格来讲，Linux 这个词本身只表示 Linux 内核，但实际上人们已经习惯了用 Linux 来形容整个基于 Linux 内核，并且使用 GNU 工程各种工具和数据库的操作系统。Linux 得名于计算机业余爱好者 Linus Torvalds。

对于 Linux 系统，我们需要了解一个概念——发行版。Linux 发行版指的就是通常所说的"Linux 操作系统"，它可能是由一个组织、公司或者个人发行的。Linux 主要作为 Linux 发行版的一部分而使用。通常来讲，一个 Linux 发行版包括：

- Linux 内核。
- 将整个软件安装到电脑上的一套安装工具。
- 各种 GNU 软件。
- 其他的一些自由软件。

在一些特定的 Linux 发行版中也有一些专有软件。发行版为许多不同的目的而制作，包括对不同计算机结构的支持，对一个具体区域或语言的本地化，实时应用和嵌入式系统。目前，超过 300 个发行版被积极的开发，最普遍被使用的发行版有大约 12 个。

一个典型的 Linux 发行版包括：Linux 核心，一些 GNU 库和工具，命令行 shell，图形界面的 X 窗口系统和相应的桌面环境，如 KDE 或 GNOME，并包含数千种从办公包、编译器、文本编辑器到科学工具的应用软件。

很多版本 Linux 发行版使用 LiveCD，是不需要安装就能使用的版本。

主流的 Linux 发行版有Ubuntu，DebianGNU/Linux，Fedora，Gentoo，MandrivaLinux，PCLinuxOS，SlackwareLinux，openSUSE，ArchLinux，Puppylinux，Mint，CentOS，Red Hat等。

中国大陆的 Linux 发行版有中标麒麟Linux（原中标普华 Linux），红旗 Linux（Red-flag Linux），Qomo Linux（原 Everest），冲浪 Linux（Xteam Linux），蓝点 Linux，新华 Linux，共创 Linux，百资 Linux，veket，lucky8k-veket.Open Desktop，Hiweed GNU/Linux，Magic Linux，Engineering Computing GNU/Linux，kylin，中软 Linux，新华华镭 Linux（RaysLX），CD Linux，MC Linux，即时 Linux（Thizlinux），b2d Linux，IBOX，MCLOS，FANX，酷博 Linux，新氧 Linux，Hiweed，Deepin Linux，雨林木风YLMF OS。

从中小企业的人员配置来看，一般很难有高水平的专职技术员或管理员。虽然 Linux 系统架构便宜，但对技术要求较高，而 Windows 系统在用户界面上有较大的交互优势，同时，在应用方面，Windows Server 2003 也已经满足一般的应用要求，因此不需要追求太新的系统。

5.3.2   Windows Server 2003 的安装与配置

品牌电脑的专用服务器在安装系统时，会有专用的引导光盘及管理软件，以方便对机器做保护和管理，例如可以进行磁盘阵列的划分等。通过引导光盘界面选择相应的系统版本之后，就进入系统安装过程，和普通的安装过程一致，这里只做简要描述。

重新启动系统并把光驱设为第一启动盘，保存设置后重启。将 Windows Server 2003 安装光盘放入光驱，重新启动电脑。启动后会将光盘文件自动复制到硬盘并进行下一步的安装（如图 5-22 所示）。

开始复制文件，如图 5-23 所示，文件复制完后，安装程序开始初始化 Windows 配置。初始化 Windows 配置完成后，系统将在 15 秒后重新启动。

之后，将控制权从安装程序转移给系统。经过几个简单的下一步之后，在图 5-24 的界面需要输入包装盒上的安装序列号。

图 5-22 Windows Server 2003 系统安装 1

图 5-23 Windows Server 2003 系统安装 2

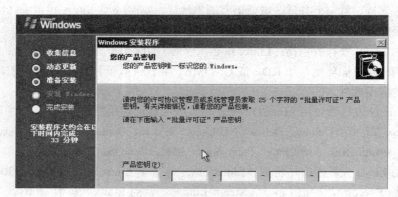
图 5-24 输入产品密钥窗口

输入安装序列号，单击"下一步"按钮，出现的界面如图 5-25 所示。

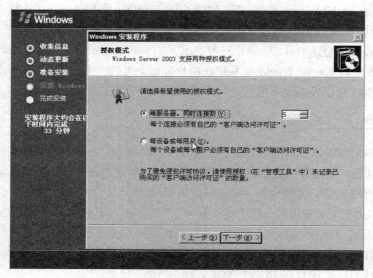
图 5-25 设置授权模式

当需要作为服务器使用时，选择"每服务器。同时连接数"并更改数值（10 人内免费）。单击"下一步"按钮，出现的界面如图 5-26 所示。

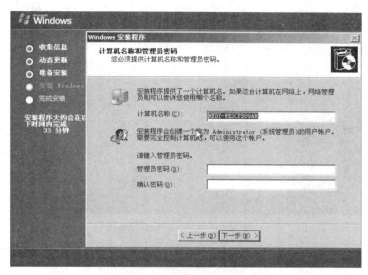

图 5-26　设置计算机名称和密码

安装程序会自动创建计算机名称，为方便后期管理，可输入容易识别的名称，同时，为了确保安全，最好设置密码。

接下来，选择网络安装所用的方式，选择"典型设置"就行（如图 5-27 所示）。

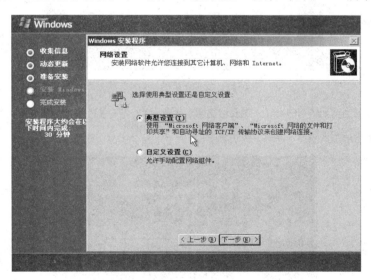

图 5-27　设置网络

然后单击"下一步"，出现的界面如图 5-28 所示，之后需要在此服务器上配置域，因此现在先选择第一项，仅作为工作组的成员。

单击"下一步"继续安装，系统会自动完成全过程。安装完成后自动重新启动，出现启动画面，如图 5-29 所示。

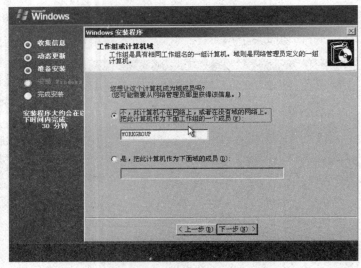

图 5-28 设置工作组或域

图 5-29 安装完成后进入系统

上图中，需要按组合键 Ctrl+Alt+Delete 才能继续启动，在 XP 中此功能默认是关闭的。按组合键 Ctrl+Alt+Delete 后继续启动，出现登录画面如图 5-30 所示。

图 5-30 输入登录名和密码窗口

输入密码后回车，继续启动进入桌面。第一次启动后自动运行"管理您的服务器"向导，如图 5-31 所示，之后多项服务器的配置都可以从这里进入，同时，也可以在这里进行查看和管理，知道哪些服务配置了，哪些服务没有配置。

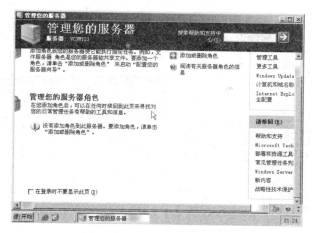

图 5-31　管理服务器界面

5.3.3　DNS、DHCP、Web 服务器配置

1. DNS 配置

公网的 DNS 只是使用公网解析，一般中小企业都有内部网络，使用内网办公，如果想用域名访问的话就要在内网建 DNS，这样才能在内网使用自己的域名，因为内网的域名在外网的 DNS 上一般是解析不出来的。同时，为了方便管理，屏蔽某些网站，也可以在内网 DNS 上做相应的配置以使该网站域名无法解析或者做出错误解析。大部分的中小企业网络内部都配备相关的服务器（如 Web、FTP 等服务器）。

在内部网络搭建 DNS 服务器，让用户在其计算的"DNS 服务器的 IP 地址"中输入内部网络 DNS 服务器的 IP 地址或者通过 DHCP 动态设置。在内部网络的 DNS 服务器上建立正向、反向搜索区域，将没有注册互联网域名服务器的域名在内部网络 DNS 服务器上建立相应的记录，则用户就可以用这个 DNS 服务器来将域名解析为对应的 IP 地址，或者将 IP 地址解析为对应的域名。

用户对已注册互联网域名的访问，也可以在内部 DNS 服务器上配置转发器，将内部 DNS 服务器无法解析的域名转发带互联网的 DNS 服务器上查询。下面介绍 DNS 服务器的配置过程。

（1）首先把本机的 TCP/IP 属性改好，如图 5-32 所示。

（2）安装 DNS 组件，如图 5-33 所示，如果在安装系统过程中已经装过了，可以跳过这一步。

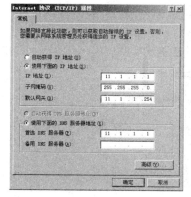

图 5-32　配置 IP 界面

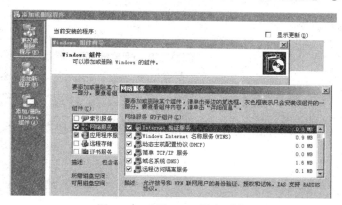

图 5-33　安装 DNS 域名系统

（3）安装完成后，打开 DNS 控制台，如图 5-34 和 5-35 所示。

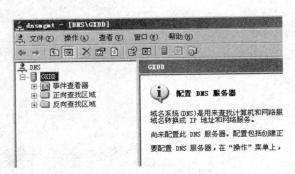

图 5-34　开始菜单中的选择　　　　　　　　　　图 5-35　DNS 配置窗口

（4）打开 DNS 控制台，如图 5-36 所示，选择"配置 DNS 服务器"，进入配置 DNS 服务器向导，在出现的窗口中可以查看"DNS 清单"，不查看则直接单击"下一步"。

（5）选择"创建正向和反向查找区域（适合大型网络使用）"，单击"下一步"。

（6）然后建立正向查找区域，选择"是，创建正向查找区域（推荐）（Y）"，单击"下一步"。

（7）选择"主要区域（P）"，单击"下一步"。

（8）提示输入新区域的名称，如图 5-37 所示，这个名称可以自己选择，起一个便于记忆和识别的。例如网络中的服务器要使用的完整域名是"www.test.com"，则在区域名称中填入"test.com"，单击"下一步"。

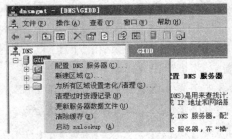

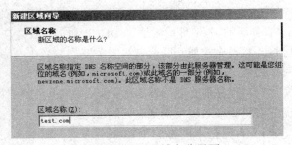

图 5-36　开始配置 DNS 服务器　　　　　　　　图 5-37　设置区域名称界面

（9）创建新区域文件，如图 5-38 所示，用于存放 DNS 信息，文件名称使用默认值，单击"下一步"。

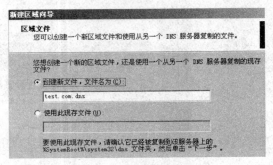

图 5-38　设置区域文件界面

（10）在弹出的窗口中可以选择是否接受动态更新，为保证安全，选择"不允许动态更新"。

（11）要使 DNS 服务器能完全正常工作，除了配置正向（域名到 IP 地址）解析外，还要配置反向（IP 地址到域名）解析。选择"是，现在创建反向查找区域（Y）"，单击"下一步"，选择"主要区域（P）"，单击"下一步"。

（12）如图 5-39，在"网络 ID"处输入"11.1.1."，单击"下一步"。

（13）如图 5-40，反向区域文件名称采用默认值，单击"下一步"。

（14）在弹出的窗口中可以选择是否接受动态更新，为保证安全，选择"不允许动态更新"。

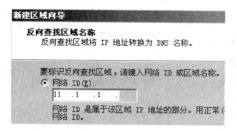

图 5-39　设置反向查找区域名称

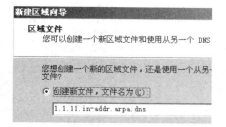

图 5-40　设置区域文件界面

（15）如图 5-41，在弹出的窗口中设置 NDS 的转发器，在转发器中输入"202.96.128.86"和"8.8.8.8"（在该 DNS 服务器中无法解析的域名，该 DNS 服务器可以转发给其他指定的 DNS 服务器上进行解析，如向 ISP（互联网服务提供商）的 DNS 服务器转发。

（16）如图 5-42 所示，等待收集根提示，成功后单击"完成"。

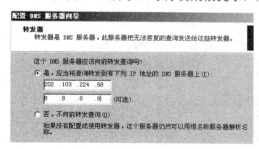

图 5-41　设置转发器界面

图 5-42　完成 DNS 服务配置界面

（17）完成"DNS 服务器的配置"后，在 DNS 控制台的正向查找区域可以看到如图 5-43 所示的画面，接下来需要创建主机记录和指针。

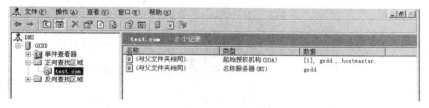

图 5-43　DNS 控制台正向查找区域界面

（18）如图 5-44，右键 test.com，单击"新建主机"，然后如图 5-45 创建完整域名为"dns.test.com"的主机记录。在下个画面填入主机名"dns"，IP 地址为"11.1.1.1"。同时可以勾上复选框"创建相关的指针（PTR）记录"，这里暂时不勾上。

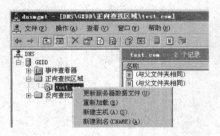

图 5-44　新建主机

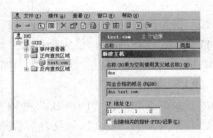

图 5-45　新建主机界面

（19）如图 5-46，在"反向查找区域"中的"11.1.1.x Subnet"中右击，选择"新建指针（PTR）"。

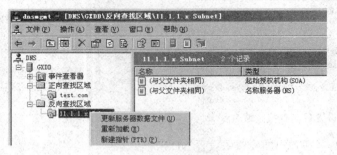

图 5-46　选择新建指针

（20）如图 5-47 和图 5-48 所示，填入主机 IP 号 11.1.1.1，再在浏览中找到 test.com 里面的主机名为 dns 的记录，选择它并确定。完成后再单击"确定"（这是建立反向解析，11.1.1.1 指向域名 dns.test.com）。

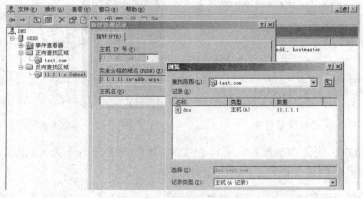

图 5-47　建立反向解析 1

图 5-48　建立反向解析 2

（21）最后可以进行测试。

如图 5-49 在命令提示符中，依次键入 nslookup，测试域名 dns.test.com 和 IP 值 11.1.1.1 都出现相应的解析画面，则 dns 服务器解析成功。

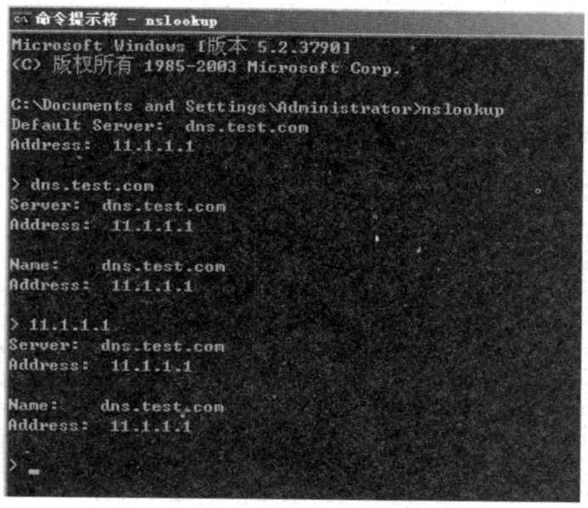

图 5-49　DNS 服务器解析测试

以上是 DNS 服务器的基本配置，在客户机使用这个 DNS 服务器一定要将 TCP/IP 的 DNS 服务器 IP 改为该服务器的 IP 或者由 DHCP 服务器分配，如果需要继续配置多个域，可以按以下的配置进行。

（1）如图 5-50，直接在"正向查找区域"，单击右键选择"新建区域"，并按提示完成新建区域向导，步骤基本是重复之前的过程。例如，创建了一个为 dada.com 的正向域，如图 5-51 所示。

图 5-50　新建区域

图 5-51　完成 dada.com 区域

（2）如图 5-52 所示，在这个域中"新建主机"，填入主机名和对应的 IP，完成后，可以看到图 5-53 的界面。

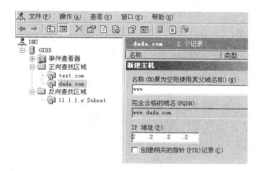

图 5-52　新建主机界面

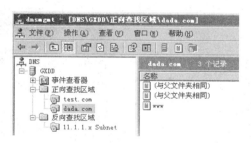

图 5-53　控制台界面显示

（3）新建该域的反向查找区域，过程请参照前面的步骤设置即可。

2．DHCP 配置

下面简单描述 DHCP 配置的过程。

（1）如果还没有安装 DHCP 服务组件，请在"控制面板"→"添加/删除 windows 组件"→"网络服务"中添加，如图 5-54 所示。

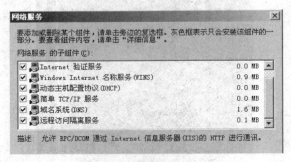

图 5-54　安装 DHCP 服务

（2）如图 5-55 所示，在活动目录中，创建一个用户 DHCPuser 用于管理 DHCP 服务器（在域中），并且，新建的用户只具有 user 权限。

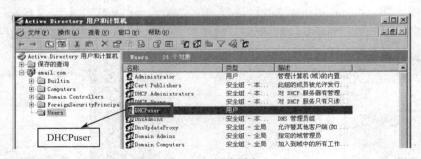

图 5-55　创建用户

（3）如图 5-56 所示，为用户增加 DHCP 服务器管理权限，加入 DHCP administrator 组。

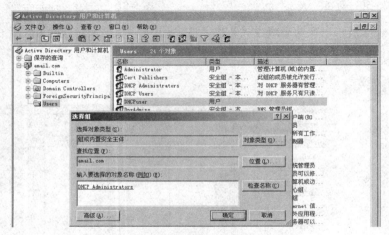

图 5-56　为用户增加 DHCP 服务器管理权限

（4）在用户属性中，添加描述"DHCP 服务器管理员"。

（5）右键单击 DHCP 选择"管理授权的服务器"命令，如图 5-57 所示。

图 5-57　管理授权的服务器

（6）如图 5-58 所示，输入授权 IP。在"指定一个 DHCP 服务器"对话框中向导提示用户输入 DNS 名称或 IP 地址。如果用户想使本机作为 DHCP 服务器，可输入与前面配置 TCP/IP 协议和安装活动目录时一致的 DNS 名称或 IP 地址。

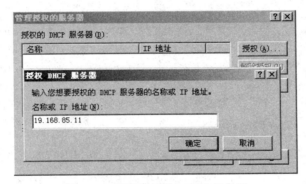

图 5-58　配置授权的 DHCP 服务器

（7）右击服务器，选择"新建作用域"，然后按照"新建作用域向导"一步一步完成，其中有几个要输入的地方可按表 5-9 操作，之后选择激活作用域即可。

表 5-9　新建作用域需要填写的内容

项目名称	填写内容	说明
名称	行政部	填写要有意义，看见后能知道该域的作用
IP 地址范围	起始 IP：192.168.5.2 结束 IP：192.168.5.254 长度 24 子网掩码 255.255.255.0	这里是可以进行动态分配的 IP 范围，长度指的是子网掩码二进制形式是"1"的个数，长度和子网掩码表达的意思是一样的
添加排除	起始 IP：192.168.5.10 结束 IP：192.168.5.10	每个部门可能都会有一些领导或员工需要固定的 IP 以方便工作，因此这些 IP 不能被分配出去。这样的 IP 就可以在这一步设置，如果起始和结束 IP 一致，说明只需要排除一个 IP，如果不一致说明是一段，也可以设置不连续的几个或几段，每次填写完后单击添加就会出现在下面的"排除的地址范围"中

续表

项目名称	填写内容	说明
租赁期限	7 天 0 小时 0 分	租约期限指的是一个客户端获得 IP 后可以使用的时间的长短，一般来说，对于固定网络，租约期长一点较好，对于移动网络（笔记本或移动设备较多的网络）租约期短一些比较好，比如 8 个小时
路由器（默认网关）	192.168.5.1	
域名称和 dns 服务器	父域 dada.com 服务器名称 ser.dada.com Ip 地址 11.11.1.1	

（8）上面的步骤已完成主要的配置，接下来可以右击选定服务器，选择属性，设置 DHCP 服务器的属性，如图 5-59 所示。

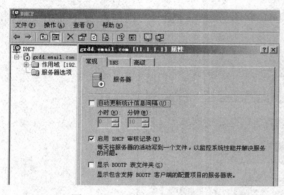

图 5-59　DHCP 服务器属性

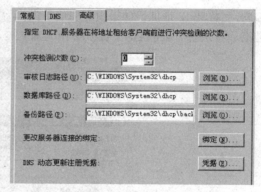

图 5-60　DHCP 服务器属性"高级"选项

如图 5-60 所示，在"高级"选项卡中，如果用户希望 DHCP 把 IP 地址租给客户之前，DHCP 服务器能够对将要分配的 IP 地址进行一定次数的冲突检测，可以通过"冲突检测次数"设置，以使 DHCP 按照指定的次数对 IP 地址进行检测。如果用户希望更改 DHCP 中的数据库和审核文件在硬盘中的存储位置，可以分别在"审核文件路径"文本框和"数据库路径"文本框中输入指定的完整路径。另外，用户还可以单击"浏览"按钮，从打开的窗口中为审核文件或数据库选择一个存储路径。如果用户需要更改 DHCP 服务器连接的绑定，可单击"绑定"按钮，系统会自动完成服务器连接的绑定。

（9）可以在"保留"项中，配置客户端保留，保证 DHCP 客户端永远可以得到同一个 IP 地址，如图 5-61 所示。

（10）可以备份和还原 DHCP 服务器配置信息。打开控制台，选择要备份的 DHCP 服务器右击，选择备份，选择备份路径，默认存放在 C 盘的"Windows\system32\DHCP\backup"目录下，可以手动修改备份路径。当配置出现错误时，需要还原 DHCP 服务器配置信息，右击需要还原的服务器，选择还原即可。

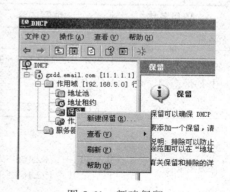

图 5-61　新建保留

如果客户机与 DHCP 服务器不在一个网段，那么客户机的请求将无法到达服务器，也就不能获得服务。为了解决这个问题，可以在与客户机同一个局域网内添加一个 DHCP 中继服务器，这个中继器可以是支持 DHCP 中继的交换机，也可以是 Windows Server 2003。具体步骤如下：

（1）单击"开始"→"管理工具"→"路由和远程访问"。右击服务器名称选择配置，单击下一步继续。在跳出来的窗口中选择"自定义配置"。

（2）在弹出来的窗口中选择"Lan 路由"，单击"下一步"，单击完成。

（3）单击 IP 路由选择，右击"常规"选择"新增路由协议"。

（4）弹出来的窗口中选择 DHCP 中继代理程序，单击确定。

（5）选择"IP 路由选择"→"DHCP 服务器配中继代理程序"，右击选择新增窗口，接下来选择接口→"本地连接"，单击确定，DHCP 中继代理配置完成。

3．Web 服务器配置

IIS 6.0 是 Windows Server 2003 的一个组件，可以使 Windows Server 2003 成为一个 Internet 信息的发布平台，为系统管理员创建和管理 Internet 信息服务器提供各种管理功能和操作方法，其配置过程比较简单，下面将简要介绍其安装过程。

（1）首先要安装 IIS 服务器，因为一般情况下操作系统是不自动安装的。首先，如图 5-62 在控制面板中选择"添加/删除程序"，然后选择"添加/删除 Windows 组件"，在弹出的窗口中选择。

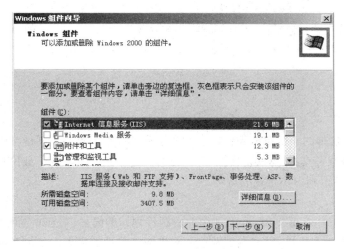

图 5-62　添加 IIS 服务器组件

接着单击"详细信息"，在弹出的窗口中可以勾选全部，也可以只选择主要的几项，如图 5-63 所示，之后单击确定即可。

（2）创建 Web 站点。可以通过在桌面对"我的电脑"右击，选择"管理"→"服务和应用程序"中 Internet 信息服务来管理 IIS。比如需要新建一个网站，可以进行，如图 5-64 所示的配置。

之后可以通过"Web 站点创建向导"一步一步配置。

（3）Web 站点设置。对新建好的站点右键，选择属性，可以接着对站点进行如图 5-65 所示的配置。

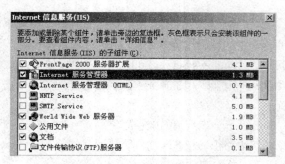

图 5-63　要安装的主要服务

图 5-64　新建站点

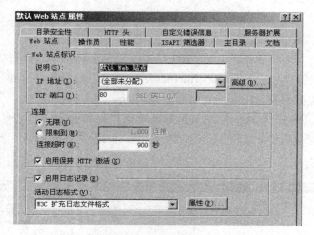

图 5-65　Web 站点设置

5.3.4　其他服务软件简介

除了 Windows 自带的一些服务软件，企业在运营过程中还需要不同种类的软件来支持，比如 ERP、CRM、OA 等业务支撑、办公支撑软件，还有一些小的网管软件，如用户行为管理、软件防火墙等，SaaS 也逐渐得到中小企业的认可。

1. ERP

ERP 是 Enterprise Resource Planning（企业资源计划）的简称，是 20 世纪 90 年代美国一家 IT 公司根据当时计算机信息、IT 技术发展及企业对供应链管理的需求，预测在今后信息时代企业管理信息系统的发展趋势和即将发生变革，而提出了这个概念。ERP 是针对物资资源管理（物流）、人力资源管理（人流）、财务资源管理（财流）、信息资源管理（信息流）集成一体化的企业管理软件。它将包含客户/服务架构，使用图形用户接口，应用开放系统制作。除了已有的标准功能，它还包括其它特性，如品质、过程运作管理以及调整报告等。

2. CRM

CRM（Customer Relationship Management）即客户关系管理。从字面上来看，是指企业用 CRM 来管理与客户之间的关系。在不同场合下，CRM 可能是一个管理学术语，可能是一个软件系统，而通常 CRM 是指用计算机自动化分析销售、市场营销、客户服务以及应用支持等流程的软件系统。它的目标是缩减销售周期和销售成本、增加收入、寻找扩展业务所需的新市场和渠道以及提高客户的价值、满意度、赢利性和忠实度。CRM 是选择和管理有价值客户及其关系的一种商业策略，CRM 要求以客户为中心的企业文化来支持有效的市场营销、销售与服务流程。

3. OA

办公自动化（Office Automation，简称 OA）是将现代化办公和计算机网络功能结合起来的一种新型的办公方式。办公自动化没有统一的定义，凡是在传统的办公室中采用各种新技术、新机器、新设备从事办公业务，都属于办公自动化的领域。在行政机关中，大都把办公自动化叫做电子政务，企事业单位就大都叫做办公自动化。通过实现办公自动化，或者说实现数字化办公，可以优化现有的管理组织结构，调整管理体制，在提高效率的基础上，增加协同办公能力，强化决策的一致性，最后实现提高决策效能的目的。

4. SaaS

SaaS 是 Software-as-a-service（软件即服务）。SaaS 在业内的叫法是软件运营，或称软营，是一种基于互联网提供软件服务的应用模式。一种随着互联网技术的发展和应用软件的成熟，在 21 世纪开始兴起的完全创新的软件应用模式，是软件科技发展的最新趋势。

SaaS 提供商为企业搭建信息化所需要的所有网络基础设施及软件、硬件运作平台，并负责所有前期的实施、后期的维护等一系列服务，企业无需购买软硬件、建设机房、招聘 IT 人员，即可通过互联网使用信息系统。像打开自来水龙头就能用水一样，企业根据实际需要，向 SaaS 提供商租赁软件服务。

SaaS 是一种软件布局模型，其应用专为网络交付而设计，便于用户通过互联网托管、部署及接入。SaaS 应用软件的价格通常为"全包"费用，囊括了通常的应用软件许可证费、软件维护费以及技术支持费，将其统一为每个用户的月度租用费。

对于广大中小型企业来说，SaaS 是采用先进技术实施信息化的最好途径。但 SaaS 绝不仅仅适用于中小型企业，所有规模的企业都可以从 SaaS 中获取便利。

2008 年前，IDC 将 SaaS 分为两大组成类别：托管应用管理（hosted AM），以前称作应用服务提供（ASP），以及"按需定制软件"，即 SaaS 的同义词。从 2009 年起，托管应用管理已作为 IDC 应用外包计划的一部分，而按需定制软件以及 SaaS 被视为相同的交付模式对待。

目前，SaaS 已成为软件产业的一个重要力量。只要 SaaS 的品质和可信度能继续得到证实，它的魅力就不会消退。

5.4 任务 4：广域网接入技术的选型及配置

【背景案例】多业务高性能企业网出口解决方案 [20]

1. 应用背景

随着网络的广泛应用，学校、企业、政府等机构经过多年持续不断的基础设施建设和应用提升，已经形成了相对成熟的局域网基础架构，在追求信息共享、资源整合的今天，越来越多的业务需要和局域网以外的互联网联系，网络出口是连接局域网和互联网的枢纽，承担着机构之间相互连接的重大作用，也面临着众多的挑战。

（1）出口设备的性能瓶颈，随着出口带宽增加，有时可能有多条出口线路，内部网络规模比较大，出口设备性能不足将成为出口的瓶颈。

（2）带宽使用失控问题，P2P 应用泛滥，关键业务无法保障。

（3）出口区域的糖葫芦串问题，在出口处部署多个设备，如 VPN、防火墙等，投资管理成本高。

（4）网络安全保障，如何部署来自互联网的攻击防范……

2. 解决方案

锐捷网络提供的 RSR 系列可信多业务路由器，为学校、企业、政府等网络出口提供了专业的解决方案。提供了从低到高的完整产品系列，满足不同规模的网络出口应用，同时提供了 2～20 个的三层路由口，可以满足多出口的应用，如图 5-66 所示。

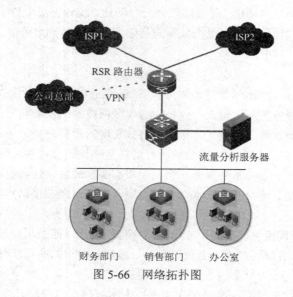

图 5-66　网络拓扑图

3. 方案优势

（1）突破性能瓶颈，提供不同规模网络出口解决方案。

如图 5-67 所示，上网数据报文平均大小为 512B，RSR20-04/14/18、RSR20-24、RSR30、RSR50、RSR50E 在 512B 下，双向出口吞吐量达到了 200M、600M、2.4G、6G、6G。以此计算，RSR20-04/14/18 在 100M 总出口带宽环境下，路由器可以做到线速转发。而 RSR20-24、RSR30、RSR50、RSR50E 则可以达到 300M、1200M、3000M、3000M 的转发性能。

	RSR20-04/14/18	RSR20-24	RSR30	RSR50	RSR50E
NAT 双向吞吐量（521 字节）	200M	600M	2.4G	6G	6G
并发会话数	6.5 万	6.5 万	52 万	52 万	52 万
并发带机数（每人 200 条会话）	330	330	2600	2600	2600
推荐使用人数（非网吧）	600	800	4000	6000	6000

图 5-67　方案比较

如果说所有上网人员都是采用浏览器上网，则平均每个人大约需要 200 个会话，如果是企业，则平均在 30～50 个会话，综合设备性能和并发会话数，在非网吧环境下，推荐带机数量分别是：RSR20-04/14/18 为 600 台，RSR20-24 为 800 台，RSR30 为 4000 台，RSR50 和 RSR50E 为 6000 台，提供并发上网服务。

（2）彻底解决出口区域糖葫芦串现象。

RSR 可信多业务路由器，如图 5-68 所示，融合了路由器、交换机、VoIP、防火墙、VPN、NAT、3G 无线接入等功能于一身，在出口无需串联多台设备，特别是对于一些规模较小的企业，RSR 路由器通过插交换机模块，可以提供多达 52 个二层交换端口，连交换机都无需购买，既降低了设备投资，也减少了后期的管理维护压力。对于一些不方便进行网络布线的环境，提供了 3G 接入，让网络部署更灵活快速。

图 5-68　RSR 可信多业务路由器比较

（3）灵活的业务和应用可视化检测和控制。

……

（4）网络安全保障。

内置状态防火墙，直接过滤来自互联网的网络攻击，同时采用独有的 VCPU 技术，让管理和数据彻底分离，无论多大的流量和网络攻击，都不会影响管理，解决网络管理的根本性问题：无论何时都可被管理。

---

[20] 资料来源：http://www.ruijie.com.cn/plan/solution_one.aspx?uniid=c447267e-ece8-4eaa-b58f-08bd6637a86f

当企业发展到拥有分支机构、电子商务业务或需要跨国运营的规模时，单一的 LAN 网络已不足以满足其业务需求。广域网（WAN）接入成为当今大中型企业的重要需求。

各种各样的 WAN 技术足以满足不同企业的需求，网络的扩展方法亦层出不穷。企业在引进 WAN 接入时需考虑网络安全性和地址管理等因素。因此，设计 WAN 和选择合适的电信网络服务并非易事。

本任务将介绍路由器的一些基本配置和广域网接入技术的选型方法。

5.4.1　路由器基本配置

1. 思科路由器基本配置

（1）基本设置方式。

一般来说，可以用 5 种方式来设置路由器：

● Console 口接终端或运行终端仿真软件的微机。

● AUX 口接 Modem，通过电话线与远方的终端或运行终端仿真软件的微机相连。

● 通过 Ethernet 上的 TFTP 服务器。

● 通过 Ethernet 上的 TELNET 程序。

● 通过 Ethernet 上的 SNMP 网管工作站。

例如，使用第一种方式，是使用专门的 console 线将路由器的 console 口和计算机的 com 口连接在一起，然后通过电脑的超级终端进入路由器 cli 界面进行之后的配置，如图 5-69 所示。

```
Router>ping 192.168.10.5

Router#show running-config

Router(config)#Interface FastEthernet 0/0

Router(config-if)#ip address 192.168.10.1 255.255.255.0
```

图 5-69　路由器 cli 界面

（2）Cisco 路由器命令的几种模式。

1）一般用户模式（user mode）。

路由器处于一般用户模式时，只限于使用路由器的某一些有限的权限登录到机器的默认状态，这时用户可以看路由器的连接状态，访问其它网络和主机，但不能看到和更改路由器的设置内容。

router>

2）特权模式（Privileged mode）。

路由器处于特权模式时，不但可以执行所有的用户命令，还可以看到和更改路由器的设置内容，有检查、配置、调试等所有权限。在 router>提示符下键入 *enable* 可进入此状态。

router>*enable*

router#

3）全局设置模式（Global mode）。

路由器处于全局设置模式时，可以设置路由器的全局参数。在 router#提示符下键入 configure terminal，则进入该状态。

router#*configure terminal*

router（config）#

4）其他模式（局部设置模式）。

路由器可以在全局设置模式下进入局部设置状态，这时可以设置路由器某个局部的参数。比如要设置接口相关配置时：

router（config）#*interface e0/1*

router（config-if）#

配置线路信息：**router（config-line）#**；配置路由 **router（config-router）#**等。

5）"＞"模式。

路由器处于 RXBOOT 状态，在开机后 60 秒内按 ctrl-break 可进入此状态，这时路由器不能完成正常的功能，只能进行软件升级和手工引导。

6）设置对话状态。

这是一台新路由器开机时自动进入的状态，在特权命令状态使用 SETUP 命令也可进入此状态，这时可通过对话方式对路由器进行设置。

（3）setup 过程。

首先是设置对话过程，然后显示提示信息，接着进行全局参数和接口参数的设置，利用设置对话过程可以避免手工输入命令的烦琐，但它还不能完全代替手工设置，一些特殊的设置还必须通过手工输入的方式完成。

进入设置对话过程后，路由器首先会显示一些提示信息：

--- System Configuration Dialog ---

At any point you may enter a question mark '?' for help.

Use ctrl-c to abort configuration dialog at any prompt.

Default settings are in square brackets '[]'.

这是告诉你在设置对话过程中的任何地方都可以键入"？"得到系统的帮助，按 Ctrl+c 可以退出设置过程，默认设置将显示在[]中。然后路由器会问是否进入设置对话：

Would you like to enter the initial configuration dialog? [yes]:

如果按 y 或回车，路由器就会进入设置对话过程。首先你可以看到各端口当前的状况：

First，would you like to see the current interface summary? [yes]:

Any interface listed with OK? value "NO" does not have a valid configuration

Interface	IP-Address	OK?	Method	Status	Protocol
Ethernet0	unassigned	NO	unset	up	up
Serial0	unassigned	NO	unset	up	up
....	....	...	......	...	...

然后，路由器就开始全局参数的设置：

Configuring global parameters:

设置路由器名：

Enter host name [Router]:

设置进入特权状态的密文（secret），此密文在设置以后不会以明文方式显示：

The enable secret is a one-way cryptographic secret used

instead of the enable password when it exists.

Enter enable secret: cisco

设置进入特权状态的密码（password），此密码只在没有密文时起作用，并且在设置以后会以明文方式显示：

The enable password is used when there is no enable secret

and when using older software and some boot images.

Enter enable password: pass

设置虚拟终端访问时的密码：

Enter virtual terminal password: cisco

询问是否要设置路由器支持的各种网络协议：

Configure SNMP Network Management? [yes]:

Configure DECnet? [no]:

Configure AppleTalk? [no]:

Configure IPX? [no]:

Configure IP? [yes]:

Configure IGRP routing? [yes]:

Configure RIP routing? [no]:

....

如果配置的是拨号访问服务器，系统还会设置异步口的参数：

Configure Async lines? [yes]:

设置线路的最高速度：

Async line speed [9600]:

是否使用硬件流控：

Configure for HW flow control? [yes]:

是否设置 modem：

Configure for modems? [yes/no]: yes

是否使用默认的 modem 命令：

Configure for default chat script? [yes]:

是否设置异步口的 PPP 参数：

Configure for Dial-in IP SLIP/PPP access? [no]: yes

是否使用动态 IP 地址：

Configure for Dynamic IP addresses? [yes]:

是否使用默认 IP 地址：

Configure Default IP addresses? [no]: yes

是否使用 TCP 头压缩：

Configure for TCP Header Compression? [yes]:

是否在异步口上使用路由表更新：

Configure for routing updates on async links? [no]: y

是否设置异步口上的其它协议。

接下来，系统会对每个接口进行参数的设置。

Configuring interface Ethernet0:

是否使用此接口：

Is this interface in use? [yes]:

是否设置此接口的 IP 参数：

Configure IP on this interface? [yes]:

设置接口的 IP 地址：

IP address for this interface: 192.168.162.2

设置接口的 IP 子网掩码：

Number of bits in subnet field [0]:

Class C network is 192.168.162.0，0 subnet bits; mask is /24

在设置完所有接口的参数后，系统会把整个设置对话过程的结果显示出来：

The following configuration command script was created:

hostname Router

enable secret 5 1W5Oh$p6J7tIgRMBOIKVXVG53Uh1

enable password pass

…………

请注意在 enable secret 后面显示的是乱码，而 enable password 后面显示的是设置的内容。

显示结束后，系统会问是否使用这个设置：

Use this configuration? [yes/no]: yes

如果回答 yes，系统就会把设置的结果存入路由器的 NVRAM 中，然后结束设置对话过程，使路由器开始正常的工作。

（4）常用命令。

1）帮助。在 IOS CLI 窗口操作中，无论任何状态和位置，都可以键入 "？" 得到系统的帮助。

2）改变状态命令，如表 5-10 所示。

表 5-10 改变状态的命令

任务	命令
进入特权命令状态	enable
退出特权命令状态	disable
进入设置对话状态	setup
进入全局设置状态	config terminal
退出全局设置状态	end
进入端口设置状态	interface type slot/number
进入子端口设置状态	interface type number.subinterface [point-to-point | multipoint]
进入线路设置状态	line type slot/number
进入路由设置状态	router protocol
退出局部设置状态	exit

3）显示命令，如表 5-11 所示。

表 5-11 显示命令

任务	命令
查看版本及引导信息	show version
查看运行设置	show running-config
查看开机设置	show startup-config
显示端口信息	show interface type slot/number
显示路由信息	show ip router

4）拷贝命令。用于 IOS 及 CONFIG 的备份和升级。

5）网络命令，如表 5-12 所示。

表 5-12 网络相关的命令

任务	命令
登录远程主机	telnet hostname|IP address
网络侦测	ping hostname|IP address
路由跟踪	trace hostname|IP address

6）基本设置命令，如表 5-13 所示。

表 5-13　基本设置命令

任务	命令
全局设置	config terminal
设置访问用户及密码	username username password password
设置特权密码	enable secret password
设置路由器名	hostname name
设置静态路由	ip route destination subnet-mask next-hop
启动 IP 路由	ip routing
启动 IPX 路由	ipx routing
端口设置	interface type slot/number
设置 IP 地址	ip address address subnet-mask
设置 IPX 网络	ipx network network
激活端口	no shutdown
物理线路设置	line type number
启动登录进程	login [local|tacacs server]
设置登录密码	password password

2. 华为路由器基本配置

（1）华为设备只有两层模式，用户模式和特权模式。当路由器启动完毕后将进入用户模式。

　　<Quidway>

在用户模式下输入 system view 命令将进入特权模式。

　　<Quidway>*system view*

　　[Quidway]

（2）配置 telnet 密码。

　　[Quidway]*user-interface vty 0 4*

进入 vty 配置模式后，可以有下面的选项：

　　authentication-mode none（空密码）|password（设置线路密码）

　　authentication-mode password（默认的是空）

　　set authentication password simple <222>

　　user privilege level 0（设置用户通过线路密码进入路由器的级别）

（3）设置 level 密码（类似 cisco 中的级别 1 和级别 15 的密码）。

　　[Quidway]*super password level（0-3）password*

　　< Quidway >super（查看当前所处在的级别）

　　< Quidway >super 3（进入级别 3，然后输入相应的密码）

（4）基本配置。

进入接口视图：

　　[Quidway]interface ethernet 0/1

进入接口视图：

　　　　　[Quidway]interface vlan x

配置 VLAN 的 IP 地址：

　　　　　[Quidway-Vlan-interfacex]ip address 10.65.1.1 255.255.0.0

静态路由＝网关：

　　　　　[Quidway]ip route-static 0.0.0.0 0.0.0.0 10.65.1.2

（5）端口配置。

配置端口工作状态：

　　　　[Quidway-Ethernet0/1]duplex {half|full|auto}

配置端口工作速率：

　　　　[Quidway-Ethernet0/1]speed {10|100|auto}

配置端口流控：

　　　　[Quidway-Ethernet0/1]flow-control

配置端口平接扭接：

　　　　[Quidway-Ethernet0/1]mdi {across|auto|normal}

设置端口工作模式：

　　　　[Quidway-Ethernet0/1]port link-type {trunk|access|hybrid}

激活端口：

　　　　[Quidway-Ethernet0/1]undo shutdown

退出系统视图：

　　　　[Quidway-Ethernet0/2]quit

5.4.2　静态路由及默认路由配置

　　网络的通信其实就是信息传递，现实生活中传递的是实物，比如信件，而在网络中传递的就是数据包。信件可以通过邮局，根据信封上的地址由一个邮局中转站转发到下一个中转站，并最终到达客户手中；而在网络中，邮局的这一功能就由路由器来完成。因此，可以这样给"路由器"中"路由"这两个字定义：

　　路由是被用来把来自一台设备的数据包穿过网络发送到位于另一个网段的设备上的路径信息。具体表现为路由器中路由表里的条目。

　　可以看到，上面的定义把路由解释成为名词。其实，"路由"还包括动作，也就是：

　　通过路由信息将数据包转发到下一个目的地。

　　路由表里的条目又是怎么来的呢？这就涉及到路由技术：

　　路由技术是使路由器学习到路由，对路由进行控制，并且维护这些路由完整、无差错的方法。

　　路由协议（Routing Protocol）用于路由器动态寻找网络最佳路径，保证所有路由器拥有相同的路由表，一般路由协议决定数据包在网络上的行走路径。这类协议的例子有 OSPF、RIP 等路由协议，通过提供共享路由选择信息的机制来支持被动路由协议。路由选择协议消息在路由器之间传送。路由选择协议允许路由器与其他路由器通信来修改和维护路由选择表。

　　路由可分为静态路由（Static Route）和动态路由（Dynamic Route）。

　　所谓的静态路由指的是由网络管理员手动配置在路由器的路由表里的路由。它体现了网络管理员的意志。需要管理员了解这个网络的拓扑情况，指导数据包具体的走向。

思科路由器配置静态路由的命令：

```
Router(config)#ip route network [mask] {address|interface} [distance]
[permanent]
```

其中：

network：所要到达的目的网络；

mask：子网掩码；

address：下一个跳的 IP 地址，即相邻路由器的端口地址；

interface：本地网络接口；

distance：管理距离（可选）；

permanent：指定此路由即使该端口关掉也不被移掉。

如图 5-70 表示的实例，路由器 B 连接着局域网和广域网，连接局域网的接口是 E0/0，IP 地址为 192.168.1.1，子网掩码为 255.255.255.0，连接广域网的接口是 S2/0，IP 地址为 218.68.45.2，广域网云与路由器 B 接口 S2/0 对接的路由器 A 对应的 IP 地址为 218.68.45.1。在没有进行配置之前，路由器 A 是不知道如何到达 192.168.1.0 网段的，这时就需要管理员通过增加一条路由来指定路线，意思是使路由器 A 知道，要到达局域网 192.168.1.0 网段的数据包（目的地址是 192.168.1.0 网段）可以通过接口 S2/0，在路由器中可以键入下列命令：

Router（config）#ip route 192.168.1.0 255.255.255.0 S2/0

或者写成

Router（config）#ip route 192.168.1.0 255.255.255.0 <u>218.68.45.2</u>

                 所谓的下一跳地址

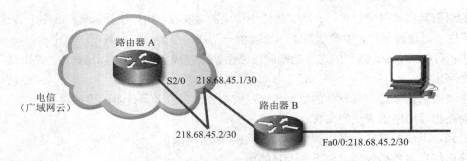

图 5-70 末节网络拓扑中配置静态路由

反之，可以在路由器 B 上做相应的设置。但是图中并不清楚路由器 A 连接的其他网段是什么，无法设置目的网段。可以看到，局域网只要想访问外网，唯一出口就只有路由器 B 连接的路由器 A 这条线路，基于此，可以做如下配置。配置前，先掌握一个概念——默认路由。默认路由是一种特殊的静态路由，指的是当路由表中与包的目的地址之间没有匹配的表项时路由器能够做出的选择。如果没有默认路由，那么目的地址在路由表中没有匹配表项的包将被丢弃。

Router（config）#ip route 0.0.0.0 0.0.0.0 <u>218.68.45.1</u>

             下一跳地址

5.4.3　RIP、IGRP 协议的配置

1. 动态路由综述

上一节中学习了静态路由，需要配置静态路由的原因是路由器在最初时不知道如何指挥数据包传递的方向，这时，掌控整个网络拓扑的管理员就可以给路由器添加上路由信息。但是，如果网络拓扑变更，网络管理员就需要手动修改涉及到的静态路由。而如果网络中路由器数量多，拓扑复杂，网络管理员的工作量就很大了。可以想象一下，如果路由器可以自己学习到网络的拓扑情况就方便了。

动态路由指的是路由器上的路由表项是通过相互连接的路由器之间交换彼此信息，然后按照一定的算法优化出来的，而这些路由信息是在一定时间间隙里会不断更新，以适应不断变化的网络，以随时获得最优的寻路效果。

2. RIP 和 IGRP 协议

RIP 和 IGRP 路由协议是典型的矢量路由协议。

（1）RIP 路由协议。

RIP 是使用从源网段到目的网段所经过的路由器的个数（跳数）来计算度量值的，最大有效跳数是 15 跳。到达同一个目的网段的跳数越少，路径的路由就越佳，跳数最少的路径作为最佳路径被记入路由表，成为路由。

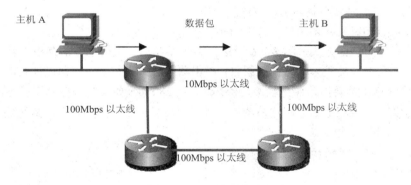

图 5-71　RIP 协议的路径选择

如图 5-71 所示，虽然主机 A 和主机 B 之间有 100Mbps 的以太网路径，但是由于它所经过的路由器比 10Mbps 的以太网路径所经过的多，运行 RIP 路由协议的路由器还是选择了 10Mbps 的以太网路径作为最佳路径。

作为一种内部网关协议或 IGP（内部网关协议），路由选择协议应用于 AS 系统，即自治系统（Autonomous System）。连接 AS 系统有专门的协议，其中最早协议是 EGP（外部网关协议），目前仍然应用于因特网，这样的协议通常被视为内部 AS 路由选择协议。RIP 主要设计来利用同类技术与大小适度的网络一起工作。因此通过速度变化不大的接线连接，RIP 比较适用于简单的校园网和区域网，但并不适用于复杂网络。

RIP2 由 RIP 而来，属于 RIP 协议的补充协议，主要用于扩大 RIP 2 信息装载的有用信息的数量，同时增加其安全性能。RIP 2 是一种基于 UDP 的协议。在 RIP2 下，每台主机通过路由选择进程发送和接收来自 UDP 端口 520 的数据包。RIP 协议默认的路由更新周期是 30 秒。

RIP 协议有以下特点：

1）仅和相邻的路由器交换信息。如果两个路由器之间的通信不经过另外一个路由器，那么这两个路由器是相邻的。RIP 协议规定，不相邻的路由器之间不交换信息。

2）路由器交换的信息是当前本路由器所知道的全部信息。即自己的路由表。

3）按固定时间交换路由信息，如每隔 30 秒，然后路由器根据收到的路由信息更新路由表。

（2）IGRP 协议。

IGRP（Interior Gateway Routing Protocol）是一种动态距离向量路由协议，它由 Cisco 公司 20 世纪 80 年代中期设计。使用组合用户配置尺度，包括延迟、带宽、可靠性和负载。

IGRP 是 Cisco 开发的私有协议，是为了弥补 RIP 不足的地方而开发的。它的管理距离 AD 为 100。它有着和 RIP 类似的特性，例如都是距离矢量（distance vector）路由协议，都通过广播的方式周期性的广播完整的路由表（除了被水平分割法则抑制的路由以外），并且它也会在网络的边界上进行路由汇总。不像 RIP 是使用 UDP 520 端口，IGRP 是直接通过 IP 层进行 IGRP 信息交换，协议号为 9。

IGRP 路由协议计算度量值的算法比较复杂，它综合考虑链路上的带宽（Bandwidth）、延迟（Delay）、负载（Loading）、可靠性（Reliability）、最大传输单元（MTU）等五种因素，但是它默认的算法是链路的带宽加上设备的延迟。

IGRP 默认支持四条等开销的链路做负载均衡，最大可以支持 6 条等开销链路做负载均衡，同时，它还支持不等开销链路做负载均衡，方法是使用如下命令：

Router（config-router）#variance   multiplier

IGRP 路由协议使用广播方式每隔 90 秒向邻居路由器发送一次周期性的路由更新包。如果在 270 秒内没有收到邻居路由器发来的路由更新包，路由器就会认为邻居路由器已经崩溃，所有从这个邻居路由器学到的路由都会进入保持状态，保持时间是 280 秒。如果在保持时间里还没有收到邻居路由器的任何信息，或者其他的邻居路由器通告了比原度量值还大的度量而不被采用，该路由器就会被保持的路由从路由表里清除。

3. RIP 协议和 IGRP 协议的配置

（1）RIP 协议的配置。

声明使用动态路由协议的命令是：

Router(config)#router   network   [keyword]

决定在网络上发布网段的命令是：

Router(config-router)#network   network-number

以图 5-72 拓扑为例，假设此时已经按上一节的基本配置方法将 RouterA、RouterB、RouterC 三台路由器的接口 IP 设置好，这时，RouterA 不知道 RouterB 左侧的网络情况，RouterC 不知道 RouterB 网络右侧的情况，而 RouterB 不知道 RouterA 和 RouterC 的 E0/0 端口连接的局域网的情况，需要进行如表 5-14 所示的配置。

通过上面的配置，路由器将发布自己直接连接的网段，其意义在于将该网段放入路由更新包中发送各邻居路由器，以使邻居路由器可以学习到该网段的路由。如果不发布这个网段，邻居路由器就不能学到该网段。发布一个自己不直接连接的网段，会使网络学习到错误的路由。如果需要使用 RIPv2，只需要在路由器的 RIP 路由里使用如下命令：

Router(config-router)#version 2

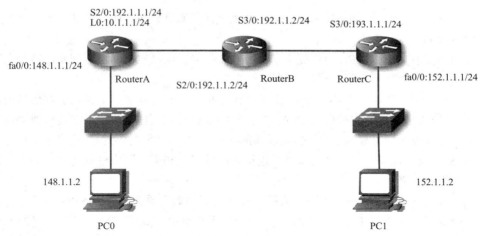

图 5-72 　简单拓扑

表 5-14 　配置表

RouterA 上的配置	RouterB 上的配置	RouterC
Router(config)#route rip	**Router(config)#route rip**	
Router(config-router)#network 10.0.0.0	**Router(config-router)#network 192.1.1.0**	
Router(config-router)#network 148.1.0.0	**Router(config-router)#network 193.1.1.0**	请思考
Router(config-router)#network 192.1.1.0	**Router(config-router)#**	
Router(config-router)#exit		

（2）IGRP 协议的配置。

以图 5-72 为例，若需要配置的是 IGRP 协议，表中 100 的意思是自治域系统号。可以看到，IGRP 协议的配置和 RIP 协议的配置在发布网段信息时是一样的。

表 5-15 　配置表

RouterA 上的配置	RouterB 上的配置	RouterC
Router(config)#route igrp 100	**Router(config)#route igrp 100**	
Router(config-router)#network 10.0.0.0	**Router(config-router)#network 192.1.1.0**	
Router(config-router)#network 148.1.0.0	**Router(config-router)#network 193.1.1.0**	请思考
Router(config-router)#network 192.1.1.0	**Router(config-router)#**	
Router(config-router)#exit		

5.4.4 　广域网协议的选型与配置

1. 广域网协议综述

广域网协议是相对于局域网协议而说的，互联网就可以认定为广域网，那么它相关的协议也就很好理解了。广域网协议是在 OSI 参考模型的最下面三层操作，定义了在不同的广域网介质上的通信。主要用于广域网的通信协议比较多，如高级数据链路控制协议、点到点协议、数字数据网、综合业务数字网、数字用户线、X.25 协议等。下面介绍几个典型的协议给大家作为参考。

（1）HDLC 高级数据链路控制协议。HDLC 是一种基于比特的传输控制协议，具有高效率、高可靠性，适用于广泛的应用领域，是 Cisco 路由器使用的默认协议。HDLC 是在数据链路层中最广泛使用的协议之一。

（2）PPP 点到点协议。PPP 协议提供了跨过同步和异步电路实现路由器到路由器和主机到网络的连接。主要用于"拨号上网"这种广域连接模式。

（3）DDN 数字数据网。DDN 是属于专用线路连接的，利用数字信道传输数据信号的数据传输网。DDN 是透明传输网，支持任何规程，支持网络层以及其上任何协议。它传输速率高，网络时延小，可以直接传送高速数据信号，提供灵活的连接方式，可以支持数据、语音、图像传输等多种业务。DDN 不仅可以和客户终端设备进行连接，而且可以和用户网络进行连接，为用户网络互连提供灵活的组网环境。

（4）ISDN 综合业务数字网。ISDN 为用户提供端到端数字通信线路。ISDN 的基本速率接口服务提供 2 个 B 信道和 1 个 D 信道。BRI 的 B 信道用于传输用户数据，D 信道主要传输控制信号。由于 ISDN 直接在端到端之间提供数字通道，所以具有高速、高质量、高可靠性、快速呼叫连接等特点，还可以传输数据、语音和图像信息。

（5）X.25 技术。X.25 多年来一直作为用户网和分组交换网络之间的接口标准。是公用数据网络上终端以分组形式进行操作的数据终端设备和数据电路终端设备之间的接口。X.25 协议是一种同步传输协议，支持纠错和诊错，它对应 OSI 的参考模型 1～3 层。X.25 的第一层定义了电气和物理端口特性。X.25 的第二层定义了用于 DTE / DCE 连接的帧格式。X.25 的第三层描述了分组的格式及分组交换的过程。

2. 选型

前面已经了解了各种 WAN 连接方案，那么该如何选择最佳的技术来满足特定企业的需求呢？表 5-16 中列出了本项目介绍的各种 WAN 连接方案的优点和缺点。可以从这些信息开始着手。此外，为帮助制定决策，在选择 WAN 连接方案时需要考虑以下几个问题，分析各种方案的特点。

表 5-16　方案特点

方案	优点	缺点	使用的协议示例
租用线路	最安全	昂贵	PPP、HDLC、SDLC、HNAS
电路交换	不太昂贵	呼叫建立	PPP、ISDN
分组交换		共享链路介质	X.25、帧中继
信元中继	最适合语音和数据同步使用	开销非常大	ATM
Internet	便宜	最不安全	VPN、DSL、调制调解、无线

首先，要判断是希望连接同一城区的所有分支机构，还是连接远程分支机构，连接到某个分支机构、连接到客户、连接到业务合作伙伴，抑或是以上用途兼而有之？如果 WAN 用于为授权的客户或业务合作伙伴提供对公司内部网的有限访问权限，那么最佳的方案是什么？

其次，要考虑地理范围如何？是本地范围，还是地区性抑或全球性？是一对一（单个分支机构）、一对多分支机构还是多对多分支机构（分布式）？根据范围的不同，有些 WAN 连接方案可能优于其它方案。

第三，要考虑流量要求如何？要考虑的流量要求包括：流量类型（纯数据、VoIP、视频、大型文件、流文件）决定了质量和性能需求。例如，如果要发送大量的语音或流视频流量，ATM 也许是上上之选。

发送到每个目的地址的流量及其类型（语音、视频或数据）决定了连接到 ISP 的 WAN 连接的带宽需求。

质量需求可能会限制您的选择。如果您的流量对延时和抖动非常敏感，那么可以排除任何无法提供所需质量的 WAN 连接方案。

如果流量高度机密或者提供非常重要的服务（例如应急响应），那么安全需求（数据完整性、机密性和安全性）将是重要的考虑因素。

第四，WAN 应该使用私有还是公共基础架构？私有基础架构可以提供最佳的安全性和机密性，而公共 Internet 基础架构则具备最佳的灵活性和最低的使用成本。您的选择取决于 WAN 的用途、传输的流量类型以及可用的运营预算。例如，如果 WAN 的用途是为附近的分支机构提供高速安全服务，那么私有专用或交换连接也许是最佳之选。如果用途是连接许多远程办公室，那么使用 Internet 的公共 WAN 也许是最佳之选。对于分布式企业，最终方案可能是以上各种方案的结合。

第五，如果是私有 WAN，应该选择专用链路还是交换链路？大量实时交易（例如数据中心和公司总部办公室之间的流量）有特殊的需求，可能适合采用专用线路。如果只是连接到一个本地分支机构，则可使用一条专用租用线路。但是，如果 WAN 需要连接许多办公室，这种方案的成本会变得很高。这种情况下，交换连接也许更胜一筹。

如果是公共 WAN，其用途是连接一个远程办公室，那么站点到站点 VPN 也许是最佳的选择。而如果要连接远程工作人员或客户，那么远程访问 VPN 会更胜一筹。如果 WAN 同时为分支机构、远程工作人员和授权客户提供服务（例如分布式运营的跨国公司），那么可能需要结合使用这些 VPN 方案。

在某些地区，并非所有的 WAN 连接方案都可用。这种情况下，选择过程会比较简单，然而最终选择的 WAN 可能并不能发挥最佳性能。例如，在农村或偏远地区，唯一的方案也许只有卫星宽带 Internet 接入。

选择的方案，WAN 的使用成本可能会非常高昂。在考虑某个方案的成本时，必须结合其满足其他要求的能力权衡考虑。例如，专用租用线路是最昂贵的方案，但如果它能够对确保大量实时数据的安全传输发挥关键性的作用，这么高昂的成本也是物有所值。对于需求相对较低的应用，更便宜的交换连接或 Internet 连接方案也许更合适。

3. 配置

通行下面的实例来看看广域网接入的配置，拓扑图如图 5-73 所示，基础配置如表 5-17 所示。

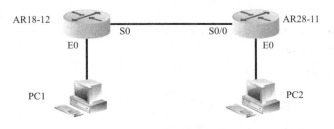

图 5-73　网络拓扑

表 5-17　配置表

机型	接口	IP&掩码
AR18-12	S0	11.0.0.1/24
	E0	202.0.0.1/24
AR28-11	S0	11.0.0.2/24
	E0	202.0.1.1/24
PC1	E	202.0.0.2/24
PC2	E	202.0.1.2/24

下面是配置 PPP 的过程和命令。

（1）配置 AR18-12 为验证方，AR28-11 为被验证方。

验证方 AR18-12

　　　[RA-Serial0]ppp authentication-mode pap

　　　[RA-Serial0]shutdown

　　　[RA-Serial0]undo shutdown

　　　[RA]local-user y007 service-type ppp password simple 123321

被验证方 AR28-11

　　　[RB-Serial0/0]ppp pap local-user y007 password simple 123321

　　　[RB-Serial0/0]shutdown

　　　[RB-Serial0/0]undo shutdown

（2）在上面配置的基础上，实现双向验证，即增加配置 AR28-11 为验证方，AR18-12 为被验证方。

验证方　AR28-11

　　　[RB-Serial0/0]ppp authentication-mode pap

　　　[RB-Serial0/0]shutdown

　　　[RB-Serial0/0]undo shutdown

　　　[RB-Serial0/0]quit

　　　[RB]local-user y008

　　　[RB-luser-y008]service-type ppp

　　　[RB-luser-y008]password simple 321321

被验证方 AR18-12

　　　[RA-Serial0]ppp pap local-user y008 password simple 321321

　　　[RA-Serial0]shutdown

　　　[RA-Serial0]undo shutdown

（3）PPP 协议 CHAP 验证配置。

验证方 AR18-12

　　　[RA-Serial0]ppp authentication-mode chap

　　　[RA-Serial0]ppp chap user y009

[**RA-Serial0**]shutdown

[**RA-Serial0**]undo shutdown

[**RA-Serial0**]quit

[**RA**]local-user y008 service type ppp password simple 321321

被验证方 AR28-11

[**RB-Serial0/0**]ppp chap user y008

[**RB-Serial0/0**]shutdown

[**RB-Serial0/0**]undo shutdown

[**RB-Serial0/0**]quit

[**RB**]local-user y009

[**RB-luser-y009**]service-type ppp

[**RB-luser-y009**]password simple 321321

（4）清空命令。

AR18-12

[**RA**]undo local-user y008

[**RA**]interface serial 0

[**RA-Serial0**]undo pp authentication-mode

[**RA-Serial0**]undo ppp chap user

[**RA-Serial0**]shutdown

[**RA-Serial0**]undo shutdown

AR28-13

[**RB**]undo local-user y008

[**RB**]interface serial 0/0

[**RB-Serial0/0**]undo ppp chap user

[**RB-Serial0/0**]shutdown

[**RB-Serial0/0**]undo shutdown

（5）NAT 配置。

首先配置 NAT 地址池，包含公网固定 IP，如果出口只有一个 IP 则起始和结尾地址一致。

nat address-group 0 202.0.0.1 202.0.0.1

然后配置 acl，匹配内网地址。

acl number 2000

rule 0 permit source 192.168.100.100 0.0.0.0

rule 1 deny

最后在外网接口做 NAT 和配置外网通过外网 IP 地址、内网通过内网 IP 地址访问服务器。

interface Ethernet1/0

nat outbound 2000

nat server protocol tcp global 200.200.200.1 www inside 192.168.100.100 www

5.5　任务 5：虚拟专网 VPN 的配置

【背景案例】侠诺 SSL VPN 入驻 GX 源芝堂大药房 [21]

近年来，随着市场经济的发展，国内医药行业也得到了前所未有的发展，加之 VPN 安全、可靠、经济、高效的传输链路的应用，造就了连锁药店的盛行。各地的连锁药店面对同行业竞争者，纷纷提升对信息同步、物流运输、数据处理等细节方面的关注度。针对药品商品种类众多，仓储、门店、管理办公等部门不在同一地点，信息不同步等情况，侠诺为其提供了高安全、高性能、高稳定性的 VPN 解决方案。

GX 源芝堂大药房就是侠诺解决方案的典型案例之一。GX 源芝堂大药房有限公司是专业从事药品零售连锁的企业，目前在南宁共拥有 10 家直营零售连锁药店，在未来 5 年规划中，GX 源芝堂的目标是将在 GX 各地设立直营零售连锁药店 100 家、年销售额达到 2 亿以上的大型医药零售连锁企业。然而随着业务的不断扩展，就会出现物流、门店管理、信息管理等问题。为了提高总部和分店的药品信息同步化，对配送、销售、物流等环节实施统一有效的管理，就需要用 VPN 网络将总部及分店的网络连接起来，实现药品管理等系统资源的共用，不但节省成本，同时也提升了整个系统的管理效率，有助于未来的快速发展。

针对公司的实际需求，遵循方便实用、高效低成本、安全可靠、网络架构弹性大等相关原则，GX 源芝堂大药房总部采用了侠诺双核 VPN 路由器 SVM9201，分点均通过浏览器采用 SSL VPN 的方式与总部互联，组成安全快速的 VPN 互联网络。具体拓扑应用如图 5-74 所示。

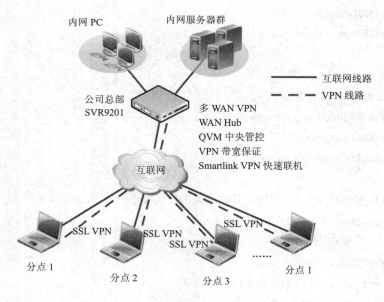

图 5-74　GX 源芝堂大药房 VPN 应用拓扑图

总部中心端 PC 数量相对较多，网络应用也比较丰富，因此用 SVM9201 作为网络接入的中心设备，它支持 PPTP、IPSec VPN、SSL VPN、SmartLink VPN 等多种联机方式，与各个分点之间可以方便快速地建立 VPN 互联网络。分点由于只有一台电脑收银，客户端不想安装任何软件，所以选择有较高安全性的 SSL 联机，只要通过能上网的浏览器就能联线总部进行互通，就算是有移动办公的人员以及未来增加新的企业外点也可轻松解决。……

21 资料来源：http://do.chinabyte.com/443/12272443.shtml

Internet 是一个全球性的 IP 网络，可供人们公开访问。它在全球范围的迅猛发展，已使其成为一种有吸引力的远程站点互联手段。但 Internet 的公共基础架构特性，又会给企业及其内部网络带来安全风险。然而幸运的是，现在各企业都可以利用 VPN 技术在公共 Internet 基础架构上，创建能够保持机密性和安全性的私有网络。

企业使用 VPN 提供一个虚拟的 WAN 基础架构，该基础架构将分支机构、家庭办公室、业务合作伙伴站点以及远程工作者连接到其整个企业网络或其企业网络的一部分。为保持私有性，流量经过了加密处理。VPN 不使用专用的第二层连接（如租用线路），而是使用通过 Internet 路由的虚拟连接。

5.5.1　VPN 概述及选型

1．VPN 概述

VPN 的英文全称是 Virtual Private Network，意思是"虚拟专用网络"，也可以认为是虚拟出来的企业内部专线。它可以通过特殊的加密通信协议在 Internet 上位于不同地方的两个或多个企业内部网之间建立一条"专有"的通信线路，就好比是架设了一条专线一样，但是它并不需要真正地去铺设光缆之类的物理线路。这就好比去电信局申请专线，但是不用给铺设线路的费用，也不用购买路由器等硬件设备，这是通过一些技术手段形成专线的效果（图 5-75）。VPN 技术原是路由器具有的重要技术之一，目前在交换机、防火墙设备或一些软件里也都支持 VPN 功能。总而言之，构建 VPN 的核心就是在利用公共网络建立虚拟私有网。

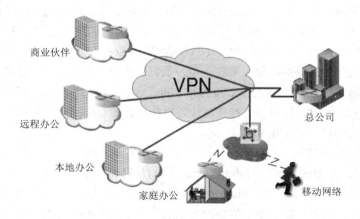

图 5-75　VPN

虚拟专用网（VPN）被定义为通过一个公用网络（通常是因特网）建立一个临时的、安全的连接，是一条穿过混乱的公用网络的安全、稳定的隧道。虚拟专用网是对企业内部网的扩展。虚拟专用网可以帮助远程用户、公司分支机构、商业伙伴及供应商同公司的内部网建立可信的安全连接，并保证数据的安全传输。虚拟专用网可用于不断增长的移动用户的全球因特网接入，以实现安全连接，也可用于实现企业网站之间安全通信的虚拟专用线路，还可以用于经济有效地连接到商业伙伴和用户的安全外联网虚拟专用网。

2. VPN 分类

VPN 涉及的技术和概念比较多，应用的形式也很丰富，其分类方式也很多，从不同的角度可以进行不同的分类。

（1）按应用范围划分。

这是最常用的分类方法，大致可以划分为远程接入 VPN（Accesss VPN）、Intranet VPN 和 Extranet VPN 等 3 种应用模式。远程接入 VPN 用于实现移动用户或远程办公室安全访问企业网络；Intranet VPN 用于组建跨地区的企业内部互联网络；Extranet VPN 用于企业与客户、合作伙伴之间建立互联网络。

（2）按 VPN 网络结构划分。

VPN 可分为以下 3 种类型：① 基于 VPN 的远程访问。即单机连接到网络，又称点到站点，桌面到网络。用于提供远程移动用户对公司内部网的安全访问。② 基于 VPN 的网络互联。即网络连接到网络，又称站点到站点，网关（路由器）到网关（路由器）或网络到网络。用于企业总部网络和分支机构网络的内部主机之间的安全通信时，还可用于企业的内部网与企业合作伙伴网络之间的信息交流，并提供一定程度的安全保护，防止对内部信息的非法访问。③ 基于 VPN 的点对点通信。即单机到单机，又称端对端，用于企业内部网的两台主机之间的安全通信。

（3）按接入方式划分。

在 Internet 上组建 VPN，用户计算机或网络需要建立到 ISP 的连接。与用户上网接入方式相似，根据连接方式，可分为两种类型：① 专线 VPN 通过固定的线路连接到 ISP，如 DDN、帧中继等都是专线连接；② 拨号接入 VPN，简称 VPDN，使用拨号连接（如模拟电话、ISDN 和 ADSL 等）连接到 ISP，是典型的按需连接方式。这是一种非固定线路的 VPN。

（4）按隧道协议划分。

按隧道协议的网络分层，VPN 可划分为第 2 层隧道协议和第 3 层隧道协议。PPTP、L2P 和 L2TP 都属于第 2 层隧道协议，IPSec 属于第 3 层隧道协议，MPLS 跨越第 2 层和第 3 层。根据具体的协议来进一步划分 VPN 类型，如 PPTP VPN、L2TP VPN、IPSec VPN 和 MPLS VPN 等。

第 2 层和第 3 层隧道协议的区别主要在于用户数据在网络协议栈的第几层被封装。第 2 层隧道协议可以支持多种路由协议，如 IP、IPX 和 AppleTalk，也可以支持多种广域网技术，如帧中继、ATM、X.25 或 SDH/SONET，还可以支持任意局域网技术，如以太网、令牌环网和 FDDI 网等。另外，还有第 4 层隧道协议，如 SSL VPN。

（5）按隧道建立方式划分。

根据 VPN 隧道建立方式，可分为两种类型：① 自愿隧道（Voluntary tunnel）。指客户计算机或路由器可以通过发送 VPN 请求配置和创建的隧道。这种方式也称为基于用户设备的 VPN。VPN 的技术实现集中在 VPN 用户端，VPN 隧道的起始点和终止点都位于 VPN 用户端，隧道的建立、管理和维护都由用户负责。ISP 只提供通信线路，不承担建立隧道的业务。这种方式技术实现容易，但对用户的要求较高。不管怎样，这仍然是目前最普遍使用的 VPN 组网类型。② 强制隧道（Compulsory tunnel）。指由 VPN 服务提供商配置和创建的隧道。这种方式也称为基于网络的 VPN。VPN 的技术实现集中在 ISP，VPN 隧道的起始点和终止点都位于 ISP，隧道的建立、管理和维护都由 ISP 负责。VPN 用户不承担隧道业务，客户端无需安装 VPN 软件。这种方式便于用户使用，增加了灵活性和扩展性，不过技术实现比较复杂，一般由电信运营商提供，或由用户委托电信运营商实现。

（6）按路由管理方式划分。

按路由管理方式划分，VPN 分为两种模式：① 叠加模式（Overlay Model），也译为"覆盖模式"。目前大多数 VPN 技术，如 IPSec、GRE 都基于叠加模式。采用叠加模式，各站点都有一个路由器通过点到点连接（IPSec、GRE 等）到其他站点的路由器上，不妨将这个由点到点的连接以及相关的路由器组成的网络称为"虚拟骨干网"。叠加模式难以支持大规模的 VPN，可扩展性差。如果一个 VPN 用户有许多站点，而且站点间需要全交叉网状连接，则一个站点上的骨干路由器必须与其他所有站点建立点对点的路由关系。站点数的增加受到单个路由器处理能力的限制。另外，增加新站点时，网络配置变化也会很大，网状连接上的每一个站点都必须对路由器重新配置。② 对等模式（Peer Model）。对等模式是针对叠加模式固有的缺点推出的。它通过限制路由信息的传播来实现 VPN。这种模式能够支持大规模的 VPN 业务，如一个 VPN 服务提供商可支持成百上千个 VPN。采用这种模式，相关的路由设备很复杂，但实际配置却非常简单、容易实现 QoS 服务、扩展更加方便，因为新增一个站点，不需与其他站点建立连接。这对于网状结构的大型复杂网络非常有用。MPLS 技术是当前主流的对等模式 VPN 技术。

3．VPN 的选择

一套完整的 VPN 产品一般包括三个部分：一是 VPN 网关，用于实现 LAN 到 LAN；二是 VPN 客户端，与 VPN 网关一起可实现客户到 LAN 的 VPN 方案；三是 VPN 管理中心，对 VPN 网关和 VPN 客户端的安全策略进行配置和远程管理。企业在自建 VPN 选购相关的产品时，可以从以下几个方面来考虑：

（1）VPN 的管理性。

VPN 的安装和管理应当比较简单，无需人工复杂的配置或对设备的维护。提供专用的 VPN 管理软件或平台对于一个复杂的 VPN 网络很重要，可简化管理，减轻系统管理员的负担。

（2）支持的应用类型。

VPN 有 3 种应用类型：LAN 到 LAN、客户到 LAN、客户到客户。这里的客户指的是 VPN 网络中的移动用户和远程办公用户。目前多数 VPN 产品都支持 LAN 到 LAN 和客户到 LAN，而支持客户到客户的产品不多。这一点在有些应用场合很重要，例如企业的远程办公用户之间需要交流保密信息，客户到客户的 VPN 方案是一种很好的解决手段。

（3）支持的协议。

自建 VPN 应根据需要选择隧道协议，目前 PPTP、L2TP 和 IPSec 是比较常用的协议。一般远程访问 VPN（即客户到 LAN）多选择 L2TP 协议，为安全起见，还需选择 IPSec 来提供加密。网络互联（LAN 到 LAN）和端到端连接多选择 IPSec 协议。PPTP 由于简单易用，而且支持 NAT 路由，因此在有些场合下也适用。总之，IPSec 是最安全的隧道协议，多数 VPN 产品都支持该协议。当然越来越多的 VPN 产品开始支持 PPTP 和 L2TP 协议。

除隧道协议之外，还要考察 VPN 可承载协议、NAT（网络地址转换）以及路由协议的支持情况。许多 VPN 产品的可承载协议除 IP 协议之外，还支持 IPX、NetBIOS 等网络协议。对 NAT 的支持对于一些网络共享的应用非常重要，IPSec 本身并不支持 NAT，但可在 VPN 产品中加进这一功能。与 IPSec 产生直接冲突的是网络地址端口转换（NAPT）和网络地址转换（NAT）。NAT 和 NAPT 在宽带网络中应用很广，许多网络服务供应商都使用这种技术。IPSec VPN 方案如果不支持

NAPT，在这些场合就没有意义了。

（4）是否集成防火墙功能。

VPN 将 IP 数据包加密封装，往往会影响防火墙的性能，甚至影响安全策略的定义。一般来说，独立的 VPN 产品与防火墙难以协同工作，特别是来自不同厂家的产品。最好选择集成防火墙功能的 VPN 产品。

（5）产品的基本配置。

VPN 的基本配置参数如下：① 可支持的最大连接数。即使是小型网络，最少应不低于 100，高端产品能支持数万个连接。② VPN 实现机制。有纯软件、纯硬件、软硬结合以及专用设备等方式。③ 可提供的网络接口。常见的是以太网口，还有 E1、T1 等接口。④操作系统平台，指 VPN 产品本身所采用的操作系统，许多产品都采用专有的操作系统。

（6）产品的其他功能。

其他功能包括硬件加速功能（纯硬件处理、加密卡、加速卡）、流量均衡、安全策略（安全网关、防火墙、集中管理、日志、加密）、安全机制（包过滤、加密、认证、日志、审核等）、认证机制（RADIUS、数字证书）和密钥管理等。

另外，在选择 VPN 方案和产品的时候，不要单纯从组网和安全的技术角度考虑，还要考虑 VPN 的具体用途和所需成本。对于中小型 VPN 网络来说，经济实用才是最重要的。

在众多的 VPN 中，比较常用的有 IPSec VPN 和 SSL VPN，下面将重点比较这两种方式的 VPN 并学习它们的配置方法。最后再介绍 MPLS VPN。

5.5.2　IPSec VPN 与 SSL VPN 的比较

从远程接入的角度看，远程接入 VPN 可分为 IPSec 和 SSL VPN 两类。借助远程接入 VPN，用户可以远程廉价、安全地接入公司网络。

IPSec 的英文全名为 Internet Protocol Security，中文名为"因特网协议安全性"，IPSec 协议不是一个单独的协议，它给出了应用于 IP 层上网络数据安全的一整套体系结构，包括网络认证协议 Authentication Header（AH）、封装安全载荷协议 Encapsulating Security Payload（ESP）、密钥管理协议 Internet Key Exchange（IKE）和用于网络认证及加密的一些算法等。IPSec 规定了如何在对等层之间选择安全协议、确定安全算法和密钥交换，向上提供了访问控制、数据源认证、数据加密等网络安全服务。IPSec VPN 其实是 IPSec 在 VPN 中的应用。

SSL（Secure Sockets Layer）是由 Netscape 公司开发的一套 Internet 数据安全协议。它已被广泛地用于Web 浏览器与服务器之间的身份认证和加密数据传输。SSL 协议位于TCP/IP 协议与各种应用层协议之间，为数据通信提供安全支持。SSL 协议可分为两层：SSL 记录协议（SSL Record Protocol），它建立在可靠的传输协议（如 TCP）之上，为高层协议提供数据封装、压缩、加密等基本功能的支持；SSL 握手协议（SSL Handshake Protocol），它建立在 SSL 记录协议之上，用于在实际的数据传输开始前，通讯双方进行身份认证、协商加密算法、交换加密密钥等。SSL VPN 是 SSL 在 VPN 中的应用。

从表 5-18 中 SSL 和 IPSec 的对比，可以看到 IPSEC 存在的不足之处：

- 在通路本身安全性上，传统的 IPSec VPN 还是非常安全的，比如在公网中建立的通道，很难被人篡改。从另一方面考虑的就是在安全的通路两端存在很多不安全的因素。比如总公司和子公司之间用 IPsec VPN 连接上了，总公司的安全措施很严密，但子公司可能存在很多安全隐患，这种隐患会通过 IPsec VPN 传递给总公司，这时，公司间的安全性就由安全性低的分公司来决定了。

表 5-18 SSL 和 IPSec 的比较

选项	SSL VPN	IPSec VPN
身份验证	<ul><li>单向身份验证</li><li>双向身份验证</li><li>数字证书</li></ul>	<ul><li>双向身份验证</li><li>数字证书</li></ul>
加密	<ul><li>强加密</li><li>基于 Web 浏览器</li></ul>	<ul><li>强加密</li><li>依靠执行</li></ul>
全程安全性	<ul><li>端到端安全</li><li>从客户到资源端全程加密</li></ul>	<ul><li>网络边缘到客户端</li><li>仅对从客户到 VPN 网关之间通道加密</li></ul>
可访问性	选用于任何时间、任何地点访问	限制适用于已经定义好受控用户的访问
费用	<ul><li>低（无需任何附加客户端软件）</li></ul>	<ul><li>高（需要管理客户端软件）</li></ul>
安装	<ul><li>即插即用安装</li><li>无需任何附加的客户端软、硬件安装</li></ul>	<ul><li>通常需要长时间的配置</li><li>需要客户端软件或者硬件</li></ul>
用户的易使用性	<ul><li>对用户非常友好，使用非常熟悉的 Web 浏览器</li><li>无需终端用户的培训</li></ul>	<ul><li>对没有相应技术的用户比较困难</li><li>需要培训</li></ul>
支持的应用	<ul><li>基于 Web 的应用</li><li>文件共享</li><li>E-mail</li></ul>	<ul><li>所有基于 IP 协议的服务</li></ul>
用户	客户、合作伙伴用户、远程用户、供应商等	更适用于企业内部使用
可伸缩性	容易配置和扩展	在服务器端容易实现自由伸缩，在客户端比较困难

- 远程用户以 IPSec VPN 的方式与公司内部网络建立联机之后，内部网络所连接的应用系统就完全暴露在外部了。
- 一般企业在 Internet 联机入口，都是采取适当的防毒侦测措施。但如果采用 IPSec 联机，若是客户端电脑遭到病毒感染，则病毒就有机会感染到内部网络所连接的每台电脑。
- 不同的通信协议，通过不同的通信端口来作为服务器和客户端之间的数据传输通道。以 Internet Email 系统来说，发信和收信一般都是采取 SMTP 和 POP3 通信协议，而且两种通信协议采用 25 和 110 端口，若是从远程电脑来联机 Email 服务器，就必须在防火墙上开放 25 和 110 端口，否则远程电脑是无法与 SMTP 和 POP3 主机沟通。IPSec VPN 联机就会有这个困扰和安全顾虑。在防火墙上，每开启一个通信埠，就多一个黑客攻击机会。

相对来说，SSL VPN 避开了部署及管理必要客户软件的复杂性和人力需求，在 Web 的易用性和安全性方面架起了一座桥梁，SSL 的优势有：

- 来自于它的简单性，它不需要配置，SSL VPN 只使用 Web 浏览器及其本地 SSL 加密，不需要预装 VPN 客户端软件，就能够从可以接入互联网的任何位置远程访问网络资源。可以立即安装、立即生效。

● 客户端不需要麻烦的安装，直接利用浏览器中内嵌的 SSL 协议就行。

● 兼容性好，传统的 IPSec VPN 对客户端采用的操作系统版本具有很高的要求，不同的终端操作系统需要不同的客户端软件，而 SSL VPN 则完全没有这样的麻烦。

● 利用 WebVPN，能够容易地访问多种企业应用，包括 Web 资源、Web 型应用、Windows Active Directory 文件共享（Web 型）、电子邮件以及基于 TCP 的其他应用，例如来自与互联网相连、可以到达 HTTP 互联网站点的任何计算机的 Telnet 或 Windows 终端服务。

在 SSL VPN 刚开始应用时，支持 SSL VPN 的硬件设备较贵，但现在价格差距已经没有这么明显，因此中小企业在选择的时候，如果网络不需要变动，使用的人和应用不多，使用地点比较固定，可以考虑选择 IPSec VPN 即可；如果使用的人和需要远程使用的应用较多，地点也不固定，可以考虑部署 SSL VPN。

5.5.3 IPSec VPN 的配置

下面以图 5-76 所示的拓扑图为基础，介绍一下 IPSec VPN 的配置。

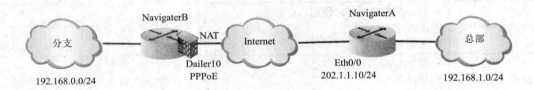

图 5-76　ICG 2000 IPSec 拓扑

1. 总部 NavigatorA 网关的配置
（1）如图 5-77 所示，进行上网参数设置。

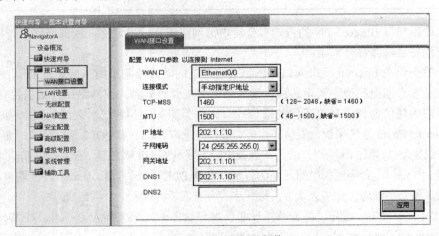

图 5-77　配置上网参数

（2）如图 5-78 到图 5-80，配置 NAT ACL 3100，禁止总部子网 192.168.1.0/24 访问分支机构子网 192.168.0.0/24 时进行 NAT 转换，允许该子网访问公网时进行 NAT 转换。

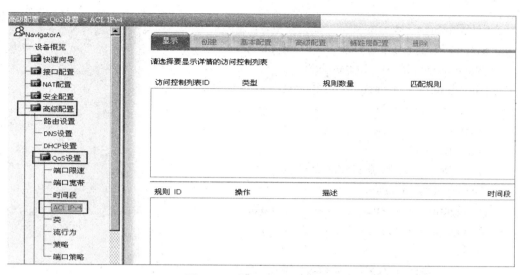

图 5-78　进入 ACL 配置界面

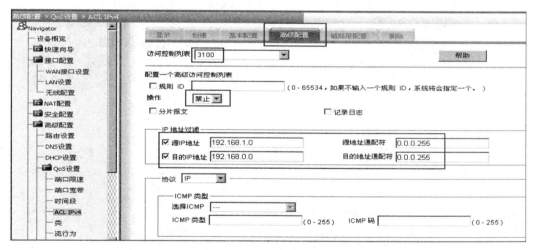

图 5-79　配置 ACL

规则 ID	操作	描述	时间段
0	deny	ip source 192.168.1.0 0.0.0.255 destination 192.168.0.0 0.0.0.255	
5	permit	ip	

图 5-80　配置完成的结果

（3）再创建一个 ACL 3200，允许分支机构子网 192.168.1.0/24 通过 IPSec VPN 访问目的总部机构 192.168.0.0/24 的子网（步骤如图 5-78 到图 5-80）。

（4）进入命令行配置界面，首先取消系统默认的 NAT 地址转换设置，然后对 NAT 地址转换绑定 ACL 3100。

<NavigatorA> system-view

System View: return to User View with Ctrl+Z.

[NavigatorA] interface Ethernet 0/0

[NavigatorA-Ethernet0/0] display this

interface Ethernet0/0

  port link-mode route

  nat outbound

  ip address 202.1.1.10 255.255.255.0

  ipsec policy navigator

[NavigatorA-Ethernet0/0]undo nat outbound

[NavigatorA-Ethernet0/0]nat outbound 3100

（5）如图 5-81 所示，创建 IKE。

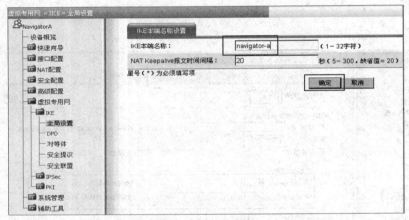

图 5-81　创建 IKE 窗口

（6）如图 5-82 所示，创建 IKE 对等体 e2e。

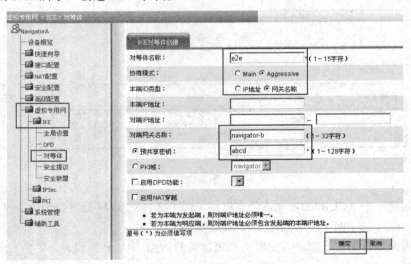

图 5-82　创建 IKE 对等体 e2e

（7）如图 5-83 到图 5-86 所示，创建、配置和为接口绑定 IPSec 策略。

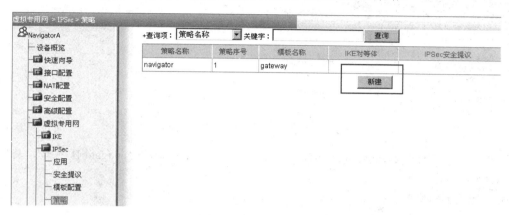

图 5-83　创建策略

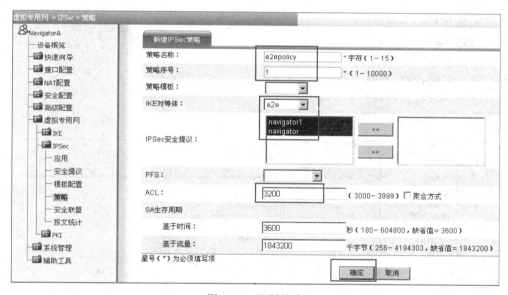

图 5-84　配置策略

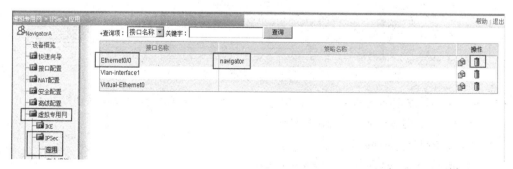

图 5-85　删除默认策略

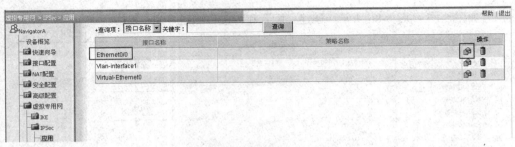

图 5-86　为 E0/0 接口重新绑定策略

按上面的步骤完成 NavigatorA 的操作，接下来再对分支机构的 NavigatorB 操作，其步骤和 NavigatorA 基本是一样的，包括：

- 配置上网参数。
- 配置 NAT ACL。
- 配置安全 ACL。
- 配置 IKE。
- 设置 IKE 对等体。
- 创建 IPSec 策略。
- 重新绑定 IPSec 策略。

2. 与总部网关有区别的配置步骤

（1）如图 5-87 所示，配置上网参数和拨号方式。

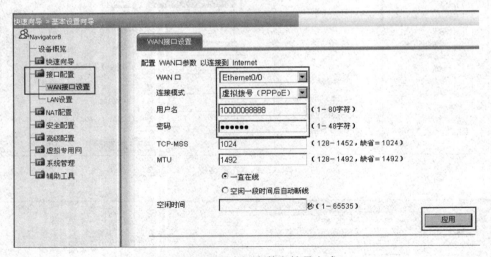

图 5-87　配置上网参数和拨号方式

（2）在命令行配置界面，进入 PPPoE 拨号接口视图 Dialer10，首先取消系统默认 NAT 地址转换设置，然后对 NAT 地址转换绑定 ACL 3100。

<NavigatorB> system-view

System View: return to User View with Ctrl+Z.

[NavigatorB] interface dialer 10

[NavigatorB-Dialer10] display this

\#

interface Dialer10

nat outbound

link-protocol ppp

ppp chap user 10000088888

ppp chap password cipher V9ZK.:B::WKQ=^Q`MAF4<1!!

ppp pap local-user 10000088888 password cipher   V9ZK.:B::WKQ=^Q`MAF4<1!!

… …

[NavigatorB-Dialer10] undo nat outbound

[NavigatorB-Dialer10] nat outbound 3100

（3）如图 5-88 所示，创建 IKE 对等体，注意需配置总部网关 IP 地址。

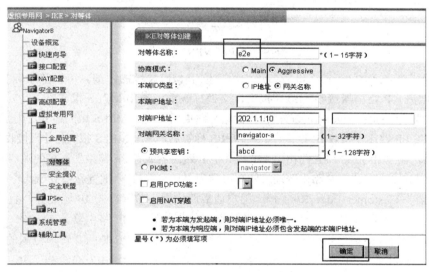

图 5-88 创建 IKE 对等体

（4）如图 5-89 所示，在拨号口绑定新创建的 IPSec 策略到此配置完成。

图 5-89 绑定

5.5.4 MPLS VPN 的介绍

MPLS VPN 是指采用 MPLS 技术在骨干的宽带 IP 网络上构建企业 IP 专网，实现跨地域、安全、高速、可靠的数据、语音、图像多业务通信并结合差别服务、流量工程等相关技术，将公众网可靠的性能、良好的扩展性、丰富的功能与专用网的安全、灵活、高效结合在一起，为用户提供高质量的服务。

MPLS VPN 能够提供所有上述 VPN 中所提到的功能，MPLS VPN 的实现是因为服务提供商的骨干网络中运行了 MPLS，这就使得该骨干网络可以支持分离的转发层面和控制层面，而该特性在 IP 的骨干网络中是无法实现的。

如图 5-90 所示，MPLS VPN 中由三部分组成：CE、PE 和 P。

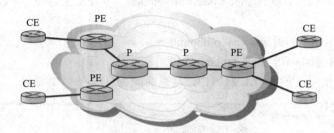

图 5-90　MPLS VPN 网络构成

P 路由器（Provide Router）：供应商路由器。位于 MPLS 域的内部。可以基于标签交换快速转发 MPLS 数据流。P 路由器接收 MPLS 报文，交换标签后，输出 MPLS 报文。

PE 路由器（Provide Edge Router）：供应商边界路由器。位于 MPLS 域的边界，用于转换 IP 报文和 MPLS 报文。PE 路由器接收 IP 报文，压入 MPLS 标签后，输出 MPLS 报文；并且接收 MPLS 报文，弹出标签之后，输出 IP 报文。PE 路由器上，与其他 P 路由器或者 PE 路由器连接的端口称为"公网端口"，配置公网 IP 地址；与 CE 路由器连接的端口称为"私网端口"，配置私网 IP 地址。

CE 路由器（Customer Edge Router）：用户边界路由器。位于用户 IP 域边界，直接和 PE 路由器连接，用于汇聚用户数据，并把用户 IP 域的路由信息转发到 PE 路由器。

CE 和 PE 的划分主要是根据 SP 与用户的管理范围，CE 和 PE 是两者管理范围的边界。

当 CE 与直接相连的 PE 建立邻接关系后，CE 把本站点的 VPN 路由发布给 PE，并从 PE 学到远端 VPN 的路由。CE 与 PE 之间使用 BGP/IGP 交换路由信息，也可以使用静态路由。

PE 从 CE 学到 CE 本地的 VPN 路由信息后，通过 BGP 与其它 PE 交换 VPN 路由信息。PE 路由器只维护与它直接相连的 VPN 的路由信息，不维护服务提供商网络中的所有 VPN 路由。

P 路由器只维护到 PE 的路由，不需要了解任何 VPN 路由信息。

当在 MPLS 骨干网上传输 VPN 流量时，入口 PE 作为 Ingress LSR（Label Switch Router），出口 PE 作为 Egress LSR，P 路由器则作为 Transit LSR。

对于企业来说，MPLS VPN 只是信息化的基础部分，不是每个企业都会用到的，只有在企业有了一定的规模，有了两个或者两个以上的分支机构，而且这些机构是跨区域性的，也就是总部和两个分支机构基本上是属于不同的城市，超出了城域网的范畴，加上企业本身要集中管理，统一管理企业的人、财、物、供应链、市场等等，才需要将总部和分支机构有效互联，搭建一个统一的网络平台，为以后的信息化做好生命线工程。

这个时候，还不能完全说用得上 MPLS VPN，需要和自己的实际应用结合，企业本身进行了融合通信方面（企业语音建设、视频会议建设、统一通信）以及大型 ERP 的建设，这个时候数据的流量是显而易见的，需要一个专门的网络来承载，也就是所说的企业专网，用传统的 DDN 或者

FR 等技术去组建网络，企业方面的重复投入就比较严重，以及不适合企业未来信息化建设的要求，这个时候就可以考虑应用 MPLS VPN，其技术的先进性、可靠性、安全性等都可以满足企业未来发展的需要。

采用 MPLS VPN 技术可以把现有 IP 网络分解成逻辑上隔离的网络，这种逻辑上隔离的网络的应用可以是千变万化的：可以是用在解决企业互连、政府相同/不同部门的互连、也可以用来提供新的业务，如为 IP 电话业务专门开通一个 VPN。

➢ 用 MPLS VPN 构建企业视频会议专网

目前，很多企业都采用视频会议，大大削减了企业的出差、会议、培训、人力资源等成本，而且提高了企业的销售、终端和决策效率，但往往普通的网络无法满足这种视频会议的需要，利用 MPLS VPN 企业就可以构建比较好的通信网络。

➢ 用 MPLS VPN 构建运营支撑网

利用 MPLS VPN 技术可以在一个统一的物理网络上实现多个逻辑上相互独立的 VPN 专网，该特性非常适合于构建运营支撑网。

➢ MPLS VPN 在与运营商城域网的应用

作为运营商的基础网络，宽带城域网需同时服务多种不同的用户，承载多种不同的业务，存在多种接入方式，这一特点决定城域网需同时支持 MPLS L3VPN、MPLS L2VPN 及其它 VPN 服务，根据网络实际情况及用户需求开通相应的 VPN 业务，例如，为用户提供 MPLS L2VPN 服务以满足用户节约专线租用费用的要求。

➢ MPLS VPN 在企业网络的应用

MPLS VPN 在企业网中同样有广泛应用。例如，在电子政务网中，不同的政府部门有着不同的业务系统，各系统之间的数据多数是要求相互隔离的，同时各业务系统之间又存在着互访的需求，因此大量采用 MPLS VPN 技术实现这种隔离及互访需求。

5.6 小结

以"组建中小型企业网"为项目驱动，提出了学习时应完成的 5 个任务：

任务 1：中小型企业网总体方案的设计。

任务 2：中小型企业网设备的选型和配置。

任务 3：网络系统软件的选型及 C/S 服务器配置。

任务 4：广域网接入技术的选型及配置。

任务 5：虚拟专网 VPN 的配置。

上面的 5 个任务也分别对应上述的内容。

任务 1 介绍了在中小型企业组网设计中的初始设计，即总体方案设计。首先根据企业的大小和业务需求，选择网络的拓扑结构，了解各种拓扑的特点；然后进行网络层次结构的分层设计。接入层目的是允许终端用户连接到网络，在接入层中，主要设备是二层交换机，因此接入层交换机具有低成本和高端口密度特性。汇聚层交换机与接入层交换机之间，根据对网络稳定性、网络带宽的要求不同，可以采用两种方式：冗余连接和简单连接。在核心层和汇聚层的设计中主要考虑的是网络性能和功能性要高。最后要进行子网规划和网络 IP 的分配。目前中小企业网络 IP 分配方法主要以手工静态分配和 DHCP 服务器动态分配两种分配方式。

任务 2 阐述了网络设备的选型原则，并就各种网络设备应用特点提供了不同厂商、不同价位、不同特点的设备进行比较分析，了解设备选择应关注的重点和方法。并且给出了交换机端口堆叠和配置过程、端口聚合及配置过程、二层 VLAN 的划分和通信配置方法和过程。

任务 3 中，就企业中服务器和客户机的软件选型及配置进行了阐述，主要描述了 Windows 2003 系统的安装过程及在该系统下安装配置 DNS、DHCP 和 Web 服务的过程。

当企业发展到拥有分支机构、电子商务业务或需要跨国运营的规模时，单一的 LAN 网络已不足以满足其业务需求。广域网（WAN）接入成为当今企业的重要需求。各种各样的 WAN 技术足以满足不同企业的需求，网络的扩展方法亦层出不穷。企业在引进 WAN 接入时需考虑网络安全性和地址管理等因素。因此，设计 WAN 和选择合适的电信网络服务并非易事。任务 4 里主要描述了广域网接入技术的选型和配置及路由器一些基本配置和 WAN 配置。

任务 5 介绍了 VPN 的一些基本概念和分类，重点讲了 IPSec VPN 与 SSL VPN 的特点和区别，以及在 H3C 产品上配置 VPN 的一个实例，最后还简要描述了电信级的 MPLS VPN。

5.7　习题与实训

【习题】

1．星型拓扑的结构特点是什么？

2．网络接入层有何作用？

3．主机 172.25.67.99 /23 的二进制网络地址是什么？

4．路由器接口分配的 IP 地址为 172.16.192.166，掩码为 255.255.255.248。该 IP 地址属于哪个子网？

5．请列举出 3 款当前市价在 1 万到 2 万元之间的主流服务器，并说出它们的特点。

6．如果楼层中有 36 个信息点，请问你选择的接入交换机采用两个 24 口的还是一个 48 口的，请说明理由。

7．请为 4.2.1 节中的路由器选择替代产品并说明理由。

8．请描述你当前使用的操作系统，分析其优缺点。

9．某企业用于办公的计算机约 100 台，现要求建立企业的 Intranet 网，以实现资源共享和方便管理。假如你是这个企业的网络管理员，你应该购买什么样的服务器，并且选择 Windows Server 2003 的哪个版本？

10．某企业用户反映，他的一台计算机从人事部搬到财务部后，计算机不能连接到 Internet 网了，问是什么原因？应该怎么处理？

11．简述 DNS 服务器的工作过程。

12．对于现代交换式网络中 VLAN 和 IP 子网之间的关系是怎样的？

13．简述配置路由器的五种方式。

14．简述 Cisco 路由器命令主要的三种模式是哪些。

15．什么是静态路由？适用的范围是什么？

16．列举几个常用的动态路由协议。

17．列举 4 种常用的广域网协议并分析它们的特点

18．描述家庭和 SOHO 企业使用的四种主要连接方式。

【实训】

1．实训名称

现场观摩中型企业，有条件的情况下在真实环境中观察和操作主要的网络设备，或者在虚拟机上完成一个小型网络的完整配置。

2．实训目的

配合课堂教学，完成以下 5 个任务：

任务 1：中小型企业网总体方案的设计。

任务 2：中小型企业网设备的选型和配置。

任务 3：网络系统软件的选型及 C/S 服务器配置。

任务 4：广域网接入技术的选型及配置。

任务 5：虚拟专网 VPN 的配置。

3．实训要求

（1）实训前，参与人员按每 4~5 人一个小组进行分组，每小组确定一个负责人（类似项目负责人）组织安排本小组的具体活动、明确本组人员的分工。

（2）实训中，安排 12 学时左右的实训课，要求各小组做到：

➢ 分析研究一个现成的中小企业网总体设计方案（可以由任课教师提供，也可以由项目小组自找），使用自己熟悉的工具（如 Visio、亿图等）绘制网络拓扑图，标注设备用途，制定 IP 地址分配方案。

➢ 根据总体方案进行网络设备（如交换机、路由器、服务器等）的选型，并注明理由，设备的参数，分析设备是否满足当前情况，是否具备扩展性。

➢ 根据设备情况选择适合的操作系统及相应的软件系统，学会操作系统的安装，DNS、DHCP、Web 服务的配置，选择一种应用服务进行配置。

➢ 在实训室搭建相应的网络，在交换机上进行相应的链路聚合、VLAN 等配置。

➢ 在实训室搭建相应的网络，在路由器上进行相应的广域网（或互联网）接入、静态路由、VPN 等配置。

注意：实训中涉及网络设备（如交换机、路由器、服务器等）的配置操作，可根据当地的实训条件开展，也可以在虚拟机、模拟实验环境中进行。凡在实训课中未能完成的，可以利用业余时间继续进行。

（3）实训后，用一周左右的课余时间以小组为单位，由小组负责人组织人员分工协作整理、编写并提交本组完成上述 5 个任务的实训报告。建议通过多种形式开展实训报告的成果交流活动，以便进行成绩评定。

4．实训报告

内容包括以下 5 个部分：

（1）实训名称。　　　　　　　　（2）实训目的。

（3）实训过程。　　　　　　　　（4）问题总结。

（5）实训的收获及体会。

项目 6 组建大型计算机校园网

项目说明

项目背景

　　校园网是为学校师生提供教学、科研和综合信息服务的宽带多媒体网络。首先，校园网应为学校教学、科研提供先进的信息化教学环境；其次，校园网应具有教务、行政和总务管理功能。下面将以项目为驱动，从一个大型校园网案例着手，通过完成 5 个设定的任务，深入浅出地介绍大型计算机校园网组建技术。

项目目标

　　本项目的目标，是要求参与者完成以下 5 个任务：

任务 1：校园网总体方案的设计。

任务 2：校园网网络设备的选型与配置。

任务 3：校园网系统软件的选型与配置。

任务 4：广域网接入技术的选型及配置。

任务 5：远程访问站点的设计与配置。

项目实施

　　作为一个教学过程，本项目建议在两周内完成，具体的实施办法按以下 4 个步骤进行：

　　（1）分组，即将参与者按每 5 人一个小组进行分组，每人对应一个具体的任务，每小组确定一个负责人（类似项目负责人）组织安排本小组的具体活动。

　　（2）课堂教学，即安排 10~15 学时左右的课堂教学，围绕各任务中的背景案例，介绍涉及校园网总体方案的设计、网络设备的选型与配置、网络系统软件的选型与配置、广域网接入技术的选型与配置和远程访问站点的设计与配置等相关的教学内容。

　　（3）现场教学，即安排 10~15 学时左右的实训进行现场教学，组织观摩本校或当地的大型校园网工程项目，重点考察该项目涉及 5 个任务相关的内容，并且在实验室利用已有网络设备或模拟环境，练习完成路由器、交换机的相关配置。

　　（4）成果交流，用课余时间围绕所观摩的网络工程项目，以小组为单位，由小组负责人组织本组人员整理、编写并提交本组完成上述 5 个任务的项目总结报告。建议通过课外公示、课程网站发布、在线网上讨论等形式开展项目报告交流活动。

项目评价

　　积极引导学生运用计算机网络技术基本理论、方法与技能，参与网络系统设计、网络建设、网络管理和网络维护，提高学生实践动手能力。

　　任课教师通过记录参与者在整个项目过程中的表现、各小组的项目总结报告的质量，以及项目报告交流活动的效果等，对每一个参与者作出相应的成绩评价。

6.1　任务 1：校园网的总体方案的设计

【背景案例】锐捷 SH 水产大学万兆校园解决方案[22]

　　……

　　随着网络应用的普及深入，校园网在学校的教学、科研和管理中发挥着越来越重要的作用。网络应用遍及行政管理、财务管理、教学管理、信息服务等各个方面，成为学校办公、教学、科研、交流必不可少的手段和服务平台。本次建设 SH 水产大学新校区校园网主要为综合考虑骨干网络互联和校园网络接入。在提供学校各学院楼、教学楼、实验楼、学生食堂及活动中心区域等网络接入的同时，为校内师生员工提供高性能、高安全、灵活易管理的网络应用平台，为各种网络应用以及视频点播和学生宿舍上网业务服务，为实施校园一卡通工程和数字化校园工程做准备。

　　结合 SH 水产大学的实际需求，本次网络建设共选用锐捷网络高端万兆核心路由交换机 RG-S8610 七台、RG-S8606 两台、RG-S7604 一台；此次网络建设后，也使 SH 水产大学校园网成为华东最大规模万兆校园网之一。

　　SH 水产大学新校区校园网采用双核心交换机的星型网络拓扑结构，具体如图 6-1 所示。

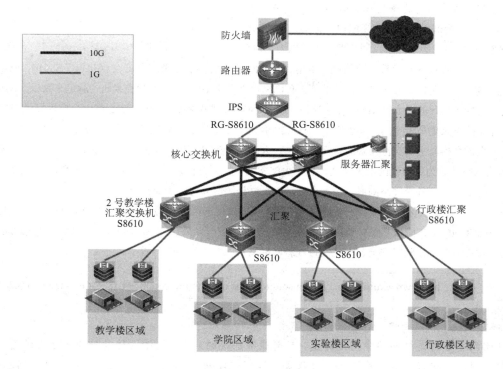

图 6-1　SH 水产大学新校区校园网网络拓扑

　　作为校园网的重要组成部分——"一卡通专网"也采用双核心交换机的星型拓扑结构，如图 6-2 所示。

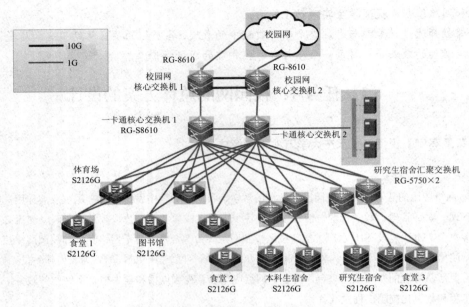

图 6-2 SH 水产大学新校区一卡通专网拓扑

SH 水产大学各分中心（汇聚层）的网络规模都很大，因此各区域的汇聚层设计必须能保证本校区内部大量数据的高速转发，同时也要具备高可靠性和稳定性。

在校区汇聚设备的选择上，应该满足两点基本要求：

（1）高密度端口情况下，还能保持各端口的线速转发。

（2）关键模块必须冗余，如管理引擎、电源、风扇等。

本方案中，校区 5 台汇聚层交换机均采用锐捷面向十万兆设计的 IPv6 核心交换机 RG-S8610，RG-S8610 是锐捷网络推出的面向十万兆平台设计的下一代高密度多业务 IPv6 核心路由交换机，满足未来以太网络的应用需求，支持下一代的以太网 100G 速率接口。RG-S8610 高密度多业务 IPv6 核心路由交换机提供 3.2T 背板带宽，并支持将来更高带宽的扩展能力，高达 1190Mpps 的二/三层包转发速率可为用户提供高密度端口的高速无阻塞数据交换。主机支持冗余的管理模块、冗余的电源模块、各种模块热拔插等安全稳定保障技术。

本次网络建设为每台校区汇聚层交换机至少配备了 2 个万兆接口和 2 个千兆接口，通过万兆链路上联校园主核心交换机；而备份线路则通过千兆光纤链路上联校园网其它汇聚交换机。

SH 水产大学新校区校园网及一卡通专网全网采用的锐捷网络设备均硬件支持 IPv6，并通过"全球 IPv6 论坛" IPv6 Ready 第二阶段认证；整网采用"全局安全网络"思想进行规划和设计，未来可在全网部署 GSN 全局安全解决方案，让整网安全、不受病毒威胁、提高对入网用户的管理效率。

---

22 资料来源：http://www.ruijie.com.cn/plan/solution_one.aspx?uniid=e5d08394-f205-4f62-b855-075c2c14ae96

校园网是各种类型网络中一大分支，有着非常广泛的应用。总体设计是校园网建设的总体思路和工程蓝图，是进行校园网建设的核心任务。进行校园网总体设计，首先，进行项目的需求分析，弄清学校的性质、任务和改革发展的特点，对学校的信息化环境进行准确的描述，明确系统建设的需求和条件；其次，在应用需求分析的基础上，确定校园网的服务类型，进而确定系统建设的具体

目标，包括网络设施、站点设置、开发应用和管理等方面的目标；第三，确定网络拓扑结构和功能，根据应用需求、建设目标和学校主要建筑分布特点，进行系统分析和设计；第四，确定技术设计的原则要求，如在技术选型、布线设计、设备选择、软件配置等方面的标准和要求；第五，规划安排校园网建设的实施步骤。

为便于学习和实践，将以下面的例 1 中的 XX 高校为例，讨论组建大型计算机校园网的相关技术。从需求分析入手，着重阐述网络拓扑选型与设计，层次化设计和 IP 地址规划和子网的划分。

6.1.1 "双星型"网络冗余链路拓扑结构的选型与设计

由于学校的规模及应用需求的不同，林林总总的校园网在网络结构上差别很大，往往令人感到眼花缭乱。然而，从拓扑结构的归类来看，通常情况下中、小学的校园网的网络规模不大、应用需求相对简单，采用单一核心交换机的"单星型"网络拓扑结构即可；大专院校校园网的网络规模比较大、应用需求也相对复杂，多采用冗余性较强，拥有两台核心交换机的"双星型"网络拓扑结构。背景案例就是"双星型"网络拓扑结构在高校校园网中的一个典型应用。具体案例如下。

例 1： XX 高校是一个具有学生规模在 1 万人左右的普通高校，校园网共分四大区域：教学楼区、行政楼区、实验楼区和宿舍区。网络应用需求包括行政管理、财务管理、教学管理、信息服务、教学支持服务等多个方面。校园网的建设目标是成为学校办公、教学、科研、管理、交流的高性能、高可靠、高效率的数字化平台。

基于 XX 高校的校园网的建设目标和网络应用需求，在进行总体设计时选择网络冗余链路完备的"双星型"网络拓扑结构较为合适，具体如图 6-3 所示。

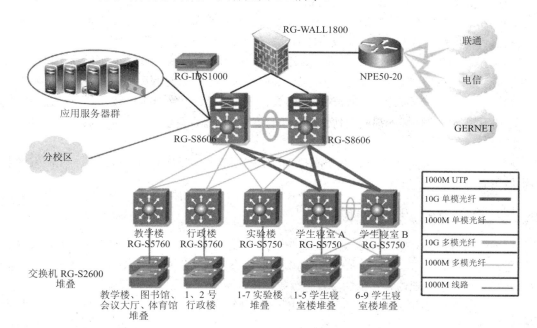

图 6-3 XX 高校校园网网络拓扑图

该校园网网络拓扑的核心层采用了两台锐捷网络 RG-S8606 万兆路由核心交换机，组成万兆互联双核心结构，彼此互为冗余备份，互连聚合带宽 40Gbps。RG-S8606 的背板带宽高达 1.6Tbps，扩展插槽数达到 6 个，L2/L3 层包转发率达到 1190/595Mpps，完善地支持 IPv6、策略路由、NAT、负载均衡和 MPLS 等协议。既充分满足了整个校园网数据和业务流量的高速路由和互访的高性能、高效率要求，又具有高可靠优越性能。

校园网的汇聚层共分 4 个区域：教学楼区、行政楼区、实验楼区和宿舍区。其中教学楼区涵盖了教学楼、图书馆、会议大厅和体育馆，这 4 个区域的汇聚交换机均采用锐捷网络的全千兆交换机 RG-S5760/5750。教学楼、行政楼、实验楼等三个区域采用背板带宽为 48Gbps，包转发率达到 36Mpps 的 RG-S5760 汇聚交换机，通过千兆光纤的冗余链路分别连接到两台万兆核心交换机 RG-S8606 上，利用千兆冗余链路互为备份，同时可以进行数据的负载均衡；考虑到宿舍区的网络节点众多、数据流量庞大，故采用两台背板带宽高达 240Gbps、性能更强的 RG-S5750 汇聚交换机，通过多个千兆端口聚合成 10Gbps 的万兆光纤的冗余链路，分别连接到两台万兆核心交换机 RG-S8606 上。

值得注意的是，除了在核心层、汇聚层之间构成"双星型"网络拓扑结构，为了进一步提高宿舍区域网络的可靠性，以两台互连聚合带宽为 4Gbps 的 RG-S5750 汇聚交换机为中心，在该区域的汇聚层、接入层之间构成一个局部的"双星型"网络拓扑结构。

各区域的接入层交换机采用 24 口和 48 口的锐捷网络的 RG-S2600 系列可网管交换机。

校园网对外互联方式包括教育网（CERNET，千兆）、网通（CNC，10 兆）和电信（CHINANET，10 兆），同时具有千兆教育网的 IPv6 互联通道。

该校园网的总体设计方案具有以下特点：

（1）本着"万兆骨干，千兆备份、百兆到桌面"的原则。万兆的骨干网为将来网络的扩展和用户的增加奠定了基础，也为校园网的信息化建设提供了有力的支持。

（2）采用"双星型"网络拓扑，通过双核心技术保证设备实现冗余备份，同时还可以进行中心数据通信负载均衡，有效减轻中心设备的负荷，提供网络的稳定性和可靠性。

（3）动态路由设计。将核心设备和汇聚设备组成的 Stub 区，通过 OSPF 动态路由协议，形成整个网络路由，真正实现了线路和路由协议的冗余备份；Stub 区的设计减少了路由动荡时影响的范围。

（4）网络核心、楼宇群汇聚和接入产品都具有病毒防范、拒绝 DDOS 攻击和防扫描等安全功能，不但在不同的网络环境下都能做到快速有效的控制，而且也可以应对突发性的安全事件，确保了网络的稳定运行。

（5）校园网网络的核心层、汇聚层和接入层所选用的网络设备具有良好的扩展性，为将来的网络扩展留有充分的余地。

6.1.2　核心层、汇聚层、接入层的设计

校园网建设目标是对校园网进行全网规划设计，主要包括骨干网（包含核心和汇聚以及两者之间的链路）、出口设备、接入层、网络管理系统和网络安全系统规划。最大程度地设计高的网络运行效率、稳定性、易管理性和安全性，为学校数字化校园建设奠定坚实的基础。

因此，案例中校园网络设计按照业界通用的 3 层网络模型设计（核心层－汇聚层－接入层）层次化网络设计模型。采用层次化的网络结构设计，树型架构可以充分利用设备的性能、具有网络结构清晰、扩展性好、易于管理和维护等优点。

1. 校园网核心设计

由于网络中心核心设备的稳定和安全性能是整个网络最重要的保障，因此要求核心交换机具有

优良的性能和高可靠性，必须采用超大交换容量的交换背板，以保证任何情况下网络的每个端口均可具备全线速多层交换能力，能够保证传输带宽和数据传输优化等关键应用，从而为整个网络提供稳定和快速的基础。要求核心提供足够的网线接口和光纤接口，满足多个建筑物接入，满足内网服务器和出口的互连需要。

核心层主要提供不同网络模块之间优化传输服务，将分组尽可能快地从一个网络传到另一个网络，通常要保证核心层具有很高的可靠性、最佳的网络性能。汇聚层到核心层要具备冗余传输链路，任何单条链路断连不影响网络的可用性。作为所有网络流量的传输中枢，核心层除了要求高性能交换设备和高带宽传输链路外，还需考虑选用支持负载均衡或负载分担特性实现负荷均衡。此外，为了避免网络设备故障对网络造成冲击，需要网络采用支持快速聚合的特性，一旦主用通路断开，可以很快的切换到备用通路。

在 6.1.1 节的例 1 中（详见图 6-3），核心层采用了高冗余度的"双星型"拓扑结构，即设置两台核心交换机，核心交换机之间先通过 SC 光纤端口进行负载均衡和冗余连接，然后再通过一主一备的冗余链路与汇聚层交换机连接，与核心交换机连接的服务器则通过两块双绞线千兆位网卡分别与两台核心交换机进行冗余连接。核心交换机主要有四个作用：连接汇聚层交换机、连接服务器、连接到出口防火墙、连接到 IDS。

为保障核心的稳定和高性能，采用的核心交换机需要具有以下功能：

- 采用先进的结构体系设计。核心最好支持先进的 CROSSBAR 设计架构、提供二层数据的高速转发。
- 提供业界较高的转发性能，具有较高的背板带宽和包转发率，为保障端口的线速转发，单板要具有较高的背板带宽。
- 要求核心能提供足够的千兆光口、千兆电口，同时支持万兆端口的扩展。
- 为保障核心的稳定，要求核心设备能提供丰富的安全功能，核心交换机系统本身需要具备丰富的安全特性。如：支持多种 ACL（标准 ACL、扩展 ACL、MAC 扩展 ACL、专家扩展 ACL、基于时间 ACL）；支持多种硬件 ACL 访问控制策略（一条 ACL 命令中可对报文中源目的 MAC、源目的 IP、TCP/UDP 端口号、协议类型、VLAN ID、时间段进行灵活任意组合）；硬件防 DOS 攻击（可防止 Smurf、Synflood、非法 TCP 报文、LAND 攻击）、防 IP 扫描（PingSweep）、硬件防源 IP 地址欺骗（Source IP Spoofing）、硬件支持防扫描、防 DoS/DDoS 攻击、防 SYNFLOOD 攻击、防 Smurf 攻击、防源 IP 地址欺骗等常见网络攻击行为。
- 为满足以后和 Cernet2 的互连，建议核心采用支持 IPv6 的设备，保障以后可以平滑过渡到 Cernet2，保护投资。
- 为了满足校园网多种应用，要求核心支持多种组播功能。
- 为了实现方便快捷的管理，要求核心交换机提供丰富的管理功能。如：支持 CLI（需兼容业界主流标准）、SNMP v1/v2/v3、Telnet、Console、RMON、Web 管理、SSH、支持 SNTP、支持 Syslog 等。

2. 校园网汇聚层设计

汇聚层是连接核心和接入之间的重要设备，必须提供丰富的接口和高转发性能，同时，为了分担核心设备的负担和规范网络结构，汇聚交换需要提供三层功能，各栋楼的信息点网关可以配置在汇聚层，避免信息点的 ARP 等二层报文直接汇聚到核心，从而避免形成整网的广播风暴。核心和汇聚之间采用 1000M 电口或千兆多模互连。

校园网络系统实际上基本可分为校园网络中心、教学子网、办公子网、图书馆子网、宿舍子网及后勤子网等。校园网中汇聚交换机的作用就是将各子网内的接入交换机汇聚起来，最后通过核心交换机出口出去。如 6.1.1 节的例 1（详见图 6-3）案例中将教学楼、图书馆、行政楼各设置一个汇聚交换机，学生宿舍由于信息点较多，按地理位置划分后使用两个汇聚交换机。

汇聚交换机建议具有以下特性：

- 具备千兆光口/电口，满足和核心交换机以及接入交换机之间的互连。
- 考虑到各个不同区域情况不同，千兆电口和千兆光口的数量也不一致，建议汇聚交换机提供足够数量的光口和足够数量的电口，可以复合使用，满足不同环境的灵活配置。
- 为彻底防止 ARP 病毒泛滥，要求在汇聚交换机上提供可信任 ARP 表项，能自动绑定用户的 IP 地址和 MAC 地址。
- 为满足以后和 Cernet2 的互连，建议汇聚采用支持 IPv6 的设备，保障以后可以平滑过渡到 Cernet2，保护投资。
- 要求汇聚提供 PVLAN 功能，这样采用保护端口时不必占用 VLAN 资源，可非常方便地隔离用户之间信息互通，充分保护用户信息的安全。
- 为了保障网络的稳定，对网络中的广播报文进行处理，要求汇聚设备支持广播风暴控制，保障网络的稳定和安全，并提供简单配置方式，可基于端口速率百分比、端口速率等多种方式进行阈值的设置，方便管理员使用。
- 为了提供安全的访问控制，要求汇聚交换机支持远程访问的源 IP 授权控制。
- 为了保障网络的安全，控制非法用户接入网络，保证合法用户合理化使用网络，要求汇聚设备支持多种安全功能，如端口安全、专家级 ACL、时间 ACL、基于应用数据流的带宽限速、多元素绑定等等，满足学校加强对访问者进行控制、阻止非授权用户通信的需求。
- 为了实现方便快捷的管理，要求汇聚交换机提供丰富的管理功能。如支持 CLI（需兼容业界主流标准）、SNMP v1/v2/v3、Telnet、Console、RMON、Web 管理、SSH、支持 SNTP、支持 Syslog 等。

3. 校园网接入层设计

网络接入层计算机数量大，访问流量相对比较大，所以建议接入层到汇聚层采用 1000M 互连。另外，接入层是部署网络安全的重要区域，如果接入设备不具备丰富的安全功能，就无法对常见的病毒和攻击从最低层进行防范，所以建议采用安全接入交换。同时网络管理也是比较重要的，如果没有该功能，那么网络管理的难度将加大，故障排查不方便，所以建议采用可网管交换机。

接入层交换机的选择上，可以根据各子网的特点进行不同的选择。

所以接入层设备设计，要求接入层设备具备以下特点：

- 提供 1000M 上行口，实现和汇聚交换机的千兆互连，为提供灵活的配置特性，满足不同信息点数的需求，要求能支持堆叠功能，并能实现混合堆叠，提供灵活的设备配置。
- 为了保障网络的安全和稳定，建议接入交换机提供多种安全功能。如：支持端口与 IP 和 MAC 地址的同时绑定；支持多种硬件 ACL 策略，支持标准 IP ACL、扩展 IP ACL、扩展 MAC ACL；支持 IEEE 802.1x，支持端口动态绑定 IP 和 MAC 地址，结合认证计费系统可严格控制用户认证前后身份始终如一，并有效管理用户 IP 地址分配，控制用户访问内外网的权限。

- 为解决目前常见的 ARP 病毒和攻击的问题，要求具备全面的防 ARP 功能。如支持端口 ARP 检查，严格防范 ARP 主机欺骗行为；支持专用的防范 ARP 网关欺骗功能，保护网关不被欺骗，保障用户正常上网。
- 为了防止非法组播源任意播放，节约网络带宽，要求接入交换机支持 IGMP Snooping v1/v2/v3，支持 IGMP 源端口检查，适应多种组播环境。
- 为了实现方便快捷的管理，要求接入交换机提供丰富的管理功能。如支持 SNMPv1/v2c/v3，支持 SSH，保证交换机管理信息的安全性，防止黑客攻击和控制设备；支持 Telnet、Web 访问的源 IP 授权控制；RMON 1/2/3/9，Syslog，支持 CLI/Telnet/WEB 网管。
- 建议接入层交换机采用风扇设计，使得接入交换机在高温、密封的环境中可以正常使用。

6.1.3 IP 地址的规划及子网的划分

IP 地址规划是整个网络设计中的重要组成部分，地址规划的科学性和合理性将直接反映网络拓扑的设计思想，对网络的稳定起到至关重要的影响。网络系统 IP 地址规划的优劣，直接影响到网络路由的效率、网络的性能、网络的扩展和网络的管理，也必将直接影响到网络应用的进一步发展。

合理的网段划分结合灵活的 VLAN 规划，可以有效地降低网络风暴的产生，保证整个网络的稳定，同时也起到一定的网络安全功能。

在本案例中，为了节省网络地址空间，同时考虑网络地址的统一管理和将来扩展的需要，XX 学校内部网络地址规划的总体设计思路是：

- 大部分用户采用私有地址空间，为每个 VLAN 划分一个 C 类地址段，网关地址为该网地址空间的第一个可用地址。
- 为了减少路由表的大小和路由振荡，在分配地址时尽量采用连续的 IP 地址，每台汇聚层交换机上做路由聚合。
- 对于用户 VLAN 接口 IP，子网掩码统一采用 255.255.255.0。
- 对于核心层交换机与汇聚层交换机之间的三层或 VLAN 接口，IP 地址统一采用一个 C 类地址，子网掩码统一采用 255.255.255.252。
- 对于交换机管理 IP，所有设备统一采用一个 C 类 IP 地址段。

内部地址的分配原则是按照建筑物，对于学生寝室 A 和学生寝室 B、图书馆、会议大厅，由于用户数多，流动性大，采用 DHCP 动态分配地址；而教学楼 1～4 号楼、实验楼 1～7 号楼、行政楼 1～2 号楼等都采用静态分配的 IP 地址，再将 IP 地址与 MAC 地址绑定，防止地址的盗用，而且通过 IP 与 MAC 的绑定也可以增加其安全性。

由于汇聚层到核心层采用的是三层结构通信，所以特别注意到分配的 IP 地址能够在一个汇聚层汇聚成一个汇总 IP，这样在三层路由的时候可以大大地减轻路由表的数目，加快设备的处理效率，如表 6-1 所示。

表 6-1 IP 地址具体规划

楼栋	信息点数量	IP 地址段	备注
网络管理和服务器区域	60	192.168.0.0/24	服务器和网络管理系统都可以采用该网段地址，所有的接入和汇聚设备的管理地址都可以采用该网段

续表

楼栋		信息点数量	IP 地址段	备注
教学楼	图书馆	120	192.168.1.0/24	IP 地址和 MAC 地址绑定
	体育馆	100	192.168.2.0/24	IP 地址和 MAC 地址绑定
1、2 号行政楼		100	192.168.3.0/24	IP 地址和 MAC 地址绑定
1～7 号楼实验楼		400	192.168.7.0/24 192.168.8.0/24	IP 地址和 MAC 地址绑定

6.2　任务 2：校园网网络设备的选型与配置

【背景案例】中兴打造 XX 石油大学校园网 [23]

随着因特网的快速普及与高速发展，校园网已经成为每个学校必备的信息基础设施之一，是学校提高教学、科研及管理水平的重要途径和手段。较之一般的企业网，校园网面临更复杂的用户类型和业务需求，它不是单纯的办公网络，而是一个承载教学、办公自动化、图书馆等多种业务和应用的平台，并且有部分网络资源用来经营，因此对投资回报有更高的要求，也就对承建校园网络的团队提出了高要求。在 XX 石油大学新校区网络建设中，中兴通讯充分展现了成熟与专业。

1. 新校区的网络原貌

具有 50 多年历史的 XX 石油大学是一所综合发展的教学科研型大学，学校积极开展科学研究工作，高度重视教学工作。XX 石油大学户县新校区的网络互相隔离，没有一个安全的数据传输通道，因此各种业务数据无法实现跨楼层、跨地域的共享和利用，既是资源的极大浪费，又在很大程度上造成了信息传输不通畅、办公效率低下等影响，而 XX 石油大学又需要一个可靠、稳定的网络以满足信息化建设与发展规划的要求。为推动新校区的信息化建设，提高新校区的教学管理水平，XX 石油大学决定建设新校区网络。通过建设楼层直达光路，构建全校整体网络，实现中心机房到楼宇、楼宇到楼层、楼层到桌面的全面互联。数据网络的建设服务于视频系统、语音系统、网站服务、数据存储等应用业务，作为业务系统的承载网部分。

XX 石油大学一期网络建设将包含 6 栋公寓楼、一个生活服务区、2 栋教学楼、3 栋实验楼、教务中心、工程训练中心、体育系楼等，总建设信息点数 7371 个。XX 石油大学提出的要求包括：

（1）新校区的校园网，要有利于设备的统一运行、维护、管理和监控。网络建设需要满足信息中心对管理和控制功能的要求。设备选型应与老校区校园网和教育网设备兼容。

（2）高带宽、高稳定性、高安全性，应能承载主要网络应用、有足够的满意度，尤其在网络设备故障率、系统维护、恶意攻击、病毒入侵、可扩展性方面达到要求。

（3）性价比合理，主要性能指标突出。

2. 全面"量身制网"

中兴通讯基于对教育行业网络构建的深入了解，充分考虑 XX 石油大学的现状与要求，为 XX 石油大学新校区网络工程量身定做了技术先进的综合网络整体解决方案。新校区网络结构采用分层星型扁平型结构，分为核心层、汇聚层、接入层；核心层位于实验楼 C1 的计算机中心，汇聚交换机放置于每座学生公寓楼，接入交换机放置于各个区域的楼层配线间；核心交换机采用中兴通讯的万兆核心路由交换机 ZXR10 T160G，汇聚交换机采用中兴通讯的高性能三层交换机 ZXR10 5952 系列，接入交换机采用智能千兆交换机 ZXR10 2952 和 ZXR10 2928，同时部署 ZESR 智能弹性环。

3. 网络设计

整个网络分为核心层、汇聚层和接入层 3 个层次，可以看作是一个分级的星型网络，结构简单、易于扩展。网络拓扑如图 6-4 所示。

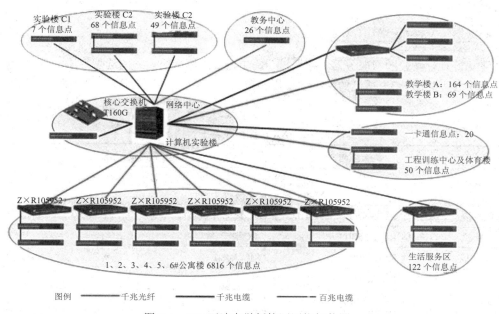

实验楼 C1 7 个信息点
实验楼 C2 68 个信息点
实验楼 C2 49 个信息点
教务中心 26 个信息点

核心交换机 T160G　网络中心

计算机实验楼

教学楼 A：164 个信息点
教学楼 B：69 个信息点

一卡通信息点：20

工程训练中心及体育楼 50 个信息点

Z×R105952　Z×R105952　Z×R105952　Z×R105952　Z×R105952　Z×R105952

1、2、3、4、5、6#公寓楼 6816 个信息点

生活服务区 122 个信息点

图例　————千兆光纤　————千兆电缆　————百兆电缆

图 6-4　XX 石油大学新校区网络拓扑图

此方案结构层次清晰合理：采用一台中兴 ZXR10 T160G 作为整个新校区校园的网络核心，核心交换机设备配置冗余电源和冗余主控管理模块。通过千兆光纤线路与老校区及工程训练中心等区域相连；并通过千兆光纤线路实现与 1、2、3、4、5、6 号学生公寓、教学楼 B、实验中心、生活服务区、教学楼 A、三栋实验楼、体育系楼等楼宇的连接。

新校区汇聚层总共配置多层万兆交换机 ZXR10 5952 七台，千兆光口连接核心，千兆电口连接接入交换机。在 ZXR10 5952 上面启用三层功能，部署 ACL 控制访问列表，控制互相访问。汇聚层设备全部支持光口千兆上行，直接通过千兆光纤连接到核心层，彻底消除带宽瓶颈。考虑到未来学校有万兆主干的要求，ZXR10 5952 交换机支持 4 个万兆扩展槽，增加相应的模块后可以使网络主干链路平滑过渡到万兆。并且 5952 具备良好的 IPV6 支持能力，可使网络平滑升级到下一代。

接入交换机采用智能千兆交换机 ZXR10 2928 和 ZXR10 2952 安全智能以太网交换机，分别放置在各楼宇接入点，千兆连接汇聚，百兆到桌面。该系列交换机支持增强安全特性，支持基于业务流的过滤机制，对特征业务流 P2P 流量、视频流量、病毒包等实现优化控制，更好地满足了校园网对安全的高需求。在接入交换机上做 IP+MAC+端口的控制访问规则，并做 ARP 攻击控制规则。

……

23　资料来源：http://www.enet.com.cn/article/2010/0310/A20100310619885.shtml

 任务导读

网络设备的选型属于技术方案里面的一个部分，根据不同需求特点选择适合的网络设备，是

充分发挥校园网作用的前提，前面小节提到过校园网的分层设计和校园网内划分的子网，那么，选择不同层次和不同子网内的网络设备将是本节的一个内容；另外，校园网的服务应用是建立在服务器之上的，如何选择合适的服务器也是需要关注的问题；最后，将对部分设备的一些配置过程进行阐述。

6.2.1　服务器、交换机、路由器的选型

为了更好地理解校园网服务器、交换机、路由器等主要网络设备的选型方法，首先，对 6.1.1 节的例 1 中（详见图 6-3）所选的网络设备作一个归纳和总结，可得到该校园网的设备配置情况如表 6-2 所示。

表 6-2　XX 校园网设备配置情况

名称	型号	主要用途	数量
核心交换机	锐捷 RG-S8606	核心交换机，服务器接入；汇聚部分接入交换机	2 台
汇聚交换机	锐捷 RG-S5760-48GT/4SF	汇聚部分楼层接入交换机，PC 接入	5 台
接入交换机	锐捷 RG-S2600 E/P	PC 接入	50 台
出口路由器	锐捷 RSR7708	出口路由	1 台
防火墙	锐捷 RG-WALL 1600		1 台
服务器	联想 万全 R680 G7	Web、邮件、DHCP……服务器	**5 台**

各种设备具体的选型方法，将在以下内容中作进一步的讨论。

1. 服务器的选型

大规模校园网由于用户多、范围广，因此，对服务器的负荷量要求较高。其间更涉及多个多媒体教室、整个校园的办公自动化，且数据传输、系统安全、保密性都比中小型网络结构要求高。因此，服务器不但要性能优越，更要功能齐全。建议使用联想万全 R680 G7 或 IBM System x3500 M3。它们的性能特点如下：

选择一：

联想万全 R680 G7（如图 6-5 所示）服务器是面向 IT 核心应用的企业级旗舰服务器。它基于 Intel QPI 架构 EX 多路多核处理器设计，强调扩展、功能、性能、安全，适用核心业务的企业级服务器；提供更高的内存、I/O 扩展，定位运行关系型数据库、企业 ERP 及电子商务、虚拟化平台等强调单机计算性能应用；为核心业务运行的高可靠计算平台。

图 6-5　联想万全 R680 G7 服务器

联想 R680 G7 服务器是专为 IT 关键应用环境设计的四路机架服务器，聚集众多创新技术，保

障企业 IT 核心应用高效、可靠的运行，可用于大中型数据库服务器（如财务管理、用户信息数据库、报表统计综合查询系统等）、关键业务系统（如 ERP、CRM 等）和多应用整合等虚拟化应用。

联想 R680 G7 服务器机箱形态是 4U 机架式，配备英特尔® 至强® 处理器 Xeon E7-4807 1.86G，内存标配为 8GB，最大支持 64 个 DIMM，支持 ECC，最大支持 8 块热插拔 SAS 硬盘，4 个千兆网卡。

选择二：

IBM System x3500 M3（如图 6-6 所示）是一款高性能双插槽塔式服务器，可提供超高带宽和存储量，以及高达 192GB 的扩展内存容量。从单个英特尔®至强®六核处理器开始，然后添加第二个处理器以使处理能力倍增。还可以分别添加处理器、存储和内存容量，以达到最大的配置灵活性。

IBM System x3500 M3 具备可选机架安装能力的 5 U 塔式服务器，多达 2 个六核英特尔®至强® X5690 3.46GHz 处理器或四核英特尔®至强® X5687 3.60GHz 处理

图 6-6　IBM System x3500 M3 服务器

器，每个处理器插槽的缓存为 12MB。内存是带寄存器的 1333MHz DDR-3 DIMM。标配多达 7 个高性能 PCIe I/0 插槽，支持多达 8 个或 16 个小外形（2.5 英寸）热插拔串行连接 SCSI（SAS）或串行 ATA（SATA）标配硬盘驱动器（HDD）；可用额外的选件支持最多 24 个 SFF 2.5 英寸 SAS/SATA 硬盘驱动器；多达 4 个 3.5 英寸易插拔 SATA 硬盘驱动器或多达 8 个 3.5 英寸热插拔 SAS 或 SATA 硬盘驱动器；标配 6Gbps RAID 和 3Gbps 适配器。

2. 交换机选型说明

（1）核心交换机的选型。

结合图 6-3 案例中校园网建设的实际情况，建议在中心机房部署一台高性能万兆多业务 IPv6 核心路由交换机，为了满足实际网络的需要和未来的升级扩展，该核心交换机要求：支持各种模块热插拔、支持千兆端口、支持万兆端口、支持链路聚合 IEEE 802.3ad、支持三层协议、具有较高的背板带宽和包转发率、支持三种生成树、支持 802.1x、各种 QoS 和组播协议的支持等。

根据具体情况，建议核心交换机采用锐捷网络多业务 IPv6 核心路由交换机 RG-S8600 或 H3C S7500E，这些设备的具体特点如下：

选择一：

RG-S8600（图 6-7）是锐捷网络推出的面向十万兆平台设计的下一代高密度、多业务 IPv6 核心路由交换机，满足未来以太网络的应用需求，支持下一代的以太网 100G 速率接口，提供 14 横插槽设计、10 竖插槽设计和 6 横插槽设计，三种主机：RG-S8614、RG-S8610 和 RG-S8606。

RG-S8600 系列 IPv6 核心路由交换机提供 4.8T/3.2T/1.6T 背板带宽，并支持将来更高带宽的扩展能力，高达 1786Mpps/1190Mpps/595Mpps 的二/三层包转发速率可为用

图 6-7　RG-S8600 核心交换机

户提供高密度端口的高速无阻塞数据交换，提供分布式的业务融合平台，满足未来网络对安全和业务的更高需求。该产品有以下主要特性：

- 统一的模块化操作系统 RGOS；
- 强大的处理能力；
- 设备级安全体系-CSS 安全体系；
- 电信级的高可靠性设计；
- 高性能 MPLS 业务处理；
- 虚拟化技术；
- 全面的 IPv6 解决方案；
- IPFIX 流量透明化方案；
- 丰富的应用支持技术；
- 全新的智能 RG-S8600 I 系列，面向下一代网络的智能扩展。

选择二：

H3C S7500E(X)系列产品（如图 6-8 所示）是杭州华三通信技术有限公司（以下简称 H3C 公司）面向融合业务网络的高端多业务路由交换机，该产品基于 H3C 自主知识产权的 Comware V5 操作系统，以 IRF2（Intelligent Resilient Framework 2，第二代智能弹性架构）技术为基石的虚拟化软件系统，进一步融合 MPLS VPN、IPv6、网络安全、无线、无源光网络等多种网络业务，提供不间断转发、不间断升级、优雅重启、环网保护等多种高可靠技术，在提高用户生产效率的同时，保证了网络最大正常运行时间，从而降低了客户的总拥有成本（TCO）。H3C S7500E(X)符合"限制电子设备有害物质标准（RoHS）"，是绿色环保的路由交换机。

图 6-8　H3C S7500E(X) 核心交换机

H3C S7500E(X)系列包括 S7510E（12 槽）、S7508E-X（14 槽）、S7506E（8 槽）、S7506E-V（垂直 8 槽）、H3C S7506E-S（8 槽）、S7503E（5 槽）、7503E-S（3 槽）和 S7502E（4 槽）8 款产品，除了 7503E-S 所有产品均支持冗余主控。H3C S7500E(X)可广泛应用于城域网、数据中心、园区网核心和汇聚等多种网络环境，为用户提供了有线无线一体化、有源无源一体化的行业解决方案。

（2）汇聚交换机选型。

如图 6-3 所示，该学校校园网建设的实际情况，需要在各个楼层区域布置多台汇聚交换机，为了满足实际网络的需要，建议部署 RG-S5760 或 H3C S5120-EI 汇聚交换机。具体特点如下：

选择一：

RG-S5760 系列是锐捷网络推出的融合了高性能、高安全的全千兆智能机架式多层交换机，如图 6-9 所示，十分适合在企业网、校园网接入层或者汇聚层使用。同时支持 IPv4/IPv6 双栈，为 IPv4 网络的建设、IPv4 向 IPv6 网络过渡，以及 IPv6 网络的建设和通信提供了最直接和最方便灵活的技术实现和方案保障。

图 6-9　RG-S5760 汇聚交换机

全千兆的端口形态，机身自带 4 个复用的 SFP 千兆光纤接口，不仅满足网络的弹性扩展和高带宽传输需要，也满足网络建设中不同传输介质的连接需要。特别适合高带宽、高性能和灵活扩展的大型网络汇聚层、中型网络核心层以及数据中心服务器群的接入使用。

硬件支持 IPv4/IPv6 双协议栈多层线速交换和功能特性，为 IPv6 网络之间的通信提供了丰富的 Tunnel 技术，可灵活应用于纯 IPv4 网络、纯 IPv6 网络、IPv4 与 IPv6 共存的网络，能充分满足当前园区网从 IPv4 向 IPv6 过渡的需要。

提供二到七层的智能业务流分类、完善的服务质量（QoS）保证和组播应用管理特性。在提供高性能、多智能的同时，其内在的安全防御机制和用户接入管理能力，更可有效防止和控制病毒传播和网络攻击，控制非法用户接入网络，保证合法用户合理地使用网络资源，并可以根据网络实际使用环境，实施灵活多样的安全控制策略，充分保障了网络安全、网络合理化使用和运营。

RG-S5760 系列交换机以极高的性价比为大型网络汇聚、中型网络核心、数据中心服务器接入提供了高性能、完善的端到端的服务质量、灵活丰富的安全设置和基于策略的网管，最大化满足高速、安全、智能的企业网、校园网需求。

产品特征：

- 线速的多层交换；
- IPv4/IPv6 双协议栈多层交换；
- 灵活完备的安全控制策略；
- 强大的多业务支撑能力；
- 高可靠性；
- 高级 QoS；
- 方便易用易管理。

选择二：

H3C S5120-EI 系列交换机（如图 6-10 所示）是 H3C 公司自主开发的全千兆三层以太网交换机产品，具备丰富的业务特性，提供 IPv6 转发功能以及最多 4 个 10GE 扩展接口。通过 H3C 特有的 IRF（智能弹性架构）功能，用户能够简化对网络的管理。S5120-EI 系列千兆以太网交换机定位为企业网千兆接入，同时还可以用于数据中心服务器群的连接。

图 6-10　H3C S5120-EI 汇聚交换机

在大中型企业园区网中，S5120-EI 系列以太网交换机可作为汇聚交换机，提供了高性能、大容量的交换服务，并支持 10GE 的上行接口，为接入设备提供了更高的带宽。此外整网核心层、汇聚层和高性能接入层均采用 H3C 创新的 IRF（智能弹性架构）技术，在原有网络拓扑不变的情况下，通过将多台设备虚拟为一台统一的逻辑设备，实现网络拓扑、业务、管理的简化，1:N 的可靠性成倍提升，网络运行性能大幅提高等多重优点。

（3）接入交换机选型。

根据图 6-3 案例中学校的实际情况，在办公和教学信息点上，都部署安全接入交换机。在机房位置，配置可网管接入交换机作为机房的接入交换机。

为了满足实际网络环境的需要，对于安全接入交换机都要求：较高的背板带宽和包转发率、支持三种生成树协议、支持基于协议的网络访问控制、具有较高的安全性能、支持 IP 地址+MAC 地址+交换机端口绑定、支持 802.1x、各种 QoS 等。根据具体情况，接入交换机可采用锐捷安全智能交换机 RG-S2600 或 H3C S3100-EI 系列交换机，它们的特点如下：

选择一：

RG-S2600 E/P 交换机（如图 6-11 所示）是锐捷网络为构架安全稳定的网络推出的基于新一代硬件架构的安全智能交换机，充分融合了网络发展需要的高性能、高安全、多业务、易用性特点，并融入了 IPv6 的特性，为用户提供全新的技术特性和解决方案。

图 6-11　RG-S2628G-S 接入交换机

根据网络实际使用环境，RG-S2600 E/P 交换机可同时支持 Web 认证和 802.1x 认证，对进入网络的用户实行严格且灵活的控制，有效地防止非法用户获取网络资源，充分保障合法用户才能进入网络。通过对攻击报文的判断并对其限速甚至隔离，RG-S2600 E/P 交换机可轻松应对针对交换机本身的攻击行为，维护设备的稳定，从而保证全网的稳定，让网络永续地服务于应用的开展，而带来持续的价值。

IPv6 越来越多的应用到网络时，RG-S2600 E/P 交换机率先将 IPv6 的安全和管理延伸到二层半设备。通过对 IPv6 ACL 实现报文的过滤，保障网络安全；完整的 IPv6 协议族比如邻居发现协议（ND）、ICMPv6、MTU 路径发现等满足了 IPv6 管理的需要。

RG-S2600 E/P 交换机可为各种类型网络接入提供完善的端到端服务质量保证（QoS）、灵活丰富的安全策略和基于策略的网络管理，是校园网、政务网、企业网等应用的理想接入设备，为用户提供高速、高效、安全、智能的全新接入方案。

选择二：

H3C S3100-EI 系列交换机（如图 6-12 所示）是 H3C 公司为构建高安全、高智能网络需求而专门设计的新一代以太网交换机产品，在满足高性能接入的基础上，提供更全面的安全接入策略和更强的网络管理维护易用性，是理想的安全易用接入层交换机。

图 6-12　H3C S3100-EI 接入交换机

3．路由器选型

根据图 6-3 高校校园网案例 1 校园网建设的实际情况，需要在网络出口部署一台万兆路由器，专门提供 NAT，在一定程度上控制网络攻击和病毒，并且能提供基于 IP 的流量控制功能。建议采用锐捷 RG-RSR7708 路由器或者 H3C SR8800 路由器。

选择一：

RG-RSR77 系列万兆核心分布式路由器（如图 6-13 所示）是锐捷网络多年来坚持自主研发，高端路由再创新，重点推出的新一代基于可扩展高性能 40G 平台的多核分布式高端路由器。定位于 IP 骨干网、IP 城域网以及各种大型 IP 网络的核心和汇聚位置应用的可信多业务路由器。

图 6-13　RG-RSR77 系列万兆核心分布式路由器

RG-RSR77 系列万兆核心分布式路由器采用模块化结构设计，全面继承锐捷网络 VCPU、REF、X-Flow 技术，完备抗流量攻击能力，完善的 QoS 机制保障多业务部署；具有很强的可伸缩性、可配置性，支持多种接口，内置全业务特性，将 IPv6、BGP、IPSec、MPLS VPN、QoS、组播等技术融合起来。

RG-RSR77 系列万兆核心分布式路由器以其高可用性、高性能、多业务、高安全、热拔插和热备份等优势，支撑企业业务运营和承载网络的建设，有效提高网络价值并节约网络建设成本。

选择二：

SR8800 路由器（如图 6-14 所示）是 H3C 公司基于对用户业务应用的充分调研和深刻理解而

推出的万兆核心路由产品，主要应用在 IP 骨干网、IP 城域网以及各种大型 IP 网络的核心和汇聚位置。SR8800 核心路由器具有强大的转发性能和丰富的业务特性全面满足用户各种组网应用的需求。

图 6-14　SR8800 路由器

SR8800 采用了平面分离和三引擎转发的设计理念，通过基于分布式的高性能网络处理器（NP）硬件转发和大容量 Crossbar 无阻塞交换技术，保障了系统的高处理性能和灵活的扩展能力；通过分布式的专用 QoS 控制单元，为所承载的核心业务提供精细化控制和端到端服务保证；通过分布式 OAM 检测引擎，实现了 30ms 故障检测，保障所承载业务不中断运行。SR8800 通过上述创新的高可靠性技术和精细化 QoS 控制机制充分保证多用户多业务流畅运行。

6.2.2　交换机端口隔离及配置

端口隔离技术是一种实现在同一个 VLAN 中的客户端口间以足够的隔离度来保证一个客户端不会收到另外一个客户端的流量的技术。通过端口隔离技术，用户可以将需要进行控制的端口加入到一个隔离组中，通过端口隔离特性，用户可以将需要进行控制的端口加入到一个隔离组中，实现隔离组中的端口之间二层数据的隔离，使用隔离技术后隔离端口之间就不会产生单播、广播和组播，病毒就不会在隔离计算机之间传播，增加了网络安全性，提高了网络性能。

在校园网中，学生宿舍区的电脑是最有可能经常对外发送大量广播的来源，从而造成网络性能严重下降的地方，可以通过端口隔离配置有效防范这样的问题。下面以 H3C 交换机在同一 VLAN 下的端口隔离配置为例，介绍端口隔离技术的实际应用。

（1）将端口 Ethernet1/0/1、Ethernet1/0/2、Ethernet1/0/3 加入隔离组。

  \<Device\> system-view

  [Device] interface ethernet 1/0/1

  [Device-Ethernet1/0/1] port-isolate enable

  [Device-Ethernet1/0/1] quit

  [Device] interface ethernet 1/0/2

  [Device-Ethernet1/0/2] port-isolate enable

  [Device-Ethernet1/0/2] quit

  [Device] interface ethernet 1/0/3

[Device-Ethernet1/0/3] port-isolate enable

（2）配置端口 Ethernet1/0/4 为隔离组的上行端口。

[Device-Ethernet1/0/3] quit

[Device] interface ethernet 1/0/4

[Device-Ethernet1/0/4] port-isolate uplink-port

[Device-Ethernet1/0/4] return

（3）显示隔离组中的信息。

<**Device**> display port-isolate group

Port-isolate group information:

Uplink port support: YES

Group ID: 1

Uplink port: Ethernet1/0/4

Ethernet1/0/1　　　Ethernet1/0/2　　　Ethernet1/0/3

6.2.3 多生成树协议 MSTP 的配置

在 6.1.1 节的例 1 中（如图 6-3 所示），在学生宿舍子网中，汇聚层有两台交换机，两台汇聚交换机之间进行了端口聚合，同时接入层交换机与两台汇聚层交换机之间都有冗余链路连线，这样虽然实现了通信线路上的双保险，但是也形成了环路。为解决环路问题，就需要使用生成树协议。

生成树协议（STP）是一种二层管理协议，它通过有选择性地阻塞网络冗余链路来达到消除网络二层环路的目的，同时具备链路的备份功能。MSTP（Multiple Spanning Tree Protocol）也称为多生成树协议，在 IEEE 802.1s 中定义。与 STP（Spanning Tree Protocol）和 RSTP（Rapid Spanning Tree Protocol）相比，MSTP 主要引入了"实例（INSTANCE）"的概念。STP/RSTP 是基于端口的，而 MSTP 是基于实例的。所谓的"实例"是指多个 VLAN 对应的一个集合，MSTP 把一台设备的一个或多个 VLAN 划分为一个 INSTANCE，有着相同 INSTANCE 配置的设备就组成一个 MST 域（MST Region），运行独立的生成树（这个内部的生成树称为 IST，Internal Spanning-tree）；这个 MST Region 组合就相当于一个大的设备整体，与其他 MST Region 再进行生成树算法运算，得出一个整体的生成树，称为 CST（Common Spanning Tree）。实例 0 具有特殊的作用，称为 CIST，即公共与内部生成树，其他实例则称为 MSTI，即多生成树实例。

注意：在这里，需要引出另一个技术——VRRP。在局域网内，终端用户都设置一条相同的以网关为下一跳的默认路由。主机发往其他网段的报文将通过默认路由发往网关，再由网关进行转发，从而实现主机与外部网络的通信。当网关发生故障时，本网段内所有以网关为默认路由的主机与外部网络的通信将中断。为了避免网络中断，可以通过在主机上设置多个网关，但是一般主机只允许设置一个默认网关，此时需要管理员手动添加。这样大大增加了网络管理的复杂度。为了更好地解决上述网络中断的问题，协议开发者提出了 VRRP（Virtual Router Redundancy Protocol，虚拟路由器冗余协议），一种便于管理的协议，实现网络一个网关故障时，保证用户快速、不间断、透明地切换到另一个网关的协议。

VRRP 协议具体内容在 RFC 2338 中定义，为业界通用标准。其他厂商的私有协议有类似的做法，比如 cisco 的私有协议 HSRP（Hot Standby Route Protocol，热备份路由协议）。

VRRP 技术常与 MSTP 技术一起使用。

这里通过如图 6-15 所示的简化例子来说明 MSTP 的配置过程。

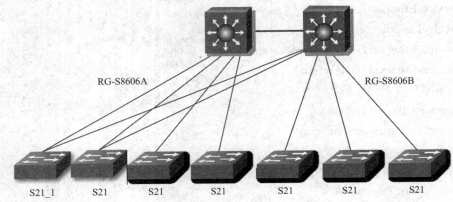

RG-S8606A　　　　　　　　　　　　RG-S8606B

S21_1　　S21　　　S21　　　S21　　　S21　　　S21　　　S21

图 6-15　MSTP 示例配置拓扑

1. 网络拓扑

（1）采用两台 RG-S8606A 和 RG-S8606B 锐捷核心路由交换机 8606 作为双核心，配置 VRRP 和 MSTP。

（2）RG-S8606A 上有 4 个用户 VLAN，vlan id 为 10、20、30、40。对应 svi 接口（VLAN 接口）运行 VRRP 协议。VRRP 协议设置成对奇数用户 VLAN（指 VLAN 10、30），左边的 RG-S8606A 为 master 主路由器，作为用户的网关转发用户数据。对偶数用户 VLAN（指 VLAN 20、40），右边的 RG-S8606B 为 backup 路由器，作为用户的网关转发用户数据。Master 主路由器通过设置优先级为 254 实现，backup 路由器的优先级采用默认值 100。

（3）8606 核心路由交换机上 MSTP 设置 3 个 VLAN－instance 的对应关系，域名和域修正值采用默认设置。奇数用户 VLAN 对应到 instance 1，偶数用户 VLAN 对应到 instance 2。其他 VLAN 对应到 instance 0。instance 0 和 instance 1 选择 RG-S8606A 作为根桥，instance 2 选择 RG-S8606B 作为根桥。根桥的设置通过设置优先级为 4096、备份根桥的优先级设置为 8192 来实现。

（4）接入层设备 S21_1 上面有用户 VLAN10、30。在连接用户的端口上启用 BPDU FILTER 功能，直接过滤 BPDU 报文，可以有效避免 BPDU 攻击和防止 MSTP 信息泄漏，同时端口可以快速 Forwarding。通过修改 S21_1 上链端口的生成树 cost 为 1，让生成树在 S21_1 的两个端口 Forwarding，避免用户 vlan 10、30 不通。

（5）拓扑中互连网络设备接口上开启 TPP 功能，设置 CPU 利用率阀值为 60。在设备 CPU 利用率超过 60 时，能保持 MSTP 和 VRRP 不发生振荡。

2. MSTP 配置

针对图 6-15 所示的网络进行 MSTP 配置的具体过程见表 6-3。

表 6-3　MSTP 具体配置

RG_S 8606A 的配置	RG_S8606A#show configure cpu topology-limit　50 //设置 cpu 利用率阈值为 60，推荐值为 50～70 左右 ! spanning-tree //开启 stp 协议 spanning-tree mst configuration //配置 stp 的模式为 mstp

	instance 1 vlan 10,30 //配置 instance 1 对应的 vlan，注意 mstp 域其他两个参数，域名和域修正值这里都没有配置，设备自动采用默认值设置，推荐域名和域修正值无需配置
	instance 2 vlan 20,40,60,80,100 //配置 instance 2 对应的 vlan，注意 mstp 域其他两个参数，域名和域修正值这里都没有配置，设备自动采用默认值设置，推荐域名和域修正值无需配置
	!
	spanning-tree mst 0 priority 4096 //通过修改 mst 的优先级为 4096，确定该设备为根桥
	spanning-tree mst 1 priority 4096
	spanning-tree mst 2 priority 8192 //通过修改 mst 的优先级为 8192，确定该设备为备份根桥
	interface GigabitEthernet 2/1 //连接 S21_1 的接口
	switchport mode trunk //设置为 trunk 端口属性
	switchport trunk allowed vlan remove 1-9,21-29,31-49,51-69,71-89,91-4093 //只允许 S21_1 上有的用户 vlan10、30
	tp-guard port enable //端口上开启 TPP 功能，当设备 cpu 利用率超过 60 时，会保持拓扑中 MSTP 和 VRRP 状态不变，防止拓扑发生振荡
	description Connect_To_S21_1 //设置端口描述信息，该端口是连接到 S21_1
	interface Vlan 10
	ip address 172.16.10.251 255.255.255.0
RG_S	vrrp 10 ip 172.16.10.254 //配置 vrrp 组 10 的虚网关 ip 地址为 172.16.10.254
8606A	vrrp 10 priority 254 //配置该接口优先级为 254，确定该设备的接口为 master。这里 VRRP 通告时间没有配置，系统自动采用默认值设置，推荐无需配置 VRRP 通告时间。以下配置类似
的配置	!
	interface Vlan 20
	ip address 172.16.20.251 255.255.255.0
	vrrp 20 ip 172.16.20.254//没有配置该接口优先级，系统自动采用默认值 100，确定该设备的接口为 backup。这里 VRRP 通告时间没有配置，系统自动采用默认值设置，推荐无需配置 VRRP 通告时间。以下配置类似
	!
	interface Vlan 30
	ip address 172.16.30.251 255.255.255.0
	vrrp 30 ip 172.16.30.254
	vrrp 30 priority 254
	!
	interface Vlan 40
	ip address 172.16.40.251 255.255.255.0
	vrrp 40 ip 172.16.40.254
	!
	end
RG_S 8606B 的配置	RG_S8606B#show configure
	!
	cpu topology-limit 60 //设置 cpu 利用率阈值为 60，推荐值为 50～70 左右
	!
	spanning-tree //这里的配置和 RG_S8606A 类似，注意的是配置 MSTP 域的时候，需要保证域名，域修正值，instance－vlan 对应关系的配置都一致。在本配置实例中，两台设备的 instance－vlan 对应关系配置都一样，域名和域修正值都没有配置，系统自动采用默认配置。
	spanning-tree mst configuration
	instance 1 vlan 10,30,50,70,90

续表

RG_S 8606B 的配置	instance 2 vlan 20,40,60,80,100 ! 　spanning-tree mst 0 priority 8192　//通过修改 mst0 优先级为 8192，设置该设备对应 mst 0 生成树为备份根桥 　spanning-tree mst 1 priority 8192 　spanning-tree mst 2 priority 4096　//通过修改 mst 2 优先级为 4096，设置该设备对应 mst 2 生成树为根桥 ! interface GigabitEthernet 2/1 //连接 S21_1 的接口 switchport mode trunk //设置为 trunk 端口属性 switchport trunk allowed vlan remove 1-9,21-29,31-49,51-69,71-89,91-4093 //只允许 S21_1 上有的用户 vlan10、30、50、70、90 tp-guard port enable　//端口上开启 TPP 功能，当设备 cpu 利用率超过 60 时，会保持拓扑中 MSTP 和 VRRP 状态不变，防止拓扑发生振荡 description Connect_To_S21_1 //设置端口描述信息，该端口是连接到 S21_1 ! interface vlan 10 　ip address 172.16.10.252 255.255.255.0 　　vrrp 10 ip 172.16.10.254 ! interface vlan 20 　ip address 172.16.20.252 255.255.255.0 　　vrrp 20 ip 172.16.20.254 　　vrrp 20 priority 254 ! interface vlan 30 　ip address 172.16.30.252 255.255.255.0 　　vrrp 30 ip 172.16.30.254 ! interface vlan 40 　ip address 172.16.40.252 255.255.255.0 　　vrrp 40 ip 172.16.40.254 　　vrrp 40 priority 254 ! End
S21_1 的配置	S21_1# show running-config ! cpu topology-limit 60 ! spanning-tree 　spanning-tree mst configuration 　instance 1 vlan 10,30,50,70,90 　instance 2 vlan 20,40,60,80,100 ! interface FastEthernet 0/1 //连接 RG_S8606BA 的接口

续表

S21_1 的 配置	switchport mode trunk //设置为 trunk 端口属性 switchport trunk allowed vlan remove 1-9,11-29,31-4093 //只允许 S21_1 上有的用户 vlan10、30 spanning-tree mst 1 cost 1 //通过修改端口生成树的 cost，让本机存在的 vlan 对应的生成树在本机端口 Forwarding，避免用户 vlan 不通 tp-guard port enable　//端口上开启 TPP 功能，当设备 cpu 利用率超过 60 时，会保持拓扑中 MSTP 和 VRRP 状态不变，防止拓扑发生振荡 description Connect_To_ RG_S8606A //设置端口描述信息，连接到 S8606A ! interface FastEthernet 0/2 //连接 RG_S8606B 的接口 switchport mode trunk //设置为 trunk 端口属性 switchport trunk allowed vlan remove 1-9,11-29,31-4093 //只允许 S21_1 上有的用户 vlan10、30 spanning-tree mst 1 cost 1 //通过修改端口生成树的 cost，让本机存在的 vlan 对应的生成树在本机端口 Forwarding，避免用户 vlan 不通 tp-guard port enable　//端口上开启 TPP 功能，当设备 cpu 利用率超过 60 时，会保持拓扑中 MSTP 和 VRRP 状态不变，防止拓扑发生振荡 description Connect_To_ RG_S8606B //设置端口描述信息，该端口是连接到 S8606B ! interface FastEthernet 0/3 //以下端口为直连用户端口，端口上都配置上 BPDU FILTER 功能，这样该端口不收发 BPDU 报文，可以有效避免 BPDU 攻击和防止 MSTP 信息泄漏，同时端口可以快速 Forwarding。推荐直连用户的端口都配置上 BPDU FILTER 功能。 spanning-tree bpdufilter enable ! interface FastEthernet 0/3 　tp-guard port enable 　spanning-tree bpdufilter enable ! End

6.2.4　三层 VLAN 的划分及通信配置

三层交换，也称多层交换技术，或 IP 交换技术，是相对于传统交换概念而提出的。众所周知，传统的交换技术是在 OSI 网络标准模型中的第二层即数据链路层进行操作的，而三层交换技术在网络模型中的第三层实现了分组的高速转发。

三层交换机具备网络层的功能，实现 VLAN 相互访问的原理是：利用三层交换机的路由功能，通过识别数据包的 IP 地址，查找路由表进行选路转发。三层交换机利用直连路由可以实现不同 VLAN 之间的互相访问。三层交换机给接口配置 IP 地址，采用 SVI（交换虚拟接口）的方式实现 VLAN 间互连。SVI 是指为交换机中的 VLAN 创建虚拟接口，并且配置 IP 地址。

简单的说，三层交换技术就是"二层交换技术+三层转发"。三层交换技术的出现，打破了局域网中网段划分之后网段中的子网必须依赖路由器进行管理的局面，解决了传统路由器低速、复杂所造成的网络瓶颈问题。下面以实例说明如何在一个典型的快速以太局域网中实现 VLAN。

所谓典型局域网就是指由一台具备三层交换功能的核心交换机接几台汇聚交换机（不一定具备三层交换能力）。假设核心交换机名称为：CENT；汇聚交换机分别为 SWITCH1、SWITCH2、SWITCH3，通过 Port 1 的光线模块与核心交换机相连；并且假设 VLAN 名称分别为 COUNTER、

MARKET、MANAGING。

1. 三层 VLAN 配置方法

实现三层 VIAL 的配置，需要完成的工作如下：

- 设置 VTP DOMAIN（核心、汇聚交换机上都设置）；
- 配置中继（核心、汇聚交换机上都设置）；
- 创建 VLAN（在 Server 上设置）；
- 将交换机端口划入 VLAN。

2. 三层 VLAN 配置

三层 VLAN 的具体配置步骤如下：

（1）设置 VTP DOMAIN（VTP DOMAIN 称为管理域）。

交换 VTP 更新信息的所有交换机必须配置为相同的管理域。如果所有的交换机都以中继线相连，那么只要在核心交换机上设置一个管理域，网络上所有的交换机都加入该域，这样管理域里所有的交换机就能够了解彼此的 VLAN 列表。

```
CENT#vlan database //进入 VLAN 配置模式

CENT(vlan)#vtp domain CENT //设置 VTP 管理域名称 CENT

CENT(vlan)#vtp server //设置交换机为服务器模式

SWITCH1#vlan database //进入 VLAN 配置模式

SWITCH1(vlan)#vtp domain CENT //设置 VTP 管理域名称 CENT

SWITCH1(vlan)#vtp Client //设置交换机为客户端模式

SWITCH2#vlan database //进入 VLAN 配置模式

SWITCH2(vlan)#vtp domain CENT //设置 VTP 管理域名称 CENT

SWITCH2(vlan)#vtp Client //设置交换机为客户端模式

SWITCH3#vlan database //进入 VLAN 配置模式

SWITCH3(vlan)#vtp domain CENT //设置 VTP 管理域名称 CENT

SWITCH3(vlan)#vtp Client //设置交换机为客户端模式
```

注意：这里设置核心交换机为 Server 模式是指允许在该交换机上创建、修改、删除 VLAN 及其他一些对整个 VTP 域的配置参数，同步本 VTP 域中其他交换机传递来的最新的 VLAN 信息；Client 模式是指本交换机不能创建、删除、修改 VLAN 配置，也不能在 NVRAM 中存储 VLAN 配置，但可同步由本 VTP 域中其他交换机传递来的 VLAN 信息。

（2）配置中继。为了保证管理域能够覆盖所有的汇聚交换机，必须配置中继。

Cisco 交换机能够支持任何介质作为中继线，为了实现中继可使用其特有的 ISL 标签。ISL（Inter－Switch Link）是一个在交换机之间、交换机与路由器之间及交换机与服务器之间传递多个 VLAN 信息及 VLAN 数据流的协议，通过在交换机直接相连的端口配置 ISL 封装，即可跨越交换机进行整个网络的 VLAN 分配和进行配置。

在核心交换机端配置如下：

```
CENT(config)#interface gigabitEthernet 2/1

CENT(config-if)#switchport

CENT(config-if)#switchport trunk encapsulation isl //配置中继协议

CENT(config-if)#switchport mode trunk
```

CENT(config)#interface gigabitEthernet 2/2

CENT(config-if)#switchport

CENT(config-if)#switchport trunk encapsulation isl //配置中继协议

CENT(config-if)#switchport mode trunk

CENT(config)#interface gigabitEthernet 2/3

CENT(config-if)#switchport

CENT(config-if)#switchport trunk encapsulation isl //配置中继协议

CENT(config-if)#switchport mode trunk

在汇聚交换机端配置如下：

SWITCH1(config)#interface gigabitEthernet 0/1

SWITCH1(config-if)#switchport mode trunk

SWITCH2(config)#interface gigabitEthernet 0/1

SWITCH2(config-if)#switchport mode trunk

SWITCH3(config)#interface gigabitEthernet 0/1

SWITCH3(config-if)#switchport mode trunk

至此，管理域设置完毕。

（3）创建 VLAN。建立管理域后，就可以创建 VLAN。

CENT(vlan)#Vlan 10 name COUNTER //创建了一个编号为 10 名字为 COUNTER 的 VLAN

CENT(vlan)#Vlan 11 name MARKET //创建了一个编号为 11 名字为 MARKET 的 VLAN

CENT(vlan)#Vlan 12 name MANAGING //创建了一个编号为 12 名字为 MANAGING 的 VLAN

注意，这里的 VLAN 是在核心交换机上建立的，其实，只要是在管理域中的任何一台 VTP 属性为 Server 的交换机上建立 VLAN，它就会通过 VTP 通告整个管理域中的所有的交换机。但如果要将具体的交换机端口划入某个 VLAN，就必须在该端口所属的交换机上进行设置。

（4）将交换机端口划入 VLAN。

例如，要将 SWITCH1、SWITCH2、SWITCH3 汇聚交换机的端口 1 划入 COUNTER VLAN，端口 2 划入 MARKET VLAN，端口 3 划入 MANAGING VLAN。

SWITCH1(config)#interface fastEthernet 0/1 //配置端口 1

SWITCH1(config-if)#switchport access vlan 10 //归属 COUNTER VLAN

SWITCH1(config)#interface fastEthernet 0/2 //配置端口 2

SWITCH1(config-if)#switchport access vlan 11 //归属 MARKET VLAN

SWITCH1(config)#interface fastEthernet 0/3 //配置端口 3

SWITCH1(config-if)#switchport access vlan 12 //归属 MANAGING VLAN

SWITCH2(config)#interface fastEthernet 0/1 //配置端口 1

SWITCH2(config-if)#switchport access vlan 10 //归属 COUNTER VLAN

SWITCH2(config)#interface fastEthernet 0/2 //配置端口 2

SWITCH2(config-if)#switchport access vlan 11 //归属 MARKET VLAN

SWITCH2(config)#interface fastEthernet 0/3 //配置端口 3

SWITCH2(config-if)#switchport access vlan 12 //归属 MANAGING VLAN

SWITCH3(config)#interface fastEthernet 0/1 //配置端口 1

```
SWITCH3(config-if)#switchport access vlan 10 //归属 COUNTER VLAN
SWITCH3(config)#interface fastEthernet 0/2 //配置端口 2
SWITCH3(config-if)#switchport access vlan 11 //归属 MARKET VLAN
SWITCH3(config)#interface fastEthernet 0/3 //配置端口 3
SWITCH3(config-if)#switchport access vlan 12 //归属 MANAGING VLAN
```

（5）配置三层交换。

到这里，VLAN 已经基本划分完毕。但是，VLAN 间如何实现三层（网络层）交换呢？这时就要给各 VLAN 分配 IP 地址了。给 VLAN 分配 IP 地址分两种情况，其一，给 VLAN 所有的节点分配静态 IP 地址；其二，给 VLAN 所有的节点分配动态 IP 地址。下面就这两种情况分别介绍，首先看第一种情况，分配静态 IP 地址。

VLAN COUNTER 分配的接口 IP 地址为 172.16.58.1/24，网络地址为 172.16.58.0。

VLAN MARKET 分配的接口 IP 地址为 172.16.59.1/24，网络地址为 172.16.59.0。

VLAN MANAGING 分配的接口 Ip 地址为 172.16.60.1/24，网络地址为 172.16.60.0。

如果动态分配 IP 地址，则设置网络上的 DHCP 服务器 IP 地址为 172.16.1.11。

（6）给 VLAN 所有的节点分配静态 IP 地址。

首先在核心交换机上分别设置各 VLAN 的接口 IP 地址。核心交换机将 VLAN 作为一种接口对待，与配置路由器上的 IP 地址方法一样，VLAN 静态 IP 地址的配置方法如下：

```
CENT(config)#interface vlan 10
CENT(config-if)#ip address 172.16.58.1 255.255.255.0 //设置 VLAN10 接口的 IP 地址
CENT(config)#interface vlan 11
CENT(config-if)#ip address 172.16.59.1 255.255.255.0 //VLAN11 接口 IP 地址
CENT(config)#interface vlan 12
CENT(config-if)#ip address 172.16.60.1 255.255.255.0 //VLAN12 接口 IP 地址
```

再在各接入 VLAN 的计算机上设置与所属 VLAN 的网络地址一致的 IP 地址，并且把默认网关设置为该 VLAN 的接口地址。这样，所有的 VLAN 就能够进行相互访问通信了。

（7）给 VLAN 所有的节点分配动态 IP 地址。

首先在核心交换机上分别设置各 VLAN 的接口 IP 地址和同样的 DHCP 服务器的 IP 地址，如下所示：

```
CENT(config)#interface vlan 10
CENT(config-if)#ip address 172.16.58.1 255.255.255.0 //VLAN10 接口 IP
CENT(config-if)#ip helper-address 172.16.1.11 //DHCP Server IP
CENT(config)#interface vlan 11
CENT(config-if)#ip address 172.16.59.1 255.255.255.0 //VLAN11 接口 IP
CENT(config-if)#ip helper-address 172.16.1.11 // DHCP Server IP
CENT(config)#interface vlan 12
CENT(config-if)#ip address 172.16.60.1 255.255.255.0// VLAN12 接口 IP
CENT(config-if)#ip helper-address 172.16.1.11 //DHCP Server IP。
```

再在 DHCP 服务器上设置网络地址分别为 172.16.58.0、172.16.59.0、172.16.60.0 的作用域，并将这些作用域的"路由器"选项设置为对应 VLAN 的接口 IP 地址。这样，可以保证所有的 VLAN

也可以互访了。

最后在各接入 VLAN 的计算机进行网络设置，将 IP 地址选项设置为自动获得 IP 地址即可。

（8）启用中继代理。

CENT(config)#service dhcp

CENT(config)#ip dhcp replay infomation option

（9）启用路由。

CENT(config)#ip routing

copy running-config startup-config //在各个交换机上配置完后，对配置进行保存，将 RAM 中的当前配置存储到 NVRAM，避免服务器重启后，配置丢失。

6.3　任务3：校园网系统软件的选型与配置

【背景案例】XXX 大学校园网系统软件的配置 [24]

升级改造后的 XXX 大学校园网（网络拓扑见 2.2 节中的图 2-17）的网络系统软件主要分为：网络操作系统、数据库系统、网络应用系统、网络管理系统等四种类型。为适应新形势下的网络应用需求，校园网的系统软件在选型和配置上做了较大的调整，具体如下：

1. 网络操作系统

在原有的 Windows Server 2003 SP2 企业版的基础上，增加数套 Windows Server 2008 R2 企业版，用于 C/S 构架下的学校主网站、教学服务网站、数字图书馆网站、在线网考等等服务器。Windows Server 2003 SP2 企业版则用于校园网二级网站、教务管理、电子邮件、在线 VOD 等服务器。

为了便于架设基于 B/S 构架的开放学院、继续教育学院等网站，或是便于安装海蜘蛛上网认证计费和 Panabit 流量监控等网管系统，除了上述 Windows 类操作系统，还选用了 Unix 类的操作系统 FreeBSD 7.3、8.1 等版本。

2. 数据库系统

在原有的 Microsoft SQL Server 2005 数据库的基础上，增加数套 Microsoft SQL Server 2008 数据库，用于学校网站、教学服务网站、数字图书馆网站、教学资源网站、在线网考等服务器。Microsoft SQL Server 2005 数据库则用于校园网二级网站、教务管理等服务器。开放学院网站、继续教育学院网站还采用了 Mysql 5.0 数据库系统。

3. 网络应用系统

电子邮件服务器选用功能全面、安全易用、内嵌反垃圾邮件模块、多模式邮件扫毒的 Magic Winmail Server 5.0，该系统可运行于 Windows Server 2003 上，高性能，高稳定，维护成本低廉，管理界面友好。

在线 VoD 流媒体服务器主要用于各种视频课程的教学服务，分别选用的软件为 Windows Media Server 9、Helix Server 11 各 1 套，两者各有所长。其中 Windows Media Server 9 是 Windows Server 2003 的可选组件；Helix Server 是 Real Networks 公司提供的一种在网络上应用广泛的流媒体服务器软件。

4. 网络管理系统

校园网的上网认证计费系统选用海蜘蛛 v8，该系统具备灵活多样的计费策略和丰富的运营管理功能。对用户的计费可使用包月、计时长、计流量等多种计费策略，对不同的用户还可采用不同的计费策略和资费标准。另外，通过实时地对带宽进行释放和动态分配，可有效进行带宽管理和优化。

校园网网络流量的监控和管理，选用目前国内开放度最高的专业应用层流量管理系统 Panabit v9，该系统在精确识别协议即对应用分类的基础上，提供灵活方便的流量管理机制：带宽限速、带宽保证、带宽预留，支持主流应用 760 种以上，特别针对 P2P 应用的识别与控制。

校园网内网用户组、用户、应用的上网行为更细粒度的访问控制，以及应用协议、网站类型、文件类型等智能流量管理，选用由软件进行控制的深信服 M5400-AC 软硬一体防火墙产品。

24 资料来源：GX 广播电视大学计算机校园网升级改造项目

在背景案例中可以看到 XXX 大学校园网系统软件的配置情况，所需软件系统包括网络操作系统、数据库系统、网络应用系统和网络管理系统等，这些软件是校园网络的重要组成和支撑，除了系统软件，校园网还需要很多应用软件，由于本教程重在组网，因此，只简要讨论校园网常用系统软件、代理服务器软件和 VOD 软件的选型及配置。

6.3.1　C/S、B/S 服务器系统软件的选型

一个大型的校园网往往需要架设多个用途不同的网站和应用软件，有些软件平台采用 C/S 构架（Client/Server，客户机/服务器模式），有的则采用 B/S 构架（Browser/Server，浏览器/服务器模式）。其中，C/S 构架软件以其优良的安全性、稳定性、可靠性和成熟性，在局域网应用中仍然是当今的主流，在校园网中主要用于以对内服务为主的网络应用，如 OA、FTP、E-mail、内部业务数据库管理等等。B/S 构架的网站则以其优越的客户端开放性、简化性、灵活性和适应性，逐步成为基于 Web 的广域网应用的主角，在校园网中主要用于以对外服务为主的网络应用，如面向社会、开放式的合作办学、认证培训和教学支持服务等等。C/S 构架与 B/S 构架的性能比较如表 6-4 所示。

表 6-4　C/S 与 B/S 性能比较

C/S 构架	B/S 构架
采用 Intranet 技术，主要适用于局域网环境下的对内服务和管理，系统运行效率高，受外网因素的影响较小	采用 Internet/Intranet 技术，适用于局域网和广域网环境下的对内与对外服务，系统运行效率受外网因素的影响较大
信息资源和数据库分布在多个服务器，服务器端设备数量多，部署分散，客户端需要安装特定的浏览器和应用程序，整体维护难度大	信息资源和数据库集中部署，服务器端设备较少，易于集中管理，客户端只需安装通用的浏览器且不拘一格，整体维护难度小
数据流主要集中在局域网内部，对互联网依赖度不高。来自外网的数据流量小，安全性、稳定性、可靠性优良	数据流主要分布在局域网和外部广域网，对互联网高度依赖。容易收到外部的攻击和影响，安全性、稳定性、可靠性有待加强
可连接的并发用户数受限于网络操作系统，当用户数量增多时，性能会明显下降	可根据并发连接访问量动态调整 Web 服务器、应用服务器配置，以支持更多客户，保证系统性能
系统升级、扩展、维护复杂，必须在服务器端和客户端同时完成，对系统维护人员的要求高	系统升级、扩展、维护简单，只需在服务器端完成，对系统维护人员的要求相对低些
应用系统的前期开发费用较低、开发周期较短，后期维护费用则较大	应用系统的前期开发费用较高、开发周期较长，后期维护费用则较小

在背景案例中，XXX 大学的开放学院网站、继续教育学院网站，就是一种以开放方式面向社会开展合作办学、认证培训，以及学历、非学历教育的教学支持服务的典型应用。这些网站充分发挥了 B/S 构架的优势，面对分布在各市、县中的众多外网用户，只要其电脑能上网，无论采用何种浏览器，也不管多大的上网带宽，均能方便的从 B/S 网站上获得招生、注册、选课、教学、培训、测评等在线服务。

C/S、B/S 服务器系统软件选型的主要区别，在于软件组件的部署上。B/S 结构的软件将组件放在服务器端，这样做的主要好处是安装简单、易于维护，不用到每台机器上去安装客户端，升级也比较容易，客户端基本上不用作什么配置就可以使用系统；而 C/S 结构的软件，将大部分组件都放在客户端的机器上，传统的做法在服务器上只是放置数据库服务，这样的系统一般都是在一个局域网中部署，而客户端一般也都是采用 GUI 的形式，因此，系统的界面友好性以及操作方便等方面都提供了更好的性能，但在网络中传输的数据量比较大，安装和维护都比较困难。

至于数据库系统的选型，C/S、B/S 服务器所选用的数据库系统基本相同，如 Oracle、Informix、Sybase、SQL Server 等大型数据库系统均有支持 UNIX、Linux、Windows 等操作系统的相应版本可供选择，关键是看所建数据库的规模。对于小型的数据库系统，如 Access、MYSQL 等也可根据所建数据库的规模进行选择。例如，背景案例中的 B/S 构架网站规模不大，所选用的数据库系统 Mysql 5.0 已足够使用。

限于篇幅，C/S、B/S 服务器系统软件的具体选型不再细述，读者可参阅相关的资料。以下仅就校园网常用的部分系统软件的安装及配置进行详细讨论。

6.3.2   Windows Server 2008 的安装与配置

在背景案例中，服务器操作系统有 Windows Server 2003 SP2 企业版和 Windows Server 2008 R2 企业版，用于学校主网站、教学服务网站、数字图书馆网站、在线网考等服务器。下面以 Windows Server 2008 为例介绍服务器的安装和配置。

Microsoft Windows Server 2008 R2 是新一代 Windows Server 操作系统，可以帮助网络管理人员最大限度地控制其基础结构，同时提供空前的可用性和管理功能，建立比以往更加安全、可靠和稳定的服务器环境。Windows Server 2008 R2 可确保任何位置的所有用户都能从网络获取完整的服务，从而为组织带来新的价值。Windows Server 2008 R2 还具有对操作系统的深入洞查和诊断功能，使管理员将更多时间用于创造业务价值，促进应用程序、网络和 Web 服务从工作组转向数据中心。

下面介绍 Microsoft Windows Server 2008 的安装步骤。

（1）启动计算机，在 BIOS 中将系统启动方式设置为光盘启动，将 Windows Server 2008 光盘放入光驱中，启动检测硬件完成后第一屏出现如下内容：Windows is loading files。

（2）等待光盘启动后能够看到 Windows Server 2008 的安装界面，由于使用的光盘是 Windows Server 2008 中文版，所以在安装的语言处能够看到"简体中文"的字样，其他两项"时间和货币格式"以及"键盘和输入方法"也都选择中文即可，单击"下一步"按钮继续（如图 6-16 所示）。

（2）单击"现在安装"按钮进入正式的 Windows Server 2008 安装阶段（如图 6-17 所示）。

（3）首先选择要安装的 Windows Server 2008 版本，众所周知 Windows Server 2008 和 Windows Server 2003 一样有多个版本，这里选择的是 Windows Server 2008 enterprise 版，这个版本的通用性比较好（如图 6-18 所示）。

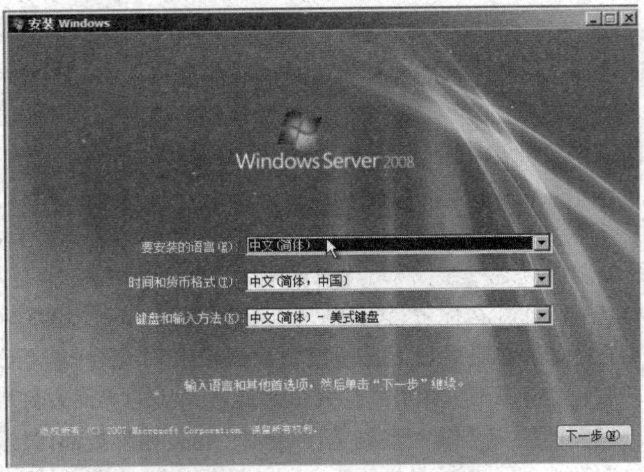

图 6-16　语言、时间选择栏 安装界面 1

图 6-17　安装界面

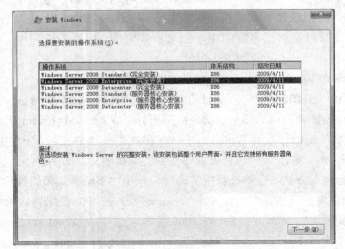

图 6-18　版本选择界面

提示：Windows Server 2008 除了有 32 位和 64 位区别外，还提供了标准版、企业版、数据中心版以及 WEB 服务器版等多个版本，这些版本的差异与 Windows 2000、Windows 2003 中的类似。一般单位选择 Windows Server 2008 enterprise 即可满足各种网络应用的需要。

（5）接下来要求我们阅读 microsoft 软件许可协议，选中"我接受许可条款"后继续（如图 6-19 所示）。

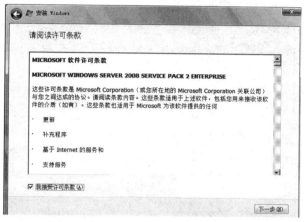

图 6-19　许可界面

（6）有两种安装方式提供选择，分别是升级安装以及自定义安装，如果使用的计算机之前没有安装 Windows Server 2003，就无法通过升级方式来安装 Windows Server 2008。如果是在 Windows Server 2003 系统上安装 Windows Server 2008 的话，升级方式可以让你在最短时间完成安装工作。当然升级安装同样是需要在 Windows 启动状态下加载 Windows Server 2008 安装光盘完成的。这里，选择"自定义（高级）"进行安装（如图 6-20 所示）。

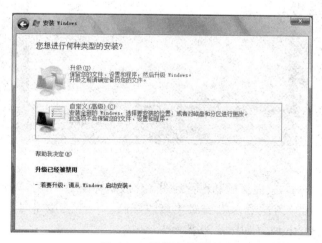

图 6-20　选择安装类型

（7）之后是选择安装驱动盘，选择一块硬盘后单击"下一步"开始安装，Windows Server 2008 推荐硬盘安装空间至少为 10GB。（如图 6-21 所示）。

（8）现在就进入正式的安装环节，首先是复制文件，然后展开文件，安装系统各种功能，针对补丁和安全性安装更新，直到完成安装。总体过程所需时间比较长，根据计算机的硬件配置的情况，时间大概在 5 分钟到 15 分钟左右（如图 6-22 所示）。

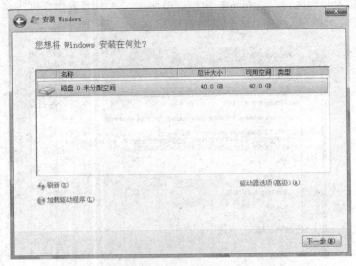

图 6-21　磁盘选择界面

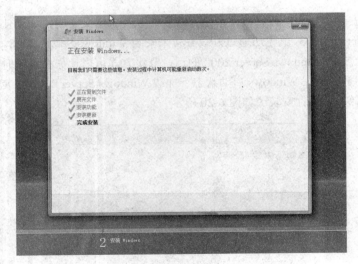

图 6-22　安装中

（9）全部安装完毕后，就能够顺利地看到图形化登录界面了，由于 Windows Server 2008 自身的安全策略因素，在用户首次登录之前必须修改密码。从下方版本号可以清晰地看到标记的 Windows Server 2008 enterprise（如图 6-23 所示）。

（10）按照规则修改密码，这里需要提醒的是 Windows Server 2008 设置密码的条件很苛刻，要求数字和字母组合设置而且不能够有乱字符（如图 6-24 所示）。

（11）输入正确顺利进入 Windows Server 2008 的系统桌面，从外观看该系统和 Vista 的风格很类似（如图 6-25 所示）。

图 6-23   第一次登陆界面

图 6-24   密码设置界面

图 6-25   系统界面

（12）首次登录系统会开启设置向导针对系统的基本信息进行配置，包括时区、角色、网络参数等（如图 6-26 所示）。

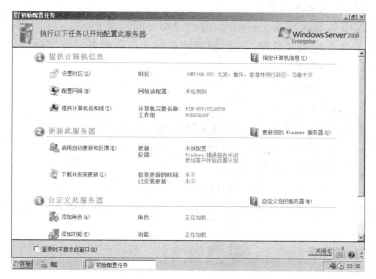

图 6-26   初始任务配置界面

（13）设置完毕后就可以开始使用 Windows Server 2008 中文版。

6.3.3　代理服务器软件的选型与配置

代理服务器（Proxy Server）是个人网络和 Internet 服务商之间的中间代理机构，它负责转发合法的网络信息，对转发进行控制和登记。代理服务器作为连接 Internet（互联网）与 Intranet（局域网）的桥梁，在实际应用中发挥着极其重要的作用，它可用于多个目的，最基本的功能是连接，将局域网的计算机连接到互联网中，此外还包括安全性、缓存、内容过滤、访问控制管理等功能，以及对网站继续过滤和控制功能。下面以海蜘蛛路由代理服务器为例介绍代理服务器的选型与配置。

1. 代理服务器的功能

（1）充当局域网与外部网络的连接出口。

代理服务器可以充当局域网与外部网络的连接出口，同时将内部网络结构的状态对外屏蔽起来，使外部不能直接访问内部网络。从这一点上说，代理服务器就充当网关的功能。

（2）作为防火墙。

代理服务器可以保护局域网的安全，起防火墙的作用。通过设置防火墙，为公司内部的网络提供安全边界，防止外界的侵入。

（3）网址过滤和访问权限限制。

代理服务器可以设置 IP 地址过滤，对外界或内部的 Internet 地址进行过滤，限制不同用户的访问权限。例如代理服务器可以用来限制封锁 IP 地址，禁止用户对某些网页进行浏览。

（4）提高访问速度。

代理服务器将远程服务器提供的数据保存在自己的硬盘上，如果有许多用户同时使用这一个代理服务器，他们对 Internet 站点所有的访问都会经由这台代理服务器来实现。当有人访问过某一站点后，所访问站点的内容便会被保存在代理服务器的硬盘上，如果下一次有人再要访问这个站点时，这些内容便会直接从代理服务器磁盘中取得，而不必再次连接到远程服务器上去取。因此，它可以节约带宽、提高访问速度。

2. 海蜘蛛路由代理服务器配置

海蜘蛛路由代理服务器运行于 x86-CPU 硬件架构（即普通 PC 机）上，它基于 Linux 系统内核开发，支持 Web 与命令行模式管理，下面以海蜘蛛路由代理服务器为例介绍代理服务器的配置。

（1）代理服务器软件安装。

按照安装手册进行海蜘蛛路由代理服务器的安装。

（2）代理服务器的配置。

1）Web 远程登录服务器进行管理。访问系统的 Web 管理 URL 地址为：http://<IP 地址>:端口号 880，输入用户 admin 和密码 admin，确定后登录。

登录上去后，就和硬路由一样进行设置。

如图 6-27 所示，选择接入设置→局域网设置，设置内网网关。将网关地址和内网本地连接网关地址一样，内网本地连接网关地址为 10.0.1.1，所以网关也设置为 10.0.1.1。设置好内网后保存设置。

2）再设置外网，如图 6-28 所示。选择接入设置→广域网→WAN-1，右边 IP 默认是静态 IP，IP 是静态就用默认 IP 地址。

IP 地址：填写电信提供的外网 IP 地址和子网掩码。

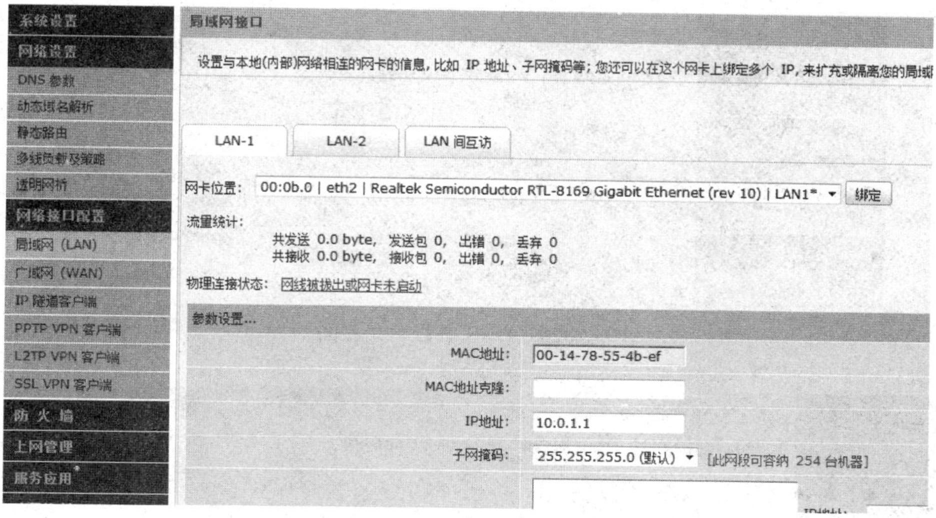

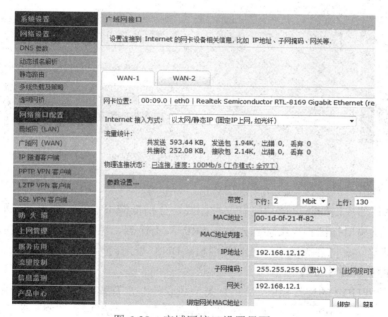

图 6-27　局域网接口设置界面

图 6-28　广域网接口设置界面

海蜘蛛支持电信、联通双线策略路由，内置电信和联通路由表，可以针对电信或联通进行策略路由，实现访问电信服务器通过电信线路进行访问，访问联通服务器通过联通线路进行访问，有效地解决电信联通互联瓶颈问题。

3）设置 DNS：选择接入设置→DNS 参数→填写上本地的 DNS，如图 6-29 所示。

在服务应用－DNS 代理解析中启用 DNS 域名解析服务（缓存），如图 6-30 所示，需要的情况下可以勾上强制使用 DNS 代理。有个别地方，特别是偏远地方电信落后 DNS 差，经常出问题，有时候要换外省的 DNS，如果不开启强制使用 DNS 代理，机器上网打开网页就会出现 DNS 错误。打勾选择后用外省 DNS 就不会出错了。

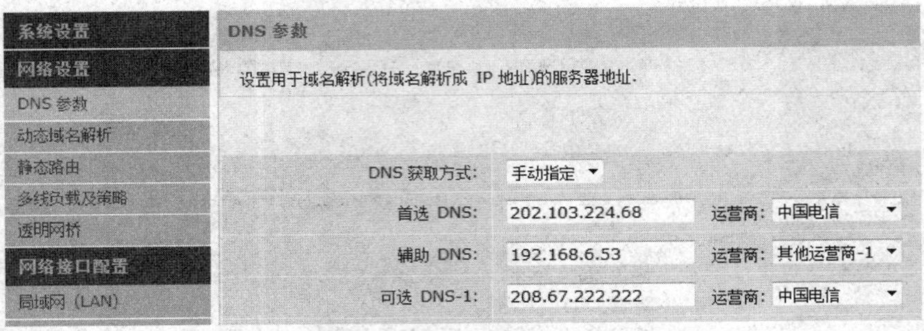

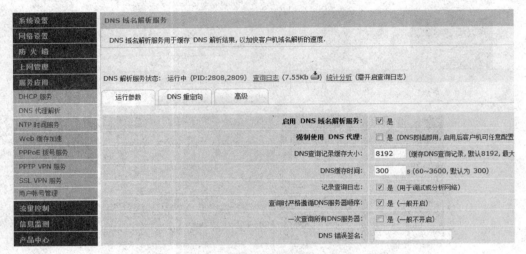

图 6-29　DNS 参数设置界面

图 6-30　DNS 代理解析设置界面

4）防火墙管理。

海蜘蛛抵御外部攻击的防火墙功能有三种模式，分别抵御不同的攻击行为，如图 6-31 所示，主要功能包括：反端口扫描、攻击动态拦截、ARP 攻击检测、黑（白）名单、端口映射、端口镜像、IP&MAC 绑定（支持强制绑定）、DMZ 主机、DNS 重定向等实用功能。

➢　控制 P2P 下载连接数

防火墙 TCP 和 UDP 的连接控制，对 P2P 类下载软件非常有效，一般情况下 1 台 PC 在进行 P2P 下载时连接数会达到 1000 以上，严重消耗路由器资源，造成网络环境急剧下降，而通过控制连接数后，一旦超过设定的值，路由器将自动丢弃。

➢　IP&MAC 地址强制绑定

在实际的网络使用过程中，用户随意更改 IP 地址的情况很普遍，这样就可能导致 IP 地址冲突，事先规划的 IP 地址被打乱，通过 IP 控制流量的策略也因此得不到有效控制，因此，需要对 IP 地址和网卡 MAC 地址进行强制绑定，如图 6-32 所示。用户更改 IP 地址后就不能上网，可以有效杜绝用户私自更改 IP 地址，能够有效地进行网络管理。

如图 6-33 所示，海蜘蛛的防火墙有 MAC 地址的"普通绑定"和"强制绑定"功能。启用强制绑定后当 IP 与绑定的 MAC 地址表不符时，路由器即不响应相应"非法"请求，管理员甚至还可以向"非法用户"推送"自定义内容"，以警告用户不要随意更改 IP。

防 火 墙

基本安全设置
黑白名单
IP-MAC 绑定
DNS/IP过滤
网址/关键字过滤
访问控制列表(ACL)
防火墙日志
端口镜像

NAT 策略

端口映射
DMZ 主机
UPnP 支持
一对一 NAT
No NAT规则

上网管理

服务应用
流量控制
信息监测
产品中心

[普通模式] [高级模式] [特殊应用]

☐ 忽略来自 WAN 口的 PING 包 (禁止从外网 PING 服务器, 推荐选上)

☐ 禁止内网 PING 网关 (不允许局域网 PING 服务器, 不推荐开启)

☐ 完全关闭 PING 功能 (不响应所有 ICMP echo 请求, 不推荐开启)

☑ 启用 ICMP-Flood 攻击防御 (范围 10-10000):
　　每个IP每秒最大允许的 ICMP 包个数: [150] pps (推荐 50-150), 突发数据包: [50] (推荐 1
☑ 启用 TCP SYN 连接数限制 (范围 10-10000):
　　每个IP每秒最大允许发起的 TCP 新连接数: [80] (推荐 80-150)
☑ 启用 DNS 攻击防御 (范围 10-10000):
　　每个IP每秒最大允许发起的 DNS 请求数: [10] (推荐 30-80), 突发数据包: [0] (推荐 10-3
☑ 启用 UDP-Flood 攻击防御 (范围 10-10000):
　　每个IP每秒最大允许发起的 UDP 新连接数: [150] (推荐 50-200)
☑ 启用 IP 碎片(Fragment) 攻击防御 (范围 10-10000)
　　每个IP每秒最大允许的 IP 碎片个数: [80] pps (推荐 50-150), 突发数据包: [20] (推荐 1
☑ 启用 TCP 单机总连接数限制
　　最大允许的 TCP 单机总连接数 (范围 10-10000): [50]
☑ 启用 UDP 单机总连接数限制
　　最大允许的 UDP 单机总连接数 (范围 10-10000): [40]

图 6-31　端口映射设置界面

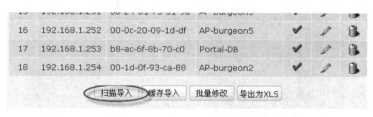

16	192.168.1.252	00-0c-20-09-1d-df	AP-burgeon5	✔	✎	🗑	
17	192.168.1.253	b8-ac-6f-8b-70-c0	Portal-DB	✔	✎	🗑	
18	192.168.1.254	00-1d-0f-93-ca-88	AP-burgeon2	✔	✎	🗑	

(扫描导入) 缓存导入　批量修改　导出为XLS

图 6-32　IP&MAC 地址绑定列表

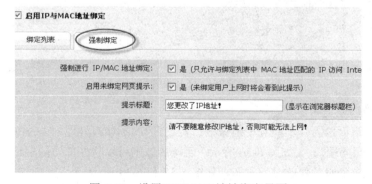

☑ **启用IP与MAC地址绑定**

[绑定列表] [强制绑定]

强制进行 IP/MAC 地址绑定: ☑ 是 (只允许与绑定列表中 MAC 地址匹配的 IP 访问 Inte
启用未绑定网页提示: ☑ 是 (未绑定用户上网时将会看到此提示)
提示标题: [您更改了IP地址!] (显示在浏览器标题栏)
提示内容: [请不要随意修改IP地址, 否则可能无法上网!]

图 6-33　设置 IP&MAC 地址绑定界面

➤ IP/域名/URL 关键字过滤

　　工作人员可能在工作时间查看一些非工作相关的内容, 例如: 工作时间网上购物、玩游戏, 甚至在线看电影等, 不仅影响自身工作, 还影响他人正常工作。

　　如图 6-34 所示, 海蜘蛛支持多种过滤方式, 包括 DNS、IP、域名和 URL 关键字过滤规则, 而且这些规划还支持"通配符",有了这些规则管理员完全可以过滤几乎任何形式的"非法"内容,对工作人员的上网行为进行必要的管理和约束。

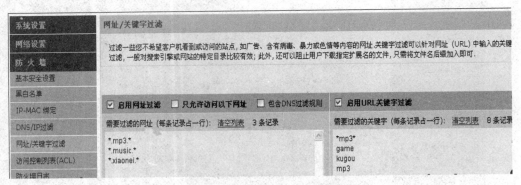

图 6-34　网址/关键字过滤界面

➤　ACL 访问控制列表

在如图 6-35 所示的界面,ACL 可以根据协议、端口、源(目的)网络等,设定访问控制规则,这些规则还可以设定时限。图中设置的规则为只在 11:30 到 13:30 分之间可以使用 QQ 软件,QQ 软件使用的 TCP 端口号为 8000。

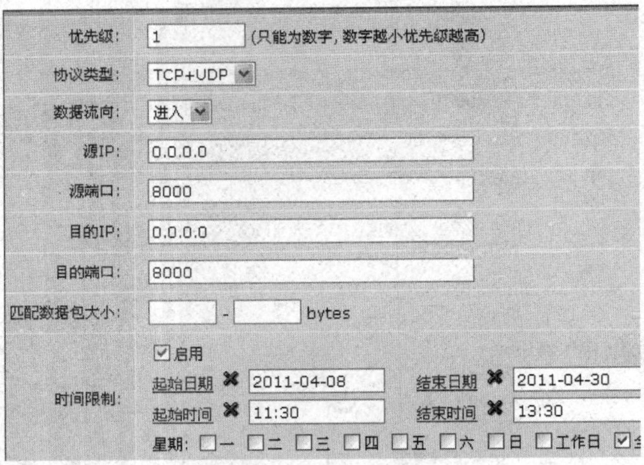

图 6-35　ACL 设置界面

➤　自定义端口映射

传统的中低端路由器因其不能真正地做端口转发,因此不能很好地向外发布内部网络的多台相同的应用服务器(相同端口),如图 6-36 所示,而海蜘蛛则可以将外部访问端口号转换成内部端口号,实现多台相同应用服务器的对外发布,如图 6-37 和 6-38 所示。

5)流量控制。

海蜘蛛的流量控制有"手动控制"和"智能 QOS 控制"两种方式,手动控制可以根据网段、控制模式(共享或独立模式)、策略的优先级等方式控制流量,还可以对策略的应用时间进行控制,如图 6-39 所示。手动控制策略对 P2P、BT 等软件同样有效,结合"连接数"控制对 P2P 类软件的控制效果更好。

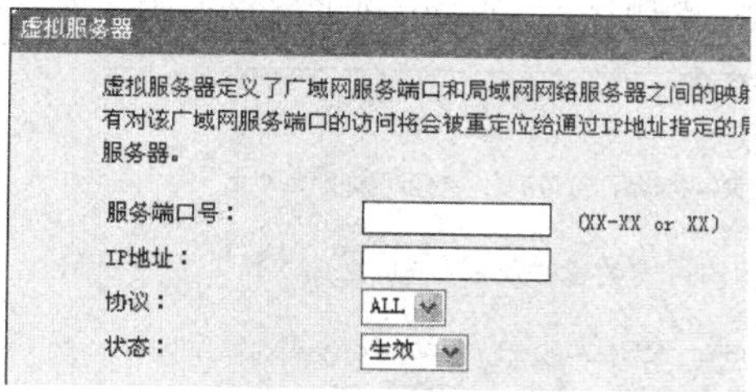

图 6-36　虚拟服务器设置界面

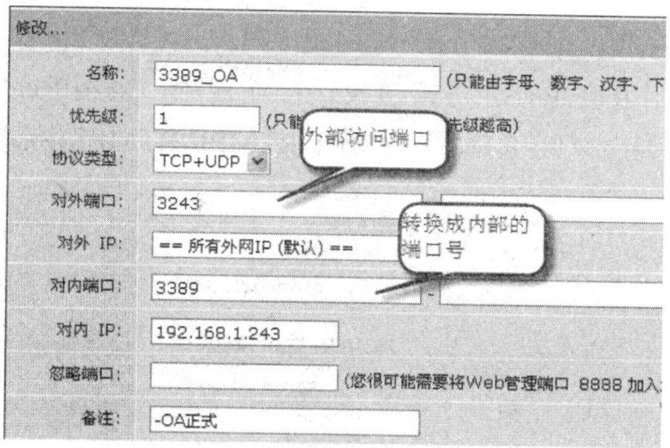

图 6-37　设置界面

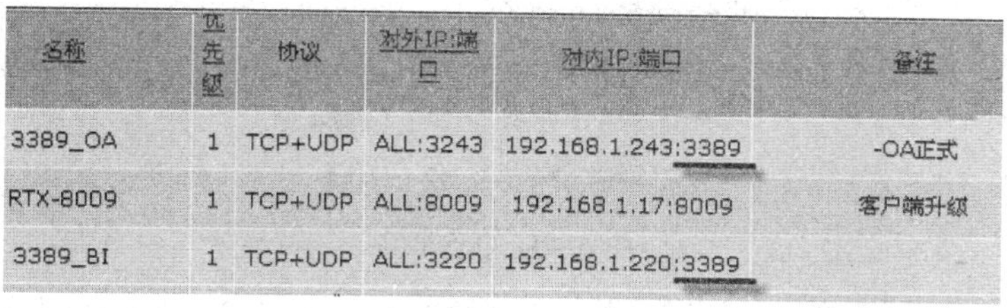

名称	优先级	协议	对外IP:端口	对内IP:端口	备注
3389_OA	1	TCP+UDP	ALL:3243	192.168.1.243:3389	-OA正式
RTX-8009	1	TCP+UDP	ALL:8009	192.168.1.17:8009	客户端升级
3389_BI	1	TCP+UDP	ALL:3220	192.168.1.220:3389	

图 6-38　端口映射（内网多个相同端口对应不同 IP）

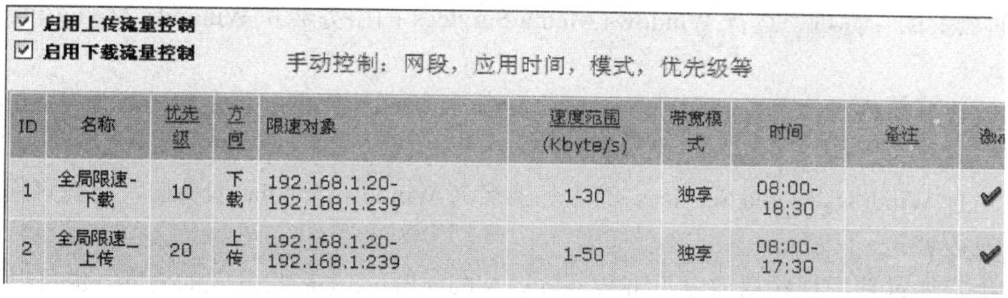

ID	名称	优先级	方向	限速对象	速度范围 (Kbyte/s)	带宽模式	时间	备注	激活
1	全局限速-下载	10	下载	192.168.1.20-192.168.1.239	1-30	独享	08:00-18:30		✔
2	全局限速-上传	20	上传	192.168.1.20-192.168.1.239	1-50	独享	08:00-17:30		✔

图 6-39　流量控制

　　智能 QoS 控制与手动控制的原理不尽相同，手动控制是直接控制所有或单个用户的宽带流量，而不管用户访问什么内容；而智能 QoS 则是控制用户访问内容为原则，它将访问内容按 VPN、视频、文字、未识别应用、P2P 下载、图片等划分优先级，按访问内容的优先级依次处理，实际上它并不对流量进行控制，如图 6-40 所示。

6.3.4　VOD 流媒体服务器的安装与配置

1. 流媒体简介

　　流媒体文件是目前非常流行的网络媒体格式之一，这种文件允许用户一边下载一边播放，大大减少了用户等待播放的时间，同时通过网络播放流媒体文件时，文件本身不会在本地磁盘中存储，这样就节省了大量的磁盘空间开销。正是这些优点，使得流媒体文件被广泛应用于网络播放。

　　流媒体服务器的主要功能是以流式协议（RTP/RTSP、MMS、RTMP 等）将视频文件传输到客户端，供用户在线观看；也可从视频采集、压缩软件接收实时视频流，再以流式协议直播给客户端。典型的流媒体服务器包括：微软的 Windows Media Services（WMS），它采用 MMS 协议接收、传输视频，采用 Windows Media Player（WMP）作为前端播放器；RealNetworks 公司的 Helix Server，采用 RTP/RTSP 协议接收、传输视频，采用 Real Player 作为播放前端；Adobe 公司的 Flash Media Server，采用 RTMP(RTMPT/RTMPE/RTMPS)协议接收、传输视频，采用 Flash Player 作为播放前端。

| 运行参数 | QoS 白名单 | 状态 |

当前所有 WAN 口总带宽为：上行 4MBit，下行 4MBit，如果和实际情况不符，请在 [WAN口配置] 修改，以免

□ 启用智能 QoS 流量限速　　QOS控制：根据访问内容的优先级做处理

总上行带宽最大使用率：	85%	(60~90%)	4000KBit => 425 KE
总下行带宽最大使用率：	95%	(75~95%)	4000KBit => 475 KE
启用下载智能识别限制：	☑ 是 (检测到IP在进行下载时自动将其放入下载
P2P/大文件HTTP下载总带宽：	10%	(10~15%)	400KBit => 50 KB/s
未识别应用总带宽：	20%	(20~30%)	800KBit => 100 KB/
单机初始分配的上传带宽：	20	KB/s
单机初始分配的下载带宽：	60	KB/s

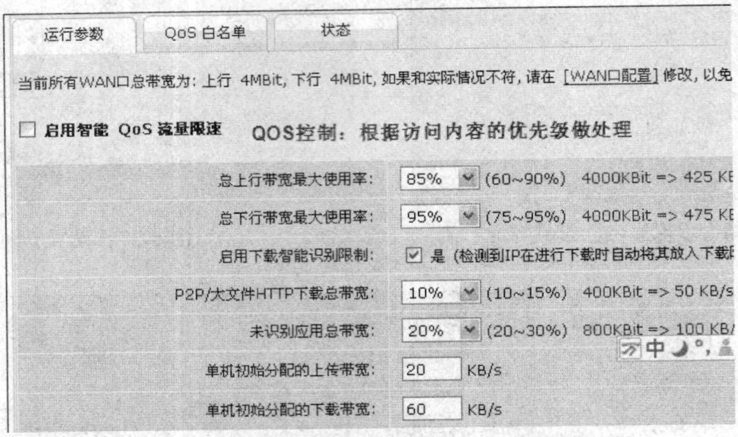

图 6-40　QoS 控制

本节以 Windows Server 2003 中的 Windows Media Services 为例介绍流媒体服务器的安装与配置。基于 Windows Media 技术的流式播放媒体系统通常由运行编码器（如 Microsoft Windows Media 编码器）的计算机、运行 Windows Media Services 的服务器和 Windows Media Player（客户端）组成。

- 编码器允许将实况内容和预先录制的音频、视频和计算机屏幕图像转换为 Windows Media 格式。
- 运行 Windows Media Services 的服务器名为 Windows Media 服务器，它允许通过网络分发内容。
- 用户通过使用视频播放器（如 Windows Media Player）接收分发的内容，也可以通过在 IE 浏览器输入视频网址来进行视频点播。Web 服务器将请求重新定向到 Windows Media 服务器，并在用户的计算机上打开播放。

Windows Media 服务可以采用 ASF、WMA、MP3 和 WAV 格式为客户端提供多媒体内容；ASF 是 Microsoft 专为网络发送多媒体流而设计的文件格式，它是一种支持在各类网络和协议下进行数据传递的公开标准，可以用于排列、组织、同步多媒体数据来实现网络传输。

ASF 流媒体文件编辑制作比较简单，可以使用微软公司软件来进行制作或者通过其他软件将各种视频格式文件转换生成 ASF 格式。

Windows Media 管理器：Windows Media 管理器是一个运行在 IE 浏览器中 Web 页的集合，可以用来控制 Windows Media 服务器。

注意：简要说明一下 Windows Media 所采用的播放方式：单播和多播。

- 单播采用客户端与服务器之间点到点的连接，这是视频点播所采用的主要方式，接收 ASF 流的每个客户端都必须连接到服务器上。
- 多播是利用广播站来向客户端发送广播，客户端只能接收统一的节目，但由于不用处理连接问题，这种方式可以避免耗费大量的网络带宽。

2．流媒体服务器的安装与配置过程

（1）Windows Media Services 的组件安装。

Windows Media Services 服务虽然是 Windows Server 2003 系统自带组件之一，但是在默认情况下没有安装，需要手动添加。在 Windows Server 2003 操作系统中，除了可以使用"Windows 组件向导"安装 Windows Media 服务之外，还可以通过"配置您的服务器向导"来实现。

首先，在 Windows Server 2003 上，以管理员身份登录，从"控制面板→添加/删除程序→添加"。

然后，在"Windows 组件"中，进入"Windows 组件"界面，选中 Windows Media Services 复选框，如图 6-41 所示。

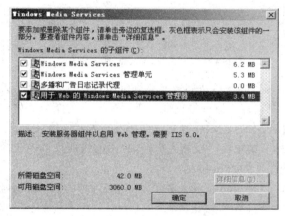

图 6-41　"Windows 组件"界面

接着，如果想安装"用于 Web 的 Windows Media Services 管理器"，还需要安装 IIS 及 ASP 组件，如图 6-42 所示。

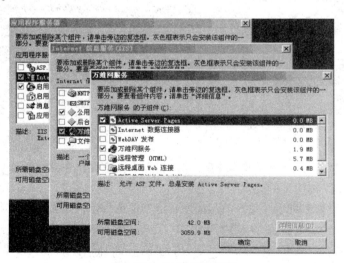

图 6-42　组建安装界面

（2）配置流媒体服务器。

1）进入 Windows Media 服务器控制台：开始→程序→管理工具→Windows Media 服务器→进入 Windows Media 服务器控制台。在 Windows Media Services 中，默认创建了一个"点播"和一个

Sample_brosdcast 广播发布点。默认状态下这两个发布点对外服务是停止的，如图 6-43 所示。

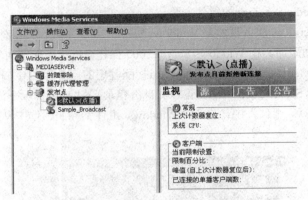

图 6-43　Windows Media 服务器控制台

2）创建单播发布点（客户端通过访问发布点地址可进行视频点播）：管理工具控制台→单击点播新建→进入配置和发布单播点播流→根据向导进行配置→选择一个发布点→设置发布信息（别名和路径）→选择播放文件（ASF 或 MP3 等）→选择发布方式（协议:mms://）。

3）添加发布点。鼠标右键单击"发布点"，从弹出的快捷菜单中选择"添加发布点（向导）"命令，单击"下一步"按钮，如图 6-44 所示。

4）填写发布点名称。如图 6-45 所示，在"发布点名称"页中的"名称"文本框中输入发布点名称"video"，然后单击"下一步"按钮。

图 6-44　添加发布点

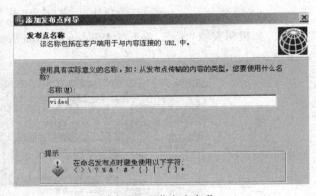

图 6-45　发布点名称

5）在"内容类型"页中（如图 6-46 所示），根据需要选择，在此选择"目录中的文件"单选按钮，单击"下一步"按钮。

6）在"发布点类型"页中，选择"点播发布点"单选按钮，然后单击"下一步"按钮。

7）在"目录位置"页中，如图 6-47 所示，浏览选择保存视频（音频）文件的位置，选择存放 ASF、WMV 等 Windows Media Services 所支持的视频格式的视频（音频）文件目录，并且选中"允许使用通配符"复选框，单击"下一步"按钮。

8）在"内容播放"页中，如图 6-48 所示，选择在播放列表中文件的播放方式（循环播放、顺序播放、随机播放）。

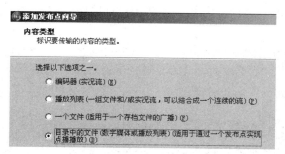

图6-46　内容类型

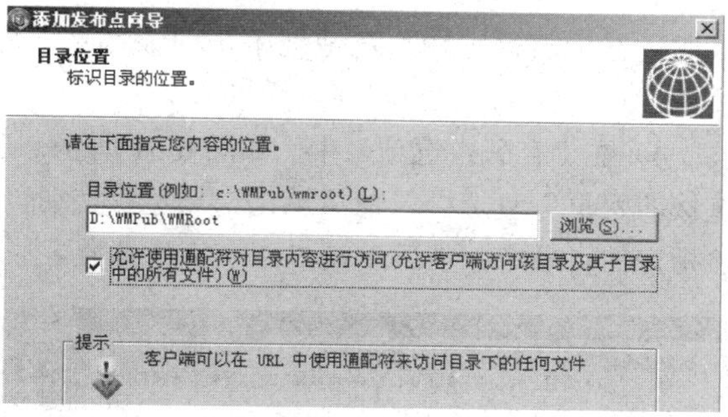

图6-47　目录位置

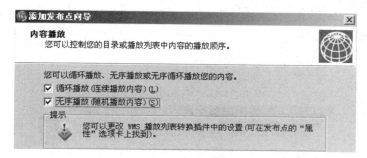

图6-48　内容播放

9）在"单播日志记录"页中，是否启用日志记录功能。通常情况下，不启用这项功能，单击"下一步"按钮。

10）在"发布点摘要"页中，查看创建的发布点的信息，单击"下一步"按钮。

11）在"添加发布点向导"页中，选择"完成向导后"复选框，然后选择"创建包括播放列表（.wsx）以及公告文件（.asx）或网页（.htm）"单选按钮，最后单击"完成"按钮。

（3）单播公告向导。

1）进入"单播公告向导"，单击"下一步"按钮进行配置。

2）在"点播目录"页中，如图6-49所示，选择"目录中的所有文件"单选按钮（配置完成后目录中的所有文件都可以根据设置的路径进行直接访问），然后单击"下一步"按钮。

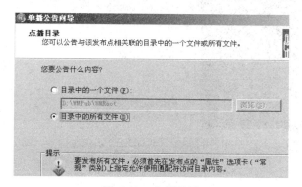

图6-49　点播目录

3）在"访问该内容"中，显示了访问当前内容的路径"mms://MEDIASERVER/video"，可以通过在播放器中输入该地址来访问该目录下的视频文件，如图 6-50 所示，直接单击"下一步"按钮。

4）在"存公告选项"中，如图 6-51 所示，选中"创建一个带有嵌入的播放机和指向该内容的链接的网页"复选框，然后单击"浏览"按钮，将"公告文件名"和创建的.htm 文件保存在发布点指定的目录中，然后单击"下一步"按钮。

图 6-50　访问内容

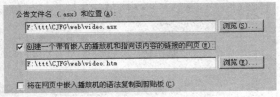

图 6-51　保存公告选项页

5）在"编辑公告元数据"页中，可以编辑、修改标题、作者、版权等信息，之后单击"下一步"按钮，如图 6-52 所示。

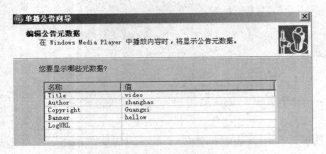

图 6-52　编辑公告元数据

6）在"正在完成'单播公告向导'"页中，单击"完成"按钮，如图 6-53 所示。

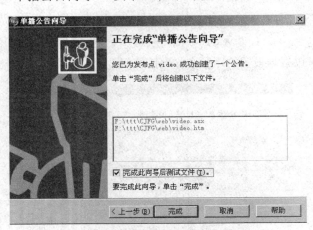

图 6-53　完成"单播公告向导"

7）如果选中了"完成此向导后测试文件"复选框，则弹出"测试单播公告"对话框，如图 6-54 所示。

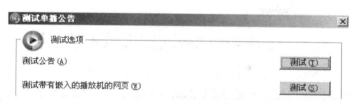

图 6-54 测试公告

8）如果"发布点"中已经保存有 WMV 格式的视频（音频）文件，则在图中单击"测试"按钮进行测试，即可以在 Windows Media Player 中播放，如图 6-55 所示。

9）也可以在 Internet Explorer 的网页中播放，单击测试（S）如图 6-56 所示。

图 6-55 播放示例 1

图 6-56 播放示例 2

（4）客户端观看测试。

1）安装完成后，系统已创建好了一个单播点播发布点。可以在 Windows Media Player 播放器中通过打开 URL 链接的方式，输入视频文件在流媒体服务器的 URL 链接地址，如图 6-57 所示，输入地址"mms://192.168.1.200/video"即可打开视频文件进行播放。

2）如果在流媒体服务器中同时运行 IIS Web 服务器，用户也可以打开浏览器，在 IE 地址栏中输入视频网页 URL 链接地址进行视频欣赏，如图 6-58 所示。

图 6-57 打开 URL

图 6-58 测试页

6.4 任务 4：广域网接入技术的配置

【背景案例】校园网出口顺利升级 NPE 助力 XX 大学优化网络架构[25]

1. 项目背景

XX 大学是由著名爱国华侨领袖陈嘉庚先生于 1921 年创办的，是中国近代教育史上第一所华侨创办的大学，也是我国唯一地处经济特区的国家"211 工程"和"985 工程"重点建设的高水平大学。

自 2005 年，XX 大学与锐捷网络共同建设漳州新校区宿舍网开始，陆续采用锐捷 RG-S8600 系列交换机、RG-S2100 系列接入交换机等分别对数据中心、老校区宿舍网、家属区等进行了网络改造和启用 SAM 认证系统。

2009 年，XX 大学与锐捷再度针对校园网出口进行优化升级，共同打造一个高速高效的网络出口架构。

2. 锐捷网络解决之道

XX 大学网络架构如图 6-59 所示。

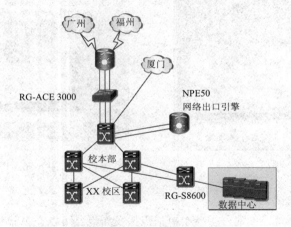

图 6-59 XX 大学网络架构

3. 实施效果

- NPE50 高性能 NAT、加旁路部署模式，提高效率和稳定性。
- ACE3000 高性能 DPI 引擎，保证在控制 BT、web 迅雷等应用流量的同时，对性能无任何影响；ACE3000 内置硬件 BYPASS，设备掉电、重启不会中断网络转发（仅丢 1～2 个包）。
- 非对称路由模式组网；创新"虚拟桥"技术，支持 Cernet 出口两条链路非对称路由。
- RG-elog 实现网络出口统一日志记录和查询。能够准确记录 NAT 日志和 URL 日志，满足公安部 82 号令，为公安/网监的安全检查提供依据。

---

[25] 资料来源：http://www.ruijie.com.cn/plan/Solution_one.aspx?uniid=79042859-da87-4b61-bbaa-8d973125071b

任务导读

随着 Internet 技术在全球范围内的飞速发展，IP 网络作为一种最有前景的网络技术，受到了人们的普遍关注。而作为 IP 网络生存、运作、组织的核心——IP 路由技术提供了解决 IP 网络动态可变性、实时性、QoS 等关键技术的一种可能。在众多的路由技术中，OSPF 协议已成为目前 Internet

广域网和 Intranet 大型校园网、企业网采用最多、应用最广泛的路由技术之一。下面将主要介绍广域网 OSPF 路由协议的配置，同时介绍在各种大型网络设备配置与管理中经常使用的 ACL 访问控制、NAT 地址转换技术。

6.4.1　路由协议 OSPF 配置

1. OSPF 简介

OSPF 是 Open Shortest Path First（开放最短路由优先协议）的缩写。它是 IETF 组织开发的一个基于链路状态的自治系统内部路由协议。在 IP 网络上，它通过收集和传递自治系统的链路状态来动态地发现并传播路由。它是为克服 RIP 的缺点在 1989 年开发出来的。开放式最短路径优先协议主要用于在自主系统中的路由器之间传输路由信息。相较于 RIP 协议，开放式最短路径优先协议适用网络的规模更大，范围更广。

每一台运行 OSPF 协议的路由器总是将本地网络的连接状态，如可用接口信息、可达邻居信息等用 LSA（链路状态广播）描述，并广播到整个自治系统中去。这样，每台路由器都收到了自治系统中所有路由器生成的 LSA，这些 LSA 的集合组成了 LSDB（链路状态数据库）。由于每一条 LSA 是对一台路由器周边网络拓扑的描述，则整个 LSDB 就是对该自治系统网络拓扑的真实反映。

根据 LSDB，各路由器运行 SPF（最短路径优先）算法。构建一棵以自己为根的最短路径树，这棵树给出了到自治系统中各节点的路由。在图论中，"树"是一种无环路的连接图，所以 OSPF 计算出的路由也是一种无环路的路由。

OSPF 协议为了减少自身的开销，提出了以下概念。

（1）DR。在各类可以多址访问的网络中，如果存在两台或两台以上的路由器，该网络上要选举出一个"指定路由器"（DR）。"指定路由器"负责与本网段内所有路由器进行 LSDB 的同步。这样，两台非 DR 路由器之间就不再进行 LSDB 的同步。大大节省了同一网段内的带宽开销。

（2）AREA。OSPF 可以根据自治系统的拓扑结构划分成不同的区域（AREA），这样区域边界路由器（ABR）向其它区域发送路由信息时，以网段为单位生成摘要 LSA。这样可以减少自治系统中的 LSA 的数量，以及路由计算的复杂度。

OSPF 使用 4 类不同的路由，按优先顺序来说分别是：

- 区域内路由。
- 区域间路由。
- 第一类外部路由。
- 第二类外部路由。

区域内和区域间路由描述的是自治系统内部的网络结构,而外部路由则描述了应该如何选择到自治系统以外目的地的路由。一般来说，第一类外部路由对应于 OSPF 从其它内部路由协议所引入的信息，这些路由的花费和 OSPF 自身路由的花费具有可比性；第二类外部路由对应于 OSPF 从外部路由协议所引入的信息，它们的花费远大于 OSPF 自身的路由花费，因而在计算时，将只考虑外部的花费。

2. OSPF 协议主要优点

（1）OSPF 是真正的 LOOP- FREE（无路由自环）路由协议。源自其算法本身的优点（链路状态及最短路径树算法）。

（2）OSPF 收敛速度快：能够在最短的时间内将路由变化传递到整个自治系统。

（3）提出区域（AREA）划分的概念，将自治系统划分为不同区域后，通过区域之间对路由信息的摘要，大大减少了需传递的路由信息数量。也使得路由信息不会随网络规模的扩大而急剧膨胀。

（4）将协议自身的开销控制到最小。

● 用于发现和维护邻居关系的是定期发送不含路由信息的 hello 报文，非常短小。包含路由信息的报文是触发更新的机制（有路由变化时才会发送）。但为了增强协议的健壮性，每1800 秒全部重发一次。

● 在广播网络中，使用组播地址（而非广播）发送报文，减少对其他不运行 OSPF 的网络设备的干扰。

● 在各类可以多址访问的网络中（广播，NBMA），通过选举 DR，使同网段路由器之间的路由交换（同步）次数由 O(N*N)次减少为 O(N)次。

● 提出 STUB 区域的概念，使得 STUB 区域内不再传播引入的 ASE 路由。

● 在 ABR（区域边界路由器）上支持路由聚合，进一步减少区域间的路由信息传递。

● 在点到点接口类型中，通过配置按需播号属性（OSPF over On Demand Circuits），使得OSPF 不再定时发送 hello 报文及定期更新路由信息。只在网络拓扑真正变化时才发送更新信息。

（5）通过严格划分路由的级别（共分四级），提供更可信的路由选择。

（6）良好的安全性，OSPF 支持基于接口的明文及 md5 验证。

（7）OSPF 适应各种规模的网络，最多可达数千台。

3．OSPF 协议配置实例

假设在图 6-60 情景中需要配置 OSPF 网络。

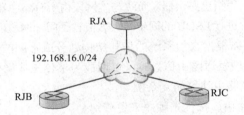

图 6-60　三台路由构成的网络

图 6-60 的情景中，三台路由处于一个区域，三台路由 RJA、RJB、RJC 之间为 NBMA 类型，将 RJA 设定为 DR，RJB 设定为 BDR，配置过程如下：

（1）配置 RJA 的广域网端口 IP。

　　RJA(config)#interface Serial 1/0

　　RJA(config-if)#ip address 192.168.16.1 255.255.255.0

（2）配置 RJA 的封装类型和 OSPF 类型。

　　RJA(config-if)#encapsulation frame-relay

　　RJA(config-if)#ip ospf network non-broadcast

　　RJA(config-if)#ip ospf priority 10

（3）配置 OSPF 路由协议。

　　RJA(config)#router ospf 1

RJA(config-router)#network 192.168.16.0 0.0.0.255 area 0

RJA(config-router)#neighbor 192.168.16.2 priority 4

RJA(config-router)#neighbor 192.168.16.2

（4）配置 RJB，过程与配置 RJA 类似。

RJB(config)#interface Serial 1/0

RJB(config-if)#ip address 192.168.16.2   255.255.255.0

RJB(config-if)#encapsulation frame-relay

RJB(config-if)#ipospf network non-broadcast

RJB(config-if)#ip ospf priority 5

RJB(config)#router ospf 1

RJB(config-router)#network 192.168.16.0 0.0.0.255 area 0

RJB(config-router)#neighbor 192.168.16.1 priority 10

RJB(config-router)#neighbor 192.168.16.3

（5）配置 RJC，过程与配置 RJB 类似。

RJC(config)#interface Serial 1/0

RJC(config-if)#ip address 192.168.16.3   255.255.255.0

RJC(config-if)#encapsulation frame-relay

RJC(config-if)#ipospf network non-broadcast

RJC(config)#router ospf 1

RJC(config-router)#network 192.168.16.0 0.0.0.255 area 0

RJC(config-router)#neighbor 192.168.16.1 priority 10

RJC(config-router)#neighbor 192.168.16.2 priority   4

6.4.2 访问列表 ACL 的配置

访问控制列表（Access Control List，ACL）是路由器和交换机接口的指令列表，在路由器上读取第三层及第四层包头中的信息，如源地址、目的地址、源端口、目的端口等，根据预先定义好的规则对数据包进行过滤，从而达到访问控制的目的。

ACL 可实现：

- 限制网络流量以提高网络性能。例如，如果公司政策不允许在网络中传输视频流量，那么就应该配置和应用 ACL 以阻止视频流量。
- 提供流量控制。ACL 可以限制路由更新的传输。如果网络状况不需要更新，便可从中节约带宽。
- 提供基本的网络访问安全性。
- ACL 可以允许一台主机访问部分网络，同时阻止其他主机访问同一区域。例如，"图书馆"网络仅限选定用户进行访问。
- 决定在路由器接口上转发或阻止哪些类型的流量。例如，ACL 可以允许电子邮件流量，但阻止所有 Telnet 流量。
- 控制客户端可以访问网络中的哪些区域。

- 屏蔽主机以允许或拒绝对网络服务的访问。ACL 可以允许或拒绝用户访问特定文件类型，例如 FTP 或 HTTP。

1. 访问控制列表的类型

主要分成两大类：

（1）标准访问控制列表。标准访问控制列表根据数据包的源 IP 地址来允许或拒绝数据包，其访问控制列表号是 1~99。

（2）扩展访问控制列表。扩展访问控制列表根据数据包的源 IP 地址，目的 IP 地址、指定协议、端口和标志来允许或拒绝数据包。其访问控制列表号是 100~199。

不同厂商、型号的机器又会支持一些特殊类型的列表。

2. 访问控制列表的工作原理

ACL 是一簇规则的集合，它应用在路由的某个接口上。对路由器而言，访问控制列表有两个方向。

- 出：已经过路由的处理，正离开路由接口的数据包。
- 入：已到达路由器接口的数据包，将被路由处理。

如果对接口应用了访问控制列表，也就是说该组应用了一组规则，那么路由器将对数据包应用该组规则进行顺序检查。

- 如果匹配第一条规则，则不再往下检查，路由器将决定该数据包允许通过或拒绝通过。
- 如果不匹配第一条规则，则依次往下检查，直到有任何一条规则匹配，路由器将决定该数据包允许通过或拒绝通过。
- 如果没有任何一条规则匹配，则路由器根据默认规则处理该数据包。

数据包要么被允许，要么被拒绝。在 ACL 中，规则的放置顺序是很重要的。一旦找到了某一匹配规则，就结束比较过程，不再检查以后的其他规则。

3. 访问列表的配置

访问控制列表 ACL 分很多种，不同场合应用不同种类的 ACL。其中最简单的就是标准访问控制列表，标准访问控制列表是通过使用 IP 包中的源 IP 地址进行过滤，使用的访问控制列表号 1～99 来创建相应的 ACL。如果需要对目的地址、端口等其他参数进行判断，则可以使用扩展的访问列表。这里将两种列表统称为基本访问列表。

基本访问列表的配置包括以下两步：

（1）定义基本访问列表。

（2）将基本访问列表应用在特定的接口上。

这个过程就好像进行考试时，将某考场的考生名单贴在相应考场的门口上一样，考生名单就是访问列表，规定了能够进入考场的学生，考场就是设备，考场的门口就是接口。有了名单之后一定要将它贴在门口上才起作用，也就是访问列表必须应用在接口上才会起作用。

正如背景案例所用的锐捷设备，这里给出相应的配置访问列表的命令，如表 6-5 和表 6-6 所示。

注意：表 6-5 中的配置过程只对数值 ACL 进行配置，表 6-6 中的配置过程可以对命名和数值 ACL 进行配置，还可以指定表项的优先级。

表 6-5　在全局配置模式下执行的命令

命令	功能
Ruijie(config)#access-list id{deny|permit} {src src-wildcard|host src|any} [time-range tm-rng-name]	定义访问列表
Ruijie(config)#interface interface	选择要应用访问列表的接口
Ruijie(config-if)#ip access-group id {in|out}	将访问列表应用特定接口

表 6-6　在 ACL 模式下执行的命令

命令	功能
Ruijie(config)#ip access-list {standard|extended} {id|name}	进入配置访问列表模式
Ruijie(config-xxx-nacl)#[sn] {permit|deny} {src src-wildcard|host src|any}[time-range tm-rng-name]	为 ACL 添加表项
Ruijie(config-xxx-nacl)#exit Ruijie(config)#interface interface	选择要应用访问列表的接口
Ruijie(config-if)#ip access-group id{in|out}	将访问列表应用特定接口

配置实例一（标准访问控制列表）：

标准访问控制列表的具体格式如下：

access-list ACL 号　permit|deny host ip 地址

例如：access-list 10 deny host 192.168.1.1

这句命令是将所有来自 192.168.1.1 地址的数据包丢弃。

可以用网段来表示，对某个网段进行过滤。命令如下：

access-list 10 deny 192.168.1.0 0.0.0.255

通过上面的配置将来自 192.168.1.0/24 的所有计算机数据包进行过滤丢弃。为什么后头的子网掩码表示的是 0.0.0.255 呢？这是因为 CISCO 规定在 ACL 中用反向掩码表示子网掩码，反向掩码为 0.0.0.255 的代表他的子网掩码为 255.255.255.0。

提示：对于标准访问控制列表来说，默认的命令是 HOST，也就是说 access-list 10 deny 192.168.1.1 表示的是拒绝 192.168.1.1 这台主机数据包通信，可以省去输入 host 命令。

配置实例二（扩展访问控制列表）：

刚刚提到了标准访问控制列表，它是基于 IP 地址进行过滤的，是最简单的 ACL。那么如果希望将过滤具体到端口怎么办呢？或者希望对数据包的目的地址进行过滤。这时就需要使用扩展访问控制列表了。扩展 ACL 比标准 ACL 提供更广阔的控制范围，扩展 ACL 既检查数据包的源地址，也检查数据包的目的地址，还可以检查数据包特定的协议类型、端口号等。扩展 ACL 的表号范围为 100～199。

扩展访问控制列表是一种高级的 ACL，配置命令的具体格式如下：

access-list ACL 号 [permit|deny] [协议] [定义过滤源主机范围] [定义过滤源端口] [定义过滤目的主机访问] [定义过滤目的端口]

例如：access-list 101 deny tcp any host 192.168.1.1 eq www

这句命令是将所有主机访问 192.168.1.1 这个地址网页服务(WWW)TCP 连接的数据包丢弃。

配置实例三（标准命名 ACL）：

标准命名 ACL 允许使用一个字母数字组合的字符串来表示 ACL 表号。

标准命名 ACL 的具体格式如下：

R (config)#ip access-list　　　standard　　name

设计一个标准命名 ALC，以便阻塞来自一个特定子网 192.168.100.0 的通信流量，而允许所有其他的通信流量，并把它们转发出去：

Router(config)#ip access-list standard task1

Router(config-std-nacl)#deny 192.168.100.0 0.0.0.255

Router(config-std-nacl)#permit any

Router(config)#interface fa0/0

Router(config-if)#ip access-group task1 in

配置实例四（扩展访问控制列表综合实例，如图 6-61 所示）。

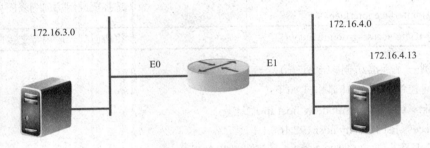

图 6-61　配置实例四

采用如图 6-61 所示的网络结构。路由器连接了两个网段，分别为 172.16.4.0/24 和 172.16.3.0/24。在 172.16.4.0/24 网段中有一台服务器提供 WWW 服务，IP 地址为 172.16.4.13。

配置任务：禁止 172.16.3.0 的计算机访问 172.16.4.0 的计算机，包括那台服务器，不过惟独可以访问 172.16.4.13 上的 WWW 服务，而不能访问其他服务。

路由器配置命令：

access-list 101 permit tcp any 172.16.4.13 0.0.0.0 eq www

设置 ACL101，允许源地址为任意 IP，目的地址为 172.16.4.13 主机的 80 端口即 WWW 服务。由于 Cisco 默认添加 DENY ANY 的命令，所以 ACL 只写此一句即可。

int e1 //进入 E1 端口进行配置

ip access-group 101 out

设置完毕后 172.16.3.0 的计算机就无法访问 172.16.4.0 的计算机了，就算是服务器 172.16.4.13 开启了 FTP 服务也无法访问，惟独可以访问的就是 172.16.4.13 的 WWW 服务。而 172.16.4.0 的计算机访问 172.16.3.0 的计算机没有任何问题。

扩展 ACL 有一个最大的好处就是可以保护服务器，例如，很多服务器为了更好地提供服务都是暴露在公网上，这时为了保证服务正常提供所有端口都对外界开放，很容易招来黑客和病毒的攻击，通过扩展 ACL 可以将除了服务端口以外的其他端口都封锁掉，降低了被攻击的机率。如本例就是仅仅将 80 端口对外界开放。

配置实例五（访问控制列表综合实例）：

假设情景如图 6-62 所示。

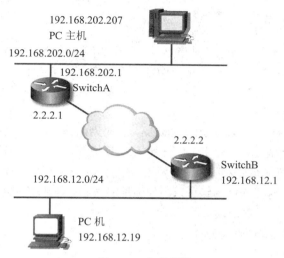

图 6-62 拓扑图

有两台设备 SwitchA 和 SwitchB，需要通过在 SwitchB 上配置访问列表，实现以下安全功能：192.168.12.0/24 网段的主机只能在正常上班时间访问远程主机 UNIX 的 TELNET 服务，拒绝 PING 服务；在 SwitchB 控制台上不能访问 192.168.202.0/24 网段主机的所有服务。

配置过程如下：

（1）SwitchB 的配置。

1）先写好列表。

    SwitchB (config)#access-list 101 permit tcp 192.168.12.0 0.0.0.255 any eq telnet time-range check

    SwitchB (config)#access-list 101 deny icmp 192.168.12.0 0.0.0.255 any

    SwitchB (config)#access-list 101 deny ip 2.2.2.0 0.0.0.255 any

    SwitchB (config)#access-list 101 deny ip any any

2）应用列表。

    SwitchB (config)#interface GigabitEthernet 0/1

    SwitchB (config-if)#ip address 192.168.12.1 255.255.255.0

    SwitchB (config-if)#exit

    SwitchB (config)#interface GigabitEthernet 0/2

    SwitchB (config-if)#ip address 2.2.2.2 255.255.255.0

    SwitchB (config-if)#ip access-group 101 in

    SwitchB (config-if)#iip access-group 101 out

3）由于这里还有一个时间的限制，所以要定义一个时间区域。

    SwitchB (config)#time-range check

    SwitchB (config-time-range)#periodic weekdays 8:00 to 18:00

（2）SwitchA 的配置。

    SwitchA (config)#interface GigabitEthernet 0/1

SwitchA (config-if)#ip address 192.168.202.1 255.255.255.0

SwitchA (config-if)#exit

6.4.3 地址转换 NAT 的配置

随着 Internet 技术的不断以指数级速度增长，珍贵的网络地址分配给专用网络终于被视作是一种对宝贵的虚拟房地产的浪费。因此出现了网络地址转换（NAT）标准，就是将某些 IP 地址留出来供专用网络重复使用。

1. NAT 技术的定义

NAT 英文全称是 Network Address Translation，称为网络地址转换，它是一个 IETF 标准，允许一个机构以一个地址出现在 Internet 上。NAT 将每个局域网节点的地址转换成一个 IP 地址，反之亦然。它也可以应用到防火墙技术里，把个别 IP 地址隐藏起来不被外界发现，使外界无法直接访问内部网络设备，同时，它还帮助网络可以超越地址的限制，合理安排网络中公有 Internet 地址和私有 IP 地址的使用。

2. NAT 技术的基本原理和类型

（1）NAT 技术基本原理。

NAT 技术能帮助解决 IP 地址紧缺问题，而且能使得内外网络隔离，提供一定的网络安全保障。它解决问题的办法是：在内部网络中使用内部地址，通过 NAT 把内部地址翻译成合法的 IP 地址在 Internet 上使用，其具体的做法是把 IP 包内的地址域用合法的 IP 地址来替换。NAT 功能通常被集成到路由器、防火墙、ISDN 路由器或者单独的 NAT 设备中。NAT 设备维护一个状态表，用来把非法的 IP 地址映射到合法的 IP 地址上去。

（2）NAT 技术的类型。

NAT 有三种类型：静态 NAT（Static NAT）、动态地址 NAT（Pooled NAT）、网络地址端口转换 NAPT（Port-Level NAT）。其中静态 NAT 设置起来最为简单和最容易实现的一种，内部网络中的每个主机都被永久映射成外部网络中的某个合法的地址；而动态地址 NAT 则是在外部网络中定义了一系列的合法地址，采用动态分配的方法映射到内部网络；NAPT 则是把内部地址映射到外部网络的一个 IP 地址的不同端口上。根据不同的需要，三种 NAT 方案各有利弊。

动态地址 NAT 只是转换 IP 地址，它为每一个内部的 IP 地址分配一个临时的外部 IP 地址，主要应用于拨号，对于频繁的远程连接也可以采用动态 NAT。当远程用户连接上之后，动态地址 NAT 就会分配给他一个 IP 地址，用户断开时，这个 IP 地址就会被释放而留待以后使用。

网络地址端口转换 NAPT（Network Address Port Translation）是人们比较熟悉的一种转换方式。NAPT 普遍应用于接入设备中，它可以将中小型的网络隐藏在一个合法的 IP 地址后面。NAPT 与动态地址 NAT 不同，它将内部连接映射到外部网络中的一个单独的 IP 地址上，同时在该地址上加上一个由 NAT 设备选定的 TCP 端口号。

（3）NAT 的设置方法实例（本文以路由器为 C isco2611 为例进行介绍 NAT 配置）。

设置 NAT 功能的路由器至少要有一个内部端口（Inside），一个外部端口（Outside）。内部端口连接的网络用户使用的是内部 IP 地址。内部端口可以为任意一个路由器端口。外部端口连接的是外部的网络，如 Internet。外部端口可以为路由器上的任意端口。

内部本地地址（Inside local address）：分配给内部网络中的计算机的内部 IP 地址。

内部合法地址（Inside global address）：对外进入 IP 通信时，代表一个或多个内部本地地址的合法 IP 地址。需要申请才可取得的 IP 地址。

　　静态地址转换将内部本地地址与内部合法地址进行一对一的转换，且需要指定和哪个合法地址进行转换。如果内部网络有 E-mail 服务器或 FTP 服务器等可以为外部用户提供的服务，这些服务器的 IP 地址必须采用静态地址转换，以便外部用户可以使用这些服务。

　　静态地址转换的基本配置步骤：

- 在内部本地地址与内部合法地址之间建立静态地址转换。在全局设置状态下输入：

　　ip nat inside source static　内部本地地址　内部合法地址

- 指定连接网络的内部端口　在端口设置状态下输入：

　　ip nat inside

- 指定连接外部网络的外部端口　在端口设置状态下输入：

　　ip nat outside

注：可以根据实际需要定义多个内部端口及多个外部端口。

3. 配置实例

（1）下面的实例实现静态 NAT 地址转换功能。

将 2611 的 E0/0 作为内部端口，E0/1 作为外部端口。其中 20.0.0.1 的内部本地地址采用静态地址转换。其内部合法地址对应为 192.168.10.1。

路由器 2611 的配置如下：

1）在路由器上配置 E0/0 和 E0/1 接口的 IP 地址。

　　Router(config)#inter E0/0

　　Router(config-if)#ip add 192.168.10.1 255.255.255.0

　　Router(config-if)#no shut

2）配置 NAT 外部接口 E0/1。

　　Router(config-if)#inter E0/1

　　Router(config-if)#ip add 20.0.0.1 255.0.0.0

　　Router(config-if)#no shut

3）配置静态 NAT 地址转换。

　　Router(config)#ip nat inside source static 192.168.10.2 20.0.0.40

　　Router(config)#ip nat inside source static 192.168.10.3 20.0.0.50

4）在内部和外部接口上启用 NAT。

　　内部 NAT 接口上

　　Router(config)#inter E0/0

　　Router(config-if)#ip nat ins

　　Router(config-if)#ip nat inside

　　Router(config-if)#exi

5）外部 NAT 接口上。

　　Router(config)#inter E0/1

　　Router(config-if)#ip nat

　　Router(config-if)#ip nat out

　　Router(config-if)#ip nat outside

Router(config-if)#exi

6）配置完成后可以用以下语句进行查看：

show ip nat statistcs

show ip nat translations

（2）动态 NAT 地址转换功能。

动态地址转换也是将本地地址与内部合法地址一对一的转换，但是动态地址转换是从内部合法地址池中动态地选择一个未使用的地址对内部本地地址进行转换。

动态地址转换基本配置步骤：

1）在全局设置模式下，定义内部合法地址池。

ip nat pool 地址池名称 起始 IP 地址 终止 IP 地址 子网掩码

其中地址池名称可以任意设定。

2）在全局设置模式下，定义一个标准的 access-list 规则以允许哪些内部地址可以进行动态地址转换。

Access-list 标号 permit 源地址 通配符

其中标号为 1-99 之间的整数。

3）在全局设置模式下，将由 access-list 指定的内部本地地址与指定的内部合法地址池进行地址转换。

ip nat inside source list 访问列表标号 pool 内部合法地址池名字

4）指定与内部网络相连的内部端口，在端口设置状态下：

ip nat inside

5）指定与外部网络相连的外部端口。

ip nat outside

实例：本实例中硬件配置同上，运用了动态 NAT 地址转换功能。将 2611 的 E0/0 作为内部端口，E0/1 作为外部端口。其中 10.1.1.0 网段采用动态地址转换，对应内部合法地址为 192.1.1.2~192.1.1.10。

交换机配置如下：

ip nat pool aaa 192.1.1.2 192.1.1.10 netmask 255.255.255.0

ip nat inside source list 1 pool aaa

interface Ethernet0/0

ip address 10.1.1.1 255.255.255.0

ip nat inside

interface Ethernet0/1

ip address 192.1.1.1 255.255.255.0

ip nat outside

interface Ethernet0/1

no ip address

shutdown

no ip classless

ip route 0.0.0.0 0.0.0.0 Ethernet0/1

access-list 1 permit 10.1.1.0 0.0.0.255

（3）复用动态地址转换适用的环境。

复用动态地址转换首先是一种动态地址转换，但是它可以允许多个内部本地地址共用一个内部合法地址。只申请到少量 IP 地址但却经常同时有多于合法地址个数的用户上外部网络的情况，这种转换极为有用。

注意：当多个用户同时使用一个 IP 地址，外部网络通过路由器内部利用上层的如 TCP 或 UDP 端口号等唯一标识某台计算机。

复用动态地址转换配置步骤：

1）在全局设置模式下，定义内部合地址池。

　　ip nat pool 地址池名字 起始 IP 地址 终止 IP 地址 子网掩码

其中地址池名字可以任意设定。

2）在全局设置模式下，定义一个标准的 access-list 规则以允许哪些内部本地地址可以进行动态地址转换。

　　access-list 标号 permit 源地址 通配符

其中标号为 1－99 之间的整数。

3）在全局设置模式下，设置在内部的本地地址与内部合法 IP 地址间建立复用动态地址转换。

　　ip nat inside source list 访问列表标号 pool 内部合法地址池名字 overload

4）在端口设置状态下，指定与内部网络相连的内部端口。

　　ip nat inside

5）在端口设置状态下，指定与外部网络相连的外部端口。

　　ip nat outside

实例：应用了复用动态 NAT 地址转换功能。将 2611 的 E0/0 作为内部端口，E0/1 作为外部端口。10.1.1.0 网段采用复用动态地址转换。假设只申请了一个合法的 IP 地址 192.1.1.1。

交换机配置如下：

　　ip nat pool bbb 192.1.1.1 192.1.1.1 netmask 255.255.255.0

　　ip nat inside source list 1 pool bbb overload

　　interface Ethernet0/0

　　ip address 10.1.1.1 255.255.255.0

　　ip nat inside

　　interface Ethernet0/01

　　ip address 192.1.1.1 255.255.255.0

　　ip nat outside

　　no ip mroute-cache

　　interface Ethernet0/1

　　no ip address

　　shutdown

　　no ip classless

　　ip route 0.0.0.0 0.0.0.0 Ethernet0/1

　　access-list 1 permit 10.1.1.0 0.0.0.255

6.5　任务 5：远程访问站点的设计与配置

【背景案例】XXX 校园网远程访问站点接入方案 [26]

升级改造后的 XXX 大学校园网（网络拓扑见 2.2 节中的图 2-17）的远程访问站点主要包括：部分边远的分校、远离总校的教学点、临时派出的异地办学或招生机构等等。这些远程访问站点仍属于校园网的内网用户，只是身在异地，如何选择一种既安全又经济的接入方式？Windows Server 提供的 RRAS 技术不失为一种很好的选择：其使用安全的拨号方式或 VPN 连接及互联网的软路由服务，通过 Internet 或广域网从异地接入校园网。具体的接入方式可以是 PSTN、ISDN、ADSL 以及 VPN 连接，如图 6-63 所示。

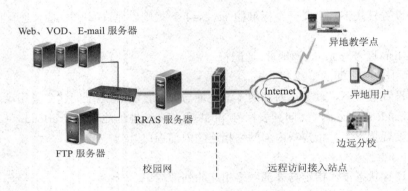

图 6-63　拓扑图

路由和远程访问服务器（Routing and Remote Access Service）是 Windows Server 2000/2003/2008 中绑定的一个软件组件，除了分组过滤，按需拨号路由选择和支持开放最短路径优先协议 OSPF 之外，还结合有 RAShe 多协议路由选择提供的一种远程服务，允许用户从远端通过拨号连接到一个本地的计算机网络，一旦建立了连接，就相当于处在本地的 LAN 中，从而可以使用各种各样的网络函数以便进行访问。

RRAS 是专门为已经熟悉路由协议和路由选择服务的系统管理员使用而设计的。通过 Windows Server 中"路由和远程访问"服务，管理员可以查看和管理他们网络上的路由器和远程访问服务器。

RRAS 是用于路由和联网的软件路由器和开放平台。其路由服务可供局域网（LAN）和广域网（WAN）环境中的组织使用，或使用安全的 VPN 连接通过 Internet 提供路由服务。路由用于多协议 LAN 到 LAN、LAN 到 WAN、VPN 和网络地址转换（NAT）路由服务。通过将 RRAS 配置为充当远程访问的服务器，可以将远程工作人员或移动工作人员安全的连接到本校的校园网上，此时，远程用户的计算机可以像其直接连接到局域网上一样工作。

RRAS 主要有如下功能：

（1）工业标准单播 IP 路由协议：开放式最短路径优先协议 OSPF 和路由信息协议 RIP V1、V2。

（2）IP 网络地址转换 NAT 服务，该服务可以简化家庭网络和小型办公或家庭办公网络 SOHO 与 Internet 的连接。

（3）通过拨号 WAN 链接的请求拨号路由选择。

（4）虚拟专用网络 VPN 支持基于网际协议安全 IPSec 的点对点隧道协议 PPTP 和第二层隧道协议 L2TP。

---

[26] 资料来源：GX 广播电视大学计算机校园网升级改造项目

远程访问就是通常所说的远程接入，通过利用路由和远程访问技术，可以将 Windows Server 2003 服务器配置为远程访问服务器，能将远程或移动办公的工作人员连接到公司内部的网络上。远程用户最常用的访问方式是拨号线路 PSTN（公共交换电话网）或 ISDN（综合业务数字网）。远程计算机拨入到公司内部网络之后，可以与本地网中的计算机具有完全一样的地位，可以共享资源、使用各种内部的服务。也就是说远程用户使用计算机时，就像是直接连接到公司内部网络上一样的工作。在 Windows 服务器操作系统中均包含远程访问服务，它是作为路由和远程访问服务（RRAS）中的一个组件，远程访问服务支持远程访问客户端使用拨号网络连接和虚拟专用网络连接这两种方式的远程访问。

下面将介绍如何在 Windows Server 2003 服务器上配置 VPN 服务器，作为远程访问服务器，以实现 Windows VPN 远程访问接入服务。配置包括下面三方面的内容：

- 服务器端：启用 RRAS 路由和远程访问服务中的远程访问 VPN 服务。
- 服务器端：配置 RRAS 服务器以支持 VPN 远程访问。
- 远程计算机客户端：VPN 客户端 PPTP 拨号连接配置，VPN 客户端用于发起连接 VPN 服务器的请求。

6.5.1　Windows Server 2003 RRAS 的配置

利用远程访问连接可以使用直接连接的用户通常可用的所有服务（包括文件共享和打印机共享、Web 服务器访问和消息传递）。例如，在 RRAS 服务器上，客户端可以使用 Windows 资源管理器来建立驱动器连接和连接到打印机。下面以 Windows Server 2003 系统中 RRAS 的配置为例，介绍如何配置 VPN 服务器为用户提供 VPN 服务。

系统前期准备工作：服务器硬件，双网卡，一块接外网，一块接局域网。在 Windows 2003 中 VPN 服务称之为"路由和远程访问"，默认状态已经安装。只需对此服务进行必要的配置使其生效即可。

激活路由和远程访问服务（开启 VPN 服务）。

（1）选择"开始"→"程序"→"管理工具"→"路由和远程访问"，打开"路由和远程访问"服务窗口；再在窗口左边右击本地计算机名，选择"配置并启用路由和远程访问"，如图 6-64 所示。

图 6-64　配置并启用路由和远程访问

（2）在弹出的"路由和远程访问服务器安装向导"中单击下一步，出现如图 6-65 所示的对话框。

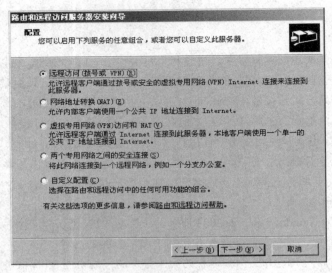

图 6-65　选择启用服务的类型

（3）在远程访问页，选择此服务器接受的远程访问类型，在此勾选 VPN，然后单击下一步。

（4）在 VPN 连接页，如图 6-66 所示，选择连接到 Internet 的网络接口，选择对应的接口 WAN61，默认情况下，RRAS 会设置通过静态数据包筛选器来对选择的接口进行保护，这将在此接口上启用只允许 VPN 流量的入站筛选器，从而保护这台 VPN 服务器。单击下一步。

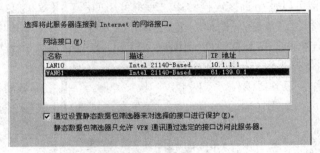

图 6-66　选择接口

（5）在 IP 地址指定页，选择指定 VPN 客户地址的方式。由于在内部网络中并没有部署 DHCP 服务，所以在此可以选择来自一个指定的地址范围，如图 6-67 所示，然后单击下一步。

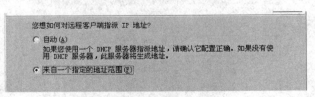

图 6-67　选择对远程客户端指派 IP 的方式

（6）在地址范围指定页，单击新建按钮，输入起止 IP 地址分别为 172.16.0.1 和 172.16.0.254，然后单击确定，完成后如图 6-68 所示，单击下一步。

（7）在管理多个远程访问服务器页，由于在此不使用 RADIUS 服务器，所以接受默认为否，如图 6-69 所示，然后单击下一步。

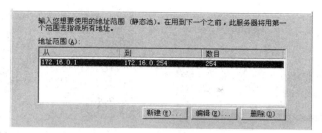

图 6-68 选定地址范围

图 6-69 选择是否使用 RADIUS 服务

（8）最后是完成路由和远程访问服务器安装向导页，单击完成。在弹出的提示你需要配置 DHCP 中继代理的对话框上单击确定；等待片刻后，VPN 服务器就部署好了。

6.5.2 Windows Server 2003 PPTP 的配置

前面介绍了 VPN 服务器的访问类型，设置了客户端的地址范围，下面将继续介绍服务器的接入用户名协议类型和客户端的拨号连接方式。

1. 根据需要设置 VPN 服务

默认情况下 VPN 具有 PPTP 协议和 L2TP 协议端口各 128 个，这代表它允许连接的 PPTP 协议和 L2TP 协议类型的 VPN 客户数量，但是 VPN 客户的并发连接数还受到 Windows 系统版本的限制。对于允许的最多端口数和 VPN 客户并发连接数，根据 Windows 服务器操作系统版本的不同有以下不同：

对于 Windows Server 2003 Web 版本和标准版本，PPTP 和 L2TP 允许的最多端口数均为 1000，但是 Web 版本只支持 1 个 VPN 客户并发连接，而不论协议类型；标准版本支持 1000 个 VPN 客户并发连接，而不论协议类型。

Windows Server 2003 企业版最多支持 30000 个 L2TP 端口，16384 个 PPTP 端口，支持的 VPN 客户并发连接数理论上只是受到端口数量的限制。可以对允许的端口数进行设置，在路由和远程访问管理控制台中右击端口，选择属性，然后在弹出的端口属性对话框中，选择端口后单击配置，如图 6-70 所示。

然后在如图 6-71 所示的弹出的配置设备对话框中修改最多端口数。如果想取消对使用此类协议的 VPN 客户端的支持，可以取消选择远程访问连接（仅入站）。

2. 设置远程访问策略，配置用户帐户，允许指定用户 VPN 拨入新建用户和组

单击"开始"→"程序"→"管理工具"－"计算机管理"，弹出"计算机管理"窗口，如图 6-72 所示。

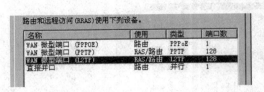

图 6-70　选择端口

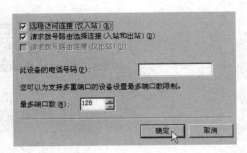

图 6-71　设置端口数

　　选择"本地用户和组"，右击"用户"→"新用户"，设置用户名为"test"，单击"创建"新增一个用户。

　　在右边的树形目录中右击"组"→"新建组"，添入"组名"，单击"添加"，在弹出的"选择用户"对话框中，单击"高级"→"立即查找"，选择刚才建立的"test"用户，把用户加入刚才建立的组，如图 6-73 所示。

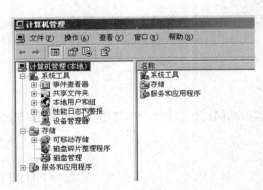

图 6-72　"计算机管理"窗口

图 6-73　新建组

　　3. 设置远程访问策略

　　在"路由和远程访问"窗口，右击右面树形目录中的"远程访问策略"，选择"新建远程访问策略"，在弹出的对话框中单击"下一步"，填入方便记忆的"策略名"，单击"下一步"，选择 VPN 选项，单击"下一步"，单击"添加"把刚才新建的组加入到这里，后续对话框均默认，直至完成，就完成了远程策略的设置，后面如果新的用户需要 VPN 服务，只要为该用户新建一个帐号，并加入刚才新建的"test"组就可以了。

　　4. VPN 客户端配置

　　VPN 客户端配置非常简单，只需建立一个到服务器的虚拟专用连接，然后通过该虚拟专用的连接拨号建立连接即可。下面将以 Windows Server 2003 客户端为例进行说明，配置步骤如下：

　　（1）首先在外部 VPN 客户 Perth 上使用管理员身份登录，在网络连接文件夹中双击新建连接向导以创建 VPN 连接。

　　（2）在弹出的欢迎界面使用新建连接向导页，单击"下一步"。

　　（3）在网络连接类型页，选择连接到我的工作场所的网络，然后单击"下一步"，如图 6-74 所示。

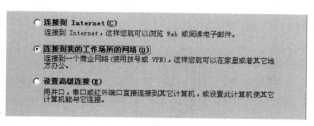

图 6-74 选择网络连接方式

（4）如图 6-75 所示，在网络连接页，选择虚拟专用网络连接，然后单击"下一步"。

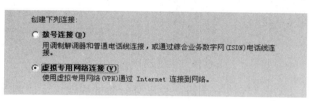

图 6-75 选择虚拟专用网络连接

（5）如图 6-76 所示，在连接名中输入单位名后单击"下一步"。

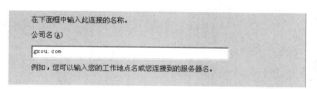

图 6-76 输入单位名称

（6）在 VPN 服务器选择页，输入 VPN 服务器 Munich 的外部 IP 地址 61.139.0.1，如图 6-77 所示，然后单击"下一步"。

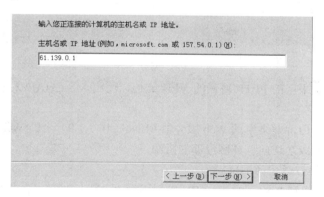

图 6-77 输入 IP 窗口

（7）在可用连接页，根据实际需要进行选择，在此接受默认选择"只是我使用"，如图 6-78 所示，单击"下一步"。

（8）最后在"正在完成新建连接向导页"单击完成。在弹出的连接对话框上，输入用于拨入 VPN 的用户名和密码，然后单击"连接"按钮，如图 6-79 所示。默认情况下，VPN 客户端使用自动 VPN 类型选项，这意味着 VPN 客户先尝试建立一个基于 L2TP/IPSec 的 VPN 连接，如果不成功则尝试建立一个基于 PPTP 的 VPN 连接。

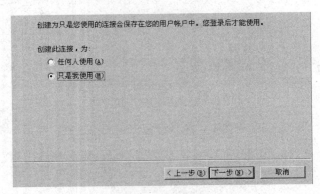

图 6-78 设置连接的使用者

输入用户名和密码，单击"连接"按钮，经过身份验证后即可连接到 VPN 服务器。可以单击任务栏弹出的气球以获得 VPN 连接的详细信息，如图 6-80 所示。

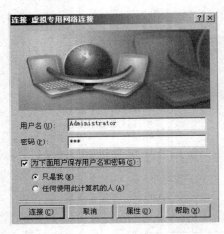

图 6-79 登陆窗口

图 6-80 详情

上面显示了当前是采用的 PPTP 协议的 VPN 连接，使用 MS-CHAPv2 进行的身份验证，加密方式是 MPPE 128 位。

打开浏览器，访问内部网络中的 Web 服务器 Milan（10.1.1.9）上的 Web 服务，如果能够打开网页，该计算机就可以成功访问局域网内部的资源。

5．基于 PPTP 的远程访问的测试

（1）在 VPN 的客户端 Perth 上配置 VPN 虚拟连接上，单击"属性"，出现图 6-81 所示的窗口，在"网络"选项卡中，单击"我正在呼叫的 VPN 服务器的类型"选择 PPTP 协议，确保客户端是通过 PPTP 协议与 VPN 服务器连接的。

（2）通过 PPTP 建立到 VPN 服务器的连接之后，可以在建立好连接的客户机上运行 IE 浏览器，尝试访问内部网络中的 Web 服务器 Milan（10.1.1.9）。在 IE 浏览器中，输入 http://10.1.1.9/wnetStndS_v_s_rgb.gif，应看到 Windows Server 2003 标准版界面。这说明客户机通过 PPTP 到服务器的连接是正常的。

图 6-81　选择 PPTP 协议方式

（3）也可使用网络命令来测试，在确保没有禁止 ICMP 协议的前提下，在 Perth 上单击"开始"→"运行"，输入"CMD"命令并回车，出现命令提示符窗口。在命令提示符状态下输入 ping 10.1.1.9 命令，测试是否能够 ping 通内网的 WEB 服务器 10.1.1.9，如果能够 ping 通则说明客户机通过 PPTP 到服务器的连接是正常的。

6.6　小结

以"组建大型计算机校园网"为项目驱动，使学生了解和掌握当前组建大型计算机校园网的主流技术，了解这些技术的基本原理，认识网络互联的主要设备并了解其工作原理，能熟练地配置和使用网络互联设备，能够利用这些网络技术和网络互联设备设计、组建、管理、维护大型网络，同时提出了学习时应完成的 5 个任务：

任务 1：校园网总体方案的设计。

任务 2：校园网网络设备的选型与配置。

任务 3：校园网系统软件的选型与配置。

任务 4：广域网接入技术的选型及配置。

任务 5：远程访问站点的设计与配置。

以项目为载体，以任务为驱动，精心选择课程内容、设计教学环节。任务 1 介绍了大型计算机校园网组网设计的初始设计，即总体方案设计。首先根据校园网的大小和业务需求，选择网络的拓扑结构，了解各种拓扑的特点，设计网络拓扑结构、组建网络配置环境。然后根据核心层、汇聚层、接入层进行网络层次结构的分层设计。接入层根据用户分类，将不同的终端用户连接到网络，在接入层中，主要设备是二层交换机，因此接入层交换机具有低成本和高端口密度特性。汇聚层交换机与接入层交换机之间，根据对网络稳定性、网络带宽的要求不同，可以采用两种方式：冗余连接和简单连接。在核心层和汇聚层的设计中主要考虑的是网络性能和功能性要高。最后要进行子网规划和网络 IP 的分配。

任务 2 阐述了网络设备的选型原则，并就不同厂商、不同价位、不同特点的设备进行比较分析，了解设备选择应关注的重点和方法。并且给出了交换机端口隔离和配置过程、生成树协议及配置过程，以及三层 VLAN 的划分和通信配置方法和过程，通过学习能够掌握交换机的端口配置技术，配置交换机的生成树 STP 协议，实现 VLAN 的路由、局域网间的互联。

任务 3 中，就校园网中服务器软件选型及配置进行了阐述，主要描述了 Windows Server 2008 系统的安装过程，介绍了校园网中监管用户上网行为的代理服务器软件的使用方法，以及 VOD 流媒体视频点播服务器的安装配置过程。

任务 4 主要介绍广域网的基本情况，掌握路由器的动态路由协议（OSPF 路由协议）工作原理和配置方法，同时掌握标准 ACL 访问控制列表概念及配置，使用 NAT 等采用的网络安全技术进行网络安全规划和配置。

任务 5 介绍远程访问站点的基本概念，详细介绍 Windows Server 2003 通过将 RRAS 配置为远程访问 VPN 服务器，提供远程客户端的远程拨号接入访问的方法。

6.7　习题与实训

【习题】

1. 请简要介绍双星型网络冗余链路拓扑结构的特点。
2. 网络三层结构中核心层有何作用？
3. 交换机端口隔离是怎么实现的？
4. Windows 有哪两种远程访问方法？
5. 什么是 VLAN，如何在交换机中增加一个 VLAN，又如何删除？
6. 路由器和交换机属于第几层设备？
7. 简单谈谈这样选择核心层交换机。
8. 写出 A、B、C 三类私网地址。
9. 三层交换的工作原理是什么？
10. 如何配置三层交换？
11. 代理服务器的作用是什么？
12. ACL 分为哪两种类型？
13. 访问控制列表的功能是什么？
14. 标准 ACL 和扩展 ACL 的区别是什么？
15. 标准 ACL 的编号范围是多少？扩展 ACL 的编号范围是多少？
16. 标准 ACL 应该放在什么位置？扩展 ACL 应该放在什么位置？
17. OSPF 的特点是什么，它和 RIP 协议有什么区别？
18. 什么是 NAT？
19. NAT 分为哪几种类型，它们有什么区别？
20. B/S 构架与 C/S 构架有什么不同？
21. 简述校园网 C/S、B/S 服务器系统软件选型的基本方法。
22. 简述 Windows Server 2008 的安装启动过程。
23. 什么是 VPN？VPN 中涉及的协议有哪些？分别在什么层次？
24. VPN 有几种应用场合，各有什么特点？
25. 什么是 PPTP 协议？
26. 简述在 Windows Server 2003 服务器上配置 VPN 服务器的过程。

【实训】

1. 实训名称

校园网的设计与配置。

2. 实训目的

配合课堂教学，完成以下 5 个任务：

任务 1：校园网总体方案的设计。

任务 2：校园网网络设备的选型与配置。

任务 3：校园网系统软件的选型与配置。

任务 4：广域网接入技术的选型及配置。

任务 5：远程访问站点的设计与配置。

3. 实训要求

现场观摩大型校园网，有条件的情况下在真实环境中观察和操作主要的网络设备，或者在虚拟环境中完成一个大型校园网的主要配置。

（1）实训前，参与人员按每 4~5 人一个小组进行分组，每小组确定一个负责人（类似项目负责人）组织安排本小组的具体活动、明确本组人员的分工。

（2）实训中，安排 10~15 学时左右的实训课，要求各小组做到：

- 组织观摩本校或当地的大型校园网工程项目，重点考察该项目涉及本章 5 个任务相关的内容，即：校园网总体方案的设计、网络设备的选型与配置、网络系统软件的选型与配置、广域网接入技术的选型及配置、远程访问站点的设计与配置等等。完成相应的考察报告。

- 在实训室搭建相应的网络，在交换机上进行相应的 STP 协议、三层 VLAN 的配置。

- 在实训室搭建相应的网络，在路由器上进行相应的访问列表 ACL，动态路由协议 RIP、OSPF 的配置。

- 通过 Windows Server 2003/2008 在实训室搭建相应的网络环境，进行 RRAS 的配置。

注意：实训中涉及网络设备（如：交换机、路由器、服务器等）的配置操作，可根据当地的实训条件开展，也可以在虚拟机、模拟实验环境中进行。凡在实训课中未能完成的，可以利用业余时间继续进行。

（3）实训后，用一周左右的课余时间以小组为单位，由小组负责人组织人员分工协作整理、编写并提交本组完成上述 5 个任务的实训报告。建议通过多种形式开展实训报告的成果交流活动，以便进行成绩评定。

4. 实训报告

内容包括以下 5 个部分：

（1）实训名称。

（2）实训目的。

（3）实训过程。

（4）问题总结。

（5）实训的收获及体会。

参考文献

[1]   林幼槐. 信息网络工程项目建设质量管理概要. 北京：人民邮电出版社，2011.

[2]   杭州华三通信技术有限公司. 新一代网络建设理论与实践. 北京：电子工业出版社，2011.

[3]   程光，李代强，强士卿. 网络工程与组网技术. 北京：清华大学出版社，北京交通大学出版社，2008.

[4]   陈鸣. 网络工程设计教程系统集成方法. 第 2 版. 北京：机械工业出版社，2008.

[5]   王相林. 网络工程设计与应用. 北京：清华大学出版社，2011.

[6]   王勇，刘晓辉，贺翼燕. 网络综合布线与组网技术（第 2 版）. 北京：科学出版社，2011.

[7]   刘晓辉，刘富堂. 中小型局域网构建实践. 北京：电子工业出版社，2011.

[8]   甘登岱，孟曙光. 组建家庭局域网与无线网. 北京：航空工业出版社，2007.

[9]   贾民政，朱元忠. 小型局域网的组建与维护. 北京：科学出版社，2010.

[10]   郝阜平. 小型局域网组建与维护. 杭州：浙江大学出版社，2009.

[11]   陈昌涛，刘飞，刘小伟. 自己动手架设小型局域网. 北京：电子工业出版社，2009.

[12]   金光，江先亮. 无线网络技术教程——原理、应用与仿真实验（高等院校信息技术规划教材）. 北京：清华大学出版社，2011.

[13]   刘创新. 网吧经营与管理. 南京：南京出版社，2006.

[14]   王勇，刘晓辉，贺翼燕. 网络综合布线与组网工程（第 2 版）. 北京：科学出版社，2011.

[15]   王达编著. 金牌网管师（初级）——中小企业网络组建、配置与管理. 北京：中国水利水电出版社，2009.

[16]   张敏波等. 中小型企业网络组建实训教程. 北京：电子工业出版社，2006.

[17]   王平. Cisco 网络技术教程（第三版）. 北京：电子工业出版社，2012.

[18]   周威. 家庭局域网的组建. 科技资讯，2010（32）.

[19]   飞思卡尔公司. 面向家庭局域网设备的新型架构. 电子产品世界，2012（3）.

[20]   沈辉. 构建中小型企业网络的策略. 科技致富向导，2010（36）.

[21]   网吧综合布线：电源、网络布线系统.《赢在网吧》网页杂志. 2012（42）.

[22]   TL-R4238_R4239_R4299G 产品用户手册，http://www.tp-link.com.cn/pages/default.asp

[23]   24 口全千兆二层网管交换机 TL-SG3424 用户手册，http://www.tp-link.com.cn/pages/default.asp

[24]   4 计费软件：万象网管与 Pubwin 占据半壁江山. 天下网盟 2011 年中国网吧行业调查报告，http://www.txwm.com/Survey2011res/wb8.html

[25]   Pubwin2009 产品说明，http://www.pubwin.com.cn/2009cpsm.html

[26]   美萍网管大师使用说明，http://www.mpsoft.net/scon.htm

[27]   万象 2008 标准版，http://help.sicent.com/FAQ_infoDetail.aspx?id=212&itemID=397

[28]   组网布线：网吧综合布线实施详解，http://www.wangba.net/jishu/12736590775027.shtml